VERÖFFENTLICHUNGEN
DES MUSEUMS FÜR VÖLKERKUNDE ZU LEIPZIG
HEFT 21

HANS-GEORG SCHINKEL

HALTUNG, ZUCHT UND PFLEGE DES VIEHS BEI DEN NOMADEN OST- UND NORDOSTAFRIKAS

Ein Beitrag zur traditionellen Ökonomie der Wanderhirten in semiariden Gebieten

Mit 12 Tabellen, 1 Karte und 2 Übersichten

AKADEMIE-VERLAG · BERLIN
1970

HERAUSGEGEBEN VON DER DIREKTION
REDAKTION: DR. B. TREIDE

Abschluß des Manuskriptes: 30. November 1968

Erschienen im Akademie-Verlag GmbH, 108 Berlin, Leipziger Straße 3–4

Lizenznummer: 202 · 100/161/70
Schutzumschlag: Rolf Kunze
Karten: 1072/69
Herstellung: IV/2/14 VEB Werkdruck, 445 Gräfenhainichen · 3353
Bestellnummer 2085/I/21 · ES 15 F
EDV-Nr. 751 620 7

INHALTSVERZEICHNIS

VORWORT

Die vorliegende Arbeit ist die überarbeitete Fassung einer Dissertation, die der Verfasser im Oktober 1966 an der Philosophischen Fakultät der Karl-Marx-Universität Leipzig vorlegte. Durch Berücksichtigung einer Anzahl wichtiger Neuerscheinungen konnte sie für den Druck erweitert und auf den neuesten Stand gebracht werden. „Haltung, Zucht und Pflege des Viehs bei den Nomaden Ost- und Nordostafrikas“ ist ein Beitrag zur wirtschaftsethnologischen Grundlagenforschung, wie sie seit Jahren am Julius-Lips-Institut für Ethnologie und vergleichende Rechtssoziologie betrieben wird. Die ersten Anregungen hierzu erhielt der Verfasser während seines Studiums an diesem Institut von 1958 bis 1962.

Frau Prof. Dr. habil. Eva Lips, ihrerzeit Direktor des Julius-Lips-Instituts, dankt der Verfasser für die wissenschaftliche Betreuung einer Aspirantur, die ihm am Institut für Anthropologie und Völkerkunde der Friedrich-Schiller-Universität Jena von 1962 bis 1965 gewährt wurde. In diesen Jahren wurde das Material für die Dissertation zusammengetragen und ausgewertet. In Jena stand dem Verfasser in der Persönlichkeit von Herrn Prof. Dr. Bernhard Struck ein Spezialist der Afrika-Ethnologie mit Rat und Tat zur Seite, dem sein tiefempfundener Dank gilt. Einerseits verdankt er seinem großen Wissen manche Anregung für seine Arbeit, andererseits stand ihm in seiner umfangreichen Privatbibliothek ein einzigartiges Quellenmaterial zur Verfügung. Ebenso ist an dieser Stelle Herrn Doz. Dr. habil. Herbert Bach zu danken, dem Direktor des Jenaer Instituts, der dem Verfasser vorzügliche Arbeitsmöglichkeiten bot und ihm seine persönliche Unterstützung nie versagte. Herrn Prof. Dr. habil. Otto Rosenkranz, Direktor des Instituts für Agrarökonomik der Karl-Marx-Universität, wird gedankt für wertvolle Hinweise, die dieser in seiner Eigenschaft als Zweitgutachter der Dissertation dem Verfasser gab. Aus zahlreichen Diskussionen mit Mitarbeitern des Julius-Lips-Instituts, insbesondere mit Herrn Dipl.-Ethn. Wolfgang Liedtke, ergaben sich wertvolle Anregungen. Die Ehefrau des Verfassers, Frau Dipl.-Afrikanist Ursula Schinkel, unterstützte ihn während des ganzen Werdegangs der Arbeit und half vor allem bei der Literaturbeschaffung und bei wissenschaftlichen Korrekturarbeiten.

EINLEITUNG

Eine zusammenfassende Studie über die Wanderweidewirtschaft in Ost- und Nordostafrika oder über einzelne Züge aus dem Wirtschaftsleben der dortigen Nomaden ist bisher noch nicht erschienen, obwohl es sich beim Nomadismus um eine der weitverbreiteten Wirtschaftsformen der Alten Welt handelt. In der vorliegenden regionalen Untersuchung, mit der der Verfasser einen Beitrag zur wirtschaftsethnologischen Grundlagenforschung leisten möchte, können nur Teilgebiete der Wirtschaftsführung berücksichtigt werden. Es wird der primäre Bereich des Produktionsprozesses dargestellt: die Futteraufnahme (der Weidegang und das Hüten des Viehs), die Wasserversorgung und das Tränken, die Unterbringung, die Zucht und die Krankheitsbekämpfung. Das Interesse an diesen Fragen der *traditionellen* Viehwirtschaft ist nicht auf die Völkerkunde beschränkt, sondern dürfte auch bei Tropenlandwirten (Agrarökonomen, Viehwirtschaftlern), Veterinärmedizinern, Haustierkundlern, ökonomischen Geographen, Wirtschaftswissenschaftlern und Historikern vorhanden sein, überhaupt bei allen, die direkt oder indirekt mit Problemen des Nomadismus in Ost- und Nordostafrika in Berührung kommen. – Die aufgeschlüsselte Gliederung der vorliegenden Arbeit vermittelt den schnellsten Überblick über die hier gestellten Aufgaben.

Um den Rahmen einer Dissertation nicht zu sprengen, wurde der sekundäre Bereich der Nomadenwirtschaft aus der Untersuchung ausgeklammert[1]: die Gewinnung, Verarbeitung und Verteilung von Nahrungsmitteln und Rohstoffen tierischer Herkunft; Trinkwasserversorgung und Haushaltsführung, Kleidung und Wohnung der Nomaden; die Ergänzungswirtschaft (Bodenbau, Sammelwirtschaft) und der Handel; weiterhin soziale Fragen wie die Sozialorganisation der Nomaden und die Besitzverhältnisse an Vieh, Weideland und Tränkstellen. Eine Typologie der nomadischen Wirtschaftsform konnte hier noch nicht versucht werden. Im Gegensatz zu den globalen Studien einer größeren Anzahl von Ethnologen und Haustierforschern (Hahn, P. W. Schmidt, Bensch, Flor, Boettger, Pohlhausen, Dittmer u. a.) befaßt sich die vorliegende Unter-

[1] Verfasser hat die Probleme der Beschaffung vegetabilischer Nahrung (Bodenbau, Sammelwirtschaft, Handel u. a.) bei den Nomaden Ost- und Nordostafrikas in einer besonderen Veröffentlichung behandelt (Schinkel, 1968). Eine weitere Arbeit, „Bemerkungen zum Tränk- und Weiderecht der ost- und nordostafrikanischen Nomaden“, ist im Druck und erscheint 1970 im Jahrbuch des Museums für Völkerkunde Leipzig.

suchung nur am Rande mit kulturgeschichtlichen Fragen des Nomadismus (Domestikation der Herdentiere, Beziehungen zwischen geistiger Kultur und Viehhaltung, universalgeschichtliche Einordnung des Nomadismus in die Entwicklung der Wirtschaft, Ethnogenese von Hirtenvölkern usw.). Teilergebnisse derartiger Forschungen wurden, sofern sie das Untersuchungsgebiet oder Gesamtafrika betreffen und von Bedeutung für den Produktionsprozeß der Nomaden sind, in dieser Arbeit berücksichtigt. Auf Vergleiche mit der Nomadenwirtschaft außerhalb Ost- und Nordostafrikas wurde verzichtet, ebenso auf eine Gegenüberstellung von nomadischer und stationärer Viehwirtschaft (wie sie sich z. B. bei östlichen Bantu, den Nuba und bei zahlreichen Stämmen in Äthiopien findet). Probleme des modernen Wirtschaftswandels, die z. B. R. Herzog untersuchte (1956 und 1963), werden in dieser Arbeit nicht behandelt, es sei denn, sie werfen ein Licht auf die traditionelle Wirtschaftsführung.

Der erste Hauptabschnitt behandelt die drei Voraussetzungen der nomadischen Viehhaltung: Umwelt – Mensch – Herdenvieh. Folgendes sei hier vorausgeschickt. Das Untersuchungsgebiet gehört zur Zone der Trockensavannen, Trockensteppen und Halbwüsten und hat eine Fläche von ca. vier Millionen Quadratkilometern. Hier leben (oder lebten bis vor kurzem) etwa 4–6 Millionen Menschen als Nomaden, die sieben verschiedenen Stammesgruppen angehören (Bedscha, Sudanaraber, Nomaden mit Tigre- oder Agausprachen in Eritrea, Afar, Somal, Galla und Hamitoniloten). Die nahrungsliefernden Herdentiere sind Kamele, Rinder, Ziegen und Schafe. Eine gewisse Einheitlichkeit der natürlichen Umwelt drängt die materielle Kulturentwicklung sowie Grundzüge der Wirtschafts- und Sozialstruktur von Nomaden heterogener Stämme und Völker in eine gemeinsame Richtung (kulturelle Konvergenz); darüberhinausgehende, differenziertere Züge der Kultur sind aber vom Wirtschaftsleben weitgehend unabhängig. In vielen Fällen weist die Wirtschaft innerhalb bestimmter Stämme und Kulturgemeinschaften eine starke Variabilität auf (Unterschiede im Herdenbestand, in der nomadischen Beweglichkeit, in der Ergänzungswirtschaft usw.). Diese Einheit in Vielfalt ist charakteristisch für den Komplex der nomadischen Viehhaltung in Ost- und Nordostafrika und rechtfertigt Auswahl und Begrenzung dieses Untersuchungsgebiets.

Unter *Nomadismus* ganz allgemein (griech.: nemein, weiden) versteht der Verfasser nicht nur die extreme Form einer sehr beweglichen Kamelhaltung ohne Bodenbau, sondern alle Formen und Abstufungen einer Viehwirtschaft, die die beschränkte Kapazität der Naturweiden, Wasserstellen und unter Umständen auch Salzvorkommen hauptsächlich durch planmäßige Verlagerungen der Mehrzahl der Herdentiere, doch nicht unbedingt auch der Mehrheit der viehbesitzenden Bevölkerungseinheit, ausgleicht, unabhängig davon, welche Rolle der Bodenbau oder andere Formen der Ergänzungswirtschaft spielen. Definitionen des Nomadismus, die den schwer faßbaren Stammesbegriff einbeziehen[2], eine große Zahl von Verlagerungen voraussetzen oder das

[2] Zum Beispiel sieht Richthofen (1908) „in der oftmaligen Veränderung des Wohnsitzes als Eigenschaft eines ganzen Volksstammes“ ein Hauptmerkmal des Nomadismus (zitiert bei Herzog, 1956, S. 210), ebenso Merner (1937, S. 7).

Fehlen des Bodenbaus betonen, hält der Verfasser für zu eng. Derartige Faktoren sind zwar von Wert für die Typologie der Wirtschaftsführung des Nomadismus, sind aber irrelevant für das Wesen des Nomadismus überhaupt. Hier haben wir eine hochgradig naturabhängige und existenzgefährdete, großräumig operierende, wenig differenzierte Produktionswirtschaft vor uns, hauptsächlich für den Eigenbedarf, mit großer Wertkonzentration im Produktionsmittel Vieh, sehr schwach entwickelter Vorratswirtschaft und mit bemerkenswerter Armut an Produktionsinstrumenten und anderen materiellen Kulturgütern, doch mit hochentwickelter Arbeitsorganisation. Wesenszüge der Nomaden sind planvolles Handeln, körperliche Beweglichkeit, Selbstbewußtsein, Konservatismus, kriegerischer Sinn und Genügsamkeit. Eine gründliche Untersuchung der Wirtschaftsführung verschiedenster Nomadengruppen ergibt, daß dem Nomadismus, trotz mancher raubwirtschaftlich-parasitärer Züge und der Geringschätzung der körperlichen Arbeit, Plan- und Ziellosigkeit fremd ist – er stellt eine Existenzgrundlage dar wie andere Wirtschaftsformen auch. Gemessen an der Beschränktheit der Produktionsmittel und der Vielzahl produktionsgefährdender Faktoren erreichen die Nomaden beachtliche wirtschaftliche Leistungen, wie beispielsweise eine Expertenkommission der Vereinten Nationen betonte, die längere Zeit in Somaliland weilte:[3]

„With even a casual study of their livestock production methods and their methods for handling their tribal grazing grounds, one cannot help but be impressed by the quality of primitive management devised to endure the conditions of seasonal shortages of rain, lack of water, livestock disease and periodic sustained drought that are characteristics of Somaliland."

Schickeles Werk über die Weidewirtschaft in den Trockengebieten der Erde (1931) war in mancher Hinsicht anregend für die wirtschaftsethnologischen Fragestellungen der vorliegenden Arbeit, doch hat er in dieser Studie das Untersuchungsgebiet kaum behandelt und sich zum großen Teil marktwirtschaftlichen Problemen sowie der Seßhaftwerdung und Akkulturation gewidmet. Erst in den letzten zwölf Jahren erschienen die fünf Hauptquellen der vorliegenden Arbeit, denen immer mehrjährige Feldforschung zugrunde liegt: Gulliver über Jie und Turkana (1955), Lewis über die Nord-Somal (1961), Haberland über die Galla Südäthiopiens (1963), Spencer über die Samburu (1965) und Cunnison über die Humr-Baggara (1966). Derartige Standardwerke und Monographien sind nicht nur durch die Materialvermittlung über die betreffenden Stämme von unschätzbarem Wert, sondern sie öffnen auch den Blick für parallellaufende Probleme bei anderen Stämmen, über die oft nur weitverstreute, knappe, bruchstückhafte Informationen von Nichtethnologen zur Verfügung stehen. Weiterhin sind hervorzuheben die in den Zeitschriften „Sudan Notes and Records" (Khartoum) und „Tanganyika Notes and Records" (Daressalam) erschienenen Artikel und Stammesmonographien sowie die bisher veröffentlichten einschlägigen African Surveys (Gulliver und Huntingford über die zentralen bzw. südlichen Hamitoniloten, beides 1953, und Lewis über Somal und Afar, 1955). Die Auswertung der übrigen Literatur bot große

[3] Trust Territory, 1952, S. 113, 121.

Schwierigkeiten. Robert MÜLLERS kritische Worte, die er seinem 1903 erschienenen Werk über die Wirtschaftstiere der Tropenländer vorangestellt hat, sind heute leider immer noch aktuell (sie beziehen sich auf die geographische Verbreitung der Nutztiere):[4]

„Wenn man die zahlreichen Reisewerke durchblättert, so findet man in ihnen fast ausschließlich nur ganz spärliche Mitteilungen über diesen höchst lehrreichen Gegenstand. Denn über alles andere berichten die Reisenden ausführlicher als über die Art, Verwendung und Haltung der Nutztiere, die sie auf ihren Entdeckungsfahrten antreffen. Darum sind aber die darauf Bezug habenden Aufzeichnungen nicht bloß äußerst lückenhaft, sondern auch schwer und mühsam zu beschaffen, da sie in zahlreichen Schriften über Forschungswesen und Länderkunde verstreut sind."

Tatsächlich scheint für manche ein wissenschaftliches Tabu auf der Herdentierhaltung zu liegen, zumindest sehen viele Reisende diesen Forschungsgegenstand als banal an, am Rande liegend, als etwas, das kein besonderes Interesse verdient. Durch den Mangel an ethnologischen Arbeiten und die Vielschichtigkeit der Thematik mußte der Verfasser auch auf Veröffentlichungen von Regierungsstellen, Privatreisenden, Offizieren, Händlern, Historikern, Veterinärmedizinern, Farmern, Entdeckungsreisenden, Künstlern, Biologen, Missionaren, Wirtschaftswissenschaftlern, Philologen usw. usw. zurückgreifen. Die Ausführungen mancher Berichterstatter, so verschieden nach Interessengebiet und Bildungsgrad, Herkunft und Beruf, zeugen nicht selten von mangelhafter Beobachtung. Sie enthalten Übertreibungen und Vorurteile, sind ungenau, subjektiv, widerspruchsvoll, willkürlich in der Auswahl der Merkmale, oder sie berücksichtigen nicht die Viehrassen, die Jahreszeit, die Lokalität, lassen den Leser über die ethnische Zugehörigkeit der Hirten im unklaren, verschweigen, ob sich die Angaben auf nomadische oder stationäre Viehzüchter eines bestimmten Stammes beziehen usw. Ein grundsätzlicher Mangel der meisten Quellen ist auch das Fehlen quantitativer Angaben. Es ist höchst erstaunlich, wie selten Augenzeugen der Nomadenwirtschaft eine Herde oder die Mitglieder einer Lokalgruppe zählen, den Arbeitsgang im Tageszyklus erläutern, Viehverluste festhalten, Angaben über die Beweglichkeit der Herdentierarten machen, erforderliche Weideflächen und aufgenommene Futtermengen abschätzen, Gewicht und Körpergröße von Herdentieren angeben usw., obwohl man doch in vielen Fällen diese Fragen beantworten könnte. Trotz dieser Schwierigkeiten und Mängel ist eine Erfassung und Auswertung des weitverstreuten Materials notwendig.

Eine wirkungsvolle Quellenkritik kann nur bei sehr breiter Materialaufnahme einsetzen. Um die Aussage zu objektivieren, hat sich der Verfasser um Quantifizierung des Materials bemüht, d. h. er hat wenn immer möglich Zahlen-, Mengen-, Maß- und Gewichtsangaben verarbeitet. Ein großer Teil des statistischen Materials kam in Anhang und Beilage. Großer Wert wurde auf Ortsbezeichnungen sowie auf die Namen von Volksgruppen, insbesondere von Stammesuntergruppen, gelegt, um die intratribale Variabilität der Wirtschaft erfassen zu können. Um die vorliegende Arbeit zu einem brauchbaren Werk

[4] 1903, S. 1. Vgl. SCHICKELE, 1931, S. IV, 90, 95, 97.

völkerkundlicher Sekundärliteratur zu machen, wurden Übersichtlichkeit, gute Gliederung und Bildhaftigkeit der Darstellung sowie zahlreiche Literaturbelege angestrebt. Die Anmerkungen sollen den Aussagewert des vermittelten Materials erhöhen und ungerechtfertigte Verallgemeinerungen verhindern, da ja die meisten Informationen von verschiedenen Autoren und aus verschiedenen Zeitabschnitten stammen. Die Darstellung ist phänomenologisch, nicht tribal angeordnet. Sie erfolgt vorzugsweise im grammatischen Präsens, ohne daß hieraus das Vorhandensein der betreffenden Merkmale bis zum heutigen Tage ableitbar ist. Einzelbelege über einen Sachverhalt werden der besseren Übersicht halber im Text und oftmals auch in den Anmerkungen vom Norden des Untersuchungsgebietes nach Süden aufgezählt. Der Verfasser hat sich bemüht, ohne vorgefaßte Meinungen und Theoreme eine umfangreiche Literaturauswertung vorzunehmen.

I. DIE GRUNDLAGEN DER NOMADISCHEN VIEHHALTUNG

1. Anthropogeographische Grundzüge der nomadischen Viehhaltung in Ost- und Nordostafrika[5]

Die Zone der Trockensavannen, Trockensteppen und Halbwüsten in Ost- und Nordostafrika ist eines der wichtigsten *Verbreitungsgebiete* der nomadischen Viehhaltung. Politisch gesehen gehören folgende Länder oder Teilgebiete dieser Länder zum Untersuchungsgebiet: die Vereinigte Arabische Republik, d. h. Ägypten (im Südostteil), die Republik Sudan (auch kurz Ostsudan genannt; mit Ausnahme der Zone südlich des Bahr el Arab und Bahr el Ghazal), Äthiopien (Eritrea, abessinischer Graben mit seinen Randzonen, die Steppen im Süden sowie Ogaden im Osten), die gesamte Republik Somalia (oder Somaliland), die Afar- und Issa-Küste, der größte Teil Kenias, sowie Uganda (im Nordostteil) und Tansania (mit seiner nördlichen Steppenzone). Die im Gradnetz am weitesten vorgeschobenen Landschaften sind im Norden Oberägypten (25° nördlicher Breite), im Westen Darfur (25° östl. v. Gr.), im Osten die Migiurtinia bis zum Kap Guardafui (ca. 50° östl. v. Gr.) und im Süden die größtenteils im abflußlosen Rumpfschollenland Tanganjikas gelegene Masaisteppe (bis 6° südl. Br.). Die Nachbarschaft des Untersuchungsgebietes mit dem Nahen und Mittleren Osten ist kulturgeschichtlich bedeutsam (Verbreitung von Herdentieren, Ausbreitung der Araber, orientalische Märkte und Urbanisationszentren, Handelsbeziehungen mit Ägypten, Arabien und Indien, Islamisierung, Transit von Mekkapilgern aus dem westlichen Afrika u. a. m.).

In diesem Raum mit nomadischer Weidewirtschaft – er umfaßt schätzungsweise vier Millionen Quadratkilometer – herrschen zumeist semiaride Klimaverhältnisse; die ariden und noch mehr die semihumiden Klimazonen sind beschränkt. Obwohl unter semiariden Klimaverhältnissen die Verdunstung in der Jahressumme die Menge der Niederschläge übertrifft, herrscht doch in weniger als sechs Monaten Humidität (Feuchtigkeitsüberschuß).[6] Für den Ostsudan beispielsweise charakterisiert J. H. SCHULTZE[7], indem er

[5] Dieser Abschnitt wird vielfach ergänzt durch Tabelle 8 „Natürliche Grundlagen der Nomadenwirtschaft repräsentativer Hirtenstämme Ost- und Nordostafrikas“ in der Beilage. Auf den S. 300–302 findet sich eine Literaturzusammenstellung zu dieser Tabelle.

[6] HANDBUCH DER GEOGRAPHISCHEN WISSENSCHAFT, 1930, S. 26. NEEF, 1962, S. 518.

[7] 1963, S. 93.

„mit allem Vorbehalt“ einen jährlichen Niederschlagsbereich zwischen 300 und 1000 mm erfaßt[8], 47% als semiarid; demgegenüber werden 44% der Staatsfläche als arid und 9% als Feuchtraum bezeichnet. Kenia ist auf 75% der Fläche semiarid (Swynnerton, Baker).[9] Die Jahreszeiten im Untersuchungsgebiet sind hygrisch, d. h. sie werden durch den Wechsel von Trocken- und Regenzeiten bestimmt; die jährlichen Niederschläge betragen größtenteils 200 bis 600 mm, selten mehr als 750 mm. Den Bereich zwischen 200 und 400 mm Jahresniederschlag charakterisiert O'Connor in den drei ostafrikanischen Ländern als die Zone des Nomadismus.[10]

Das eigentliche Hochland von Äthiopien, das einer niederschlagsreichen Klimazone angehört und dessen Hochweiden in der Dega (um 3000 Meter) fast ausschließlich von nichtnomadischen Viehzüchtern genutzt werden, wird mit Ausnahme der oben aufgeführten Landschaften aus unserer Untersuchung ausgeklammert. Auch das westliche Nachbargebiet Äthiopiens soll uns hier nicht weiter interessieren; es schließt sich Zentralafrika an und wird weitaus besser beregnet als die nordöstlichen, östlichen und südlichen Nachbarländer; hier leben teilnomadische Niloten[11] oder Sudanneger mit starker Bodenbaukomponente. Hingegen ist die Viehhaltung weiter südlich im Karamoja-Distrikt Nordost-Ugandas, der als Übergangszone zwischen semiariden und semihumiden Verhältnissen anzusehen ist, Untersuchungsgegenstand.

In engem Zusammenhang mit den klimatischen Gegegebenheiten in Ost- und Nordostafrika stehen *Landnutzung* und *Erwerbstätigkeit*, indem ein beachtlicher Prozentsatz der Gesamtbevölkerung der einzelnen Länder beim herkömmlichen Stand der Produktivkräfte eine nomadische Lebensweise zu führen gezwungen ist. Nach Angaben des Production Yearbook 1964 der FAO (Food and Agriculture Organization of the United Nations)[12] ergeben sich die in der folgenden Tabelle 1 (S. 17) aufgeführten Prozentverhältnisse der Flächen standardisierter Landtypen (in 1000 ha).

In dieser Tabelle 1 fehlt eine Rubrik des durch Nomadenvieh beweideten Landes. Das ist in Anbetracht der Schwierigkeit der statistischen Erfassung des

[8] Der absolute jährliche Niederschlag ist zwar ein wichtiger Anhaltspunkt zur Einschätzung semiarider Verhältnisse, aber doch nur *ein* Faktor unter anderen. (Einstrahlung in Abhängigkeit von der Bewölkung, Temperatur, Verdunstung, Bodenverhältnisse, Verteilung der Niederschläge im Jahreszyklus usw.).

[9] Swynnerton, 1954, S. 7. Baker, o. J., S. 12, 20. Vgl. Welthandbuch, 1962, S. 400.

[10] 1966, S. 225.

[11] Die Ausklammerung der Niloten und Präniloten erfolgt aus rein praktischen und geographisch-regionalen Gründen, nicht von der inhaltlichen Seite her. Der Verfasser hat die hier verbreitete Wanderweidewirtschaft mit Bodenbaukomponente, die auch im Untersuchungsgebiet des öfteren vorkommt (s. S. 21) als komplexwirtschaftliches Viehpostensystem definiert. Davies (1966, S. 198) bezeichnet die Viehwirtschaft z. B. der Dinka und Nuer sowie der Ingassana aus „Nilotic Nomadism“ bzw. „Prenilotic Nomadism“. Barbour (1961) bringt in seinem Sudan-Handbuch Kartenskizzen mit Verlagerungsrouten dieser Volksgruppen.

[12] Rome 1964, S. 6f.

Tabelle 1: Die Landnutzung in sechs Ländern des Untersuchungsgebietes (nach Material der FAO)

Land	Jahr	Gesamtfläche (= 100%)	Landwirtschaftliches Gebiet: Landwirtschaftl. Kulturland (einschl. Dauerkulturen)		Landwirtschaftliches Gebiet: Dauernd nutzbare Wiesen und Weiden		Waldland		Andere Gebiete: Ungenutzt, aber potentiell nutzbar		Andere Gebiete: Bauland, Ödland u. ä.	
		10 qkm	10 qkm	(in %)	10 qkm	(in %)	10 qkm	(in %)	10 qkm	(in %)	10 qkm	(in %)
Republik Sudan[1]	1954	250582	7100	2,8	24000[2]	9,6	91500	36,6	38016	15,2	89966	35,8
Afar- u. Issa-Küste	1958	2200	—	0,1[3]	244[4]	11,2	120[5]	5,5	...	...	1836	83,3
ehem. Britisch-Somaliland[6]	1956	17612	78	0,4	8597[7]	48,8	8159	46,4			778	4,4
ehem. Ital.-Somaliland[8,6]	1960	46154	879	1,9	11971	25,9	6242	13,5	17120	37,1	9942	21,6
Äthiopien	1962	118432	11539	9,8	67350	56,9	5000	4,2	...	...	34543	29,1
Kenia[9]	1961	58265	1696	2,9	3919	6,7	1658	2,9	...	...	50992	87,5
Ges.-Fläche d. Länder	ca. 1959	493245	21292	4,3	116081	32,5	112679	22,8	55136	11,2	188057	38,1

Anmerkungen zu Tabelle 1 (sofern nicht anders vermerkt aus dem Production Yearbook übernommen):

1 Welthandbuch 1962 bringt modifizierte Prozentverhältnisse: 3,3 % bodenbauliche Nutzfläche, 18 % Weide, 37% Wald (hauptsächlich Buschwald und Savannen im S), Rest ungenutztes oder Ödland (Wüsten, Sümpfe). (S. 1224).

2 Acacia short grass scrub.

3 Prozentwert dem Welthandbuch 1962 (S. 302) entnommen: Gemüseproduktion auf bewässerten Feldern.

4 Angabe von 1953.

5 Übernommen von World Forest Inventory carried out by F. A. O. 1958.

6 Nach Welthandbuch 1962 (S. 1099) sind in der gesamten Republik Somalia 27,5% anbaufähig, doch nur 1,5% wird bebaut; 33% Wiesen u. Weiden, 23% Wald u. Busch, alles übrige Ödland oder Steppe.

7 Einschließlich Ödland.

8 Pankhurst (1951, S. 189) gibt hingegen an: 50% Ödland, 40% Weide, 10% bodenbaulich nutzbar, doch nur 1–5% bestellt.

9 Nach Welthandbuch 1962 (S. 404) jedoch 30% Weide und 2% Wald; bestellte Landesfläche 3%.

Nomadentums nicht verwunderlich. So unterliegen die in der Tabelle als Bodenbauland aufgeführten Flächen unter Umständen auch der nomadischen Nutzung (Brachlandweide, Stoppelweide, vgl. S. 161f.), andererseits kann es sich bei den dauernd nutzbaren Weiden auch um Grasland stationärer Viehzüchter handeln (z. B. im äthiopischen Hochland). Während die FAO für das ehemalige italienische Treuhandgebiet Somalia 25,9% als permanentes Weideland anführt, nach Hunt und anderen 68,7% der Gesamtfläche dieses Landes als viehhalterisch genutzt eingestuft werden, stellte eine Expertenkommission fest, daß 80 bis 90% der Gesamtfläche (das sind 30 bis 36 Mill. Hektar) beweidet werden.[13] Für Kenia gibt die FAO nur 6,7% als dauernd nutzbare Weide an, und die East African Royal Commission veranschlagte 1953/55 für den Teil Kenias, der nur vorübergehend als Weideland genutzt werden kann, 60 bis 70% der Landesfläche.[14] Trotz dieser Schwankungen steht fest, daß in Ost- und Nordostafrika, mit Ausnahme der Bodenbauflächen, große oder sehr große Zonen der erfaßten Landtypen (sofern die wirtschaftsfeindlichen Faktoren nicht überwiegen) infolge Trockenheit für die Nomadenwirtschaft in Frage kommen. Wir gehen sicher nicht fehl, wenn wir unter Berücksichtigung landeskundlicher Informationen (Klima, Relief, Erwerbszweige usw.) für die Kernländer des Nomadismus (d. h. Uganda und Tansania ausgenommen) zwischen 50 und 90% der nicht bestellten Fläche als nomadisches Weideland im weitesten Sinne ansehen.

Das flächenmäßige Überwiegen der Wirtschaftsräume des Nomadismus steht in krassem Gegensatz zu seinen schwankenden, schwachen und zufälligen Leistungen für die Volkswirtschaft[15] der ost- und nordostafrikanischen Länder und zu seiner geringen Menschenzahl, gemessen am Siedlungsraum. Selbst in der berühmten Landwirtschaftszone der Gezira im Ostsudan entfallen nur 27,5 Flächenprozente auf Irrigationsbodenbau durch Bewässerungskanäle, 1,4% wird durch Pumpenbewässerung erschlossen, während 68% des Areals von Halbnomaden und Nomaden eingenommen wird, die nur 10% der Bevölkerung darstellen.[16]

Wir wollen die Prozentzahlen der nomadisch genutzten Flächenanteile der ost- und nordostafrikanischen Länder mit den Prozentzahlen der Nomaden

[13] Trust Territory, 1952, S. 121. Somali Republic, 1961, S. 149. Hunt bei Cozzi, 1965, Allevamento, S. 123. Vgl. die weiterhin unterschiedlichen Angaben in den Fußnoten zu Tabelle 1 von Pankhurst und nach dem Welthandbuch.

[14] Baker, o. J., S. 20. Nach Ermittlungen der East African Royal Commission hat über die Hälfte der Gesamtfläche von Uganda, Kenia und Tansania „only potentialities for an unintensive type of pastoralism." Ein weiteres Viertel der Gesamtfläche bietet mit schwankendem Erfolg Existenzmöglichkeiten für Seßhafte.

[15] Vgl. Herzog, Seßhaftwerden von Nomaden, 1963, S. 164f. Als besondere Probleme der verwaltungsmäßigen Eingliederung der Nomaden führt Davies auf: 1. Geringer Anteil an der Volkswirtschaft, 2. extravagante Landnutzung, 3. schwierige Kontrolle von Krankheiten bei Mensch und Tier, 4. zeitraubende und kostspielige Überwachung der Anbauflächen, 5. psychologischer Überlegenheitskomplex der Nomaden (1966, S. 196).

[16] Schultze, 1963, S. 113; S. 130, 132, 137. Bevölkerungsanteil nach Davies, 1966, S. 196.

an der Gesamtbevölkerung dieser Länder vergleichen. Die Volkszählung 1956 im Ostsudan konnte nur grob ermitteln, daß es sich bei den Nomaden um einen Bevölkerungsanteil von etwa 15 bis 40% handelt;[17] diese dürften, auf die Dauer gesehen, ihr Vieh auf mindestens 50% der Landesfläche weiden lassen; das würde bedeuten, daß etwa ein Viertel der Bevölkerung zwei bis drei Viertel der Landesfläche als Nomaden nutzen. Die sudanesische Volkszählung ergab, daß drei größere und eine kleinräumige Intensitätszone des Nomadentums (mit jeweils mehr als 74% nomadischer Bevölkerung) vorliegen: das Bedscha-Gebiet, die Zone der Kamelzüchter Kordofans und Darfurs, das Kerngebiet der rinderzüchtenden Baggara, und eine kleinere Zone am mittleren Weißen Nil.[18] In letzter Zeit wird etwa die Hälfte der Bevölkerung der Afar- und Issa-Küste (ehemals Französisch-Somaliland) als nomadisch angegeben;[19] praktisch die ganze Landesfläche mit Ausnahme einiger vegetations- und wasserloser Landstriche ist als Weideland im weitesten Sinne anzusehen. In der Nordregion Somalias (ehem. Britisch-Somaliland) leben nur 10% der Bevölkerung in festen Siedlungen;[20] für den übrigen Landesteil (ehem. italienisches Treuhandgebiet) werden nach 1950 angegeben: ca. 50% Nomaden, 25% Halbnomaden[21] (1931: 42% Nomaden und 40,5% Halbnomaden, 17,4% seßhaft – an der Küste und an größeren Flüssen).[22] Um 1960 lebten in der ganzen Republik 57% Nomaden, 21% Halbnomaden, daneben waren 14% in der Landwirtschaft beschäftigt oder Fischer.[23] Diese nomadischen drei Viertel der Gesamtbevölkerung bewirtschaften weit mehr als 75% der Gesamtfläche, die Republik Somalia ist also das „nomadischste" aller Länder des Untersuchungsgebietes. Dennoch ist die Landnutzung, das Erwerbsleben und die Volksdichte innerhalb der administrativen Einheiten eines solchen typischen Nomadenlandes ziemlich veränderlich, wie die Gegenüberstellung statistischen Materials aus der Republik Somalia auf Tabelle 2 zeigt:[24]

17 Schultze, 1963, S. 161. Davies, 1966, S. 193.

18 Davies, 1966, Fig. 1 u. 2, S. 194.

19 Lewis, 1961, S. 28. Welthandbuch, 1962, S. 300. Nach Pauli (1947, S. 886) um 1940 nur ein Zwölftel als seßhaft anzusehen.

20 Heun, 1963, S. 27.

21 Pankhurst, 1951, S. 189. Trust Territory, 1952, S. 62.

22 Pauli, 1947, S. 859.

23 Welthandbuch, 1962, S. 1098. Nach Angaben von Kiefert (1962, S. 463): 40% Nomaden, 30% Halbnomaden, nach Zöhrer (1964/65, S. 139): 80–85% Nomaden.

24 Die Provinz Migiurtinia liegt im äußersten Nordosten des afrikanischen Osthorn und ist eine gebirgige, halbwüstenartige Landschaft mit salzigen Brunnen und kümmerlicher Weide, die im Norden nur Ziegen- und Kamelzucht gestattet. Die hiesigen Wanderhirten, die rund 78% der Gesamtbevölkerung ausmachen, sammeln auch Weihrauch, Harze, Gummi u. ä. für kommerzielle Zwecke. An der rd. 1000 km langen Küste Fischfang und eine Anzahl Häfen. Der Distrikt Bur Akaba der Provinz Mudugh weist für das Innere Südsomalilands typische Bevölkerungsverhältnisse auf; 90% der Bevölkerung sind Wanderhirten; die Weide ist wesentlich besser als im Nordosten und gestattet teilweise Rinderzucht. (Nach Pankhurst, 1951, S. 188; Zöhrer, 1959, S. 14; Balsan, 1964/65

Tabelle 2: Erwerbszweige und Siedlungsdichte in der Provinz Migiurtinia und im Distrikt Bur Akaba, Republik Somalia

	Provinz Migiurtinia[1]		Distrikt Bur Akaba[2]	
	Volkszahl	in %	Volkszahl	in %
Gesamtbevölkerung	82653	100,0	76604	100,0
Nomaden	59554	72,1	22470	29,3
Halbnomaden	5297	6,4	44940	58,7
Bodenbauer	920	1,1	7490	9,8
Händler	3097	3,8	854	1,1
Sonstige	(darunter Fischer u. Seeleute:) 9692 u. a.	11,7	(darunter Handwerker:) 520 u. a.	0,7
Fläche	90700 qkm[3]		21436 qkm	
Einwohner pro Quadratkilometer:	0,9		3,6	

(Angaben um 1953)

[1] LEWIS, 1955, S. 20.
[2] PROSHOGIN, 1963, S. 94.
[3] WELTHANDBUCH, 1962, S. 1096.

Kenias Bevölkerung betrug 1938 3,3 Millionen Einwohner, davon waren nach einer Zusammenstellung WAGNERS[25] 240000 Nomaden (ohne Teilnomaden wie die Nandi, Kipsiki u. a.), das waren rund 7%; ähnliche Proportionen ergaben sich noch nach 1960, als bei einem Anstieg der Gesamtbevölkerung auf 7,3 Millionen die überwiegend nomadische Bevölkerung schätzungsweise 450000 (ca. 6%) ausmachte.[26] Die Nomaden Kenias bewohnen also ein mehr als zehnmal größeres Areal, als ihnen bei gleichmäßiger Verteilung der Bevölkerung zustehen würde. In Uganda fehlt ein rein nomadisches Element (Karamojong, Dodoth und Jie haben das komplexwirtschaftliche Viehpostensystem, s. S. 21). In Tansania konnte man um 1950 die Zahl der echten Nomaden (Masai und Datoga) auf ca. 80000 veranschlagen, das war reichlich ein Prozent der derzeitigen Bevölkerung; ihr Stammesland hingegen beträgt 14% der Landesfläche.[27] – Hier noch Angaben über die Lebensweise der Bewohner Eritreas, eines Über-

u. a., s. auch Fußnoten zu Tabelle 2). Die Volkszahlen beider Verwaltungseinheiten sind annähernd gleich. In der Volksdichte jedoch liegt Bur Akaba deutlich über dem damaligen Landesdurchschnitt (1953: 3,1), die Migiurtinia weit darunter.

[25] 1947, S. 921 f.

[26] Volkszahlen nach ATLAS NARODOV MIRA, 1964, S. 167.

[27] Flächenangabe Stammesland Barabaig-Datoga: WILSON, 1953, S. 36; Stammesland der Masai: HUNTINGFORD, 1953, S. 105.

gangslandes (1931): 73% seßhaft, die restlichen 27% zu etwa gleichen Teilen Nomaden und Halbnomaden.[28]

Als Zusammenfassung eine Gegenüberstellung:

Tabelle 3: Schätzung des Anteils der Nomaden an der Gesamtbevölkerung der ost- und nordostafrikanischen Länder

Land	nomadische Bevölkerung	Gesamtbevölkerung
VAR (Ägypten)[1] (um 1958)	ca. 10 000 Bedscha-Nomaden, zusammen mit Araber-Beduinen 50 000	23 Millionen
Republik Sudan (1956)	1,6 bis 4,1 Mill.[2]	10,3 Millionen
Afar- und Issa-Küste	35 000[3]	69 000
Äthiopien (ca. 1963)	500 000 bis 1,2 Mill.[4]	20 Mill.[5]
Rep. Somalia (ca. 1961)	1,65 Mill.[6]	2,1 Mill.[6]
Kenia (ca. 1963)	450 000[7]	7,3 Mill.[7]
Tansania	ca. 80 000 (um 1950)[8]	7,3 Mill. (1949)

1 Hohenwart-Gerlachstein, 1959, S. 67. Atlas Narodov Mira, 1964, S. 146.
2 Schultze, 1963, S. 161. Davies, 1966, S. 193.
3 n. Lewis, 1961, S. 28 und Welthandbuch, 1962, S. 300f.
4 Geschätzt nach Atlas Narodov Mira, 1964, S. 170 u. a. Quellen.
5 Welthandbuch, 1962, S. 35.
6 Welthandbuch, 1962, S. 1098, 1096.
7 Geschätzt nach Atlas Narodov Mira, 1964, S. 67 u. a. Quellen.
8 Masai und Datoga: Pages-Jones, 1948, S. 51 und Wilson, 1953, S. 36.

Hieraus folgt, daß wir (infolge der Unsicherheit demographischer Angaben) ein Untersuchungsgebiet mit 4–6 Millionen Nomaden vor uns haben, die sich auf ca. 4 Millionen Quadratkilometer verteilen. In den vier wichtigsten Ländern der nomadischen Viehhaltung – Republik Sudan, Äthiopien, Somaliland und Kenia – handelt es sich um 11 bis 18% der Gesamtbevölkerung. Statistisch nicht faßbar ist die Zahl der Nomaden bei gemischtwirtschaftlichen Stämmen in den bessergestellten semiariden Gebieten, wo die Jungmannschaft für die längste Zeit des Jahres in Viehlagern weilt und ein nomadisches Dasein führt, während die Frauen, Kinder und älteren Männer, also die Mehrheit des Stammes, in stabilen Bodenbauerndörfern lebt (Teilnomadismus, besser: komplexwirtschaftliches Viehpostensystem, so bei Jie, Karamojong, Bischarin am Atbara, Tunni-Somal, Nandi, Kipsiki, Didinga, Dodoth, Bogos, Mensa, Bedschuk, Uraga, Hoku u. v. a.).[29]

28 Almagià, 1936, S. 215. Pauli, 1947, S. 858.

29 Atbara-Bischarin: Munzinger, 1864, S. 561. Bogos, Mensa, Bedschuk u. a. Viehzüchter in Eritrea: Munzinger, 1859, S. 77; ders. 1864, S. 154; Heuglin, 1867, S. 171; ders. 1868, S. 98, 103. Somal: Trust Territory, 1952, S. 124f.; Somali Republic, 1961, S. 162; Lewis, 1955, S. 93. Süd-Galla wie Hoku, Mati, Arussi u. a.: Haberland, 1963, S. 7, 68f., 360, 372. Didinga: Driberg, 1922,

Innerhalb der sogenannten Stämme finden sich nicht selten mehrere Erwerbszweige nebeneinander.[30] Bei den arabisierten Ababde gibt es sowohl Nomaden als auch hauptberufliche Fischer, Jäger und Bodenbauer.[31] Von den 40000–45000 Amarar waren um 1940 ca. 3000 bis 4000 in Suakin und 2500 in Port Sudan seßhaft, 3000 lebten am Atbara in festen Wohnsitzen.[32] 1956 bezeichneten sich 50% der Hadendoa[33] als Hirten (kein einziger ließ sich als nomadischer Viehzüchter eintragen!) und rund 40% als Bauern, während sich bei den Kababisch 46,8% der erwerbstätigen Männer als nomadische Viehzüchter, 29,6% als Hirten und nur 7,1% als Bauern bezeichneten.[34] Auch bei den Schukrija als Stamm ergibt sich ein differenziertes Bild: im Westen und Südwesten der Butana sind sie Seminomaden[35], die alljährlich nur kurze Strecken wandern und auch Bodenbau betreiben, im Zentrum finden sich ausgesprochen nomadische Schukrija, die fast ausschließlich vom Ertrag ihrer Herden leben und mit diesen alljährlich weite Entfernungen zurücklegen; andere Gruppen wiederum wurden bei Wad Medani, in Rufaa, Abu-Haraz und in Mesalamieh seßhaft, wo sie in Lehmhäusern wohnen und in stationärer Viehzucht Milch für städtische Märkte liefern oder Handwerke betreiben.[36] Unabhängig von ethnischen oder linguistischen Klassifikationen lassen sich bei den Somal die drei wichtigen Lebensstile der Nomaden, Bodenbauer und Städter unterscheiden [37] usw.

Die *Siedlungsdichte* liegt bei den Nomaden überall extrem niedrig und schwankt, wie Tabelle 8 im Anhang darlegt, etwa zwischen 0,5 und 2–3 Einwohnern pro Quadratkilometer. Ein Extremwert ist die Volksdichte von 0,25 Einwohnern/qkm, die für die von Galla und Somal bewohnte Northern Frontier Province in Kenia angegeben wird (1926).[38] Die Ursachen für solche geringen

S. 215f.; Seligman. 1932, S. 363. Toposa: Seligman, 1932, S. 364; Barbour, 1961, S. 262; Gulliver, 1953, S. 88; Joshi, 1957, 262; Indigenous Cattle, 1957, S. 33. Karamojong: Dyson-Hudson, 1960, S. 53f.; Gulliver, 1954, Blood, S. 194; ders., 1954, Jie, S. 50; Kenya Land Commission, 1934, S. 1755. Dodoth: Deshler, 1965, S. 160, 162; Thomas, 1965, S. 33. Jie: Gulliver, 1953, S. 33f.; ders., 1955, S. 18ff., 40. Kipsiki: Barton, 1923, S. 45. Samburu: Spencer, 1965, S. 7, 99f., 292f. Nandi: Hollis, 1909, S. 20f. – Vgl. auch S. 120–128, Abschnitt: Familiensiedlungen und hochmobile Weidekamps.

30 Über Unterschiede innerhalb von Verwaltungseinheiten s. Tab. 2, S. 20.

31 Ratzel, 1909, S. 102. Murray, 1923, S. 422. Schweinfurth, 1922, S. 20, 305, 7. Klunzinger, 1877, S. 253, 255. Vgl. Murdock, 1959, S. 315.

32 Newbold, 1935, S. 162. Rossini, 1947, S. 835.

33 Herzog, 1959, S. 193.

34 Herzog, 1959, S. 181. – Über intratribale Variabilität in der Wirtschaft der Araberstämme Kordofans s. Born, 1965, Abschnitte „Stämme“, S. 95–101 und „Viehzucht“, S. 202–228.

35 Barbour, 1961, S. 215, 218.

36 Barbour, 1961, S. 215f. Hartmann, 1879, S. 199. Dieses Phänomen betont als typisch für die Sudanaraber: Lebeuf, 1947, S. 429f.

37 Ullendorff, 1961, S. 42f.

38 Wagner (1947, S. 888) bringt sogar einen Wert von 0,02 Ew./qkm, was aber in Anlehnung an Volkszahlen der Kenya Land Commission (1934, S. 1450, 1519, 1560) unwahrscheinlich ist.

Dichtewerte sind im niedrigen Stand der Produktivkräfte der nomadischen Viehhaltung zu suchen: im wesentlichen werden nur Arbeitsgegenstände okkupiert, die naturgegeben und daher sehr unzuverlässig anfallen. Um sich gegen Dürre und Seuchen zu schützen, muß der Nomade große Gebiete als Reserve für wirtschaftliche Rückschläge einrichten.[39] Wenn ihn raubgierige Nachbarn bedrohen, entstehen aus Gründen der Sicherheit Niemandsländer[40], die der Viehwirtschaft verlorengehen. Weitere siedlungsgeographische Einschränkungen[41] erfährt sein Stammesland durch das Vorhandensein von Krankheitserregern, parasitären Insekten, Giftpflanzen auf weiten Strecken, durch Ödländereien, die nur bei selten guten Regenfällen zu durchqueren oder zu nutzen sind, durch Wassermangel oder Mangel an Salzlecken oder Halophyten, die weite Areale nur für Bruchteile des Jahres bewohnbar machen, durch von der Administration eingerichtete Reservate, durch Sümpfe, Gebirgskämme u. a. m. In einzelnen Zonen des Stammeslandes kommt es vorübergehend zu Dichtekonzentrationen: wenn man sich auf Notzeitweiden befindet oder sich um wenige permanente Brunnen schart, auf guten Weiden in der Regenzeit (wenn Stammesfeste u. ä. stattfinden), zu Handelszwecken in der Nähe von Märkten und im Kriegsfalle.[42] Erst bei hervorragender Weide- und Wasserausstattung und wenn ergänzende Wirtschaftskomponenten eine wichtige Rolle spielen (Bodenbau, Beteiligung an Handel und Transportgeschäft, Tributempfang, saisonbeschränktes „Stadtnomadentum" u. a.) nimmt die Siedlungsdichte allgemein zu. (Vgl. hierzu die verschiedenen Angaben über die Volksdichte bei den Jie, Tabelle 8, Beilage.) Ratzel[43] veranschlagt für die Zone des ausgeprägten Nomadismus eine Siedlungsdichte zwischen 0,7 und 1,8 Einwohnern pro Quadratkilometer, für die Übergangszone zwischen Steppe und Bodenbauland (so in Kordofan, Taka und Sennar) hingegen 3,6 bis 5,5. Auffällig ist in Ostafrika der Kontrast der

[39] s. S. 151–165, Abschnitt: Der jährliche Wirtschaftszyklus und die Notzeitweiden.

[40] Issa: Paulitschke, 1888, Beiträge, S. 17. Somal, allgemein: Paulitschke, 1893, S. 122f.; Lewis, 1961, S. 39f., 64, 89. Afar: Lippmann, 1953, S. 47. Boran-Galla: Haberland, 1963, S. 206. Samburu: Spencer, 1965, S. 100. Masai von Laikipia: Thomson, 1885, S. 364.

[41] Vgl. S. 64f., natürliche Verbreitungsregulative der Herdentiere.

[42] Vgl. S. 111f. (über Siedlungskonzentration im Kriegsfalle). Dichteres Siedeln der Humr und der Toposa in der Regenzeit: Cunnison, 1966, S. 71 bzw. Seligman, 1932, S. 364; doch bei vielen Stämmen gerade umgekehrt, Siedlungskonzentration in der Trockenzeit durch Weidelandverknappung und Beschränktheit der permanenten Brunnen. In den sog. „tertiären Nachbarschaften" Gullivers (zu je 150–400 Personen) fand dieser eine Dichte von 1,2 und 1,5 bei durchschnittlichen Weideverhältnissen, jedoch von 6,0 und 7,6 in ausgesprochenen Gunstgebieten (1955, S. 43). Zwischen solchen Nachbarschaften liegen jedoch noch unbesiedelte Landstriche, die die Gesamt-Volksdichte herabsetzen. In den Residenzen der religiösen Oberhäupter der Süd-Galla und der Masai sind bzw. waren Bevölkerungskonzentrationen festzustellen, die das 5- bis 20fache des Normalwertes betragen (Haberland, 1963, S. 31 und Merker, 1910, S. 21). Die normale Siedlung der Samburu hat nach Spencer 7 Hütten; Zeremonialsiedlungen, die bei den Ilmugit-Initiationsfestlichkeiten eingerichtet werden, zählen bis zu 80 Hütten (1965, S. 18, 92).

[43] 1912, S. 172f.

Bevölkerungsdichte, wie er sich zwischen dem Lebensraum von Nomaden, in relativ niedrig gelegenem Stammesland, und der Zone der Bodenbauer darbietet, die in benachbarten Bergländern (Kilimandscharo, Mt. Kenia, Meru, Elgon, Usambara, äthiopisches Hochland) den Boden intensiv bewirtschaften. Wenn man in Nord-Tansania die Masaisteppe verläßt und nach einigen Dutzend Kilometern das Dschaggaland auf dem südlichen Kilimandscharo-Massiv betritt, kann man eine fünfhundertsiebzigfache Zunahme der Einwohnerzahl pro Quadratkilometer feststellen![44] Leider sind die gewöhnlichen Dichtekarten in ihrer Einteilung zu grob (z. B. 1 bis 10 Einw./qkm), um für die Art der Viehhaltung und die Bevölkerungsverteilung im Nomadenraum wichtige Abstufungen zu registrieren. Bemerkenswert ist, daß nur im semiariden und ariden Bereich geringe Volksdichte mit nomadischer Besiedlung parallelläuft, während in sehr dünn besiedelten, aber niederschlagsreicheren Zonen (z. B. die Südwestteile der Republiken Sudan und Tansania) andere siedlungsfeindliche Faktoren eine Rolle spielen (wie Malaria, Schlafkrankheit, Beraubungen durch Sklavenhändler, Sümpfe, Bodenverhältnisse u. a. m.).[45]

Die in der Beilage befindliche Tabelle 8, „Natürliche Grundlagen der Nomadenwirtschaft repräsentativer Hirtenstämme Ost- und Nordostafrikas", registriert bei 17 Stämmen ökologische Fakten, die angesichts der großen Naturabhängigkeit des Nomadismus von entscheidender Bedeutung für die Produktivität der Wanderviehzucht und die Existenzsicherheit der Nomaden sind (Klima, jährlicher Niederschlag, Verläßlichkeit der Regen, Jahreszeiten, Landschaft und Orographie, Vegetation, daneben die Bevölkerungsdichte). Die Angaben besonders in den Rubriken „Landschaft und Orographie" sowie „Vegetation" können oft nur schlaglichtartige Informationen ohne Anspruch auf Vollständigkeit enthalten. Die Querreihen der Tabelle sollen die wechselseitige Bedingtheit der ökologischen Faktoren in ein und demselben Stammesland veranschaulichen, die senkrechten Reihen sollen einen Eindruck der Variabilität der Niederschläge, Jahreszeiten, vegetativen Ausstattung usw. im ganzen Untersuchungsgebiet vermitteln.[46] Weitere Aufschlüsse über die Wirtschaftsgrundlagen der nomadischen Viehhaltung gibt Tabelle 8, wenn sie in Verbindung mit den Tabellen 9 bis 11 (über die Verbreitung der Herdentiere) studiert wird.

Im Interesse der Vergleichbarkeit der *Klimaverhältnisse* bei den in Tabelle 8 aufgeführten Stämmen wurde die Konzeption SCHREIBERS in Meyers Handbuch über Afrika (1962) übernommen. Im Untersuchungsgebiet treten die afrikanischen Makroklimate des Wüsten-, Steppen- und Savannenklimas auf, daneben noch subtropische bis gemäßigte Klimaverhältnisse, wie sie sich in den Höhenzonen Ostafrikas und Äthiopiens ausbilden.[47] Im Ostsudan ist die Grenzlinie

[44] Errechnet nach Angaben von LEUBUSCHER, 1944, S. 23 (Masailand: 0,7 Einw./qkm) und SCHULTZE, 1953, S. 63 (Dschaggaland: ca. 400 Einw./qkm).

[45] Tansania betreffend s. SCHULTZE, 1953, S. 67f. Kenia: WAGNER, 1947, S. 888.

[46] Die für Tab. 8 verwendete Literatur findet sich auf den Seiten 300ff. und ist auch als Überblicksliteratur für die Anthropogeographie Ost- und Nordostafrikas anzusehen.

[47] Kenia: Welthandbuch, 1962, S. 401: DARYLL FORDE, 1963, S. 290f. Äthiopien: SCHREIBER, 1962, S. 79.

der Zone des Wüstenklimas (große Temperaturgegensätze zwischen Tag und Nacht, intensive Sonneneinstrahlung, starke Winde, fast ausschließlich mechanische Verwitterung und Winderosion, starke Reduktion der Pflanzendecke, zumeist unter 100 mm Jahresniederschlag)[48] etwa mit dem 15. Grad nördl. Breite (d. i. südlich Khartoums) identisch und folgt im Osten in einem Streifen von 100 bis 200 km Breite der Küste des Roten Meeres und des Golfs von Aden bis zum Kap Guardafui;[49] im Küstenhinterland des Indischen Ozeans verbreitert sich dieser küstenparallele Gürtel auf mehr als den doppelten Umfang und erstreckt sich nach Süden bis über den Äquator hinaus.[50] Etwa parallel diesem Wüstenklimagürtel schließt sich im Binnenland der des Steppenklimas an; er ist nur ca. 150 km breit und erweitert sich lediglich im Ostsudan westlich des Weißen Nils auf ca. 300 km.[51] Auch in der Rudolfsenke herrscht Steppenklima.[52] Das ganze übrige Untersuchungsgebiet ist mit Ausnahme der Höhenzonen durch Savannenklima gekennzeichnet. Die verschiedenen Abstufungen dieses Klimatyps werden durch eine unterschiedliche Zahl eingeschobener Trockenmonate zwischen niederschlagsreichen Perioden charakterisiert.

Der *jährliche Niederschlag* ist kein absolutes Maß für den Grad von Aridität bzw. Humidität eines Nomadengebietes[53], denn bei gleichen Niederschlagsmengen ist die Aridität um so größer, je höher die Temperaturen liegen und je gleichmäßiger sich die Niederschläge innerhalb des regulären Jahreszyklus verteilen.[54] Außerdem sind die kaum meßbaren Tau- und Nebelbildungen als Formen atmosphärischen Niederschlags gerade in manchen ariden und semiariden Gebieten von Bedeutung für den Baum- und Strauchwuchs (so im Küstenhinterland des Roten Meeres und am Golf von Aden, im ostafrikanischen Hochland).[55] Für die Ausbildung der Pflanzendecke als Grundlage der Nomadenwirtschaft ist es weiterhin wichtig, mit welcher zeitlichen und mengenmäßigen Zuverlässigkeit die Regen fallen (s. u.) und auf welche Böden sie auftreffen. Die Anordnung der Isohyeten hat bei ausgeprägtem Landschaftsrelief Ähnlichkeit mit dem Verlauf der Isohypsen, indem die Höhenlagen relativ besser beregnet werden. Ein enges Gefälle beider Linien ergibt sich an Steilstufen (Bergland von Eritrea, Übergang von der Guban zur Ogo in Nordsomaliland, Zone des großen Ostafrikanischen Grabens, Steilstufen Südäthiopiens). Um die jahreszeitlichen Unterschiede in der Futter- und Tränkwasserbasis auszugleichen, wandern die Nomaden gewöhnlich im rechten Winkel zu den Isohyeten vom Unterland ins Oberland (Transhumanz Südäthiopiens, Eritreas, der Guban-Ogo-Zone Nordsomalilands u. a., s. S. 156ff.) oder bei engräumiger Ablösung der Linien gleichen Niederschlags in der Ebene auch horizontal (typisch hierfür die

48 Schreiber, 1962, S. 67f. Schickele, 1931, S. 3f.

49 Schreiber, 1962, S. 61.

50 Vgl. Phillips, 1959, S. 219f.

51 Schreiber, 1962, S. 61.

52 Schreiber, 1962, S. 73.

53 s. Anmerkung 8, S. 16.

54 Schickele, 1931, S. 7.

55 Handbuch der geographischen Wissenschaft, 1930, S. 23. Näheres auf S. 138f. vorliegender Arbeit.

Baggara und Kamelaraber Ostsudans, s. S. 162f.). In ein und derselben Höhenlage wird die absolute Höhe des jährlichen Niederschlags wesentlich beeinflußt durch die Exposition zu den großen Luftströmen (Passat und Monsun). So liegt z. B. das regenarme Turkanaland im Regenschatten des äthiopischen Hochlandes[56], und die Masaisteppe ist deshalb (gemessen an Höhenlage und Lage im Gradnetz) so trocken, weil die vorliegenden steilen Schollengebirge den Südostpassat zum Abregnen zwingen.[57] Passat und Monsun werden erst dann zu Regenspendern, wenn sie auf orographische Hindernisse stoßen, sonst hindern sie die örtlich aufsteigenden Luftmassen und Gewitterbildungen daran, als Regen niederzugehen.[58] Weil sich erst in der Zeit des Windwechsels Regenzeiten ausbilden können, wird Ostafrika – im Gegensatz zum benachbarten Kongo mit seinem Urwaldgürtel – eines der großen Trockengebiete der Erde. Weniger als ein Viertel der Gesamtfläche von Kenia, Uganda und Tansania hat die Chance, alljährlich mehr als 750 mm Niederschlag zu erhalten.[59] Nördlich einer Linie auf der Breite Khartoums im Westen und ihrer Fortsetzung zwischen Khartoum und Suakin im Osten findet sich die größte zusammenhängende Zone eines jährlichen Niederschlags unter 100 mm.[60] Die Zonen mit Savannenklima erhalten zumeist mehr als 500 mm.

Eines der auffälligsten klimatischen Phänomene Ost- und Nordostafrikas ist die mengenmäßige und zeitliche *Unzuverlässigkeit der Niederschläge*, wie Tabelle 8 vielfach belegt. Schwankungen der Regenmenge um mehr als 50% gegenüber dem Vorjahr und Verspätungen der Regenzeit um Monate oder gar ihr Wegfall (wenn sich Passat und Monsun verspätet ablösen oder sich in Menge und Umfang sehr unterschiedlich ausbilden) sind keine Seltenheit.[61] In Tabelle 8 hat der Verfasser die PHILLIPSschen Grade der Unzuverlässigkeit („hazard of unreliable distribution & incidence of rain")[62] übernommen; sie dienen als relative Anhaltspunkte und wurden ursprünglich nicht Stämmen gegeben, sondern bioklimatischen Regionen, in denen sich diese Stämme befinden.[63] In Ostafrika kann nach WEIGT[64] in zwei aufeinander folgenden Jahren eine Abweichung der Niederschlagsmenge um 50% vom Durchschnittswert erwartet werden; Dürren kontinentalen Ausmaßes, wie z. B. 1944–1945 in ganz Ostafrika,

56 SCHREIBER, 1962, S. 73.

57 HERZ, 1962, S. 343.

58 WEIGT, 1955, Europäer in Ostafrika, S. 8, zitiert bei SCHINKEL, 1962, S. 7. SCHREIBER, 1962, S. 67.

59 BAKER, o. J., S. 20.

60 Nach den Isohyetenkarten im HANDBUCH DER GEOGRAPHISCHEN WISSENSCHAFT, 1930, S. 22, und in AFRIKA-SPRAVOČNIK, Bd. 1, 1963, S. 24.

61 Ostsudan: GRABHAM, 1935, S. 263f. und BORN, 1965, S. 26. Somaliland: SOMALI REPUBLIC, 1961, S. 283.

62 1959, S. 256ff.

63 Übersetzung dieser Abstufungen: very, very severe – sehr sehr groß; very severe – sehr groß; severe – groß; medium – mittelgroß; moderate – mäßig; slight – gering.

64 1955, Europäer in Ostafrika, S. 16, 266, zitiert bei SCHINKEL, 1962, S. 8. S. auch Schreiber, 1962, S. 77. HERZ, 1962, S. 343.

kommen nur zweimal in einer Generation vor; regionale Trockenheit ist alle fünf Jahre zu erwarten, und örtlich ist immer mit Schwankungen der Niederschläge zu rechnen (vgl. Pages-Jones' und Huntingfords Angaben über Masailand, Tabelle 8). Ähnliches berichtet Grabham[65] aus dem Ostsudan:[66]

„There is a great variation in the years and it is often averred with considerable truth that in the Sudan there never is a normal season."

Das afrikanische Osthorn ist durch seine Exposition besonders in den niederen Lagen durch Trockenheit gefährdet; im Norden kommt es nach Pauli[67] alle drei bis vier Jahre zu schweren Dürreperioden, die 50 bis 75% des Viehbestandes dahinraffen. – Im allgemeinen sind die Regen in Ost- und Nordostafrika um so unzuverlässiger, je geringer die durchschnittliche jährliche Niederschlagsmenge ist, je niedriger eine Gegend liegt und je mehr sie sich an der östlichen Peripherie des afrikanischen Kontinents befindet. Diese Dürren greifen tief in das Wirtschaftsleben des Nomadismus ein und erschüttern die Existenz von Mensch und Tier aufs heftigste. Wenn die Regen in der feuchten Jahreszeit in Wolkenbrüchen niedergehen und dann für Wochen ausbleiben, hemmt das schnelle Abfließen des Wassers nicht nur das Wachstum des wertvollsten Weidefutters[68], sondern richtet auch den bescheidenen Bodenbau der Nomaden für den Eigenbedarf zugrunde[69] – obwohl in beiden Fällen die jährliche Niederschlagsmenge normal oder reichlich ausfällt. Ein Übermaß plötzlicher Niederschläge kann auch dazu führen, daß sich Nomaden, die mit ihren Herden Trockentäler beweiden, nicht mehr rechtzeitig vor den Fluten in Sicherheit bringen können und zusammen mit ihrem Vieh ertrinken.[70] Wenn in einer Gegend in der Regenzeit die Nieder-

[65] 1935, S. 262. Ähnlich Born über Kordofan (1965, S. 26).

[66] Das Weideland in der Gizzu-Wüste, die nordwestlich von Dar Kababisch liegt, schwankt alljährlich in seinem Umfang; in besonders regenarmen Jahren wird es von den Kamel- und Schafhirten gar nicht aufgesucht (Barbour, 1961, S. 150; Davies, 1957, S. 58; Grabham, 1935, S. 264). Vgl. auch S. 141 vorliegender Arbeit.

[67] 1947, S. 883. Umgekehrt fallen in manchen Jahren in Somaliland sehr reichliche Niederschläge – 1960 waren es in Süd-Somaliland allein in den Monaten April bis Juni 800 mm! (Somali Republic, 1961, S. 283).

[68] Grabham, 1935, S. 263f. O'Connor, 1966, S. 229f. (Ostafrika); dieser zitiert einen Augenzeugen aus Karamoja in Uganda: innerhalb von 10 Minuten hatte ein Wolkenbruch die gesamte Landschaft mit einer dünnen Schicht fließenden Wassers überdeckt, doch nirgendwo, wie sich danach zeigte, war das Wasser tiefer als 15 cm eingedrungen. – Die jährliche Niederschlagsmenge liegt hier aber im Verhältnis zum übrigen Untersuchungsgebiet mit 600 bis 1000 mm sehr hoch. Vgl. auch Spencer, 1965, S. 1f.

[69] Ostsudan: Grabham, 1935, S. 259. Karamojong: Dyson-Hudson, 1960, S. 44. Somal: Pauli, 1947, S. 883. Turkana und Suk: Johnston, 1902, S. 848. – Einen Überblick über die Rolle des Bodenbaus, des Handels, der Tribute, der Sammelwirtschaft und der Lohnarbeit bei Beschaffung vegetabilischer Nahrung durch die Nomaden Ost- und Nordostafrikas bietet eine spezielle Arbeit des Verfassers (Schinkel, 1968).

[70] Afrika, allgemein: Handbuch der geographischen Wissenschaft, 1930, S. 22; Phillips, 1959, S. 290. Bedscha: Gleichen, 1905, S. 87. Karamojong: Dyson-

schläge unbeständig und sporadisch fallen, so tritt der für die Schaf- und Rinderhaltung wichtige Graswuchs zurück und macht Sukkulenten und Dornensträuchern für anspruchslosere Herdentiere Platz, während in einer anderen Gegend mit demselben jährlichen Niederschlag aber gleichmäßiger Verteilung der Regen reichlich Gras wächst.[71] Wirtschaftliche Anpassungen der Nomaden an starke Niederschlagsschwankungen sind: laufende Veränderung der Wanderrouten, ein leistungsfähiges System der Weideerkundung, die Nutzung schnell beweglicher Transport- und Herdentiere sowie solcher, die mit Dornsträuchern und Sukkulenten vorlieb nehmen, Verringerung der Bevölkerungsdichte, um Ausweichmöglichkeiten zu haben, Eroberung bzw. Sicherstellung hochgelegener Notzeitweiden, die regelmäßig beregnet werden, Vergrößerung der vegetabilischen Nahrungskomponente, da Nahrung tierischer Herkunft nur mit starken Schwankungen zur Verfügung steht, Aufteilung des Viehs in Viehkategorien unterschiedlicher Beweglichkeit und mit verschiedenem Tränkrhythmus (Familiensiedlungen und hochmobile Weidelager der Jungmannschaften), entfernte Unterbringung von Vieh bei Verwandten oder Freunden (Viehversicherung) u. a. m.

Jahreszeiten. Für die Pflanzen- und Tierwelt Ost- und Nordostafrikas und somit auch für die Nomadenwirtschaft ist von entscheidender Bedeutung, daß sich die jährlichen Niederschläge im semiariden Bereich auf drei bis sechs humide Monate konzentrieren.[72] Auf diese Weise können sich kurzfristige Vegetationsperioden abwickeln, die von längeren Vegetationspausen abgelöst werden. Würden sich die Niederschläge gleichmäßig über das Jahr verteilen, so wären die hohen tropischen Temperaturen in der Lage, den größten Teil der Feuchtigkeit verdunsten zu lassen, bevor ihn die Pflanzen verwerten können. – Entsprechend der Lage im Gradnetz, der Orographie und den Wirkungen von Nordost-Monsun und Südost-Passat lassen sich im Untersuchungsgebiet vier Jahreszeitengänge unterscheiden:[73] in der Republik Sudan (mit Ausnahme des Küstenhinterlandes am Roten Meer) Regenfälle im Nordsommer; östlich der Red Sea Hills wird dieses kontinentale Jahreszeitenregime durch maritime Nordwinterregen abgelöst[74] – die gleichen Winterregen fallen weiter südlich entlang des Golfs von Aden im Küstenhinterland Nordsomalilands bis zum Kap Guardafui; südlich der geographischen Breite von Massaua lösen sich die Nordsommerregen in zwei äquatoriale Regenzeiten im Frühjahr und Herbst auf (Zenitalregen), welche Erscheinung am Rande des äthiopischen Hochlands[75] (Arussi) und auf Zentralafrika zu (Jie) weniger deutlich hervortritt; südlich des Äquators sind Südsommerregen angedeutet (Datoga, Masai).

Hudson, 1960, S. 44. Masai: Pages-Jones, 1948, S. 52. Afar und Issa: Aubert de la Rue, 1939, S. 102. Vgl. auch Schickele, 1931, S. 8.

[71] Nach Schreiber, 1962, S. 100.

[72] Schickele, 1931, S. 7. Vgl. O'Connor, 1966, S. 229.

[73] Neef, 1962, S. 747, 343. Baker, o. J., S. 10f. Schreiber, 1962, S. 80. Handbuch der geographischen Wissenschaft, 1930, Übersichtskarte von H. Schmidt, S. 26.

[74] Barbour, 1961, Fig. 20, S. 45.

[75] Herz, 1962, S. 343. Ullendorff, 1961, S. 27.

Die Jahreszeiteneinteilung im Kontaktgebiet von Nordsommer- und Nordwinterregen ist für die Anlieger des Roten Meeres und des Golfes von Aden wirtschaftlich bedeutsam, da vom Binnenland, bzw. von der Küste aus gerade in der dürrsten Phase des Jahres zusätzliche Weiden erschlossen werden können (so bei Amarar, Ababde, Bischarin, Beni Amer, Hadendoa, Tigre-Stämmen, Saho, Afar, nördlichen Somal[76], Näheres s. S. 163f.). Bei Ausbildung doppelter Regenzeiten in der Äquatorzone ist für die nomadische Viehhaltung von Bedeutung, ob sich an eine Trockenphase des Jahres eine Regenzeit anschließt, oder ob z. B. eine Hauptregenzeit von einer kleinen Regenzeit nachgefolgt wird.

Die periodischen Luftströme regnen sich insbesondere an den Luvseiten orographischer Hindernisse ab.[77] Dadurch wird das Aufsuchen von *Höhenlagen* ein wichtiges Moment der Weidesicherung in der Trockenzeit. Mit unterschiedlicher Höhenlage ändert sich die Zusammensetzung der Pflanzenwelt[78], besonders nehmen die guten Futtergräser zu. Die Höhenlage des ostafrikanischen Hochlandes und Äthiopiens bewirkt die Abmilderung auf subtropische und gemäßigte Klimaverhältnisse. In Eritrea, in den Red Sea Hills, im nördlichen Somaliland (Ogo), am Südabfall des äthiopischen Hochlandes, im westlichen und südlichen Kenia sowie in Nord-Tansania bewohnen die Nomaden größere Zonen in Höhenlagen zwischen 1000 und 2000 Metern. Tiefländer werden nicht nur im Regenfall benachteiligt[79], sondern sind auch besonders heiß (so vor allem die Danakilwüste – der Assal-Salzsee liegt 174 m unter dem Meeresspiegel! –, das Küstenhinterland Kenias, d. i. die Nyika, die Rudolf-Senke). Die Berg-Tal-Verlagerungen haben nicht immer und ausschließlich die Sicherung der Futterbasis für das Nomadenvieh zum Ziel, sondern sie geschehen auch aus mancherlei anderen siedlungsgeographischen Motiven: Umzug ins Oberland, weil dort keine Infektionskrankheiten verbreitet sind (Leroki-Plateau der Samburu, tsetsefreie Höhenzonen der Masai)[80], in anderen Fällen umgekehrt Rückzug aus den Bergen wegen besonderer Infektionsgefahr (Turkana, Suk);[81] Flucht vor parasitären Insekten, die in der Regenzeit das Tiefland befallen (Mudaito-Afar bei Aussa,

[76] Amarar: SANDARS, 1935, S. 215f.; BARBOUR, 1961, Fig. 85, S. 217. Beni Amer: PAUL, 1950, S. 241; HEUGLIN, 1877, S. 48; BERTARELLI, 1929, S. 569; BARBOUR, 1961, Fig. 85, S. 217. Hadendoa: OWEN, 1937, S. 205. Suakiner Stadtnomaden: SCHWEINFURTH, 1874, Bd. 1, S. 26, 32, 34. Tigre-Stämme: MUNZINGER, 1872, S. 204; HEICHEN, 1885, S. 526; POLLERA, 1935, S. 201; HEUGLIN, 1877, S. 80, 108; PAVARI, 1936, S. 323. Saho: JENSEN, 1947, S. 767f.; ROSSINI, 1937, S. 140; ULLENDORFF, 1961, S. 40; PAVARI, 1936, S. 217. Somal: BRITISH SOMALILAND, 1945, S. 3; NEWBOULD, 1958, S. 36; LEWIS, 1961, S. 39f.; ders., 1955, S. 92; PAULITSCHKE, 1888, Beiträge, S. 17f., ders., 1888, Harar, S. 131. Afar: LIPPMANN, 1953, S. 63, 115, 117f.; POLLERA, 1935, S. 255.

[77] BAKER, o. J., S. 10 (Ostafrika).

[78] So haben die Pflanzen der Höhenlagen gesteigerte Verdunstung und sind angepaßt an stärkere Einstrahlung, höhere relative Luftfeuchtigkeit, niedere Temperaturen usw.

[79] HERZ, 1963, S. 343.

[80] KENYA LAND COMMISSION, 1934, S. 1536, 1502, 1564 (Samburu), S. 1208 (Masai).

[81] KENYA LAND COMMISSION, 1934, S. 1724 (Suk). Turkana: GULLIVER, 1955, S. 21.

Aulad Hamid, Samburu, Masai);[82] Ausweichen aus dem heißen Tiefland in das besser temperierte Bergland (Nordsomal, Bedscha-Nomaden um Tokar)[83], oder umgekehrt, der Abzug aus dem kühlen Oberland in wärmere Tiefländer (Hadendoa am Dschebel Erkowit, Beni Amer am Haggar-Gebirge, Turkana);[84] Sicherheitsbedürfnis gegenüber Feinden, die in entlegene Bergklämme nicht folgen können (Beni Amer, Hadendoa)[85], oder, gerade umgekehrt, Wahl des Siedlungsplatzes in leichter kontrollierbarem ebenen Gelände (Somal);[86] Ausweichen aus den in der Regenzeit überschwemmten Flußtälern oder Wadis in höher gelegene, sandige, flußferne Landstriche; in der Trockenzeit gerade umgekehrt Siedeln in Fluß- oder Trockentälern wegen günstigen Grundwasserverhältnissen, Bodenbaubedingungen, relativ reichlicher Vegetation (Hassanie, Debeni-Afar, Butana-Nomaden, Bischarin, Kababisch, Somal)[87] u. a. m.

Ost- und Nordostafrika läßt sich in zahlreiche Gebiete aufteilen, deren natürliche Bedingungen (Relief, Klima, Boden, Hydrologie, Pflanzenwelt usw.) und traditionelle Nutzung durch Nomaden jeweils eine gewisse Einheitlichkeit aufweisen. Solche anthropogeographisch wichtigen *Landschaften* sind z. B. im Sudan die Landschaftsgürtel Goz, Babanusa und Bahr, die Gezira, Taka, die Red Sea Hills, die Butana, die Bayuda, die Gwineb, in Eritrea die Alluvialtäler des Barka und Anseba, Samhar, Sahel, die Rore, die Dankalia, in Somaliland Guban, Ogo, Haud, Arra'ad, Doi usw. Die für die Anthropogeographie weniger wichtigen Großlandschaften interessieren vor allem die physische Geographie; ein Einteilungsversuch dieser Art ist SCHREIBERS Gliederung des Untersuchungsgebietes in Sudan, Somalihalbinsel und Eritrea sowie Ostafrikanisches Bruch- und Grabenland einschließlich äthiopisches Hochland.

Obwohl der Wasserversorgung und dem Tränkgeschäft ein großer Abschnitt dieser Arbeit gewidmet wird (S. 191–227), sei hier vorausgeschickt, daß das Untersuchungsgebiet im Norden mit Ausnahme der Höhenzonen Eritreas bis zum Webi Schebeli zur Zone der episodisch fließenden *Gewässer* gehört; der Rest im Süden wird der Zone der periodisch fließenden Gewässer zugerechnet.[88] Der wirtschaftliche Nutzen der periodisch, episodisch und auch permanent (als Fremdlingsströme)[89] fließenden Gewässer für die nomadischen Viehhalter

[82] Afar: HARRIS, 1845, Bd. 1, S. 124f. Aulad Hamid: BORN, 1965, S. 213f. Samburu und Masai: KENYA LAND COMMISSION, 1934, S. 1682 bzw. S. 1208.

[83] Um Tokar: FLEMING, 1920, S. 23. Somal: LEWIS, 1961, S. 39; PAULITSCHKE, 1893, S. 211.

[84] Beni Amer: MÜLLER, 1883, S. 413. Hadendoa: SELIGMAN, 1913, S. 597. Turkana: GULLIVER, 1955, S. 20f.

[85] Beni Amer: NEWBOLD, 1935, S. 141; PAUL, 1950, S. 234f., 241. Hadendoa: OWEN, 1937, S. 204, 206; BURCKHARDT, 1820, S. 352, 339, 345.

[86] BURTON, 1861, S. 301. BUCHHOLZER, 1959, S. 75f.

[87] Hassanie: KOTSCHY, 1839, S. 4. Debeni-Afar: HARRIS, 1845, S. 182. Butana: STEIN, 1958/59, S. 150. Bischarin: GLEICHEN, 1905, S. 87. Kababisch: SELIGMAN, 1918, S. 118. Nord-Kordofan: MACLAREN, 1927, S. 235. Somal: PAULITSCHKE, 1893, S. 28, 121.

[88] RUTZ, 1962, S. 46.

[89] Vgl. S. 237.

wird in jenem Abschnitt ausführlich behandelt: sie bieten geeignete Tränke entweder als Fluß-, Stand- oder Grundwasser, außerdem schaffen sie durch Überschwemmung von Ufergebieten wertvolle Notzeitweide[90] und Möglichkeiten zum Bodenbau durch Nomaden.[91]

Um die *vegetativen Verhältnisse* der auf Tabelle 8 behandelten Stammesländer miteinander vergleichen zu können, wurden PHILLIPS' bioklimatische Regionen und Subregionen übernommen; sie stützen sich auf Pflanzenformationen, wie sie sich unter den Temperatur- und Niederschlagsverhältnissen, der Orographie usw. im Untersuchungsgebiet ausbreiten. Sie lassen sich mit folgenden deutschen Termini in Verbindung bringen:[92] Desert – Wüste, Subdesert wooded savanna – Halbwüste (bei mehr als 10 ariden Monaten), Arid wooded savanna – Dornstrauchsavanne oder Trockensteppe (die nach neueren Definitionen als Übergang zwischen Halbwüste und Savanne aufgefaßt wird und nicht ausschließlich aus Graswuchs bestehen muß).[93] Diese Formationen bilden sich bei 7 ½ bis 10 ariden Monaten aus; kennzeichnend sind Krüppelbäume und Dornsträucher im Wechsel mit weitständigem Wald, Bäume mit Schirmkronen, Blatt- und Stammsukkulenz und mit assimilierenden Rinden, eine kurze, oft lückenhafte Grasdecke.[94] Weiterhin die Subarid wooded savanna – Trockensavanne, bei 6 bis 7 ½ Trockenmonaten: Seltenwerden von Sukkulenten und Dornsträuchern, Zunahme des wertvollen Weidegraswuchses mit geschlossener Decke, Laubabwurf in der Trockenzeit, weitständiger Wald. Schließlich die Mild subarid wooded savanna – gemilderte Trockensavanne, bei weniger als 6 Trockenmonaten; höheres Gras und volle Baumkronen bilden sich aus.

Der Übergang von der PHILLIPSschen Subarid wooded savanna zur Mild subarid wooded savanna kann als Grenze der semiariden Gebiete angesehen

90 Näheres über Weideland in periodisch austrocknenden Überschwemmungsgebieten: S. 159f.

91 Ost- und Nordostafrika: SCHINKEL, 1968, S. 169. Bischarin: BURCKHARDT, 1820, S. 277f.; MUNZINGER, 1864, S. 561; ders. 1864, Itinerar. Gasch-Anlieger: FLEMING, 1922, S. 76. Artega: NEWBOLD, 1935, S. 155. Hadendoa und Halenga: BAKER, 1868, Bd. 1, S. 61. Hadendoa: NEWBOLD, 1935, S. 162; OWEN, 1937, S. 205; ROSSINI, 1947, S. 837. Beni Amer: BARBOUR, 1961, S. 225; SCHOENFELD, 1904, S. 37. Kababisch bei Dongola: SELIGMAN, 1918, S. 108. Amarar: SELIGMAN, 1913, S. 599; ROSSINI, 1947, S. 835. Humr: CUNNISON, 1954, S. 57; ders., 1966, S. 22ff. u. a. Hassanie: MUNZINGER, 1864, S. 561f.; REID, 1930, S. 150. Somal: LEWIS, 1955, S. 28; KERSTEN, 1871, S. 318; PANKHURST, 1951, S. 112, 189; BUCHHOLZER, 1959, S. 156; PAULITSCHKE, 1893, S. 121. Toposa: BARBOUR, 1961, S. 261; GULLIVER, 1953, S. 88. Turkana: GULLIVER, 1955, S. 39; WHITE, 1920, S. 220; BARTON, 1921, Turkana, S. 207; HÖHNEL, 1938, S. 221; RAYNE, 1918, S. 188. Karamojong: DYSON-HUDSON, 1960, S. 45. Gisamdjanga-Datoga: BERGER, 1938, S. 180.

92 HERZ, 1962, S. 312.

93 SCHREIBER, 1962, S. 100.

94 Über die Anpassung der Vegetation an Trockenklimate ausführliches bei SCHIKKELE (1931, S. 9ff.): Büschelwuchs, Blattlosigkeit, Dornen, Verkleinerung der Blätter, lederartige Epidermisbildungen, Haarfilz, wächserne Oberschichten, Sukkulenz, tiefe Wurzeln, Polsterwuchs, Rückwanderung der Nährstoffe in Wurzeln und Rhizome, Ephemerismus usw.

werden. Diese Linie ist auch die ungefähre Grenze der Verbreitung des Nomadismus, doch kommt auf Grund festverwurzelter Viehzüchtertradition[95] oder des geringen Anteils von gemilderten Trockensavannen oder gar Feuchtsavannen in den betreffenden Stammesländern nomadische Viehhaltung auch in feuchteren Gebieten jenseits dieser semiariden Grenze vor (so bei Baggara, Arussi, Jie, Karamojong, Nandi, Kipsiki, Gudschi, Datoga, Masai u. a.),[96] vor allem in Form des komplexwirtschaftlichen Viehpostensystems. O'CONNOR zieht die Grenze Nomadismus-Bodenbau in Ostafrika entlang der 450-mm-Jahresisohyete.[97] FALKNERS[98] Grenze des Regenfeldbaus in Afrika ist streckenweise über die semiaride Grenze in den Trockenbereich hinausgeschoben, so daß – stark vereinfacht – ein von beiden Linien begrenzter Landschaftsgürtel entsteht, wo Nomaden und Regenfeldbauer sich begegnen und nebeneinander wirtschaften. Natürlich gibt es auch zahlreiche insulare Gunstgebiete des Bodenbaus in den Nomadenländern. Auch innerhalb der von PHILLIPS konzipierten Verbreitungszonen der Pflanzengemeinschaften sind durch örtlich modifizierte Lebensbedingungen Enklaven ariderer oder humiderer Formationen vorhanden (die letztgenannten als Notzeitweide bevorzugt). Die enge Beziehung zwischen Pflanzenwelt und Nomadenwirtschaft wird später ausführlich behandelt (S. 136–151). Der weidewirtschaftliche Wert der einzelnen Vegetationstypen, d. h. ihre Kapazität, eine bestimmte Menge Vieh zu ernähren, ist beträchtlichen Schwankungen unterworfen. Er wird nicht nur von der Regenmenge bestimmt. obwohl ihn diese im semiariden Bereich entscheidend beeinflußt.[99] In Südsomaliland ergaben sich unter Berücksichtigung verschiedener Faktoren (Weidefuttermenge pro Fläche, Anteil sonstiger Vegetation, Passierbarkeit des Terrains, Haltbarkeit des Weidefutters, Grad der Auslaugung, Zertrampeln durch Vieh, Einfluß des Windes u. a. m.) für die Dünen-Küstenzone 7–9, für die Zone Red Desert Sand 8–9 und für die Savannenzone des Zweistromlandes 17 „Animal units" (Großvieh-Einheiten, s. S. 55) pro Quadratkilometer als möglichen Viehbesatz.[100] – Wie auch beim Wanderhackbau haben die raubwirtschaftlichen Praktiken der Nomaden (s. S. 137) nicht nur Erosion und Denudierung, sondern auch die Ausbildung einer Sekundärvegetation zur Folge, die eine Verdrängung wertvoller Futtergräser durch nährstoffarmes, undurchdringliches Dornengestrüpp und Holzgewächse bedeutet.[101] Im Zusammenhang damit sollen im Sudan außerafrikanische Gewächse in großem Stil die ursprüngliche Vegetation ersetzen.[102] Eine Schätzung für den Ostsudan

95 GULLIVER, 1954, Jie agriculture, S. 67f. (Verhältnisse in Ostafrika). Sprichwörtliche Abneigung der Masai gegen den Bodenbau trotz günstiger Anbaugebiete im ehemaligen Stammesland in Kenia.

96 Karte der Vegetationszonen bei PHILLIPS in Verbindung mit ethnischen Karten und einschlägigen Quellen vorliegender Arbeit.

97 O'CONNOR, 1966, S. 225.

98 Bei TROLL, 1941, S. 9.

99 O'CONNOR, 1966, S. 234.

100 SOMALI REPUBLIC, 1961 ,S. 153, 155, 160.

101 SCHULTZE, 1963, S. 106. DESHLER, 1963, S. 54. PHILLIPS, 1959, S. 59f. Vgl. CHIPP, 1931.

102 Nach KIMBLE bei SCHULTZE, 1963, S. 106. Ähnliches schreibt O'CONNOR über Ostafrika (1966, S. 232).

gibt an, daß der jährliche Zuwachs an Nutzholz 18,2 Millionen Kubikmeter beträgt, der jährliche Verlust hingegen 19,7 Mill. Kubikmeter, wovon lediglich 5,7 Mill. Kubikmeter kontrolliert gefällt werden, während 14,0 Mill. Kubikmeter als Verlust durch Brand, Weidegang und unkontrollierten Einschlag zu buchen sind.[103]

2. Ethnisch-historischer Überblick

Als *Völkergruppen*,[104] denen das Wanderhirtentum mehr oder minder stark seinen Stempel aufgedrückt hat, sind im Untersuchungsgebiet zu nennen:

I. die osthamitischen Bedscha (oder Nordkuschiten)[105],
II. die Sudanaraber einschließlich einiger nichtarabischer Nachbarn (Zaghawa, Meidob, Fellata u. a.),
III. Stämme in Eritrea mit Tigre- und Agau-Sprachen,
IV. der große Komplex der Süd- oder Niederkuschiten (Afar und Saho, Somal, Galla),
V. die Hamitoniloten.

Die Verbreitung der nomadischen Viehhaltung einschließlich der Ergänzungswirtschaft deckt sich in Ost- und Nordostafrika keineswegs immer mit ethnohistorischen, rassischen, sprachlichen, sozialen und kulturellen Zügen der betreffenden Volksgruppen. Der Begriff des Stammes läßt sich ökonomisch höchstens insoweit fundieren, daß man ihn mit der am häufigsten vorkommenden Wirtschaftsform in Verbindung bringt; man muß sich aber bewußt sein, daß die intratribale ökonomische Variabilität durch unterschiedliche anthropogeographische Bedingungen von Landschaft zu Landschaft auch im semiariden Raum beachtlich ist (vgl. S. 22).[106] Wirtschaftliche Sonderentwicklungen einzelner Sektionen können auf die Dauer gesehen zur Abtrennung vom Stammesverband und zur Herausbildung neuer Stämme führen. Beispiele hierfür liefern die Borana, die sich – heute Bewohner der südäthiopischen Ebene – einst von einem Hochlandstamm (Alabdu?) abtrennten (s. S. 47); die Aruscha, die nach ihrer Niederlage gegen die Masai ein selbständiger Stamm wurden; die Donyiro, die als Sektion der Toposa nach Äthiopien ausgewandert waren und dort den Bodenbau so entwickelten, daß sie dessen Produkte bis in das Landesinnere hinein verhandeln (die Toposa sollen ursprünglich reine Viehzüchter gewesen sein!);[107] die Elmolo („Verarmte"), ein Konglomerat aus Flüchtlingen der Rendile, Samburu Turkana u. a., die am Rudolf-See zu Fischfang, Sammelwirtschaft (Dumpalmnüsse) und stationärer Haltung eines sehr begrenzten Viehbestandes überge-

[103] Schultze, 1963, S. 106.
[104] Ethnische Übersichtskarte in der Beilage.
[105] Gliederung der Kuschiten nach italienischen Autoren: Pollera, 1935, S. 2f; Africa Orientale Italiana, 1938, S. 81f.
[106] s. Tabellen 8–10 in der Beilage.
[107] Barbour, 1961, S. 261, 86. Rein, 1920, S. 383.

gangen sind[108], die Warea[109], Abkömmlinge der Hadendoa, die im 18. Jahrhundert in Eritrea einwanderten und dort zur Transhumanzviehzucht übergingen, die Suk (s. S. 51) u. a. m.

I. Die Zahl der *Bedscha* in der Republik Sudan belief sich bei der Volkszählung 1955/56 auf 645703 Menschen – das waren 6,3% der Staatsbevölkerung;[110] 1964 ergab sich hier bei 775000 Bedscha ein ganz ähnlicher Bevölkerungsanteil (6,4%).[111] Für die einzelnen Stämme liegen zumeist nur ältere Angaben aus den dreißiger Jahren vor (als man die Gesamtzahl der Bedscha auf 185000 veranschlagte).[112] Ababde – 20000 bis 30000 (um 1870, dgl. nach Publikationen um 1960)[113], Bischarin – 60000 (nach 1950; um 1930 im Atbai 11000, am Atbara 4500)[114], Amarar – 45000 (um 1930), davon mehrere Tausend ständig in Port Sudan und Suakin[115], Hadendoa – 60000 um 1930, 218465 bei der Volkszählung 1955/56[116], Beni Amer – 60000 in Eritrea, 30000 im Ostsudan (1931).[117] Daneben gibt es eine Anzahl kleinere Stämme[118], die heute im Begriffe sind, absorbiert zu werden: Aschraf, Halenga, Artega, Kumeilab, Schaiab, Hamran, Aflenda, Warea und Bet Maala (die letzten drei Stämme bezifferte die Volkszählung von 1931 in Eritrea auf 1550, 1181 bzw. 2700 Menschen).[119] Die meisten Bedscha leben auf dem Territorium der Republik Sudan; Ababde und Bischarin haben Stammesgebiete in Oberägypten; der größte Teil der Beni Amer und ein kleiner Teil der Hadendoa leben in Eritrea.

Die Bedscha stellen nicht nur im Untersuchungsgebiet, sondern wohl auch in ganz Afrika die ältesten Vertreter des Nomadismus dar;[120] sie sind schon aus der Zeit des Alten Reiches in Ägypten (ab 2700 v. u. Z.) als Wanderhirten (Blemmyer) nachweisbar.[121] Die heutigen Stammesbildungen sind offenbar erst in den letzten Jahrhunderten entstanden und das Ergebnis eines Absorptionsprozesses, der von kleinen, besonders lebenskräftigen Gruppen ausging.[122] Rossini[123] unterteilt die Bedscha in eine nördliche Gruppe mit Ababde und Bischarin, denen wahrscheinlich auch die Hadendoa anzuschließen sind, und in eine süd-

[108] Fuchs, 1935, S. 122. – Rayne, 1918, S. 262. Barton, 1921, Turkana, S. 207.
[109] Pollera, 1935, S. 221. [110] Herzog, 1961, S. 16.
[111] Atlas Narodov Mira, 1964, S. 146.
[112] Rossini, 1947, S. 830.
[113] Klunzinger, 1877, S. 249. Hartmann, 1879, S. 196. – Murdock, 1959, S. 315. Hirschberg, 1962, S. 185.
[114] Newbold, 1935, S. 161.
[115] Sandars, 1935, S. 215. Newbold, 1935, S. 162.
[116] Rossini, 1947, S. 837.
[117] Pollera, 1935, S. 232. Rossini, 1947, S. 839. Ullendorff, 1961, S. 34.
[118] Newbold, 1935, S. 141. Munzinger, 1872, S. 204. Rossini, 1947, S. 840. Africa Orientale Italiana, 1938, S. 81.
[119] Pollera, 1935, S. 221, 213.
[120] Murdock, 1959, S. 318.
[121] Hirschberg, 1962, S. 184. Guirguis, 1956, S. 238. Budge, 1907, S. 175. Newbold, 1935, S. 141, 146f. Rossini, 1947, S. 830. Baumann, 1940, S. 232.
[122] Rossini, 1947, S. 831.
[123] 1937, S. 137.

liche mit den Beni Amer als wichtigstem Stamm. Auch A. PAUL[124] charakterisiert die Bedscha als

„a Hamito-Semitic people who are divided into two main groups – a southern one of purer Hamitic strain, but speaking a Semitic language (Tigre), who has only very recently emerged from an agelong serfdom, and a northern one less pure in blood, but speaking a Hamitic language (Beja) and displaying typical Hamitic characteristics."

Die Sozialstruktur der beiden Komplexe weist starke Unterschiede auf, denn im Norden wickelt sich das Stammesleben egalitär-patriarchalisch im Rahmen kleiner Familienverbände oder unter der losen Führung gewählter Stammesoberhäupter ab[125], während im Süden eine fremde Oberschicht als Adel sich über hörige Vasallen und Sklaven lagert.[126] – Die wirtschaftlichen Hilfsquellen der Bedscha verbessern sich von Nord nach Süd allmählich.[127] Obwohl der Bodenbau wie bei allen Hirtenvölkern gegenüber der Viehzucht als zweitrangig angesehen wird, verzichtet man gänzlich auf ihn nur beim Fehlen von Anbauflächen, bei günstigen Möglichkeiten des Handels und bei tributmäßigem Empfang von Vegetabilien.[128]

Die Ababde[129] im Norden sind am stärksten arabisiert: sie sind zwar noch im kulturellen Grundtypus Hamiten, haben aber ihre Sprache zugunsten des Arabischen aufgegeben und sich auch mit Fellachen gemischt (nicht aber mit echten Wüstenarabern wie Beli und 'Atawna, auf deren Kosten sie sich in der oberägyptischen Wüste ausgebreitet haben). Ein größerer Teil der Ababde begann schon im vorigen Jahrhundert im Niltal seßhaft zu werden und wandte sich verschiedenen stationären Erwerbszweigen zu (Bodenbau, Handwerk) oder verband Nomadismus mit kommerziellen Interessen (Handel, Transportwesen, gewerbliche Sammelwirtschaft).[130] – Die Bischarin zerfallen in zwei

124 1954, S. 25.

125 SANDARS, 1933, S. 149. PAUL, 1954, S. 14. – Erst die Ägypter statteten die Ababde-Oberhäupter, die sich in ihrem Lebenstil den Seßhaften angeglichen hatten, mit größeren Machtbefugnissen aus. Sie erhielten das Recht, Zölle zu erheben, Konfiskationen bei den nomadischen Ababde vorzunehmen, Handels- und Gewerbesteuern einzutreiben usw. (KLUNZINGER, 1877, S. 250f.; GUIRGUIS, 1956, S. 241).

126 MURDOCK, 1959, S. 316f.

127 s. Tab. 8 in der Beilage.

128 Verfasser hat in einer speziellen Arbeit (1968, S. 166ff.) als Faktoren für die Ausprägung der Bodenbaukomponente bei den ost- und nordostafrikanischen Nomaden herausgearbeitet: 1. Das natürliche Milieu, 2. die Produktivität der Wanderviehzucht, 3. akute Krisen der Wanderviehzucht, 4. sonstige Zweige der Ergänzungswirtschaft (Feldkostbeschaffung, Lohnarbeit, gewerbsmäßige Sammelwirtschaft, kommerzielle Transporte), 5. die Handelssituation, 6. die politische Situation (Tributärmachung von Bodenbauern, Schichtung), 7. die Rechtssicherheit, 8. die kulturelle Tradition, 9. die Akkulturation.

129 MURRAY, 1923, S. 417f. ROSSINI, 1947, S. 840. KLUNZINGER, 1877, S. 245.

130 KLUNZINGER, 1877, S. 249ff., 255f. MURRAY, 1923, S. 417f. ROSSINI, 1947, S. 840. HARTMANN, 1879, S. 196. PETHERICK, 1861, S. 52. MURDOCK, 1959, S. 315. HOHENWART-GERLACHSTEIN, 1959.

wichtige regionale Sektionen: in die nördliche, ausgeprägt nomadische des Atbai und in eine mehr seßhafte im Süden am Atbara, die SANDARS[131] dem Wirtschaftstypus nach in nomadische Herdenbesitzer, seminomadische Bodenbauer und in Flußanwohner unterteilt. Das Ursprungsgebiet des Bischarinstammes scheint die Gegend um den Berg Elba im Küstenhinterland des Roten Meeres zu sein.[132] – Die Amarar[133] als besonders reine Vertreter des Bedschaelementes in sprachlicher und physischer Hinsicht sind in den letzten 130 Jahren von ihrem beengten Bergland aus in friedlicher Expansion nach Westen in die Ebenen der Bischarin und Hadendoa vorgedrungen; daneben gibt es auch Bewohner des Küstenhinterlandes. Einige Tausend Amarar haben sich in und um städtische Zentren wie Port Sudan und Tokar angesiedelt (Hafenarbeit, Milch- und Brennholzversorgung). Weiter südlich folgen die Hadendoa als volkreichster Bedschastamm, der bis zur Errichtung des modernen Bewässerungsprojektes am Gaschfluß (1925) auch als der konservativste galt.[134] Die Hadendoa sind eine junge tribale Bildung, die von Sinkat und dem sich südlich anschließenden Gebiet ihren Ausgang nahm und zahlreiche kleinere Volksgruppen absorbierte.[135] In den dreißiger Jahren waren 75% der am Gasch bei Kassala seßhaften Baumwollpflanzer Bedscha, und unter diesen stellten die Hadendoa mit 56% das größte Kontingent.[136] Der Transportverkehr mit Kamelen und die gewerbliche Sammelwirtschaft (Schalen der Dumpalmnüsse, Sennesblätter, Koloquinten u. a.) haben durch die moderne Entwicklung an Bedeutung eingebüßt (Eisenbahn- und Lastwagenverkehr bzw. Plasteindustrie).[137]

Die besonders heterogenen Beni Amer als südlichste und ökologisch am meisten begünstigte Bedscha sprechen sowohl Bedschaidiome als auch Tigresprachen; das ist das Ergebnis eines Kontaktes mit Semiten des äthiopischen Hochlandes, die im Sommer in das Barkatal hinabzusteigen pflegten, um hier die Weide und Kulturflächen zu nutzen.[138] Einzelne Sektionen der Beni Amer sprechen Tigre, andere Bedscha, wieder andere sind zweisprachig – der Konservatismus der Bedscha und die geringe Volksdichte bewahrte die Bedschasprache vor der völligen Absorption und sorgte auch für die Bewahrung der Kulturtradition der Bedscha. Politisch sind die Beni Amer eine lose Föderation von Angehörigen einer Adelsschicht (Nabtab) arabischen Ursprungs (Dschaalin);

131 1933, S. 147f., 145f., 141, 143. – ROSSINI, 1947, S. 833. NEWBOLD, 1935, S. 161. Vgl. BURCKHARDT, 1820, S. 281, 277.

132 ROSSINI, 1947, S. 832f.

133 SANDARS, 1935, S. 214–217. ROSSINI, 1947, S. 835. NEWBOLD, 1935, S. 161f. BARBOUR, 1961, S. 217. PAUL, 1954, S. 7, 12f.

134 OWEN, 1937, S. 206f. ROSSINI. 1947, S. 836f. BERNATZIK, 1942, S. 156.

135 NEWBOLD, 1935, S. 140f. OWEN, 1937, S. 207. ROSSINI, 1947, S. 840. 831f.

136 ROSSINI, 1947, S. 837, vgl. NEWBOLD, 1935, S. 162.

137 OWEN, 1937, S. 206. ROSSINI, 1947, S. 837. NEWBOLD, 1935, S. 162. BARBOUR, 1961.

138 ROSSINI, 1947, S. 838; ders., 1937, S. 137f. MUNZINGER, 1864, S. 288f., 136f. NADEL, 1945, African Abstracts, 1952, S. 150. ULLENDORFF, 1961, S. 34. NEWBOLD, 1935, S. 141. Vgl. PAUL, 1950, S. 234, 227.

Stammesoberhaupt ist der Diglel.[139] Die Nabtab, die über die autochthonen Tigrevasallen der einzelnen Unterstämme herrschen, lösten im 17. Jahrhundert die ursprüngliche Herrschaft der Balau-Aristokratie ab.[140] Das Zahlenverhältnis zwischen Tigre und Nabtab war noch um 1940 neun zu eins.[141] (Weitere Ausführungen über das geschichtete Herrschaftssystem in Eritrea unter: Tigrevölker, S. 40f.). Die große Mehrheit der Beni Amer obliegt ausschließlich der nomadischen Viehzucht, wenige treiben Bodenbau.[142]

II. Die *Sudanaraber* sind innerhalb des Untersuchungsgebietes auf den Ostsudan beschränkt, wo sie 1955/56 39% der Staatsbevölkerung stellten (3989533, einschließlich der Mischlinge).[143] 1964 wurden für die Republik Sudan 5870000 Sudanaraber angegeben, das sind rund 49% der Gesamtbevölkerung.[144]

Spätestens seit dem 9. Jahrhundert sind moslemische Araber in den nördlichen und zentralen Ostsudan eingewandert. Sie hatten sich eine starke nomadische Kulturtradition bewahrt und zogen, nachdem sie das ihnen wenig gastliche Ägypten, das auch kulturell kaum Eindrücke hinterließ, verlassen hatten, das Niltal entlang weiter nach Süden und okkupierten nach und nach ihr heutiges Verbreitungsgebiet bis zum 10. Grad nördlicher Breite.[145] Weniger wichtig als Einwanderungsroute war die Passage über das Rote Meer. Bevölkerungspolitisch bedeutsam war die Neigung der Araber, sich mit Frauen der Vorbewohner (Bedscha, Nubier, Nuba, Niloten) zu vermischen. Zahlreiche islamisierte Stämme mit nur beschränkten arabischen Blutanteilen haben sich die Fiktion einer Abstammung von edelsten arabischen Geschlechtern zurechtgelegt, vorzugsweise von MOHAMMED oder seinen nahen Verwandten. Die Sudanaraber im engeren Sinne unterteilt MACMICHAEL[146] genealogisch in Ja'aliyin-Danagla und Guhayna (Djoheina); die erste Gruppe leitet sich von den Ismailiten Nordarabiens ab, die zweite soll von Kahlan- und Himyar-Arabern aus Südarabien, Jemen und Hadramaut abstammen. Mancherlei Aufsplitterungen und Zusammenschlüsse von Sippen und Stämmen, Adoptionen, Vermischungen, Absorptionen, Abwanderungen, Kriege usw. machen eine historische Rekonstruktion nahezu unmöglich.[147] Kababisch und Schukrija als

139 HEUGLIN, 1868, S. 97; ders., 1867, S. 167. ROSSINI, 1937, S. 138; ders., 1947, S. 839. PAUL, 1950, S. 234, 227. ULLENDORFF, 1961, S. 34.

140 ROSSINI, 1947, S. 838. MUNZINGER, 1864, S. 279, 308ff., 316, 312f. PAUL, 1950, S. 227f. SELIGMAN, 1930, 95f. AFRICA ORIENTALE ITALIANA, 1938, S. 85.

141 NADEL, 1945, African Abstracts, 1952, S. 150.

142 ULLENDORFF, 1961, S. 34. ROSSINI, 1937, S. 127. MUNZINGER, 1864, S. 332; ders., 1872, S. 204. SELIGMAN, 1930, S. 94.

143 HERZOG, 1961, S. 16.

144 ATLAS NARODOV MIRA, 1964, S. 146, 169.

145 REID, 1930, S. 188, 150f.; ders., 1935, S. 113ff. MURDOCK, 1959, S. 410. BARBOUR, 1961, S. 80. BORN, 1965, S. 96–101. BERRY, 1928, S. 278f. SCHULTZE, 1963, S. 160. – SELIGMAN, 1918, S. 180 (stellt das Fehlen von Geister- und Besessenheitsvorstellungen bei den Kababisch fest, im Gegensatz zum Niltal Ägyptens).

146 Bei BARBOUR, 1961, S. 81.

147 HERZOG, 1961, S. 14. LEBEUF, 1947, S. 429f.

typische Vertreter des sudanarabischen Kamelnomadismus verweisen ebenso auf ihre Herkunft von den Guhayna wie die meisten Baggara (Rindernomaden).[148] Die vorgegebene Abstammung und ethnische Gliederung sind hier also praktisch ohne Bedeutung für den wirtschaftlich-kulturellen Typus eines Stammes, wie er sich unter dem Einfluß der natürlichen Umwelt und benachbarter Gruppen herausbildet. – Eine dritte wichtige genealogische Gruppe sind die Kawachla, die über das Rote Meer einwanderten (mit Kawachla, Hassanie u. a.).

Zu den Baggara, die westlich des Weißen Nils in Kordofan und Darfur zumeist in nordsüdlicher Richtung nomadisieren, gehören die Messirija Zurug und Messirija Humr (Humr), die Aulad Himeid, Rizeigat, Habbanija, Beni Helba, Taaischa, Hauasma.[149] In dem nördlich sich anschließenden Landschaftsgürtel nomadisieren mit ihren Kamel- und Kleinviehherden ebenfalls in nordsüdlicher Richtung die Kababisch, Hawawir, Hamar, Fezara, Kawachla, Teile der Dar Hamid und Beni Gerar, sowie die nichtarabischen Meidob und Zaghawa.[150] Die Hamar[151] waren bis zur Mahdia neben den Kababisch die reichsten Kamelnomaden, dann erlitten sie nahezu totale Viehverluste und wurden bis auf eine Sektion seßhafte Hirsebauer und Gummisammler; in neuerer Zeit tendieren sie offenbar wieder zum Nomadismus. Am Weißen Nil selbst wird bei einer Anzahl von Stämmen ein an den Fluß gebundener Kurzstreckennomadismus mit starker Bodenbaukomponente betrieben, dessen Verlagerungen ostwestlich erfolgen (Selim, Ahamda, Gimma, Dar Muharib, Hassanie, Husseinat und andere Kawachlagruppen, in ähnlicher Weise wie Bischarin-Bedscha am Atbara; außerdem wohl auch die Dar Bakr an den Zuflüssen des Blauen Nil).[152] Eine andere Gruppe von Nomadenstämmen mit weiträumigen Nord-Süd-Verlagerungen machen sich ebenfalls die trockenzeitlichen Wasserreservoire des Nils nördlich Khartoums, des Blauen Nils oder des Atbara zunutze (Rufaa-Stämme, Kenana und Kawachla am Blauen Nil, Batahin am Nil nördlich Khartoums, Schukrija und Lahawin am Atbara).[153] Die zahlreichen seßhaft gewordenen Araberstämme (v. a. Gaalin), die Bodenbau und mancherlei Gewerbe betreiben, wollen wir hier unberücksichtigt lassen.

[148] Barbour, 1961, S. 81. Herzog, 1961, S. 14. Lebeuf, 1947, S. 430.

[149] Lampen, 1933, S. 97. Barbour, 1961, S. 150, Fig. 58 (Kartenskizze). Hirschberg, 1962, S. 189. Treatt, 1930, S. 29ff., 32. Lebeuf, 1947. Cunnison, 1954, S. 53–57 u. a.

[150] MacMichael, 1912, S. 192. Seligman, 1918, S. 119f. Barbour, 1961, S. 150f., Fig. 58 (Kartenskizze). Reid, 1930, S. 165; ders., 1935, S. 120. Hirschberg, 1962, S. 188. Davies, 1957, S. 59. Lebeuf, 1947. Murdock, 1959, S. 410f.

[151] MacMichael, 1912, S. 157ff. Pallme, 1843, S. 89. Hirschberg, 1962, S. 188. Berry, 1928, S. 289. Barbour, 1961, S. 150, Fig. 58. Davies, 1957, S. 187. Lloyd, 1910, S. 259.

[152] Reid, 1930, S. 150. Barbour, 1961, S. 182. (Kartenskizze). Hartmann, 1879, S. 201. Petherick, 1861, S. 134f. Brehm, 1855, S. 286, 288, 293f. Murdock, 1959, S. 410f.

[153] Barbour, 1961, S. 217, Fig. 85 (Kartenskizze). Murdock, 1959, S. 410f. Gleichen, 1905, S. 109. Hartmann, 1879, S. 200f. Marno, 1874, S. 258ff. Vgl. Stein, 1958/59, S. 148ff.

Die Kababisch (1956: 43000;[154] etymol.: „Ziegenhirten") können als reichster und dereinst mächtigster arabischer Nomadenstamm angesehen werden, doch sind sie ethnisch keineswegs homogen, denn berberische, negride, nubische und bedschaische Elemente haben sich ihnen mitgeteilt.[155] Die einzelnen Sektionen (khasm biyût), über denen ein gemeinsames Stammesoberhaupt steht, haben oder hatten unterschiedliche Anteile an negriden Sklaven; diese wurden in patriarchalischer Weise gut behandelt und in die Viehwirtschaft einbezogen.[156] Als Prototyp der Baggara kann man die Humr in Kordofan ansehen, die erst um 1770 in die Muglad, ihr heutiges Kerngebiet, eingewandert sein sollen.[157] Die Baggara unterscheiden sich von den Kamelarabern nicht nur durch das wichtigste Tier ihrer Herden, das Rind, das in ihrem weitaus besser beregneten Stammesland gut gedeiht, sondern auch durch die leichteren Lebens- und Arbeitsbedingungen (Tränkgeschäft!), durch ihr im Gegensatz zum Norden geradezu liberales oder kaum in Erscheinung tretendes Tränk- und Weiderecht, durch den stärker betriebenen Bodenbau (hier mehr von Sorghum als von Pennisetum), weiterhin durch die ursprünglich ganz hervorragende Jagdkomponente, durch das Fehlen eines kommerziellen Transportgeschäftes, bedingt durch die Lage ihrer Stammesländer und die Transporttiere der Baggara (Bullen), durch stärkere negride Rassen- und Kultureinschläge (von der starken Vermischung einiger Sektionen der Kababisch einmal abgesehen)[158], psychologisch durch eine mehr heitere Gemütsart, historisch durch ihre strikte Parteinahme für den Mahdi, sozial durch die freiere Stellung der Frau und die geringere Macht der Scheichs, deren Einfluß und Anhang von ihren persönlichen Führungseigenschaften abhängen, sprachlich durch starke Dialektunterschiede u. a. m.[159]

Nicht nur Kababisch und Baggara sind als heterogen zu bezeichnen, auch die Kawachla haben zahlreiche Einschläge der Bedscha[160], die Kerarisch sind stark arabisierte nubische Kamelzüchter[161], und die Hawawir muß man – trotz aller arabischen Einflüsse – als Berber ansehen, die an die Nordgrenze Kordofans verschlagen wurden.[162] Gering ist das arabische Element bei den offenbar schon sehr lange bodenständigen Zaghawa-Nomaden in Darfur[163], die ein Mischvolk aus negroiden und braunhäutigen Komponenten darstellen, eine Sprache der

[154] Herzog, 1959, S. 181.

[155] Seligman, 1918, S. 105, 107. MacMichael, 1912, S. 172–199. Petherick, 1861, S. 329. Hirschberg, 1962, S. 188.

[156] Bei Kababisch und anderen Kamelarabern: Seligman, 1918, S. 107, 130. Davies, 1957, S. 104, 130. Cuny, 1863, S. 129. Reid, 1930, S. 166.

[157] Bei Cunnison, 1954, S. 50; ders., 1966, S. 3 (nach Henderson).

[158] Seligman, 1918, S. 180.

[159] Solche Vergleiche stellen an: Davies, 1957, S. 117ff., 130. Berry, 1928, S. 289. Lampen, 1935, S. 130ff. Baumann, 1940, S. 260. Pallme, 1843, S. 81f. Reid, 1935, S. 113 u. a. m.

[160] Barbour, 1961, S. 81. MacMichael, 1912, S. 199–202, 130.

[161] Hirschberg, 1962, S. 188.

[162] MacMichael, 1912, S. 214–221. Barbour, 1961, S. 81.

[163] Barbour, 1961, S. 83. Seligman, 1932, S. 449. Baumann, 1940, S. 255. MacMichael, 1912, S. 105ff.

Teda-Kanuri-Gruppe sprechen und auch behaupten, mit Kanuri und Bedeyat verwandt zu sein. Die ebenfalls nichtarabischen Meidob in Nordost-Darfur stellen wahrscheinlich eine Mischpopulation aus Zaghawa und Tibbu mit Bedscha- und nubischen Einschlägen dar.[164] Beide Stämme betreiben die Kamelzucht in ähnlicher Weise wie die benachbarten Araber; auch die Fellata im Süden Darfurs, jüngere Einwanderer aus Wadai und Nigeria (Bororo), lehnen sich in ihrer Viehwirtschaft an die Baggara an. Eine der Fellata-Gruppen[165] hat bislang ganz auf Bodenbau verzichtet, sich durch häufiges Abweiden von Kultur- und Weideland fremder Stämme mißliebig gemacht und sich einer harten Bestrafung durch die Administration ausgesetzt; eine andere, stark arabisierte Fellata-Sektion (um Tulus westlich von Nyala) hat mit den Habbanija-Baggara Weideabkommen getroffen und schickt die Jungmannschaften in Rinderlager, während der übrige Teil der Bevölkerung eifrig Bodenbau betreibt. Die Raschaida[166] sind die jüngsten Einwanderer arabischen Bluts in das Untersuchungsgebiet (nach 1850); sie haben sich vom Jemen, dem Hedschas und von Hadramaut aus über Massaua, Assab und wichtige Küstenstädte Somalilands ausgebreitet und sind bis in das Küstenhinterland Eritreas (Sahel) und in die Republik Sudan vorgedrungen, wo sie Kamel-Ziegen-Zucht mit Bodenbau verbinden und sich mit ihren Nachbarn bisher kaum vermischten. Ihre Volkszahl in Eritrea betrug 1931 1000 Personen.[167]

III. Als *Nomadenstämme in Eritrea* mit der semitischen *Tigre*sprache sind zu nennen: die Konföderation der Bet Asgede mit Habab (synonym mit Ad Hibtes, 1905: 18000, 1931: 15000), Ad Temeriam (1931: 7000) und Ad Tekles (1931: 9800), Mensa (1905: 4000, 1931: 6500), Marea (untergliedert in Rote und Schwarze, 1905: 11000; 1931: Rote 8440, Schwarze 16650), Ad Schech (1931: 12502), Ad Ha, Ad Schuma (1931: 1450), Ad Ascher, Bedschuk (1905: 1000, 1931: 3750), Algeden, Sabderat, Teroa Bet Muse, Ad Moallim, Ad Tsaura (1931: 1210) u. a.[168] Hirschberg und Murdock geben die Gesamtzahl der Tigresprecher mit 200000 an, nach neuesten Angaben handelt es sich insgesamt um 460000 Menschen (1964);[169] diese leben in den Landschaften Samhar, Sahel, im mittleren Ansebatal, im Barka, östlich Kassalas, um Massaua, auf Dahlak.[170] In Eritrea wirtschaften auch die teilnomadischen Bogos oder Bileni, die den Hochkuschiten zugerechnet werden und *Agau* sprechen. Munzinger veranschlagte ihre Zahl um 1850 auf 8400, die Volkszählung von 1905 schätzte 7000,

164 MacMichael, 1912, S. 102ff.

165 Barbour, 1961, S. 166f., 84. Lebeuf, 1947, S. 459. Born, 1965, S. 113. Vgl. auch Cunnison, 1966, S. 172, 27 (Übergriffe der Fellata im Humr-Gebiet).

166 Pollera, 1935, S. 213ff. Rossini, 1937, S. 126. Ullendorff, 1961, S. 35. Barbour, 1961, S. 81.

167 Pollera, 1935, S. 214.

168 Angaben von 1905 bei Bertarelli, 1929, S. 569f.; von 1931 bei Pollera, 1935, S. 202–214.

169 Hirschberg, 1962. S. 185. Murdock, 1959, S. 316. – Atlas Narodov Mira, 1964, S. 146.

170 Rossini, 1937, S. 127.

um 1960 werden 25500 angegeben – dabei die beiden Hauptstämme Bet Tarke und Bet Takwe mit je 12000 Menschen.[171]

Das bei den Beni Amer aufgeführte Herrschaftssystem einer fremdstämmigen Adelsschicht über autochthone Vasallen (Tigre) findet sich auch bei einer Anzahl Tigrestämme und bei den Bogos in Blüte. Die unterdrückte Bevölkerungsmehrheit wird in den meisten Fällen von Vertretern der alten Geez-Schicht gebildet, nur bei den Bogos gehört sie der hochkuschitischen Altschicht an.[172] Die Adelsoligarchie der Habab, Ad Temeriam und Ad Tekles (Bet Asgede), die der Schumagalle bei den Bogos ebenso wie diejenige der Bedschuk und Ad Moallim, kam aus dem äthiopischen Hochland (Hamasen, Lasta)[173], während sich über die Tigre der Mensa und Marea Saho-Eroberer zu Herren aufschwangen (ebenfalls Schumagalle genannt).[174] Die Oberschicht der Ad Schech und der Sabderat (heute assimiliert) hingegen ist arabischer Herkunft.[175] Munzinger[176] spricht im Falle der Habab davon, daß ihre Vorfahren von Hamasen in Hochäthiopien in das Samhar genannte Küstenhinterland in Eritrea ausgezogen seien, wo sie, wenn auch nicht dem Bodenbau, so doch der Kamelzucht günstige Bedingungen vorfanden. Sie unterwarfen einheimische mohammedanische Nomaden, nahmen deren Sprache an und wurden eine kamelbesitzende Oberschicht, die, weil das monophysitische Christentum das Kamel ablehnt, auch zum Islam übertrat. – Der Grad der Beherrschung und Ausbeutung der Unterschicht, deren Angehörige innerhalb der einzelnen Adelsfamilien vererbt werden, variiert von Stamm zu Stamm zwischen mehr symbolischen Abgaben und häufigen, schweren Tributen sowie Dienstleistungen.[177] Bisweilen hat der Herr das Recht, Hörige zu töten oder in die Schuldklaverei zu überführen. Die Tigre sind unter anderem zu folgenden Abgaben verpflichtet:[178] vorübergehende Aushändigung von Milchkühen in bestimmten Monaten an die Haushalte der Herren, Lieferung von Transportkamelen für die saisonmäßige Verlagerung ihrer Residenzen, Abgaben von Butter, Sauermilch, Fett (im Wochenturnus und zu bestimmten Festen), Verpflichtung zu Geschenken in Form von Schlachtvieh bei Hochzeiten, Bestattungen, Erkrankungen und ähnlichen Anlässen, alljährlicher Tribut größerer Mengen von Korn und Bier,

171 Hirschberg, 1962, S. 185. Ullendorff, 1961, S. 39. Munzinger, 1959, S. 35. Bertarelli, 1929, S. 569. Pollera, 1935, S. 176.

172 Jensen, 1947, S. 785. Heuglin, 1868, S. 79.

173 Munzinger, 1872, S. 204; ders., 1864, S. 138f. Heuglin, 1868, S. 81. Jensen, 1947, S. 785f. Ullendorff, 1961, S. 34 (Bet Asgede). Rossini, 1937, S. 136 (Abwanderung des Bogos-Stammes der Bet Tarke aus Lasta angeblich im 10 Jh.). Jensen, 1947, S. 786 (Bedschuk). Pollera, 1935, S. 192 (Ad Moallim).

174 Rossini, 1937, S. 140. Jensen, 1947, S. 785. Höfner, 1951, S. 651. Munzinger, 1864, S. 317. – Africa Orientale Italiana, 1938, S. 85.

175 Jensen, 1947, S. 786.

176 1864, S. 140; ders., 1872, S. 204. Vgl. Pollera, 1935, S. 201.

177 Mensa: Höfner, 1951, S. 657. Marea: Pollera, 1935, S. 184. Habab: Heuglin, 1877, S. 83. Beni Amer: Seligman, 1930, S. 96.

178 Bei den Beni Amer erfolgt die Abgabe von Tributen an den Herrn (Nabtabi) nicht proportional zum Besitz, sondern als feststehende Rate (Nadel, 1950, African Abstracts, 1952, S. 151).

hohe Anteile der Viehbeute bei Raubzügen der Tigre, Abgabe von Fundgegenständen, von verunglücktem, vernachlässigtem und sterilem Vieh usw.[179] Das Privateigentum an Vieh durch die Hörigen bleibt nominell unangetastet.[180] Dem Herrn obliegt eine Anzahl von Pflichten und Hilfeleistungen gegenüber dem Tigre, die aber weit weniger ins Gewicht fallen (Schutz im Kriegsfall, Geschenke bei Geburt und Hochzeit, alljährliche Vergabe der Felder u. ä.). Weitere Züge der Herrschaft des müßigen Adels sind die vorwiegend getrennte Wohnweise der kamelbesitzenden Oberschicht in großen Residenzen (Zaga), die sich weitaus seltener (teilweise überhaupt nicht mehr) verlagern, im Gegensatz zu den hochmobilen Rinderlagern der in kleinen Hütten lebenden Tigre (Az Aha)[181], die Institution des Platzherrn, um sich hier den Einfluß zu sichern, die Rechtsunmündigkeit der Tigre sowie Schmuck- und Kleiderordnungen, die die Angehörigen der Volksschichten äußerlich kennzeichnen. Die Stammesföderation der Bet Asgede ist fast ganz viehzüchterisch (Transhumanz)[182], die übrigen geschichteten Stämme verbinden Viehzucht mit Bodenbau in einer Spielart des komplexwirtschaftlichen Viehpostensystems.[183]

Einige besonders heterogene Stammesbildungen (mit arabischen, äthiopischen, Saho- und Bedscha-Einschlägen, die Beduan MUNZINGERS) haben eine demokratische Verfassung und gewählte Häuptlinge; zu dieser Gruppe gehören die Ad Ha, Ad Schuma, Ad Ascher, Nabara und Meskalit, wobei nur die letztgenannten Bodenbau betreiben.[184]

IV. Die *Südkuschiten* leben in Eritrea, in West- und Südäthiopien, in den Somaliländern und in Kenia. Die Afar zählen nach ULLENDORFF (1961) in Eritrea, dem übrigen Äthiopien und auf dem Territorium Afar- und Issa-Küste 100000 Menschen;[185] der ATLAS NARODOV MIRA hingegen gibt 387000 an (1964).[186] Bei den ihnen sprachlich nahestehenden Saho-Stämmen in Äthiopien handelt es sich nach MURDOCK (1959)[187] und LEWIS (1955)[188] um ca. 50000 Menschen, nach dem eben erwähnten Atlas um 80000.[186] Nach ULLENDORFF[189] verteilt sich eine

[179] ROSSINI, 1937, S. 128. MURDOCK, 1959, S. 317. PAUL, 1950, S. 228f. MUNZINGER, 1864, S. 313f. SELIGMAN, 1930, S. 95f. POLLERA, 1935, S. 196f., 173. HÖFNER, 1951, S. 652f.

[180] Beni Amer: PAUL, 1950, S. 229. Bogos: POLLERA, 1935, S. 161; MUNZINGER, 1859, S. 45, 43. – MUNZINGER, 1864, S. 309f.

[181] MUNZINGER, 1864, S. 328f.; ders., 1859, S. 77. PAUL, 1950, S. 236, 230f. HEUGLIN, 1867, S. 171. JENSEN, 1947, S. 785f. POLLERA, 1935, S. 180, 197, 201. MÜLLER, 1883, S. 419

[182] MUNZINGER, 1864, S. 289, 139f.; ders., 1872, S. 204. POLLERA, 1935, S. 200f. HILDEBRANDT, 1874, S. 320.

[183] HEUGLIN, 1868, S. 97f.; ders., 1867, S. 171. MUNZINGER, 1864, S. 154; ders., 1859, S. 77f. POLLERA, 1935, S. 180f., 164f., 179ff. JENSEN, 1947, S. 785.

[184] JENSEN, 1947, S. 786. POLLERA, 1935, S. 218–222. MUNZINGER, 1864, S. 138f.

[185] 1961, S. 41.

[186] 1964, S. 146.

[187] 1959, S. 321.

[188] 1955, S. 174.

[189] 1961, S. 42.

Gesamtzahl von 1,5 Millionen Somal auf folgende Länder: Afar- und Issa-Küste 65000, Nordregion Somalilands (ehemals Britisch-Somaliland) 300000, das übrige Somaliland (früher italienisches Mandatsgebiet) 650000, Äthiopien (Ogaden) und Kenia (Nordprovinz) zusammen ca. 500000. Die Unsicherheit der Volkszählungen im Nomadenraum und den beachtlichen Bevölkerungszuwachs der letzten Jahrzehnte spiegeln folgende Angaben über die Somal wider: eine Untersuchungskommission gab 1952 für das italienische Treuhandgebiet 820000 Somal an,[190] MURDOCK bringt 1959 für die oben angeführten Länder eine Zahl von mehr als 2,5 Millionen, und der ATLAS NARODOV MIRA (1964) veranschlagt die Zahl der Somal sogar auf 3,72 Millionen Menschen![191] MURDOCK beziffert den Komplex der Sab-Stämme auf 300000 Somal, den der Hawija auf eine halbe Million.[192] In Kenia lebten nach der Zählung von 1948 nur 56000 Somal.[193] – Eine Aufzählung der zahlreichen Somalistämme würde hier zu weit führen.

Bei den Galla, deren Gesamtzahl auf 5,3 Millionen geschätzt wird[194], ist es schwierig, die Minderheit der in Südäthiopien und in Nord-Kenia lebenden teilnomadischen oder nomadischen Galla zahlenmäßig zu erfassen. Von dem wichtigen Nomadenstamm der Borana leben in Südäthiopien mindestens 30000, in Kenia nur einige Tausend (um 1955);[195] 1948 wurden in Kenia 27000 Galla gezählt.[196]

Mit den Südkuschiten haben wir nach MURDOCK[197] offenbar die zweitälteste afrikanische Nomadenschicht im Untersuchungsgebiet vor uns. Nach seiner Ansicht stiegen im 9. und 10. Jahrhundert die Vorfahren der heutigen Afar, Galla und Somal, vielleicht beeinflußt durch Bedscha oder Araber von jenem Plateauabschnitt in Südostäthiopien, der durch den großen Grabenbruch abgetrennt wird, in die benachbarten tiefergelegenen Landstriche und gaben ihren ursprünglich auf Bodenbau, Viehzucht und Handel ausgerichteten Wirtschaftstyp zugunsten eines reinen Nomadismus auf. Dieser Prozeß, der in der Ernährung durch die Umstellung auf Milch als Hauptnahrung gekennzeichnet war, wurde höchstwahrscheinlich durch die Afar begonnen, die nach Norden in die Halbwüste Dankaliens abwanderten; als zweite folgten die Galla in das zentrale Osthorn als Vorläufer der Somal. Die Galla fanden hier in der Umgebung der großen Flüsse Bantu-Bodenbauer vor, die in der zweiten Hälfte des ersten Jahrtausends die autochthonen Jägerstämme verdrängt hatten.[198] HABERLAND[199] sieht den sogenannten Nomadismus der Galla nur als sekundäre Absplitterung eines im Hochland betriebenen kombiniert viehzüchterisch-bodenbauerischen Wirtschaftstyps an; die Galla seien niemals weit in das

190 TRUST TERRITORY, 1952, S. 42.
191 1959, S. 320f. bzw. 1964, S. 146.
192 1959, S. 320.
193 GOLDTHORPE, 1960, S. 9f.
194 Nach ULLENDORFF (1961, S. 42) sind nur 2,5 Millionen als gesicherte Mindestzahl anzusehen, der Rest der Galla ist teilassimiliert.
195 HABERLAND, 1963, S. 23.
196 GOLDTHORPE, 1960, S. 9f.
197 1959, S. 318ff.
198 Vgl. JENSEN, 1947, S. 796.
199 1963, S. 7. Näheres S. 47 vorliegender Arbeit.

Innere des Osthorns vorgedrungen, sondern erst in jüngerer Zeit von Somal aus einigen sekundär besiedelten Randzonen vertrieben worden (s. S. 47).

Die Aufteilung des *Afarvolkes* (auch Danakil genannt, in der Gallasprache Adal, in Äthiopien Teltal) in Ado Mara (Adoimara, Adohiamara) und in Asa Mara (Asaimara, Assahiamara) wird von den meisten Autoren als Weißes oder niederes und Rotes oder edles Volk gedeutet.[200] Sie fällt heute wirtschaftlich nicht mehr ins Gewicht und ist auch im Sozialleben kaum noch spürbar. Die Ado Mara behaupten eine Abstammung von arabischen Einwanderern, die Asa Mara hingegen von abessinischen Eroberern, die die Ado Mara besiegten, zur Oberschicht des Landes wurden und teilweise mit ihnen verschmolzen.[201] LIPPMANN[202] erklärt Assahiamara als „Leute des reichen Landes" (darunter die Bewohner des Aussa-Sultanats) und Adohiamara als „Leute des armen Landes". PAULITSCHKE und ROSSINI[203] bringen zusätzlich die Selbstbezeichnung der Afar nach Wohnplätzen, nämlich „dudub mara" (Bewohner der Ebene) und „badaû" oder „bado" (Beduinen) bzw. Afar balo (Afar des Berglandes, bei ROSSINI). „Die ersteren haben nur einen kleinen Oscillationsspielraum für die nomadischen Züge, weil sie selbst und ihre Herden in der fruchtbaren Ebene müheloser das Fortkommen finden, die letzteren sind Bewohner der minder ertragreichen gebirgigen und wüsten Striche." (PAULITSCHKE).[204] Im Sozialleben ist die Feindschaft der einzelnen demokratisch organisierten Stämme (Dahomeita, Dehimela, Hederem, Belesua, Debeni, Mudaito u. a. m.) gegeneinander und nach außen, besonders gegen die Issa-Somal, symptomatisch.[205] Einzelne Oberhäupter gründeten Königreiche bzw. Sultanate. Obwohl sich früher zahlreiche Afar durch Sklavenhandel zwischen Äthiopien und Arabien bereicherten, war der Einsatz von Sklaven in den Nomadenbetrieben nicht rentabel.[206] Bodenbau ist mit Ausnahme der Oasen am Hawasch unmöglich, spielt also in der Nomadenwirtschaft (Berg-Tal-Verlagerungen) gar keine Rolle.[207]

Die den Afar nahestehenden Saho (Schoho)[208] vollziehen wie diese Verlagerungen zwischen der Küstendepression am Roten Meer und dem Ostrand des äthiopischen Hochlandes. Sie werden von gewählten Oberhäuptern der einzelnen Stämme (Teroa, Assaorta, Minifere, Hazo, Laasa, Irob u. a.) regiert. Einige Saho wurden in der Hochlandzone seßhaft, gingen zum Bodenbau über und nahmen die Tigrinya-Sprache an.

200 ROSSINI, 1937, S. 141f. ULLENDORFF, 1961, S. 41. JENSEN, 1947, S. 788.

201 ROSSINI, 1937, S. 142. FRENCH SOMALILAND, 1920, S. 8.

202 1953, S. 13.

203 ROSSINI, 1937, S. 141.

204 1893, S. 37.

205 LEWIS, 1955, S. 163. SALT, 1814, S. 177. VIGNÉRAS, 1900, S. 30. LIPPMANN, 1953, S. 7.

206 KRAPF, 1861, S. 505. NESBITT, 1928, S. 306. BURTON, 1861, S. 255, 269. REIN-STEINHARDT, 1936, S. 44f., 52. LEWIS, 1955, S. 162. HARRIS, 1845, Bd. 1, S. 231. PAULITSCHKE, 1893, S. 260. HEICHEN, 1885, S. 31.

207 JENSEN, 1947, S. 788. LEWIS, 1955, S. 163. REIN-STEINHARDT, 1936, S. 52. NESBITT, 1930, S. 552. POLLERA, 1935, S. 255. PAULI, 1947, S. 887.

208 ULLENDORFF, 1961, S. 40. JENSEN, 1947, S. 787f. LEWIS, 1955, S. 174, 176. ROSSINI, 1937, S. 140f. BERTARELLI, 1929, S. 569.

Das große *Somalivolk* gliedert sich in die genealogischen Stammesgruppen der Dir, Darod (beide zusammenfassend als Hedji oder Edji bezeichnet), Hawija (zusammen mit Hedji Samaale genannt), Rahanwin, Digil und Tunni (die als Sab den Samaale gegenüberstehen).[209] Diese Sektionen bekennen sich alle zu einer gemeinsamen Herkunft und behaupten wie fast alle arabisierten und islamisierten Stämme eine Herkunft aus Arabien. In jahrhundertelanger Expansion haben sich die Somalistämme vom Norden des Osthorns nach Süden und Südwesten bis nach Nord-Kenia ausgebreitet und mit Vorbewohnern (Bantu, autochthone Jäger, in der westlichen Randzone auch Galla) sowie untereinander zahlreiche Kämpfe geführt.[210] Die Dir und Darod, die sich offenbar am wenigsten mit Vorbewohnern vermischt haben und zuletzt nach Süden vorstießen, dünken sich innerhalb der Stammesfamilien der Somal als die Vornehmsten. Der Vermischungsgrad der einzelnen Somalistämme wird auch durch die Lage ihrer Stammesländer erklärbar. Die Dir bewohnen die Küste des Golfs von Aden und sein Hinterland, die Darod den äußersten Osten des Osthorns bis zum oberen Webi Schebeli und Dschuba im Westen, während die „weniger edlen“ Hawija nordöstlich des mittleren und unteren Webi Schebeli leben und die den Sab zugehörigen Rahanwin und Digil den Raum zwischen den beiden großen Strömen besetzt halten, also sich in engstem Kontakt mit fremden, nichtsomalischen Gruppen befinden.[211] Eine Ausnahme machen lediglich die Trans-Dschuba-Darod, die im 19. Jahrhundert über den Dschuba hinaus weit nach Süden vorgestoßen sind.[212] Die Unterschiede zwischen Samaale und Sab beschränken sich nicht nur auf Stammesbewußtsein, Lebensraum und Vermischungsgrad mit Nicht-Somal, sondern sie treten auch im Wirtschafts- und Sozialleben deutlich in Erscheinung. Die Sab, deren rassisches Erscheinungsbild von Stamm zu Stamm schwankt und die gegenüber dem Norden auch ziemlich abweichende Dialekte sprechen, haben eine viel stärkere Bodenbau- und Jagdkomponente, verlagern sich, wenn überhaupt, nur über kurze Strecken; in ihren Herden dominieren die Rinder, während die Somal im Norden Kamele und Kleinvieh in getrennten Betrieben halten. Die Sab befinden sich oft in einem sozialen und wirtschaftlichen Abhängigkeitsverhältnis von den Samaale (Hörigkeit, Dienstleistungsverpflichtungen in der Viehwirtschaft, Abgabepflicht, insbesondere von Bodenbauprodukten).[213] Wichtige Züge der Sozialorganisation von Hedji und Hawija sind: patriarchalisch-agnatische Stammesordnung, Lokalisation und politische Selbständigkeit der Klane, daneben

209 Paulitschke, 1893, S. 41ff. Lewis, 1961, S. 13f. Ullendorff, 1961, S. 42. Rossini, 1937, S. 281, 283 (nach Cerulli). Jensen, 1947, S. 789. Kersten, 1871, Bd. 2, S. 320. Bertarelli, 1929, S. 723ff. (detailliertes Diagramm). Zöhrer, 1964/65, S. 139–142.

210 Jensen, 1947, S. 788. Trust Territory, 1952, S. 43. Bertarelli, 1929, S. 723. Biasutti, 1905, S. 160. Baumann, 1940, S. 232.

211 Jensen, 1947, S. 789f. Trust Territory, 1952, S. 43.

212 Lewis, 1955, S. 20.

213 Unterschiede Sab - Samaale: Lewis, 1961, S. 13f.; ders., 1955, S. 28, 93. Pankhurst, 1951, S. 185. Zöhrer, 1959, S. 23f., 29. Bertarelli, 1929, S. 728, 735. Heun, 1963, S. 28f. Jensen, 1947, S. 799.

Militärbündnisse; die Abstammung von einem gemeinsamen Urahnen legt die Position im Verwandtschaftssystem fest (rer, tol, quabil, qolo, jili sind Termini relativer verwandtschaftlicher Zugehörigkeit) und stattet die einzelnen blutsverwandten Menschengruppen mit Rechten und Pflichten gegeneinander aus; nach Hirtenart wird die Macht der Häuptlinge durch einen Rat der Alten und die Volksversammlung der Männer wesentlich eingeschränkt; Aufteilung des Volkes in Speerträger (waranleh) und in Männer der Religion (wadaad).[214] Demgegenüber ist für die dichter siedelnden Sab kennzeichnend: föderative Ordnung mit autoritären Häuptlingen („Sultanen") und einem hierarchischen System; besondere Schutzbündnisse (shegat) zwischen Stämmen Stammessektionen oder auch nur Familien;[215] Dislokalisation des Klans, d. h. weitgehende Vermischung der heterogenen Bewohner einer Siedlung – das Bewußtsein gemeinsamer Abstammung tritt zugunsten lokaler Interessen der Siedlungsgemeinschaft zurück (genossenschaftliche Weide- und Brunnennutzung, gemeinsame Verteidigung der Siedlung, Aufteilung landwirtschaftlicher Nutzflächen u. a. m.).[216]

Die Midschurtin im Nordosten haben im vorigen Jahrhundert eines der wenigen kleinen Somali-Sultanate gegründet.[217]

Unklar ist die ethnische Stellung der Rendile in Nord-Kenia, die nach SPENCER eine dem Somali ähnliche Sprache sprechen, von anderen aber als Galla bezeichnet werden.[218]

Neben Sab und Samaale finden sich noch seßhafte assimilierte Negergruppen im südlichen Somaliland – 1951 wurden im italienischen Treuhandgebiet 44000 Menschen als negroid eingestuft.[219] Bei diesen Seßhaften spielt die Viehzucht nur eine geringe oder gar keine Rolle; sie leben in Konföderation mit oder (bis zur offiziellen Annullierung der Sklaverei) in sklavischer Abhängigkeit von „hochgeborenen" Somalistämmen, verwalten sich aber selbst durch eigene Häuptlinge (Goscha, Schidle, Boni, Kavolo, Schabelle, Rer Issa, Dube, Wasuge, Bulo Mererto, Mohammed, Garad Ali u. a.).[220] Sie liefern an ihre Herren oder Bundesgenossen Bodenbauprodukte[221], verrichten Dienste im Rahmen der Viehzucht[222] und regeln mit ihnen den Zugang zu den Flußtränken. Sklaverei

214 LEWIS, 1961, S. 27, 127–134. JENSEN, 1947, S. 802. BERTARELLI, 1929, S. 728. MARES, 1954, S. 413. PAULI, 1947, S. 883. BAUMANN, 1940, S. 240. BUCHHOLZER, 1959, S. 117. ROSSINI, 1937, S. 283f. ZÖHRER, 1959, S. 28f.

215 ZÖHRER, 1964/65, S. 145.

216 LEWIS, 1961, S. 14; ders., 1955, S. 93ff. ZÖHRER, 1959, S. 24. PANKHURST, 1951, S. 186. JENSEN, 1947, S. 802. Vgl. auch Anmerkung 214.

217 CRUTTENDEN, 1844, S. 321, 324. RÉVOIL, 1830. JENSEN, 1947, S. 802.

218 1965, S. 291. REIN, 1920, S. 383f.

219 PANKHURST, 1951, S. 186, 112f.

220 PAULITSCHKE, 1893, S. 29ff. JENSEN, 1947, S. 796f. ZÖHRER, 1959, S. 147. BERTARELLI, 1929, S. 728f. CANIGLIA, 1921, S. 39, 53f. BIASUTTI, 1905, S. 171f.

221 LEWIS, 1955, S. 28, 20. TRUST TERRITORY, 1952, S. 42. ROSSINI, 1937, S. 147. BERTARELLI, 1929, S. 729, 735. ZÖHRER, 1959, S. 25. PANKHURST, 1951, S. 112f. FERRANDI, 1903, S. 26, 110. KERSTEN, 1871, S. 297. REIN, 1920, S. 375.

222 Vgl. S. 104f. (Hüten), S. 193 (Tränken) und S. 200f. (Abkommen über die Flußtränke).

von Somali zu Somali gibt es nicht.[223] – Schließlich sind als nichtsomalische Volksschicht noch die ebenfalls als Sab bezeichneten Kastenstämme der Tumal (Eisenschmiede), Midgan (Antilopen- und Straußenjäger), Meddo (Fischer und Bootsbauer), Jibir (Zauberer, Medizinleute und Spaßmacher) u. a. zu nennen. Sie werden nicht als Stammesmitglieder der Stämme, unter denen sie leben, angesehen, sind rechtlich unmündig, dürfen kein Großvieh besitzen und kein Pferd besteigen, haben keine Lanzen und Speere usw.[224]

Galla. In dieser Arbeit wird die Viehhaltung der vollnomadischen Borana (einschließlich ihrer Vasallenstämme Gurra, Garri, Sakuyu)[225], der teil- und vollnomadischen Föderation der Gudschi (Dscham Dscham) – bestehend aus den nördlichen Gudschi oder Alabdu und den südlichen Stämmen der Uraga, Mati und Hoku), der Arussi (Arsi), und der von den Somal stark deziminierten südlichen Bararetta- oder Tana-Galla (Reste der sogenannten Warday)[226] behandelt. – Der altbekannten Hypothese, die Galla seien von den nachdrängenden Somal aus dem Osthorn vertrieben worden, im 16. und 17. Jahrhundert als reine Hirtenkrieger ins äthiopische Hochland vorgestoßen und dort erst allmählich mit dem Bodenbau bekannt geworden, ist Haberland[227] in jüngster Zeit mit der folgenden Theorie entgegengetreten. Ausgehend von Feldforschungsergebnissen bei den Galla Südäthiopiens, nimmt er an, daß die Galla, als Vertreter einer gemischtwirtschaftlichen Kultur, aus ihrer Urheimat im östlichen äthiopischen Hochgebirge um Bali nach Norden, Süden und Westen abgezogen sind und erst in extremen Fällen, unter den Bedingungen der neu besiedelten Steppenumwelt, im Tiefland den Bodenbau ganz aufgegeben haben (Borana, zwischen 1660 und 1720[228], Gruppen der Gudschi, Tiefland-Arussi).[229] Erst aus Siedlungszonen im östlichen Randgebiet, die die Galla spät besiedelten (Nord-Kenia, Nordwestteil Somalilands, mittleres Becken des Webi Schebeli), seien sie von den Somal vertrieben worden. Dieses Zurückweichen vor den Somal dauert heute noch an.[230] Im Süden hielten die Masai dank ihrer militärischen Schlagkraft den Vormarsch der Galla auf.[231] Weniger nomadische Galla, die

223 Paulitschke, 1896, S. 33; ders., 1893, 242, 260. Rein, 1920, S. 376. Hildebrandt, 1878, S. 376.

224 Cerulli, 1959, Somalia, S. 95f., 98f. Africa Orientale Italiana, 1938, S. 86. Bertarelli, 1929, S. 729. Lewis, 1961, S. 14. Pankhurst, 1961, S. 39ff.; ders., 1951, S. 186. Zöhrer, 1959, S. 25. Burton, 1861, S. 247. Rossini, 1937, S. 146. Trust Territory, 1952, S. 42. Biasutti, 1905, S. 158. Paulitschke, 1893, S. 29ff.

225 Haberland, 1963, S. 141–146.

226 Haberland, 1963, S. 13. Werner, 1914, S. 122. Hobley, 1894, S. 105.

227 Haberland, 1963, S. 4ff., 7, 771ff.

228 Haberland, 1963, S. 69, S. 780. – Die Alabdu-Galla, die zu den nördlichen Gudschi gehören, behaupten, die Borana hätten sich in alter Zeit von den Gudschi abgespalten. Der Name Borana sei ihnen gegeben worden, weil die im Hochland verbliebenen Feldbauer von ihnen sagten: uranitu inbörānte – „die Hirten sind abgewandert“ (Haberland, 1963, S. 277).

229 Haberland, 1963, S. 421, zusammen mit S. 427; S. 32f., 68, 348, 359, 257ff.

230 Haberland, 1963. Hobley, 1894, S. 105f. Clifford, 1928, S. 438. Denhardt, 1881, S. 15. Werner, 1914, S. 122. Biasutti, 1905, S. 160.

231 Werner, 1914, S. 122.

sowohl im Hochland als auch im Unterland leben, kombinieren einen altertümlichen Gerstebau im Hochland mit transhumanzartigen Verlagerungen der Herden in das Tiefland unter der Betreuung junger Stammesmitglieder (Mati unter den südlichen Gudschi, weniger deutlich bei Alabdu und westlichen Arussi).[232] Sie repräsentieren nach HABERLAND einen viehzüchterischen Übergangstypus, der dem reinen Nomadismus ausschließlicher Tieflandbewohner vorangegangen ist. Sklaverei spielt im Wirtschaftsleben der nomadischen Galla keine Rolle. Die Borana sind einer der wenigen Stämme, die in der Abgeschiedenheit ihres Nomadenlebens bisher dem Einfluß der großen Religionen standgehalten und ihre alte Gallakultur bewahrt haben, als deren wesentliche Züge im Sozialleben das Klanwesen, der Hohe Priester, das Gada-System und der Dualismus angesehen werden können.[233]

V. Die *Hamitoniloten* (oder Südostniloten), die letzte der hier behandelten Volksgruppen, leben zum allergrößten Teil in den Ländern Kenia, Uganda und Tansania; im südlichsten Ostsudan sitzen die Toposa, in Südwestäthiopien die Donyiro, in beiden Gebieten auch Minderheiten der Jie und Turkana.[234] Für die vorliegende Untersuchung sind folgende Stämme von Interesse (aufgeführt von Nord nach Süd): Toposa (um 1960: 126000)[235], Turkana (um 1920: 45000, um 1950: 80000)[236], Didinga (um 1920: 30000)[237], Dodoth (um 1965: 20000)[238], Karamojong (um 1960: 150000)[239], Jie (um 1950: 18200)[240], Suk (oder Pakot, vor 1940:[241] 24788, um 1959: 55000–60000)[242], Samburu (vor 1940: 16557, um 1965: 30000)[243], Nandi (1931: 50440, 1948: 112849)[244], Kipsiki (1920: 71091, 1939: 80000, 1948: 157211)[245], Masai (1946 in Kenia: 50000[246], 1948 in Tansania: 50000;[247] nach anderen Angaben 23000 in Tansania, 77000

[232] HABERLAND, 1963, S. 7, 68f., 372, 286. JENSEN, 1947, S. 791 (andeutungsweise bei Gudschi und Arussi).

[233] HABERLAND, 1963, S. 780.

[234] Die Donyiro sind eine Sektion der Toposa, die den Hauptstamm verließ und nach Osten wanderte, wo sie unter äthiopische Kontrolle kam und ein eigener Stamm wurde. Die Turkana, Bewohner Nordwest-Kenias, überqueren auf ihren Wanderungen im Sommer die Sudan-Kenia-Grenze und wurden aus verkehrstechnischen Gründen ausnahmslos von Kenia aus verwaltet (BARBOUR, 1961, S. 86). Turkana in Äthiopien: ROSSINI, 1937, S. 163. Der ATLAS NARODOV MIRA gibt 1964 1000 Turkana in diesem Lande an (S. 170).

[235] BARBOUR, 1961, S. 262.

[236] BARTON, 1921, Turkana, S. 110. GULLIVER, 1955, S. 42.

[237] DRIBERG, 1922, S. 215.

[238] DESHLER, 1965, S. 154.

[239] INGRAMS, 1961, S. 289.

[240] GULLIVER, 1955, S. 42.

[241] Nach Angaben vor 1940: WAGNER, 1947, S. 921f.

[242] SCHNEIDER, 1959, S. 144.

[243] SPENCER, 1965, S. 1.

[244] HUNTINGFORD, 1953, S. 19.

[245] HUNTINGFORD, 1953, S. 40.

[246] GULLIVER, 1955, S. 38.

[247] PAGES-JONES, 1948, S. 51.

in Kenia;[248] um 1959 insgesamt 140000 geschätzt)[249], weiterhin die Datoga (1948: 28000, Hauptstamm Barabaig um 1935: 15000, um 1950: 18500).[250]

Die Kultur der Hamitoniloten ist von BAUMANN auf Grund ihrer den Osthamiten bzw. Südkuschiten nahestehenden Züge als eine Mischkultur zwischen Pflanzer- und Nomadentum charakterisiert worden.[251] MURDOCK[252] hebt auch ihre egalitäre Sozialstruktur hervor. Masai, Samburu, Turkana, Toposa, Nandi, Hirten-Suk, Jie, Datoga und andere haben als gemeinsames Merkmal das Altersklassensytem, eine kriegerische Grundhaltung und eine ausgeprägte, wenn auch von Stamm zu Stamm schwankende nomadische Komponente; sie grenzen sich damit deutlich von den Bodenbauern der Nandigruppe (Kamasia, Ndo, Chebleng, Hügel-Suk), den seßhaften Teso und den nordwestnilotischen Bodenbauern Acholi, Labwor, Jaluo, Aluru u. a. ab.[253] Die den Turkana nahestehenden Stämme, so die Jie, Dodoth, Karamojong[254] u. a. haben trotz stärkerer Bodenbaukomponente (sie wurde früher allgemein unterschätzt) und unterschiedlicher Wohnweise mit diesen zahlreiche kulturelle Züge gemein (Geburts-, Todes-, Vererbungssitten, Klane, Brandmarkierungen beim Vieh, Namen, auch teilweise Waffen, Kopfbedeckungen, Stühle, Kleidung, Schmuck). Jie, Karamojong, Toposa, Didinga, Dodoth ebenso wie Nandi und Kipsiki betreiben Bodenbau im Rahmen des komplexwirtschaftlichen Viehpostensystems (s. S. 21).

Die Vorfahren der Masai und anderer Hamitoniloten entstammen höchstwahrscheinlich einem Ursprungsland zwischen Nil und Rudolf-See.[255] Um die Mitte des vorigen Jahrhunderts haben die Masai in schweren Kämpfen die ihnen ethnisch nahestehenden Kwavi, die früher ebenfalls nomadisierten, aufgerieben und zur Seßhaftigkeit gezwungen (Gwas 'Ngischu, Njarusi oder Enjamusi, Loikop u. a.).[256] In den Jahren 1883 und 1889 kam es durch Viehseuchen, Pockenepidemien und weitere interne Kriege zu einem raschen Niedergang der Masai, die den allergrößten Teil ihrer Herden verloren. Die Masai stellen nach BAUMANN[257] innerhalb des Komplexes der Hamitoniloten, der sich durch kombinierte Wirtschaft auszeichnet, eine Extremvariante dar, indem sie auf den Bodenbau völlig verzichteten und ihr Altersklassensystem militärisch-

248 FITZGERALD, 1957, S. 240.
249 GRZIMEK, 1959, S. 251.
250 GOLDTHORPE, 1960, S. 11. BERGER, 1947, S. 966 bzw. WILSON, 1953, S. 36.
251 1940, S. 215. Vgl. HIRSCHBERG, 1962, S. 180, und MURDOCK, 1959, S. 233–339. BARTON, 1923, S. 43f.
252 1959, S. 336.
253 ELIOT, 1909, S. XVII. HUNTINGFORD, 1953, S. 21. DUNDAS, 1910, S. 49. WAYLAND, 1931, S. 192, 195.
254 WHITE, 1920, S. 217. BAUMANN, 1940, S. 215. BARTON, 1921, Turkana, S. 111.
255 BAUMANN, 1940, S. 213. JACOBS, 1957, S. 1.
256 HOLLIS, 1939, S. 646. JOHNSTON, 1902, S. 796–800, 802ff. MERKER, 1910, S. 2. JOHNSTON, 1886, S. 383ff. BAUMANN, 1940, S. 215. BAUMANN, 1894, S. 157. ELIOT, 1905, S. XI. STIGAND, 1913, S. 213. THOMSON, 1885, S. 102, 369. FISCHER, 1884/85, S. 46.
257 1940, S. 212.

expansiv ausgerichtet haben. Sie sind als eine lose Föderation zahlreicher Unterstämme (ol-oshon) anzusehen[258], deren Aufsplitterung durch das gemeinsame erbliche sakrale Stammesoberhaupt (ol-oiboni), durch das Altersklassen- und Militärsystem der Morani, durch das geschlossene Siedlungsgebiet, durch die weit verstreuten Klane, durch gemeinsame Sprache, Religion und Kulturtradition zusammengehalten wird. Sklaverei ist unbekannt. Den Masai stehen in Wirtschaft und Kultur die urtümlicheren Samburu (Burkenedschi) nahe[259], deren Sozialorganisation nach SPENCER typisch gerontokratisch ist.

Die Turkana (oder Elgume) besiedelten etwa bis 1820 ein Stammesgebiet, das weitaus besser zum Bodenbau geeignet war als ihr heutiger Lebensraum (das ehemalige Samburu-Land);[260] es umfaßte Teile des heutigen Karamoja, Dodoth- und Jie-Landes. Von dort haben sie die Neigung mitgebracht, trotz zahlreicher Rückschläge und geringer Erträge den Boden so oft wie möglich zu bestellen.[261] Der heute übliche Großviehnomadismus (Kamele und Ziegen werden im ersten, Rinder und Schafe im zweiten Betrieb ein und desselben Viehbesitzers auf verschiedenen Weiden betreut)[262] ist eine jüngere Erscheinung; Kamele wurden durch die Turkana in Raubzügen gegen Rendile und Borana in der zweiten Hälfte des 19. Jahrhunderts erstmalig erbeutet[263] und als neue Haustiere übernommen.

Die Nandi haben mit den Masai zahlreiche Kulturzüge gemein (gemeinsames Urvolk der Dorobo, militärisch ausgerichtetes Altersklassensystem, Kriegsgesänge, Beschneidungssitten, sakrale Oberhäupter u. a. m.).[264] Ursprünglich teilten sie mit ihnen (in ähnlicher Weise wie die Kipsiki)[265] die Ablehnung des Bodenbaus; erst seit ca. 80 Jahren betreiben sie, wenn auch nicht sehr intensiv, Feldbestellung, nachdem Viehverluste durch Seuchen und sogenannte Strafexpeditionen der Engländer den Anstoß gegeben hatten.[266] Vor 1800 waren die Nandi noch Bewohner der freien Ebene, die sie erst unter dem Druck eines Sirikwa genannten Hirtenvolkes sowie aus Furcht vor Masai und Turkana verließen; sie zogen auf das heute von ihnen bewohnte, fruchtbare, gutbewässerte Nandi-Plateau.[267] Lumbwa, der den Kipsiki[268] von den Masai gegebene Name, ist eine verächtliche Bezeichnung für ein Volk, das die Wanderviehzucht als Hauptwirtschaftsform aufgegeben hat und „zu Bodenbauern herabsank." Die Kipsiki sind nach BARTON[269] ein Mischvolk aus Nandi, Kisii (Bantu) und

[258] JACOBS, 1957, S. 1. HUNTINGFORD, 1953.
[259] SPENCER, 1965, S. XVIIff. JOHNSTON, 1902. S. 798. KENYA LAND COMMISSION, 1934, S. 1447ff., 1473, 1488.
[260] REIN, 1920, S. 380. BARBOUR, 1961, S. 86. ROSSINI, 1937, S. 163.
[261] GULLIVER, 1954, Jie, S. 68.
[262] Näheres auf S. 124f.
[263] GULLIVER, 1953, S. 60. Weiteres s. S. 70 vorliegender Arbeit.
[264] BAUMANN, 1940, S. 214, 219f. ELIOT, 1909, S. XVII, XIV. BARTON, 1923, S. 43.
[265] ELIOT, 1909, S. XVII.
[266] ELIOT, 1909, S. XVII. HOLLIS, 1909 (bei HERSKOVITS, 1926, S. 30). Rein nomadische Nandigruppen durch MALLET (1923, S. 264) um 1915 belegt.
[267] ELIOT, 1909, S. XV (nach HOLLIS).
[268] BARTON, 1923, S. 42f. ELIOT, 1909, S. XIII.
[269] 1923, S. 42.

Dorobo. Den Nandi und Kipsiki stehen ethnisch-linguistisch von den hier behandelten Stämmen die Suk und Datoga nahe.

Die fast ausschließlich viehzüchterischen Datoga (Tatoga, Taturu, Mangati) leben mit Ausnahme der Barabaig in weitverstreuten Exklaven im nördlichen Tansania (unter Gogo, Njamwezi u. a.).[270] Die Barabaig sind der größte der mehr als zwanzig Unterstämme (eimojik), die sich früher befehdeten, aber das Bewußtsein eines gemeinsamen Ursprungs haben. Sie befinden sich gegenüber ihren Bodenbauernachbarn (Iraku, Njaturu, Gorowa u. a.) in der wirtschaftlichen und kulturellen Defensive.[271] Träger der Sozialorganisation sind Klanälteste und Altersklassen.[272] Eine Anzahl Kastenstämme leben unter den Datoga.[273]

Die Suk (Pakot, Potwut, Bawgott, Pokot, Pokwut, Eaupe, Gurut, Sukku)[274] sind ein heterogenes Volk, das aus Flüchtlingen der Nandi, Karamojong, Samburu u. a. entstanden ist, die im Elgeyo-Gebirge vor kriegerischen Nachbarn Zuflucht fanden und sich zunächst fast ausschließlich dem Bodenbau widmeten.[275] Nach einem erfolgreichen Raubzug gegen die durch eine Rinderseuche geschwächten Samburu entschloß sich der nachmalig Vieh-Suk genannte Volksteil (pipatich), in den südöstlichen Ebenen die höher bewertete nomadische Lebensweise aufzunehmen; die Bodenbauer- oder Hügel-Suk (pipapagh) bilden heute die Minderheit des Stammes.[276] Die Sozialorganisation ist nach SCHNEIDER (wie bei den meisten Hamitoniloten) segmentär und „acephal", d. h. durch das Fehlen von Häuptlingen mit Machtbefugnissen gekennzeichnet.[277]

3. *Die Herdentiere — ihre Verbreitung, ihre Nutzung; Rassen und Schläge*

a) Allgemeine Probleme der Herdentierhaltung und Viehstatistik

Die hochgradige Naturabhängigkeit der herkömmlichen *Viehzucht in Afrika*, die – insgesamt gesehen – mangelhaften Praktiken der Viehpflege und die hauswirtschaftliche Orientierung bringen es mit sich, daß sowohl bei den Nomaden als auch bei den stationären Viehzüchtern erstens die Größe der Viehbestände den potentiellen Möglichkeiten Afrikas nicht entspricht[278], zweitens

[270] WILSON, 1952, S. 40, 44; ders., 1953, S. 38. BERGER, 1938, S. 178; ders., 1947, S. 966.
[271] BERGER, 1938, S. 191. WILSON, 1953, S. 36.
[272] BERGER, 1947, S. 980.
[273] BERGER, 1938, S. 178, 183; ders., 1947, S. 979. WILSON, 1953, S. 38.
[274] Synonyme u. a. bei HIRSCHBERG, 1962, S. 182.
[275] ELIOT, 1911, S. XII, XIV. BAUMANN, 1940, S. 214.
[276] ELIOT, 1911, S. XIII. REIN, 1920, S. 379. KENYA LAND COMMISSION, 1934, S. 1734. SCHNEIDER, 1959, S. 152. HERSKOVITS, 1926, S. 31, nach BEECH.
[277] 1959, S. 144.
[278] KIEFERT, 1962, S. 461. – Als Ursachen der relativen Vieharmut in Afrika sieht PHILLIPS (1959, S. 72) an: 1. Auswirkungen von Krankheitsüberträgern (z. B. Tsetse, Zecken); 2. Wassermangel (jahreszeitlich und räumlich); 3. Notwendigkeit des dichten Weidens und nächtlichen Einkralens auf Grund der Raubtiere;

Quantität und Qualität der erzeugten animalischen Produkte im Vergleich zur Marktwirtschaft sehr niedrig liegen.[279]

In Afrika lebten 1963 10% der Weltbevölkerung (1956: 7%) auf 23% der Festlandsoberfläche. Trotz dieses hohen Flächenanteils und der günstigen viehwirtschaftlichen Disposition Afrikas, verfügte der Kontinent im Jahre 1950 nur über 8 bzw. 11% des Weltbestandes an Schafen und Rindern.[280] Der Anteil der afrikanischen Schafe war 1958/59 auf 14% angestiegen, während derjenige der Rinder praktisch stagnierte und 1962/63 lediglich 12% betrug.[281] Viel günstiger für Afrika sieht die Viehstatistik bei Herdentieren aus, die marktwirtschaftlich weniger ins Gewicht fallen und besser an Trockengebiete und an die Verwertung von Naturweide angepaßt sind.[282] Die Kamele Afrikas stellten um 1950 ca. 65% des Weltbestandes dar, die Ziegen 30% (1960: Kamele 70%, Ziegen 28%).[283] Wird der gesamte Viehbestand in Großvieh-Einheiten (GV, s. u.) ausgedrückt, so stand Afrika 1952/53 mit 118 Millionen an 5. Stelle unter den Kontinenten (zusammen 1021 Mill. GV).[284] Zwischen 1947 und 1952/53 war ein Anstieg um 9 Millionen Großvieh-Einheiten erfolgt, und 1962/63 hatte Afrika (mit 147 Mill. GV) bereits Europa (146 Mill. GV) hinter sich gelassen und rückte auf die 4. Stelle (Weltbestand 1257,4 Mill. GV).[284] Diese Zunahme des Viehbestandes wurde aber mehr durch die Einschränkung bestimmter produktionsgefährdender Faktoren (durch Massenimpfung des Viehs, durch Verdichtung des Tränknetzes, bei Dürren durch Verteilung von Lebensmitteln an die Nomaden, die so ihr Vieh zu Nahrungszwecken nicht zu schlachten

4. die in Halbwüsten und Trockensteppen während der Dürre beschränkt verfügbare und wenig nahrhafte Vegetation; in den feuchten Zonen der geringe Weidewert der Pflanzen; 5. der niedrige Stand der Viehwirtschaft; 6. die im Vergleich zu Europa und Nordamerika geringe Reproduktion der Rinder und Schafe.

279 Die derzeitige Marktproduktion der afrikanischen Viehwirtschaft ist so ungenügend, daß der einheimische Bedarf nur zum geringsten Teil befriedigt werden kann und die Handelsbilanz Afrika als ein ausgesprochenes Importgebiet für Viehzuchtprodukte ausweist. (Bei den folgenden Zahlenangaben ist zu berücksichtigen, daß die Südafrikanische Republik den Löwenanteil der Exportproduktion liefert). 1955 betrug der Export aller Länder Afrikas an Kondens- und Trockenmilch 2000 t, die Einfuhr hingegen 79 000 t; 5 000 t Butter wurden exportiert, 20 700 t jedoch importiert; einem Export von 1 000 t Käse stand ein Import von 32 000 t gegenüber! (Kiefert, 1962, S. 464). Nicht einmal in Somaliland, wo unter allen Ländern des Untersuchungsgebietes der höchste Prozentsatz der Bevölkerung in der Viehzucht beschäftigt ist, kann die inländische Nachfrage nach Produkten tierischer Herkunft befriedigt werden! (Nach Trust Territory, 1952, S. 64f.).

280 Worthington, 1958, S. 315.

281 Production Yearbook, 1964. Afrika-Spravočnik, 1963, Bd. 2, S. 124 und Bd. 1, S. 448.

282 Über die hauswirtschaftlichen Aspekte der Kamel- und Ziegenhaltung im Vergleich zur Rinderzucht s. Bozzi, 1960, S. 405f.; Trust Territory, 1952, S. 115; Zöhrer, 1964/65, S. 150.

283 Production Yearbook, 1965, S. 155. Afrika-Spravočnik, Bd. 1, S. 417, 288.

284 Phillips, 1959, S. 72. Production Yearbook, 1964, S. 453.

brauchten usw.) als durch eine Abkehr von den mangelhaften Zucht- und Pflegepraktiken erreicht.

Ließe sich auch der Verbrauch von Produkten tierischer Herkunft in Afrika statistisch erfassen, so würde sich, wenn wir das Jahr 1962/63 heranziehen, weitaus weniger als das oben angeführte runde Neuntel der Weltkapazität (an Vieh) ergeben. Eine bestimmte Viehzahl verkörpert nämlich in der *hauswirtschaftlichen Viehzucht* Afrikas, d. h. unter den Bedingungen der Subsistenzwirtschaft, einen viel geringeren wirtschaftlichen Wert als in hochentwickelten Agrar- und Industrieländern.[285] Das wichtigste Merkmal dieser Wirtschaftsweise ist eine Produktion vorrangig für den Eigenbedarf, d. h. die Produkte tierischer Herkunft werden zum allergrößten Teil im Betriebe selbst verbraucht. Zwar sind zwischen den Nomaden im Ostsudan sowie in Somaliland, die im Einflußbereich arabischer Kultur, städtischer Zentren[286] und Märkte[287], der

285 Eine grundlegende Abgrenzung Marktwirtschaft – Hauswirtschaft bringt SCHICKELE (1931, S. 19–28, 92–95). HERZOG (1963) untersucht die ökonomischen Aspekte der Überlebtheit des Nomadismus.

286 Einige der Städte im Ostsudan, die für die dortigen Nomaden bedeutsam wurden: Suakin, die von Arabern geprägte Stadt am Roten Meer, die die Pilgerfahrten nach Mekka und Dschidda vermittelt, war in ihrer Blüte ein Handelszentrum von Arabern, Bischarin, Hadendoa, Portugiesen, Indern, Türken und Jemeniten (BERNATZIK, 1942, S. 154f.; GEYER, 1914, S. 256; NEWBOLD, 1935, S. 151; SCHWEINFURTH, 1922, S. 89f.); in ihrer Bedeutung heute zurückgedrängt von Port Sudan, der modernen Hafenstadt, die den Nomaden nicht nur Absatzmöglichkeiten, sondern auch Lohnarbeit in den Docks bietet (ROSSINI, 1947, S. 835); der Küstenort Bahdur Akik (Arkiko) weiter südlich, im Einzugsbereich der Beni Amer, war zu HEUGLINS Zeit (1877) ein kleiner Exporthafen für Häute, Schläuche, Schlachtvieh, Honig, Wachs, Butter, Matten, Holzkohle, Perlen, Perlmutt, Schildpatt u. a. m. (HEUGLIN, 1877, S. 47f., 51; REIL, 1869, S. 370); Kosser, an der ägyptischen Küste des Roten Meeres, wurde (um 1860) täglich von Ababde-Karawanen mit Wasser versorgt, die hier auch Sammelprodukte, Holz, Kohle neben Produkten ihrer Viehzucht absetzten (SCHWEINFURTH, 1922, S. 7; KLUNZINGER, 1877, S. 255; PETHERICK, 1861, S. 63, 69); Gosdjereb am Atbara, eine merkantilistische Gründung von Dschalin-Arabern, Schukrija und Händlern vom Stamme der Bischarin und Hadendoa (BURCKHARDT, 1820, S. 294f.); die Städte Rufaah, Abu-Haraz und Mesalamieh, wo Rufaa und Schukrija seßhaft wurden und zur Zucht von Standvieh übergingen (HARTMANN, 1879, S. 199; GANZENMÜLLER, 1884, S. 154) und andere mehr.

287 Eines der wichtigsten Marktprodukte der Nomaden ist Butterschmalz (ghee, semn). Amarar- und Hadendoa-Nomaden lieferten es früher – in relativ beschränkten Mengen – nach Suakin, heute vor allem nach Port Sudan, die Beni Amer nach Akik und via Akik nach dem Nahen Osten, die Nomaden Eritreas nach Massaua, die Baggara in die Marktstädte Darfurs und Kordofans, die Somal in die Küstenstädte des afrikanischen Osthorns und auf die Märkte des Nahen Osten und Indiens. Vgl. Literaturangaben in vorhergehender Fußnote, außerdem: PAUL, 1950, S. 243 (Akik); MUNZINGER, 1864, S. 153 (Massaua); LAMPEN (1933), BORN (1965), CUNNISON (1966) u. v. a. (Baggara); CRUTTENDEN, 1849, S. 67, 73 und ders. 1844, S. 332 (Somalistädte), dgl. HAGGENMACHER, 1876, S. 39; COZZI, 1965, Allevamento, S. 132ff.; ZÖHRER, 1964/65, S. 150 u. v. a.

Geldwirtschaft, des Transitverkehrs, einer fortgeschrittenen gesellschaftlichen Arbeitsteilung stehen, und den Nomaden des isolierten Südens Abstufungen in der wirtschaftlichen Selbstgenügsamkeit zu verzeichnen – dennoch verfolgen sie alle das gleiche viehwirtschaftliche Hauptziel. Überschüsse, mit denen man vorwiegend vegetabilische Nahrungsmittel erwirbt, werden mehr zufällig als planmäßig abgegeben; ihr Absatz wird außerdem stark behindert durch die entfernte Lage von Märkten, durch den Mangel an Transportmitteln zu diesen, durch das Fehlen geeigneter Konservierungsmethoden für Viehzuchtprodukte u. ä. Das Interesse der Nomaden, Gebrauchsgüter zu kaufen, ist schon gering, doch eine Investition der Gewinne in Produktionsmitteln, von Großvieh abgesehen (Zaunmaterial, Kraftfutter, Stalleinrichtungen usw.), ist bei ihnen wie bei den Seßhaften nahezu unbekannt. Die Erträge liegen niedrig; Menge und Güte der Milch-, Fleisch-, Butter-, Leder- und Wollerzeugung sind mangelhaft. Vieh ist wichtigster Wertträger überhaupt, deshalb bedeutet eine große Viehzahl unabhängig von der Produktionsleistung Reichtum und Prestige (Viehthesaurierung beim Fehlen der Geldwirtschaft). Eine enge gefühlsmäßige und zum Teil auch religiöse Bindung an das Vieh steht einer optimalen wirtschaftlichen Nutzung entgegen. Die Schlachttermine werden hinausgezögert, die Herden überaltern und überstocken. Durch das Streben nach maximaler Viehzahl werden zwar Rückschläge durch Seuchen, Dürren und Viehraub aufgefangen[288], doch die Naturweide wird überlastet und denudiert. Trotzdem erfolgt kein Anbau von Futterpflanzen, keine Heubereitung, ganz zu schweigen von einer bewußten Düngung der Weiden, wie ja auch eine weitgehende Trennung der lokalen Viehzucht- und Bodenbaubetriebe kennzeichnend ist. Die künstliche Zuchtwahl ist beschränkt und einseitig und unterliegt oft irrationalen Gesichtspunkten usw.

Großvieh-Einheiten. Das Zusammenzählen von Stückzahlen verschiedener Herdentierarten vermittelt ein unklares Bild von Viehreichtum. Um die Gesamtheit eines Viehbestandes in einem einzigen Wert ausdrücken und mit anderen Viehbeständen statistisch vergleichen zu können, hat man sich auf die Umrechnung in Großvieh-Einheiten („livestock units", „animal units") geeinigt.[289] Man erhält die Großvieh-Einheiten, indem man die Stückzahlen der einzelnen Herdentierarten mit den folgenden Umrechnungsfaktoren, die sich im wesentlichen an die Quantität der Futteraufnahme anlehnen, multipliziert: Kamel = 1,1, Büffel, Pferd und Maultier = 1,0, Rinder und Esel = 0,8, Schwein = 0,2, Schaf und Ziege = 0,1 Großvieh-Einheiten (GV). Der Gesamtviehbestand in GV ergibt sich durch einfache Addition. Wenn wir die Summe der Großvieh-Einheiten durch die Bevölkerungszahl teilen, erhalten wir einen Pro-Kopf-Wert des allgemeinen Viehreichtums.[290] Die prozentuale Aufschlüsselung des Gesamtviehbestandes in GV nach den Herdentierarten läßt uns deren tatsächlichen Anteil an Produktion und Wert besser erkennen, als ein Vergleich der Stückzahlen.

[288] Vgl. S. 239, Fußnote 1.

[289] Production yearbook, 1965, S. 452. Phillips, 1959, S. 72. Somali Republic, 1961, S. 163f., 153, 155, 157 („animal units").

[290] s. Tabellen 4 und 5, S. 61f., sowie in der Beilage die Tabellen 10 und 11.

– Die oben aufgeführten Umrechnungsfaktoren, die von der FAO angewendet werden und für die vorliegende Arbeit übernommen wurden, sind natürlich nur grobe Annäherungen, die für die beiden Geschlechter des Viehs und für die Vielfalt der Rassen, Züchtungen, Körperbautypen und Altersstufen, gesehen im Weltmaßstab, nur bedingt gelten können. Denn es erhebt sich die Frage, ob unter Zugrundelegung physiologischer und produktiver Momente afrikanische Rinder, die oft nur 4–6 Zentner wiegen, ohne weiteres mit europäischen oder anderen auf eine Stufe gestellt werden können, und ob z. B. der genügsame ostafrikanische Esel, der keine Milch und kein Fleisch zu Nahrungszwecken liefert, und dessen Turkana-Schlag nahezu doppelt so groß ist wie beispielsweise der Mitteläthiopiens, wertmäßig mit einer Zebu-Kuh gleichgesetzt werden kann (0,8 Großvieh-Einheiten). Wie dem auch sei, die vorliegenden Umrechnungsfaktoren sind trotz ihrer Vereinfachung ein nützliches statistisches Hilfsmittel (s. Tabelle 10 und 11 in der Beilage). Bezeichnenderweise wurden von andern Autoren andere Umrechnungsfaktoren vorgeschlagen. Für den Ostsudan z. B. benutzt HARRISON die folgenden: Kamel = 1,5, Kuh oder Bulle 1, Schaf oder Ziege $1/6$ „animal unit".[291] Die International Cooperation Administration für Somaliland differenziert sogar nach Alterstufen des Viehs und nach bestimmten Leistungen (so die Laktation):[292]

1. Rinder
   a) Fleischproduktion

Kühe	1,0 animal unit
einjährige Kälber (6–18 Monate alt)	0,6 animal unit
Bulle	1,25 animal unit
noch nicht entwöhnte Kälber	0,0 animal unit

   b) Milchproduktion

Kühe ohne Milch	1,0 animal unit
laktierende Kühe	1,5 animal unit

2. Schafe (und Ziegen)

Mutterschaf mit Lamm	0,2 animal unit
einjähriges Lamm (6–18 Monate alt)	0,12 animal unit
Bock	0,25 animal unit
noch nicht entwöhnte Lämmer	0,0 animal unit

Eine Einstufung des Kamels in dieses System wird jedoch mit Fragezeichen versehen.

Tabelle 11, „Viehstatistik afrikanischer und außerafrikanischer Länder im Verhältnis zu Einwohnerzahl und Landesfläche – Umrechnung auf Großvieh-Einheiten"[293], geht weit über die Stammesgrenzen hinaus und wirft ein Licht auf die Viehdichte und den „nationalen" Viehreichtum, den sie prozentual aufschlüsselt; es handelt sich um die sieben Länder des Untersuchungsgebiets sowie um Algerien, Nigeria, die Südafrikanische Republik, Kolumbien, Frankreich, die DDR und Polen. Die Viehzahlen der letzten fünf Länder wurden als

[291] Bei BARBOUR, 1961, S. 169.
[292] SOMALI REPUBLIC, 1961, S. 163f.
[293] Erarbeitet nach dem Zahlenmaterial des PRODUCTION YEARBOOK der FAO, 1965

Vergleichsmaterial aus dem überwiegend marktwirtschaftlichen Bereich herangezogen. Leider ist das Vieh der afrikanischen Nomaden statistisch nicht zu trennen von dem stationärer Viehzüchter, ebenso können die Viehbestände hauswirtschaftlicher Betriebe in Afrika nicht gesondert betrachtet werden von denen der Marktproduktion. Nach all dem, was wir über die Landnutzung und die Haupterwerbszweige der Staatsbevölkerungen erfahren haben (S. 16–22), ist die inländische Variabilität des Viehbesitzes von Land zu Land recht unterschiedlich; sie dürfte z. B. im Ostsudan besonders hoch liegen.

Eingedenk dieser Mängel läßt sich aussagen, daß bei den Nomaden und Seßhaften der Länder des Untersuchungsgebietes der Viehreichtum pro Kopf mehr als doppelt so hoch liegt wie im afrikanischen Durchschnitt, wie die Rubrik *Großvieh-Einheiten pro Einwohner* ausweist. Diese Länder, durch das natürliche Milieu zur Viehzucht disponiert, zeigen im Vergleich zu den übrigen dieser Tabelle relativ hohe Werte (von Uganda abgesehen); als marktwirtschaftliche Staaten können nur Kolumbien und die Südafrikanische Republik Schritt halten, dann folgen, mit Bruchteilen, die drei europäischen Länder, hinter denen Algerien und Nigeria mit dem geringsten Nationalreichtum an Vieh abfallen. Nomadische und hauswirtschaftliche Viehzucht in Afrika heißt also keineswegs generell eine geringe Pro-Kopf-Zahl an Großvieh-Einheiten – natürliche Gunst oder Ungunst ist entscheidend dafür, ob Vergleichswerte der Marktwirtschaft über- oder unterboten werden. Deshalb erlaubt diese Zahl auch keine Rückschlüsse auf den Stand der Produktivkräfte, die Marktleistung und den Pro-Kopf-Verbrauch an Nahrungsmitteln tierischer Herkunft. Die GV-Zahlen pro Einwohner der Länder des Untersuchungsgebietes liegen natürlich, da sie sich auch auf mehr oder minder große Anteile seßhafter und vieharmer Bevölkerungsgruppen beziehen, weit unter den betreffenden Werten auf Tabelle 10, die Nomadengruppen erfaßt. Deshalb fällt uns besonders auf, daß in einigen wenigen Fällen diese Zahl im Landesdurchschnitt höher liegt (Somaliland, Äthiopien) als bei armen Nomadenstämmen (z. B. Hadendoa, Amarar).

Wie der Viehreichtum pro Kopf, so liegt auch die *Viehdichte* in Ost- und Nordostafrika gegenüber dem afrikanischen Durchschnitt mehr als doppelt so hoch. Obwohl es sich hier nur um reichlich 20% der Fläche des Kontinents und um ebenfalls 20% der Einwohnerzahl handelt (1961), werden in diesen sieben Ländern 43% des afrikanischen Bestandes an Kamelen, Rindern, Schafen, Ziegen und Eseln gehalten (das sind 6% des Weltbestandes); im einzelnen sind hier 72% der Kamele Afrikas, 44% der Rinder, 38% der Ziegen, 33% der Schafe und 37% der Esel konzentriert.

Die Viehdichte wird nicht in allen Fällen durch haus- bzw. marktwirtschaftliche Produktionsverhältnisse determiniert. Das fruchtbare Entwicklungsland Äthiopien hat z. B. eine doppelt so hohe Viehdichte wie das für den Weltmarkt produzierende Rinderland Kolumbien. Naturbegünstigung kann also, wie beim Viehreichtum pro Kopf so auch bei der Viehdichte, selbst bei geradezu archaischen Produktionsmethoden zu höheren Zahlenwerten führen als in manchen marktwirtschaftlichen Zonen. Erst in Ländern mit dicht siedelnder Bevölkerung, humidem Klima, breitangelegtem Futterbau, Futterkonservierung, Weidedüngung und hochentwickeltem veterinären Dienst ergibt sich im Landesmaßstab ein Vielfaches der Viehdichte gegenüber dem Länderdurchschnitt des Untersuchungsgebietes. Weil z. B. in Europa prozentual kleinere Flächen der viehwirtschaftlichen Nutzung unterliegen, wiegt das um so schwerer; daher ist die effektive Fläche, die im Durchschnitt zur Haltung eines Stückes Vieh erforderlich ist, nicht nur drei- bis viermal so groß wie aus den auf Tabelle 11 angegebenen Werten der Viehdichte zu schließen wäre, sondern ein Vielfaches davon. Viehdichtewerte, wie sie Harrison[294] als „optimum stocking" für „favourable areas" im Ostsudan empfiehlt, sind für die europäische Viehwirtschaft unvorstellbar. Er veranschlagt 10 seiner „animal units" (s. oben) auf eine Quadratmeile (= 2,6 qkm = 259 ha), das sind 60 Schafe oder 10 Rinder oder 6,7 Kamele auf diese Fläche, bzw. 1 Schaf auf 4,3 ha oder 1 Rind auf 25,9 ha.

Wenn man anhand von tribalen Viehzahlen und Flächenangaben der Stammesgebiete eine rein theoretische durchschnittliche Viehdichte ermittelt[295] (die sich zwangsläufig auf *alle* Landkategorien bezieht, auf die permanent, periodisch und episodisch nutzbaren Weideareale ebenso wie auf die für die Nomadenwirtschaft ständig ausfallenden Flächen), so erhält man beispielsweise bei den Amarar 2,2 Großvieh-Einheiten/qkm (das sind 2 Kamele oder 2,8 Rinder oder 22 Stück Kleinvieh pro qkm), bei den Habab 8,0 GV/qkm (das sind 7,3 Kamele oder 10 Rinder oder 80 Stück Kleinvieh pro qkm), bei den Jie 16,3 GV/qkm (das sind 20,4 Rinder oder 163 Stück Kleinvieh pro qkm), bei den Masai Kenias 20,5 GV/qkm (das sind 25,6 Rinder oder 205 Stück Kleinvieh pro qkm). (Vgl. auf Tabelle 11 die Großvieh-Einheiten pro qkm der Länder). Umgerechnet auf jeweils ein Herdentier bedeutet das bei den Amarar eine durchschnittliche Bestockung von einem Schaf auf 4,5 ha und von einem Kamel auf 49,4 ha, bei den Habab von einem Schaf auf 1,3 ha, von einem Rind auf 10 ha und von einem Kamel auf 13,8 ha, bei den Jie von einem Schaf auf 0,6 ha und von einem Rind auf 4,9 ha, bei den Masai Kenias von einem Schaf auf 0,5 ha und von einem Rind auf 3,9 ha.

Die Zahl der Rinder pro Quadratkilometer erreicht erst bei wesentlich mehr als 500 mm Jahresniederschlag hohe Werte. Zwar können Rinder auch bei viel geringeren Regenmengen existieren, doch sinkt dann ihre Zahl pro Quadratkilometer auf einen Bruchteil herab.[296] In den sieben Provinzen Somalilands schwankt die Rinderdichte zwischen 0 Rindern pro qkm in Migiurtinia (Jahresniederschlag 50–200 mm) und 10,5 Rindern pro qkm in Benadir (Jahresniederschlag maximal 600 mm); die Durchschnittsdichte ist 1,8 Rind pro qkm.[297]

[294] Bei Barbour, 1961, S. 169. Bei dieser Kalkulation Verwendung der Harrisonschen Umrechungsfaktoren.

[295] Amarar: 8000 Quadratmeilen, = 20719 qkm (Sandars, 1935, S. 196). Habab: 6222 qkm (nach Munzinger bei Heichen, 1885, S. 526). Jie: 1300 Quadratmeilen = 3367 qkm (Gulliver, 1955, S. 42). Masai Kenias: 14 962 Quadratmeilen, = 38 750 qkm (Kenya Land Commission, 1934, S. 1189). Belege für die Viehzahlen bzw. Großvieh-Einheiten s. Tabelle 10 in der Beilage.

[296] O'Connor, 1966, S. 225, 113.

[297] Cozzi, 1965, Zebù, S. 61.

McKay veranschlagt bei den Samburu auf weiten Strecken eine pro Rind erforderliche Weidefläche von ca. 17 Hektar[298] (das sind 5,9 Rinder pro qkm), manchmal könne ein Rind jedoch mit einem Zehntel dieser Fläche und weniger auskommen. Born[299] bringt, in Anlehnung an Angaben sudanesischer Viehzuchtinpektoren, die wiederum zumeist auf Harrisons Untersuchungen zurückgreifen, als Richtwerte: bei durchschnittlichem Niederschlag 13 ha pro Rind, in Dürrejahren dreimal soviel, also rund 40 ha.

Der Anteil der Rinder am Gesamtviehbestand der Länder ist durchweg hoch und liegt nur in der Republik Somaliland, im ehemaligen Französisch-Somaliland und (als Vergleichswert) in Algerien unter 50%. Dennoch fällt auf, daß in den hier behandelten außerafrikanischen marktwirtschaftlichen Ländern der Trend zum Rind viel deutlicher spürbar ist (über 94%), desgleichen die Abkehr von der Ziegenzucht (1% und darunter).

Von Bedeutung für die Charakterisierung eines nomadischen Wirtschaftstyps sind Mengenangaben über die Zusammensetzung eines Viehbestandes nach Herdentierarten, in einem geschlossenen Wirtschaftsraum, kurz *Herdenformel* genannt. Dieser Terminus der Bestockung führt in der Abfolge des wirtschaftlichen Wertpotentials die Hauptherdentiere sowie die ergänzenden Vieharten auf. Nach Möglichkeit werden die Stückzahlen der Tiere in Großvieh-Einheiten (GV) umgerechnet und diese dann prozentual aufgeschlüsselt. So lautet beispielsweise die Herdenformel der Boran-Galla in der weiteren Umgebung des Guaso Njiro in Kenia, einer Hirtenbevölkerung von 5100 Menschen, ausgedrückt in Großvieh-Einheiten: Rinder (67,6%) – Ziegen (15,7%) – Kamele (14,6%) – Esel (2,1%).

Paulitschke[300] schrieb 1893 im Hinblick auf nordostafrikanische Verhältnisse:

> „Seiner Bedeutung nach steht bei den Nomaden in erster Linie das Kameel, dann folgt das Schaf, Pferd und Rind; bei den Sesshaften hinwieder nimmt den ersten Rang das Rind ein, und diesen folgt zunächst das Maulthier, das Pferd und der Esel."

Aus den natürlichen Eigenschaften der verschiedenen Kategorien des Produktionsmittels Vieh ergeben sich gewisse Aufschlüsse über die Haltung und Pflege des Viehs, über die Länge der Wanderrouten und die Häufigkeit der Verlagerungen, über Lebensweise, Existenzsicherheit, Ernährung und materielle Kultur der Hirten. Umgekehrt werden bestimmte Züge des wirtschaftlichen, sozialen und kulturellen Lebens durch einen Blick auf die Herdenformel verständlich. Schickele[301] hat darauf hingewiesen, daß das Kamel stets einen hochgradigen Nomadismus widerspiegele und bei zunehmender Seßhaftigkeit als erstes Herdentier ausscheide, sodann das Schaf, während sich der Rinderbestand in diesem Prozeß laufend vergrößere.[302] Das letztgenannte Moment

298 1957, S. 269.
299 1965, S. 226.
300 S. 223.
301 1931, S. 45.
302 Auch nach Hahn (1896, S. 137) sind Rinder in Nomadenbetrieben ganz bedeutungslos, „wenn man nicht in Afrika Beispiele suchen will."

trifft aber nur für asiatische Verhältnisse zu, nicht aber für Afrika – Rinder sind die Hauptherdentiere, solcher profilierter Nomadenstämme wie Masai, Fulbe, Hima-Tussi, Herero Hottentotten, Baggara; andererseits gibt es zahlreiche seßhafte Rinderzüchter wie die Bantu Ost- und Südafrikas. Nach SCHICKELE[303] finden sich Ziegen sowohl bei Nomaden als auch bei Seßhaften in wechselnden Anteilen.

Die einzelnen Herdentiere hängen von spezifischen Naturbedingungen ab, die Hirten wiederum sind in ihrer materiellen Existenz ihrem Vieh hochgradig verhaftet, dessen Ernährungsbedürfnissen sie sich unterordnen müssen, deshalb kann man aus der Herdenformel die erwähnten Rückschlüsse auf einige äußere Züge der Kultur ziehen (im Sinne einer kulturellen Konvergenz) – keinesfalls aber darf sie uns zu einem kulturellen Determinismus verführen. Peter BENSCH[304] z. B. verabsolutiert die Herdenformel, indem er sie geradezu als den „Schlüssel zur Physiognomie der Kultur" ansieht: beim Fehlen der Reittiere Pferd oder Kamel konzipiert er eine „Primärstufe" des afrikanischen Nomadismus, beim Vorhandensein dieser Tiere eine „Sekundärstufe", und wenn eine der Herdentierarten quantitativ oder sozial-emotional eine überragende Stellung einnimmt, leitet er eine besondere „Monokultur" ab. Eine Auseinandersetzung mit solchen Verallgemeinerungen fällt nicht in den Rahmen der vorliegenden Arbeit, doch dürften die zahlreichen Belege für intratribale Variabilität des Herdenbestandes, wie sie Tabelle 9 in der Beilage bringt, weiterhin die Ausführungen über die Schukrija auf S. 22, die Teilung der kulturell homogenen nördlichen Somal in Pferdebesitzer und Nichtpferdebesitzer und die großen kulturellen Unterschiede beispielsweise zwischen den Baggara und den Masai (beides Rindernomaden!) die Haltlosigkeit solcher Thesen beweisen. Namhafte Ethnologen wie HERZOG, HIRSCHBERG und DARYLL FORDE haben auf die ethnische, kulturelle und soziale Vielgestaltigkeit des Nomadismus hingewiesen.[305]

Als Beispiele für die *Variabilität der Bestockung* seien zunächst Hirtenfamilien mit bestimmter Personenzahl aufgeführt, die bei Überbestand ihr Vieh auf mehrere Einzelbetriebe verteilen, bei Unterbestand sich jedoch zu Gemeinschaftslagern der gleichen Viehkategorien zusammenschließen (vgl. S. 109f.). GULLIVER[306] hat die folgende Viehaufnahme bei den Turkana durchgeführt, konnte jedoch nur Rinder und Kamele als Hauptherdentiere erfassen und zahlenmäßig gegenüberstellen:

a) Großfamilie eines außergewöhnlich reichen Turkana: 22 Personen (Oberhaupt, 4 Ehefrauen, 1 Karamojong-Lohnhirte, 16 Kinder) hatten 133 Rinder und 57 Kamele;
b) durchschnittliche Turkana-Familie: 10 Personen (Oberhaupt, dessen Schwester, 2 Ehefrauen, 6 Kinder) hatten 31 Rinder und 10 Kamele;
c) arme Turkana-Familie: 5 Personen (Oberhaupt, 2 Ehefrauen, 2 Kinder) hatten 11 Rinder und keine Kamele.

[303] 1931, S. 55.
[304] 1949, S. 21, 23, 32. Vgl. HERZOG, 1956, S. 211ff.
[305] HERZOG, 1956, S. 212. HIRSCHBERG, 1962, S. 177, 321. DARYLL FORDE, 1963, S. 407.
[306] 1955, S. 129, vgl. S. 147f.

Im ersten Fall kamen etwa neun Stück Großvieh auf eine Person, im zweiten vier Stück, im dritten nur zwei.

Abweichungen der Herdenformeln einzelner Viehbesitzer gegenüber den Durchschnittswerten des Stammes werden in hohem Grade durch soziale Faktoren bestimmt (Viehreichtum, Lebensalter, Status, Familiengröße, Erbschaften; Transaktionen, die am Viehkapital zehren, so für Eheschließungen, Bußzahlungen, Hilfsleistungen an Blutsfreunde usw.). Der Nomade mag sich mühen wie er will – Größe und Zusammensetzung seines Viehbesitzes hängen auch zu einem guten Teil vom Zufall ab.[307]

Die folgende Tabelle 4 (S. 61) vermittelt einen Eindruck von der Schwankung der Bestockung innerhalb einer Stammessektion. Es handelt sich um die Nord-Sektion der Samburu (El Barta und Barsaloi)[308], um das Vieh einiger Tausend benachbarter Nomaden.

Es zeigt sich, daß bei allen Nachbarschaften die Rinder die ganz überwiegende Grundlage der Viehwirtschaft darstellen; nur in einem einzigen Fall sinkt ihr Anteil am gesamten Viehbesitz unter 50%. Die Zahlen der übrigen Vieharten schwanken zwar von Nachbarschaft zu Nachbarschaft um ein Vielfaches, treten aber im einzelnen gegenüber denen der Rinder, deren Menge (in GV) zumeist das Fünf- bis Zwanzigfache und mehr beträgt, weit in den Hintergrund.

Schließlich folgt noch ein Beispiel der Variationsbreite des Herdenbestandes von Stamm zu Stamm, ergänzt durch Angaben über den durchschnittlichen speziellen und allgemeinen Viehreichtum; es betrifft das Vieh der Somalistämme des ehemaligen Britisch-Somaliland[309] (s. Tabelle 5, S. 62).

Die einzelne Verhältniszahl bezieht sich auf das Vieh von jeweils mehreren Zehntausend Nomaden, nivelliert daher die Schwankungen der Betriebe, Nachbarschaften und Sektionen, die beträchtlich sein können, auf Durchschnittswerte großer Räume. Da die nördlichen Somal kulturell ziemlich homogen sind und jede Viehart (mit Ausnahme des Esels) einen spezifischen Wert und erstrebenswerten Besitz darstellt, zeigen uns Fehlmeldungen von Herdentieren oder geringe Mengen eine bestimmte, weiträumige Einheitlichkeit der Umwelt und der Bestockung aller oder nahezu aller Betriebe im negativen Sinn. In einem Falle tritt das Kamel als Hauptherdentier zugunsten der Ziege zurück, in vier Fällen fehlen Rinder, in drei Fällen werden sie zum zweitwichtigsten Viehbestand. Die Variationen des Rinder- und Ziegenbestandes sind am auffälligsten, während gerade eine gewisse Konstanz der Bestockung mit Kamelen

307 So bei den Humr-Baggara – CUNNISON, 1966, S. 36.

308 KENYA LAND COMMISSION, 1934, S. 163f. GV- und Prozentumrechnungen vom Verf. durchgeführt. – Die Nord-Sektion steht der zentralen (Leroki und Umgebung) und der südlichen (Uaso und Kerimun) gegenüber.

309 LEWIS, 1955, S. 70, Material nach HUNT. Nach einer Tabelle „Livestock per Head of the Population" wurden vom Verf. mit Hilfe der Volkszahlen die GV sowie deren Prozent- und Pro-Kopf-Werte errechnet. Das Jahr von HUNTS Viehaufnahme war nicht zu ermitteln. Die Volkszahl aller Stämme ist bei ihm auffällig hoch (640000), was wohl damit zusammen hängen mag, daß seine Pro-Kopf-Werte erheblich niedriger liegen als die des ehemaligen Britisch-Somalilands auf Tabelle 10. Vgl. auch COZZI, 1965, Allevamento, S. 128f.

Tabelle 4: Die Zusammensetzung des Viehbestandes in den Nachbarschaften der Nord-Samburu

No.[1]	GV insgesamt	Stückzahlen und %-Anteile am gesamten GV-Bestand							
		Rinder		Schafe		Ziegen		Esel	
		Stück	%	Stück	%	Stück	%	Stück	%
1	1387	982	56,7	2349	17,0	1844	13,2	228	13,1
2	185	182	79,0	80	4,3	132	7,0	22	9,7
3	243	183	60,1	390	16,0	354	14,4	29	9,5
4	577	576	79,9	321	5,5	329	5,8	64	8,8
5	737	612	91,2	116	2,2	87	1,7	33	4,9
6	13033	13722	84,3	4375	3,4	5652	4,3	1316	8,0
7	120	133	88,5	—	—	—	—	18	11,5
8	72	41	45,9	123	16	52	6,9	28	30,6
9	600	573	76,4	633	10,5	281	4,6	64	8,5
10	1455	1508	82,8	583	4,0	471	3,3	180	9,9
11	2579	2567	79,5	1336	5,3	1198	4,7	339	10,5
12	2941	3055	83,0	1171	4,0	1175	4,1	327	8,9
13	1595	1564	78,3	922	5,8	636	4,0	235	11,9
14	2379	2276	76,3	1440	6,0	2161	9,1	248	8,6
15	278	243	69,8	320	11,5	293	10,4	29	8,3
16	451	468	83,0	190	4,2	333	7,3	31	5,5
17	269	246	73,2	149	5,6	380	14,2	24	7,0
18	3766	3456	73,4	2650	7,0	3505	9,4	481	10,2
19	153	112	58,8	152	9,8	213	13,8	34	17,6
20	453	488	86,1	—	—	—	—	79	13,9
21	892	572	51,3	1549	17,4	2180	24,5	76	6,8
22	2062	2172	84,3	1063	5,1	835	4,1	167	6,5
23	710	710	80,0	422	5,9	423	5,9	72	8,2
24	1236	1357	87,8	169	1,4	175	1,5	143	9,3
Insgesamt	37973	37798	79,6	20503	5,4	22709	6,0	4267	9,0

[1] No. = laufende Nummer der Nachbarschaften

Tabelle 5: Die Zusammensetzung des Viehbestandes der Stämme im Norden Somalilands

Stamm	GV-Einheiten		Kamele		Rinder		Schafe		Ziegen	
(Volkszahl in Klammern)	total	pro Kopf	GV/ Kopf	GV-%	GV/ Kopf	GV-%	GV-/ Kopf	GV-%	GV/ Kopf	GV-%
Esa (55000)	206250	3.8	2,5	66.5	0,4	11,5	0.4	11.0	0.4	11,0
Gadabursi (45000)	153450	3.4	1.5	42.8	1,1	31.1	0.2	6.4	0.7	19.7
Habr Aual Saad Mussa (100000)	268000	2.7	1.4	51,5	0.8	29.9	0.4	13.8	0.1	4.8
H. A. Esa Mussa (30000)	50100	1,7	0.6	33,0	0.1	7.1	0.3	19.8	0.7	40,1
Arab (20000)	66000	3,3	2.8	83.3	—	—	0.4	12,1	0.2	4.6
Aidagalla (40000)	132400	3.3	2,8	83,0	—	—	0.4	13.1	0.1	4,0
Habr Junis Burao D. (90000)	268200	3,0	2.6	85,9	—	—	0.3	10.1	0,1	4.0
Habr Junis. sonstige (40000)	76800	1.9	1,4	71,9	0,0	2.1	0,3	13,0	0,3	13.0
Habr Tol Djala Mohd Abokr (60000)	196200	3.3	2,8	84,1	0,0	0.6	0.3	10.1	0.2	5,2
H. T. Mussa A. & Omar (40000)	84000	2,1	1.1	52,4	0,0	0,0	0.5	23,8	0.5	23,8
Dulbahante (100000)	320000	3,2	2.6	82.5	0,2	5,0	0,3	8.4	0,1	4,1
Warsangeli (20000)	45600	2,3	1,4	60,4	0,2	8,8	0,4	15.4	0,4	15,4

und Schafen in den Betrieben mehrerer Hunderttausend Somalinomaden kennzeichnend ist; der Pro-Kopf-Besitz an Schafen ist recht einheitlich. Frappierend ist die Ähnlichkeit um nicht zu sagen Einheitlichkeit des Viehbesitzes bei den Arab-, Aidagalla- und Habr Junis-Somal (im Burao-Distrikt), sowohl im allgemeinen und speziellen Pro-Kopf-Reichtum als auch in der Aufschlüsselung des Herdenbestandes; das trifft auch – etwas abgeschwächt – auf die Habr Tol Djala Mohd Abokr und bis zu einem gewissen Grade auf die Dulbahante zu. – Die Esel zählen bei all diesen Stämmen, sofern sie überhaupt gehalten werden, jeweils nur einige Hundert Stück; ihre Zahl wirkt sich also statistisch nicht aus, ebenso die der seltenen Pferde.

So wünschenswert auch Angaben zur Herdenformel sind, die über den vagen Eindruck eines Beobachters hinausgehen, so lückenhaft sind derartige Informationen und so zahlreich sind die Schwierigkeiten einer statistischen Aufnahnahme.[310] Zahlenangaben über den Viehbestand von Nomaden beruhen oft nur auf ganz groben Schätzungen. Das liegt einmal in der Natur des verstreut wirtschaftenden, beweglichen Nomadismus, zum anderen am Mißtrauen der Nomaden gegenüber Fremden (Furcht vor dem „Bösen Blick“, vor Steuererhöhungen, Ablehnung des Zählens überhaupt, vgl. S. 134f.). Doch selbst ungenaue absolute Zahlen geben uns wichtige Anhaltspunkte über die Herdenformel. Wenn Berichterstatter versuchen, nicht mit Zahlen, sondern mit Worten Art und Menge des Viehbestandes bei ein und demselben „Stamm“ einzuschätzen, dann stehen diese Angaben nicht selten gegeneinander im Widerspruch[311], weil die Variationsbreite der Sektionen, Landschaften, Jahreszeiten und Jahre nicht genügend beachtet wurde oder werden konnte. Aus einer hohen sozialen Wertung einer Herdentierart darf nicht ohne weiteres deren wirtschaftliche Vorrangstellung abgeleitet werden (so z. B. bei den Trans-Dschuba-Darod, ehemaligen Kamelzüchtern, die in Rindergebiete abwanderten, sich aber die überragende Wertschätzung des Kamels bewahrten).[312]

[310] So konnten nach Angaben verschiedener Scheichs bei den zwischen 1947 und 1958 erfolgten Viehzählungen in Kordofan nur 60% des Viehbestandes erfaßt werden (Born, 1965, S. 202).

[311] Angaben über die Hassanie am Weißen Nil: Nach Petherick „possessing a few cattle, but considerable flocks of sheep and goats . . .“ (1861, S. 134); nach Kotschy haben sie viele Ziegen, Schafe, Kühe und Kamele (1839, S. 5); nach Taylor besteht ihr Hauptreichtum in „Schafen, Ziegen und Kamelen“ (1855, S. 329); Schweinfurth schließlich sah unübersehbare Rinderherden von jeweils 1000 bis 3000 Stück beieinander, überhaupt mache man sich keine Vorstellung vom dortigen Viehreichtum (1874, Bd. 1, S. 63, 58f.); dgl. R. Müller: „Nirgends auf der Welt kann man prächtigere Rinderherden sehen als diejenigen, welche die Hassanieh-Araber . . . besitzen.“ (1903, S. 29). – Munzinger, immerhin ein Kenner Eritreas, betont, daß die Beni Amer nur wenige Ziegen züchten (1864, S. 329), von Paul jedoch (1950, S. 235, 242) werden ganze Sektionen der Beni Amer (Labat, Hadoigoboyab, Libis, Sogeit) direkt als Ziegenzüchter charakterisiert. Vgl. Tab. 9 in der Beilage.

[312] Clifford, 1928, S. 438. Lewis, 1955, S. 69. Trust Territory, 1952, S. 43. – Daryll Forde betont das Festhalten der Araber an der Pferdehaltung auch unter ungünstigen Umweltbedingungen (1963, S. 400).

Tabelle 10 in der Beilage erfaßt die Stückzahl der Herdentiere im Verhältnis zur Personenzahl von Nomadengruppen.[313] Aus den Prozentanteilen der Vieharten am Gesamtviehbestand läßt sich die Herdenformel ablesen (letzte Rubrikenreihe), z. B. bei den nördlichen Somal (1933): Kamel (75,6%) – Schaf (13,7%) – Ziege (9,2%) – Rind (1,5%), oder bei den Afar und Issa in Afar- und Issa-Küste (1955): Ziege (54,5%) – Kamel (24%) – Rind (9,4%) – Schaf (9,3%) – Esel (2,8%). Die Nandi und Ogaden-Somal erweisen sich hochgradig als rinderhaltende Stämme, die Raschaida als extreme Kamelnomaden, die Beni Amer und Habab in Eritrea als Kleinviehzüchter usw. Während bei den Nord-Somal und bei den Somal des südlichen Osthorn die Zusammensetzung der Herden (nach den vorliegenden Zahlen zu urteilen) über längere Zeiträume im wesentlichen gleichblieb, fällt gerade bei den Masai von Kenia die Umschichtung der Herdenformel von einem starken Kleinviehbestand mit bescheidenem Rinder- und geringem Eselanteil im Jahre 1911 zu dem allgemein bekannten Rinder-Schafzucht-Typus mit zahlreichen Eseln auf (1930). Ähnliches war bei den Samburu festzustellen (s. Tabelle 9). Durch das Schwanken der Umweltbedingungen innerhalb der Stammesländer sind intratribale Sektionen (auf Tabelle 10 solche der Marea, Suk, Turkana u. a.) in den Grundlagen ihrer Viehwirtschaft oftmals einheitlicher als die Stämme. Dann nähern sich die tatsächlichen Herdenformeln der einzelnen Nomadenbetriebe mehr dem statistischen Mittelwert von Sektionen als von Stämmen. Die Rubrik Vieheinheiten pro Kopf betont statistisch den nahezu sprichwörtlichen Viehreichtum der Masai, während im Norden des Untersuchungsgebietes die Werte auffällig niedrig liegen, was wohl mit der Aridität und dem Vorhandensein zusätzlicher Erwerbsquellen der Nomaden zusammenhängt (Handel, Transport, Viehleihe, verschiedene Gewerbe, kommerzielle Sammelwirtschaft usw.).

Verbreitungsregulative. Die Haltung von Herdentieren hängt von *natürlichen* und von kulturellen Faktoren ab.[314] Tränkwasser, Weide (in bestimmter Art und Menge), zum Teil auch Salzvorkommen[315] sind die wichtigsten positiven natürlichen Verbreitungsregulative, während sich Mängel in der Futter- und Tränkwasserbasis, eine unzureichende Salzversorgung, Seuchenherde[316], tierische

[313] Die engen Zusammenhänge zwischen Bestockung und Naturmilieu erhellt eine vergleichende Betrachtung der Tabellen 9 (Verbreitung der Herdentiere) und 10 (Viehstatistik der Nomaden) mit Tabelle 8 (Naturgrundlagen), s. Beilage.

[314] Vgl. Abschnitt: Ursachen und Ziele der Verlagerungen, S. 263–267.

[315] s. Abschnitt: Salzversorgung, S. 185–190.

[316] Die tsetseverseuchten Landstriche beispielsweise im Stammesgebiet der Samburu, die vornehmlich in der Nähe von Flüssen zu finden sind, „are numerous and by no means inconsiderable in extent, and in practice the grazing is lost to the herds. The elimination of the tsetse fly would make areas of good grazing available.“ (McKay, 1957, S. 274). Die Rinderhaltung in Ostafrika wird durch Zecken zwar nicht verhindert (wie in Teilen Karamojas) aber doch wesentlich eingeschränkt; stellenweis esterben 30% der Kälber am Ostküstenfieber, das durch Zecken übertragen wird (O'Connor, 1966, S. 239). Bei den kamelzüchtenden Rendile in Nord-Kenia ist Milzbrand ein entscheidendes Hindernis für eine raschere Vergrößerung der Kamelherden, die hier langsamer anwachsen, als die Bevölkerung

Parasiten,[317] Gift- und Schadpflanzen,[318] zahlreiche Raubtiere,[319] extreme Witterungsverhältnisse, hohe Luftfeuchtigkeit,[320] ungünstige Höhenlage, ungeeignetes Terrain, nachteilige Bodenverhältnisse,[321] fortgeschrittene Erosion u. a. m. als negative natürliche Verbreitungsregulative[322] auswirken. Da nun diese Umweltfaktoren räumlich und zeitlich beträchtlich schwanken und die Grenze der nomadischen Ökumene beweglich gestalten, ist für die Wanderhirten das Herdenmaterial mit *optimalen Anpassungen* an diese unzuverlässigen Existenzbedingungen am wertvollsten.[323] Die Eigenschaften der Herdentiere insgesamt zeigen eine gewisse Einheitlichkeit, die mit derjenigen der Trockensteppen und Halbwüsten parallel läuft. Innerhalb der biologischen Grenzen der Art zeigt das Nomadenvieh ein geringes und langaussetzendes Tränkbedürfnis, ist wenig wählerisch in bezug auf die Qualität von Tränkwasser und Weidefutter,[324] hat eine feine Witterung für Feuchtigkeit,[325] verbraucht relativ viel Kochsalz, um die mit der Naturweide aufgenommenen großen Kaliummengen kompensieren zu können,[326] nutzt mit Ausnahme der Equiden die Pflanzennahrung durch Wiederkäuen aus,[327] besitzt in vielen Fällen – im Gegensatz zu den Wildformen – lokalisierte Fettspeicher für die Trockenmonate (Höcker, Fettschwanz, Fettsteiß, am Hals usw.), was bei den heißen Temperaturen eine Wärmestauung verhindert,[328] verträgt auch sonst mancherlei Unbilden der Witterung (Kälte, Schlamm, Regen, Sturm usw.). Kräftige und lange Beine, mit harten Hufen, gewährleisten eine gute Beweglichkeit,[329]

(Spencer, 1965, S. 293). – Vgl. auch die Ausführungen über Infektionskrankheiten, S. 257f.

317 s. auch Ausführungen über parasitäre Insekten auf S. 258f.

318 s. S. 143f.

319 Teile der Serengetisteppe z. B. wurden durch das Überhandnehmen des Löwen für die Rinderhaltung ungeeignet (O'Connor, 1966, S. 236). Vgl. Abschnitt über Raubtierbekämpfung, S. 179–184.

320 Besonders das Kamel reagiert empfindlich, s. S. 69.

321 Den Somali-Rindern schadet Sandboden, während die Kamele an ihn gut angepaßt sind (Zöhrer, 1964/65, S. 149f.). Beiden sind verschlammende, lehmige Böden zuwider. Vgl. Davies, 1966, S. 197 (über Vieh der Rufaa el Hoi).

322 Vgl. Schickele, 1931, S. 28–32, Abschnitt: Wirtschaftsfeindliche Faktoren der Steppe. Eine Zusammenstellung von 7 „environmental limiting factors" bei den Samburu bringt McKay (1957, S. 271, 275).

323 Hierüber zusammenfassend: Schickele, 1931, S. 40–48.

324 s. S. 211 f. bzw. S. 140ff. – Das Nomadenvieh verträgt Naturweide mit ungewöhnlich hohen Anteilen an Rohfaser. Vgl. Lichtenheld, 1913, S. 262f. (Masaivieh),

325 Hesse, 1924, S. 460. Hartmann, 1869, S. 245 (Kamele).

326 Hesse, 1924, S. 430, 460. Vgl. speziellen Abschnitt, S. 185–190.

327 Hesse, 1924, S. 480. Acland, 1932, S. 129. Esch, 1941, 60.

328 Boettger, 1958, S. 61. Hesse, 1924, S. 391. Worthington, 1958, S. 326. Schickele, 1931, S. 41. Huber (1958, S. 139) vermutet beim Zebu einen besonderen „Mechanismus zur Wärmeregulierung" durch sehr kapillarenreiche Haut.

329 Worthington, 1958, S. 326. 332; s. auch Übersicht 2: Beweglichkeit und Transportleistung, S. 295–299.

wie sie besonders bei den trockenzeitlichen Verlagerungen zwischen permanenten Brunnen und Notzeitweiden lebensnotwendig ist. Die Herdentiere der Nomaden sind in der langen Geschichte ihrer Domestikation immer wieder auf Widerstandsfähigkeit gegen Seuchen und Parasiten ausgelesen worden, sind fügsam und bewahren sich (wohl mit Ausnahme der Schafe) wache Sinnesorgane, die den Hirten im Kampf gegen natürliche und menschliche Feinde unterstützen. Sie haben zwar ein langsames Wachstum, aber eine um so schneller eintretende Geschlechtsreife, weisen in günstigen Jahren eine sehr hohe Reproduktionsrate auf, während in Hungerjahren die Fortpflanzungstätigkeit stark reduziert wird, entwickeln, um in der Trockenheit den Daseinskampf mit der Natur bestehen zu können, nur geringe Erträge an Milch, Fleisch usw., bleiben aber dadurch als Produktionsmittel überhaupt erhalten u. a. m.

Zu den *kulturell bedingten Verbreitungsregulativen der Viehzucht* zählen wirtschaftliche, soziale, religiös-magische und emotional-psychologische Faktoren (s. hierüber die Übersicht 1, mit repräsentativen Beispielen, S. 287–294).

Als wirtschaftliche Verbreitungsregulative kann man ansehen: die Produktivität der traditionellen Haltung, Zucht und Pflege des Viehs und die Effektivität ihrer Methoden und Instrumente, das Moment wechselseitiger Ergänzung des Viehbestandes, das Moment der Leistungsfähigkeit bestimmter Vieharten, die materielle Bedürfnisbefriedigung mit Hilfe bestimmter Herdentiere in traditionell gewohnter Weise, anderweitige kulturell verankerte wirtschaftliche Nutzungsformen von Herdentieren, die Auswirkungen der Ergänzungswirtschaft, die Auswirkungen des Handels. Als soziale Regulative kommen in Betracht: Privilegien, Prestige, Armut, Reichtum, militärisch-strategische Momente, intertribale Abmachungen (die die Futter- und Tränkbasis des Herdenviehs über künstliche Grenzen hinweg erweitern). Nicht ohne Einfluß auf die Verbreitung des Viehbesitzes sind religiöse Gebote: Bevorzugung bestimmter Opfertiere, rituelle Verbote, Bevorzugung bestimmter Nahrungstiere bzw. deren Ablehnung, Monopolisierung des Viehbesitzes durch die Stammesreligion (Sanktionierung des Viehraubs) u. a. m. Emotional-psychologische Verbreitungsregulative sind: der Vertrautheitskomplex gegenüber Herdentieren auf Grund jahrhundertelanger Zucht und Domestikation, der Fremdheitskomplex gegenüber rezent übernommenen Herdentieren, ästhetische Aversionen und Neigungen, die Fremdenscheu von Viehzüchtervölkern u. ä. m.

Die Vielfalt positiver und negativer Verbreitungsregulative natürlichen und kulturellen Ursprungs bewirkt zahlreiche Exklaven und Enklaven der einzelnen Herdentierarten und überhaupt eine unregelmäßige, sporadische Verbreitung des Viehs.[330] Hier Ordnung hineinzubringen ist eine schwierige

[330] Auf Grund dieser Schwierigkeiten liegen kartographische Darstellungen nur vereinzelt vor; die meisten haben viel zu große Maßstäbe. Brauchbar sind die vier Kärtchen über die Verbreitung von Kamelen, Rindern, Schafen und Ziegen in der Republik Sudan, die der dortige Veterinary Service zusammenstellte und die Barbour wiedergibt (1961, S. 96). Deshler hat eine große afrikanische Karte der Verteilung des Rindes zusammengestellt, allerdings mit umfangreichen, noch nicht zu schließenden regionalen Lücken (1963, Anhang). Verbreitungskärtchen des Viehs vorzugsweise der seßhaften Völker des heutigen Tansania hat Stuhl-

Aufgabe der Wirtschaftsethnographie. Tabelle 9 in der Beilage „Die Verbreitung der wichtigsten Herdentierarten bei Nomaden Ost- und Nordostafrikas", will ohne Anspruch auf Vollständigkeit nichtnumerische Literaturangaben über die Hauptherdentiere, den zweitrangigen, ergänzenden Viehbestand sowie über Seltenheit bzw. völliges Fehlen einer Tierart zu einem Überblick verarbeiten.[331] Sie soll im nachfolgenden Abschnitt lange textliche Erörterungen ersparen. Besonderer Wert wurde auf genaue Lokalisation und Zeitbestimmung der Angaben gelegt, um die intratribale und zeitliche Variabilität der Bestockung erfassen zu können. Diese Tabelle registriert auch widersprüchliche Angaben, z. B. werden bei einem bestimmten Stamm nach dem Autor X Schafe als Hauptherdentiere in der betreffenden Rubrik vermerkt, nach dem Autor Y jedoch Kamele in einer anderen. Um in jeder Rubrik einen eventuellen Vermerk über den Viehbesitz eines bestimmten Stammes rasch finden zu können, wurde das Material nach den großen Volksgruppen (Bedscha, Sudanaraber usw.) in der Reihenfolge von Nord nach Süd geordnet, ebenso innerhalb dieser Gruppen die Stämme, Stammessektionen usw.

Es liegt nahe, in einer Arbeit über Viehhaltung die Herdentiere jeweils als Vertreter bestimmter *Viehrassen* oder Viehschläge zu behandeln, denen besondere Züge der Morphologie, Physiologie und Ertragsfähigkeit zu eigen sind und die dementsprechende spezifische Ansprüche an die Arbeitsorganisation der Nomaden stellen (Melkgeschäft, Tränkrhythmus, Jungtierpflege, Unterbringung usw.). Eine Wirtschaftsanalyse des afrikanischen Nomadismus kann sich aber gewöhnlich nur auf ganz allgemeine Informationen über Rinder, Schafe, Esel usw. stützen, in günstigeren Fällen auf weitreichende Rassenbegriffe wie Zebu, Sanga, Fettschwanzschaf, „afrikanische Ziege" usw. Das liegt an der Ungeschultheit und am Desinteresse der meisten Berichterstatter,[332] die ganz unterschiedliche Ziele verfolgen und verschiedensten Berufen angehören, sowie an der Problematik der Haustierforschung überhaupt. Das fossile Knochenmaterial ist unter tropischen Bedingungen wenig haltbar. Viehraub und Bevölkerungsverschiebungen haben zahlreiche Mischungen des Viehbestandes bewirkt, die bestenfalls nur noch Urrassen erkennen lassen. Auf Grund dieser Schwierigkeiten bringen die Autoren des FAO-Standardwerkes „Types and breeds of African cattle"[333] das Material nicht genealogisch gegliedert, sondern nur nach regionalen und deskriptiv-morphologischen Gesichtspunkten. In Anbetracht der schwankenden Ernährungslage des Viehs kann es bei Laien zu Fehldeutungen von Kümmerformen oder Plusvarianten kommen, deren Erscheinungsbild jedoch nicht genetisch bedingt ist. Die Merkmale, die ver-

MANN 1909 veröffentlicht. J. H. SCHULTZES Karte von Anbau und Viehhaltung in Ostafrika hat den Mangel das in Kenia der Kamelbestand nicht erfaßt ist und der Schaf- und Ziegenbestand als „Kleinvieh" gebracht wird (1955).

331 Verf. ist sich nicht sicher, ob er in jedem Fall die subjektiven Bemerkungen der Autoren richtig interpretiert hat. Am zuverlässigsten sind offenbar die extremen, d. h. auffälligsten Informationen über Vorrangigkeit bzw. völliges Fehlen von Herdentieren.

332 Vgl. S. 12.

333 JOSHI, 1957, S. 6f.

schiedene Augenzeugen bei ein und demselben Viehbestand hervorheben, sind viel zu subjektiv und allgemein, um für einen Zweiten oder Dritten die rassische Einheitlichkeit erkennen zu lassen. Die Auswahl der Merkmale ist oft knapp und willkürlich, ohne daß man ein Kriterium der Vollständigkeit beachtete. So ist es kaum verwunderlich, daß beispielsweise bei den Masai nach MERKER und FEIGE drei, nach JOHNSTON aber zwei Schafrassen zu finden sind, während BOETTGER nur die Existenz einer einzigen behauptet.[334] Es ist nicht ungewöhnlich, daß mehrere Rassen ein und derselben Herdentierart beim gleichen Stamm vorkommen. Ihre Herausbildung ist weniger züchterischen Bemühungen der Hirten als der natürlichen Auslese unter besonderen Umweltbedingungen zuzuschreiben, weshalb sich auch die bodenständigen afrikanischen Haustierrassen in vielen Fällen nur schwer in andere Gebiete verpflanzen lassen.[335] Als Beispiel der Mangelhaftigkeit und Knappheit von Informationen über Haustierrassen und -schläge seien ungekürzte Bemerkungen über die Rinder der Beni Amer angeführt. Nach MUNZINGER (1864) haben sie zwei Rassen, nämlich Arado, „die sehr kleine abyssinische Kuh mit großen Hörnern, meist einfarbig" und Begeit (oder Bulet); diese „hat die Größe einer großen Schweizerkuh und viel von ihrem Aussehen." PAUL[337] (1950) nennt drei Rinderrassen: einen kleinen, früher zumeist schwarzen Hügeltypus, im Vorland eine ähnliche rötliche Rasse, außerdem noch ein hellfarbiges, großes, langbeiniges Rind, das vor allem in den Tälern des Baraka und Gasch vorkommt. – Dem wirtschaftsethnologischen Spezialisten sind Rassenbezeichnungen für das Vieh willkommen; er registriert sie sorgfältig; er untersucht die Beziehungen zwischen den Eigenschaften dieser Produktionsmittel und der Arbeitsorganisation – spätere Bearbeiter können das behandelte Herdenmaterial identifizieren und auf seinen Ergebnissen aufbauen. Wo eine solche Nomenklatur in der Literatur fehlt, sind die Angaben mit möglichst genauer Orts- und Zeitbestimmung zu verarbeiten.

b) Die Herdentiere im einzelnen[338]

Die nun folgende gesonderte Behandlung der einzelnen Herdentierarten befaßt sich mit den Verbreitungsregulativen, mit der Gliederung und Morphologie wichtiger Rassen und Schläge, mit dem ergänzenden Viehbestand und

[334] s. S. 91.

[335] So gehen nach MUNZINGER und HARTMANN die Kamele der Schukrija in Nubien ein (HARTMANN, 1869, S. 235); die Heur-Kamele Somalilands haben außerhalb ihres Zuchtgebietes geringe Widerstandskraft gegen Krankheiten (LEWIS, 1955, S. 68), ebenso die Kamele der Bedscha (PAUL, 1954, S. 75). Die Herden der Kababisch gedeihen nur schlecht in Darfur (LAUTURE, 1855, S 141), dgl. die Baggara-Rindern in Nilotengebieten (DAVIES, 1957, S. 130; CUNNISON, 1954, S. 54; BARBOUR, 1961, S. 165f.) usw.

[336] 1864, S. 329.

[337] 1950, S. 241.

[338] Die umfangreiche Tabelle 9 in der Beilage bringt zahlreiche Literaturbelege über die Verbreitung der Herdentiere.

mit den Nutzungsformen. DARYLL FORDE[339] betont sehr richtig, daß sich aus einem Viehbesitz von vornherein keine Nutzungsformen ableiten lassen; er unterscheidet: 1. den Verzehr von Fleisch, manchmal auch von Blut, und die Nutzung der Häute, 2. Haar und Wolle zur Textil- bzw. Filzbereitung, 3. Milchgewinnung, 4. Bereitung von Käse und anderen Molkereiprodukten, 5. Einsatz als Lasttier und u. U. auch als Zugtier, 6. das Reiten von Tieren.

Das einhöckrige afrikanische *Kamel* (Camelus dromedarius) kann nur bei Werten der Luftfeuchtigkeit gedeihen, die niedrig liegen und in engen Grenzen schwanken.[340] Die Luftfeuchtigkeit hängt nicht nur vom Niederschlag, sondern unter anderem auch vom Boden ab (bei sandiger oder poröser Struktur nimmt sie ab).[341] Der Boden entscheidet auch über den Pflanzenwuchs – Kamelweide muß genügend Salz enthalten,[342] sofern man diesen Tieren Natriumchlorid nicht in anderer Weise zuführen kann (s. S. 186–190). Die echte Wüste mit ihrer Weidearmut ist mehr Durchgangsland als Lebensraum für das Kamel – wenn Tränkwasser vorhanden ist, findet man eher noch einige Ziegen.[343] Auch in kühlen Höhenzonen kann das einhöckrige Kamel nicht leben, ebenso gedeiht es bei schlammigen Bodenverhältnissen nur schlecht. Die meisten afrikanischen Rassen können steiles, schwieriges Bergland nicht durchqueren,[344] es gibt aber auch vorzügliche Berglandschläge.[345] Gegen Seuchen und tierische Parasiten, die das Kamel in den feuchteren Grenzgebieten seines Vorkommens bedrohen, ist es in hohem Grade anfällig.[346]

Ein Beispiel für die soziale Regulierung der Kamelhaltung bieten die Beni Amer, deren Herrscherschicht bis in die ersten Jahrzehnte unseres Jahrhunderts ein strenges Monopol auf Kamele wahrte.[347]

339 1963, S. 401. Vgl. SCHICKELE, 1931, S. 47–49.

340 MARNO, 1873, S. 247. BOETTGER, 1958, S. 222. HESSE, 1924, S. 12, 385. STUHLMANN, 1909, S. 710. MÜLLER, 1884, S. 77.

341 Robert MÜLLER hebt hervor, daß Senegambien zwar niederschlagsärmer als das Kamelzuchtgebiet der Somal und Galla ist (130–200 mm gegenüber 200–600 mm Jahresniederschlag); dennoch ist dort Kamelzucht nicht möglich, da die Bodenverhältnisse die Luftfeuchtigkeit über das erträgliche Maß ansteigen lassen (1903, S. 113).

342 MÜLLER, 1903, S. 113. HESSE, 1924, S. 430.

343 HAHN, 1896, S. 233. BOETTGER, 1958, S. 219. REID, 1935, S. 116 (Ostsudan).

344 BREHM, 1927, Bd. 7, S. 150. PAULITSCHKE, 1893, S. 223. STUHLMANN, 1909, S. 710. HARTMANN, 1869, S. 244. MARNO, 1874, S. 296. HILDEBRANDT, 1874, S. 336. NEWBOULD, 1958, S. 34. POLLERA, 1935, S. 180. HEUGLIN, 1867, S. 171. BERTARELLI, 1929, S. 583. HAGENMACHER, 1876, S. 34. MÜLLER, 1883, S. 413. BAKER, 1868, S. 100.

345 Bischarin: ESCH, 1941, S. 42. Kurbab-Amarar: SANDARS, 1935, S. 217. Eritrea: HILDEBRANDT, 1874, S. 336. Habab: MUNZINGER, 1864, S. 153.

346 HARTMANN, 1869, S. 75, 235. STUHLMANN, 1909, S. 710. MARNO, 1873, S. 247. LLOYD, 1910, S. 266. DARLING, 1938, S. 192. CLIFFORD, 1928, S. 438. KLUNZINGER, 1877, S. 203. BAKER, 1868, S. 100, 107. FERRANDI, 1903, S. 332. FLEMING, 1922, S. 75.

347 SELIGMAN, 1930, S. 96f.

Das Kamel des Untersuchungsgebietes ist eine Einführung aus Arabien. In der Zeit der Pharaonen war es in Ägypten noch unbekannt. HERODOT (484–425 v. u. Z.) erwähnt das Tier nicht im ägyptisch-afrikanischen Raum, belegt es jedoch für Arabien.[348] Um 25 u. Z. ist es erstmalig im Ostsudan nachzuweisen,[349] und im Jahre 350 übernahmen die Blemmyer Oberägyptens, die Vorfahren der Bedscha, ihre ersten Kamele von den arabischen Thamudenen.[350] Im Stammesgebiet der Nord-Hadendoa, wo heute nur Kamel- und Kleinviehzucht üblich ist, bezeugen alte Felszeichnungen einstige Rinderhaltung.[351] – Aus der Verwendung primitiver Lastsättel bei den zentralen Afar-Stämmen Eritreas, aus dem Fehlen von Behandlungsmethoden bei Krankheiten sowie aus der Ablehnung, die Tiere zu reiten, schließt POLLERA[352] die rezente Übernahme der dortigen Kamelzucht; eine ähnlich inkompetente Behandlung der Kamele fiel HEUGLIN[353] bei den Habab und östlichen Beni Amer auf. Im Gegensatz zu den Boran-Galla in Kenia, die das Kamel in nennenswerter Zahl züchten,[354] haben es ihre Stammesbrüder in Südäthiopien noch nicht übernommen (nach HABERLAND); es werden lediglich einige wenige Exemplare von den benachbarten Somal, Garri oder Gabra gekauft und für kommerzielle Transporte verwendet.[355] Garri, Gabra und Sakuyu, die bis vor einigen Jahrzehnten Vasallenstämme der Boran-Rinderzüchter waren, züchten fast ausschließlich Kamele und Ziegen. Diejenigen Somal, die ihre Herden am Guaso Njiro tränken, haben viele Kamele (43 GV-%), die in Kenia lebenden Ogaden-Somal hingegen nur sehr wenige (2 GV-%).[356] Die Turkana, die ihre Kamele weder reiten noch als Lasttiere verwenden, erwarben sie erst vor einigen Generationen durch Raubzüge gegen die Rendile, Borana und Samburu.[357] Nach VON HÖHNEL (1892) war die Kamelhaltung der Turkana noch auf die Gebiete südlich und östlich des Trrguell-Flusses beschränkt; GULLIVER (1955)[358] betont, daß praktisch in jeder Turkana-Familie alle Nutztiere vorhanden seien, also auch Kamele, wenn auch in geringer Zahl. Einer nennenswerten Verbreitung der Kamelzucht unter den Masai stellten sich nicht kulturelle oder wirtschaftliche, sondern klimatisch-ökologische Hindernisse entgegen.[359]

[348] BOETTGER, 1958, S. 214.

[349] HERZOG, 1956, S. 211 (nach LUCAS, 1952).

[350] DITTMER, 1954, S. 243. HIRSCHBERG, 1962, S. 278. – Der Schreiber des Periplus (80 u. Z.) hatte die Vorfahren der Bedscha noch in naiver Weise als *Kalb-*, Fisch- und Heuschreckenesser klassifiziert (nach NEWBOLD, 1935, S. 147).

[351] OWEN, 1937, S. 205. ROSSINI, 1947, S. 837.

[352] 1935, S. 259f.

[353] 1877, S. 84f.

[354] In der weiteren Umgebung des Guaso Njiro in Kenia wurden um 1930 von 5100 Boran 2600 Kamele gezüchtet (KENYA LAND COMMISSION, 1934, S 1519): s. auch Tab. 10.

[355] 1963, S. 68.

[356] s. Tab. 10.

[357] HÖHNEL, 1892, S. 725; ders., 1938, S. 222. RAYNE, 1918, S. 265. JOHNSTON, 1902, S. 849. GULLIVER, 1953, S. 60. BIASUTTI, 1905, S. 176. – Kamelhaltung in Nord-Kenia: PAULITSCHKE, 1893, S. 223. STUHLMANN, 1909, S. 709f.

[358] S. 28.

[359] STUHLMANN, 1909, S. 710. MERKER, 1910, S. 167. FEIGE, 1928, S. 13. THOMSON, 1885, S. 345. DARYLL FORDE, 1963, S. 296. BRENNER, 1868, S. 465.

Als Hauptrassen des Kamels sind im Ostsudan zu unterscheiden: östlich des Nils, mehr im Norden, die Bischari-Zucht, nach dem Stammesnamen der vorrangigen Züchter benannt, mit schlankem Wuchs, heller Färbung, großer Schnelligkeit und Ausdauer, vorzüglich zum Reiten geeignet; weiter im Süden die weniger grazile Annafi-Zucht; westlich vom Nil die Arabi-Kamele, von rötlicher Färbung, besonders kräftig und daher vorzüglich als Lastkamele zu gebrauchen.[360] Die ostsudanischen Kamele sind insgesamt gesehen größer und kräftiger als die des Osthorn,[361] daher können letztere auch nicht so schwere Lasten tragen; nicht zu übertreffen ist aber die Fähigkeit der Somalikamele, ohne Tränkwasser auszukommen.[362] Die männlichen Kamele des Somalilands wiegen im Durchschnitt 550 kg, die weiblichen 500 kg.[363] FERRANDI,[364] ONOR[365] und LEWIS führen die Namen einer Anzahl Somali-Kamelrassen auf, die sich nicht miteinander identifizieren ließen. Nach FERRANDI unterscheiden die Somal eine nördliche Rasse (die jedoch schon bis zu den Rahanwin vorgedrungen ist), Ajun, von einer des Südens, Gelai (z. B. bei den Digodia). Die Ajun-Kamele haben eine dunklere Fellfärbung, einen schlankeren, aber durchaus kräftigen Körperbau und einen höheren Milchertrag als die Gelai-Kamele. Die Zweiteilung der Kamelrassen, wie COZZI[366] sie durch die unterschiedlichen Klima- und Bodenverhältnisse im Norden und Süden verursacht sieht, entspricht möglicherweise derjenigen nach FERRANDI. Der Nord-Typ ist nach COZZI relativ klein (am Widerrist nicht höher als 1,90 m); der Buckel ist klein; die Beine sind mit widerstandsfähigen Klauen versehen und gut an felsiges Terrain angepaßt; das Fell ist langhaarig und gelbrötlich. Der im Mittelland und Süden gezüchtete Kameltyp (auch Benadir-Kamel genannt), ist stark und kräftig, gut zum Lastentransport geeignet; er besitzt einen ausgeprägten Buckel, kann sich gut auf sandigem und schlammigen Boden fortbewegen und hat kurzes Fell von zumeist heller Färbung. LEWIS[367] führt für den Süden folgende Kamelrassen an: Heur (oder Godir), Eidime (oder Beras, Biras) und Sifdar. Die letztgenannte Rasse ist am weitesten in Somaliland verbreitet und wird in Sifdar berrudo und Sifdar tafadere eingeteilt. Der Schlag Sifdar berrudo wird in Somaliland wegen seiner Körperform, Kraft und Ausdauer und auf Grund des hohen Milchertrags sowie der guten Mastfähigkeit am meisten geschätzt; der andere Sifdar-Schlag ist sehr reizbar und schwierig zu behandeln. Die Sifdar-Kamele stellen gewisse Ansprüche an die Weide, vollbringen aber gute Marschleistungen. Eidime kommt als Lasttier in steinigen Gegenden gut voran, trägt viel auf

360 HARTMANN, 1869, S. 233ff. HEUGLIN, 1869 S. 34; ders. 1877, S. 29. REID, 1935, S. 118. HERZOG, 1961, S. 61. ACLAND, 1932, 119ff., 129, 131. LLOYD, 1910, S. 266. MUNZINGER, 1864, S. 575f. MÜLLER, 1903, S. 114.

361 HOYOS, 1895, S. 177f. Nach PAULITSCHKE (1893, S. 224) sollen die Somali-Kamele im Durchschnitt nur 180–200 kg wiegen. JAMES, 1888, S. 34, 91f. MÜLLER, 1884, S. 77.

362 Vgl. S. 209.

363 COZZI, 1965, Allevamento, S. 130.

364 FERRANDI, 1903, S. 331.

365 1925, S. 32. Er spricht von Daar, Gaf, Magal und Fil als Kamelrassen.

366 COZZI, 1965, Allevamento, S. 130.

367 LEWIS, 1955, S. 68.

weiten Strecken und ist sehr widerstandsfähig gegen Dürre. Die Heur-Zucht stellt gute Packtiere, liefert einen hohen Milchertrag, gedeiht aber nicht außerhalb des Zuchtgebietes.[368] – Besonders klein und grazil sind die Kamele der Afar.[369]

Die Stückzahl der Kamele auch bei den hochgradig kamelzüchtenden Stämmen des Untersuchungsgebiets wird fast ausnahmslos von der gesamten Stückzahl des übrigen, ergänzenden Viehbestandes übertroffen.[370] Das hat wirtschaftliche Gründe: ein Kamel verkörpert unter allen Haustierarten das höchste Wertpotential (in Großvieh-Einheiten ausgedrückt ein elfmal höheres als das eines Schafes). Die Gefahr des Verlustes durch Raub oder Seuchen ist also besonders groß. Hält man aber einen ergänzenden Viehbestand, so wird er nicht von den gleichen Seuchen betroffen oder doch nicht mit derselben Härte, und bei Raub befindet er sich auf anderen Weiden. Nach Verlusten wäre die Regeneration eines ausschließlichen Kamelbestandes zu langwierig. Bei Alleinbesitz einer Herdentierart wird die Weide in vielen Fällen einseitig und nur ungenügend ausgenützt; wenn nur Kamele vorhanden wären, könnten diese durch die geringere Beweglichkeit der Frauen, Kinder und Alten, die gewöhnlich das Kleinvieh betreuen, keinen optimalen Verlagerungszyklus vollziehen. Bei Schlachtungen würden stets unrationell große, schwer zu verwertende Fleischmengen ein und derselben Art anfallen, bestimmte Milchsorten, insbesondere zur Butterbereitung, würden fehlen, dgl. spezifische Rohmaterialien (z. B. Kleinviehbälge für Wassergefäße), kleinere Wertträger für soziale Transaktionen und für Zahlungen wären nicht vorhanden u. a. m. Die ideale Ergänzung des Kamelbestandes ist der Kleinviehbesitz (Ababde, Bischarin, Kababisch, Kawachla, Dar Hamid, Schaikija, Butana-Nomaden, Nord-Somal; Rendile u. a. m.).[371] Das Rind kommt als Ergänzungstier des Kamels kaum in Frage, da es hohe Ansprüche an Futter und Tränkwasser stellt; wo es bei einem Stamm den zweitwichtigsten Viehbestand bildet (Kababisch-Gruppen, Ad Muallim, Ad Tsaura, Gadabursi- und Saad Mussa- der Habr Aual-Somal, Hawija-Somal der Habr Gedir Sarur-Gruppe u. a.), haben wir eine Trennung in zwei heterogene Wirtschaftsbereiche mit ökonomisch und teilweise auch politisch selbständigen Bevölkerungsgruppen zu vermuten. Turkanaland stellt einen Sonderfall dar, indem zahlreiche Rinder-Schafzucht-Enklaven (Bergland, Randzonen der Flüsse) in die von Kamelen und Ziegen beweidete Ebene eingestreut sind; Angehörige ein und derselben Familie wirtschaften hier als Rinder- und Kamelhirten, jedoch in getrennten Betrieben.[372]

368 Lewis, 1955, S. 68.

369 Munzinger, 1864, S. 153. Paulitschke, 1893, S. 224. Burton, 1861, S. 255. – Den Kamelen Eritreas bürdet man nur zwei Zentner auf: Bertarelli, 1929, S. 583.

370 Eine Ausnahme stellen die Raschaida in Eritrea dar, die 1934 2658 Kamele und nur 1730 Stück Kleinvieh besaßen (Pollera, 1935, S. 214, s. Tab. 10 vorliegender Arbeit). Sie sind aber junge Einwanderer aus Arabien, wo bei den Wüstennomaden nach Schickele die Kamele zahlenmäßig stark überwiegen (1931, S. 74). (Vgl. S. 40).

371 Belege s. Tab. 9 in der Beilage.

372 Vgl. S. 124f.

Das Kamel als das in bezug auf die Tränkung anspruchsloseste Herdentier des Untersuchungsgebiets ist in den meisten Fällen Milch-,[373] Fleisch- und Transporttier, desgleichen Materiallieferant.[374] Die Turkana und einige westliche Somal in der Nachbarschaft der Galla kennen auch die Blutgewinnung vom lebenden Kamel.[375] Die ostsudanischen Kamelzüchter verarbeiten das Wollhaar zu Zelten, Decken, Stricken usw.[376]

Im folgenden soll uns die Transportnutzung der Kamele interessieren. Ist ihre Zahl gering, dann werden sie bei einer Anzahl Stämme nur für Transportaufgaben gehalten (Schwarze Marea, Diglel- und Labat-Beni Amer, Habab-Gruppen, Borana Südäthiopiens, Galla nördlich des Sabaki um 1860, nordöstliche Masai).[377] Im Ostsudan ist bei kamelhaltenden Bedscha und Sudanarabern das Bepacken und Reiten dieser Tiere üblich,[378] und in den Fällen, wo man selbst keine zum Reiten brauchbaren Kamele züchtete (in Kordofan

373 Kamelmilch als Grundnahrungsmittel – Bedscha: MURDOCK, 1959, S. 316; BURCKHARDT, 1820, S. 310; BERNATZIK, 1942, S. 16. Sudanaraber: REID, 1930, S. 166f. und 1935, S. 126; SELIGMAN, 1918, S. 120, 130, 152; DAVIES, 1957, S. 59; PETHERICK, 1861, S. 327; STEIN, 1960, S. 47. Afar: BONNUEIL, 1938, S. 66; POLLERA, 1935, S. 259; SALT, 1814, S. 178; MUNZINGER, 1864, S. 153. Somal: LEWIS, 1955, S. 67; ders. 1961, S. 58, 73ff.; MARES, 1954, S. 414, 416f., 419; PROSHOGIN, 1963, S. 142; JAENEN, 1957, S. 150; COLLINS, 1960, S. 60; CLIFFORD, 1928, S. 439; MENGES, 1894, S. 228; BURTON, 1861, S. 291. Gabra-, Sakuyu- und Garri-Galla: HABERLAND, 1963, S. 143–148. Rendile: ARKELL-HARDWICK, 1903, S. 232; SPENCER, 1965, S. 292. Turkana: GULLIVER, 1955, S. 131; ders. 1953, S. 60; WHITE, 1920, S. 221; DUNDAS, 1910, S. 67; RAYNE, 1918, S. 256. – Die Kamelstuten der Somal liefern im Durchschnitt 6 Liter Milch pro Tag (COZZI, 1965, Allevamento, S. 130). Die Turkana-Kamelstuten sollen „fast unerschöpfliche" Milchmengen liefern; man melkt sie viermal am Tage, manchmal siebenmal, oft noch einmal in der Nacht. – Der Milchfluß versiegt in der Trockenzeit viel später als bei Kühen.

374 Die Kamelhäute sind nach HUNT bei den Nordsomal wertvolles Material zur Anfertigung von Sandalen. Aus einer einzigen Haut können aber nur 6 Paar hergestellt werden, und die Hälfte der Bevölkerung braucht alle neun Monate neue Sandalen (bei LEWIS, 1955, S. 68).

375 Somal: BUCHHOLZER, 1959, S. 41. Turkana: Gulliver, 1953, S. 60, 63; EMLEY, 1927, S. 169.

376 REID, 1930, S. 167, 165. BARBOUR, 1961, S. 170. DAVIES, 1957, S. 77, 104. HARTMANN, 1869, S. 250. CUNY, 1861. BERNATZIK, 1942, S. 16 (Bischarin). SELIGMAN, 1918, S. 172 und PETHERICK, 1861, S. 327 (Kababisch). STEIN, 1960, S. 47 (Butana).

377 Schwarze Marea: POLLERA, 1935, S. 180. Diglel-Beni Amer: Paul, 1950, S. 242. Labat-Beni Amer: SELIGMAN, 1930, S. 97. Habab: HEUGLIN, 1877, S. 84; MUNZINGER, 1864, S. 153. Borana Südäthiopiens: HABERLAND, 1963, S. 7, 68. Süd-Galla: BRENNER, 1868, S. 464; KERSTEN, 1871, S. 376; HILDEBRANDT, 1869, S. 237. NO-Masai: DARYLL FORDE, 1963, S. 296. STUHLMANN, 1909, S. 710.

378 HARTMANN, 1869, S. 237ff. ACLAND, 1932, S. 125f. Bedscha: KLUNZINGER, 1877, S. 255; ESCH, 1941, S. 70; MUNZINGER, 1864, S. 302, 575f. BELTRAME, 1893, S. 272f. Sudanaraber: SELIGMAN, 1918, S. 179. STEIN, 1960, S. 46. DARLING, 1938, S. 191. HEUGLIN, 1869, S. 34. LLOYD, 1910, S. 266. REID, 1930, S. 165; ders., 1935, S. 118.

und Darfur), werden sie von Wohlhabenden käuflich erworben. Die nördlichen Bedscha (Ababde, Hadendoa, Bischarin, Amarar) haben ganz vorzügliche Reitkamele, die auch auf Raubzügen und bei der Jagd eingesetzt werden, im Süden, bei den Beni Amer,[379] sind sie selten. Bei den Kababisch und anderen Kamelarabern ebenso wie bei kamelzüchtenden Bedscha sitzen während des Umzugs zumindest die Familienoberhäupter auf einem Laufkamel,[380] und jede freie, verheiratete (oder im heiratsfähigen Alter stehende) Frau reist in einer Art Kamelequipage ('utfa),[381] die mit Lederarbeiten reich verziert ist und zwei „Stockwerke" hat (für sie selbst und das Kleinkind). Das Alter, in welchem Jungkamele als Lasttiere eingesetzt werden, hängt vom Kamelreichtum ab; bei einem gewissen Mangel geschieht dies schon im dritten Lebensjahr.[382] Die Hadendoa zweigen einen kleinen Teil der kräftigsten Zuchtkamele für den nicht kommerziellen Lastentransport ab (Verlagerung der Siedlung u. ä.).[383]

Bei den Afar und Somal dient das (stets männliche)[384] Kamel in den allermeisten Fällen nur als Lasttier, nicht aber zum Reiten,[385] während den Habab, Nachbarn der Afar, diese Nutzart noch bekannt ist.[386] PAULITSCHKE[387] schreibt (leider wie so oft ohne tribale oder geographische Präzisierung), bei den Somal habe selbst der ärmste Schlucker zwei Lastkamele. Rasse und Konstitution der Somalikamele machen sie zum Reiten wenig tauglich (nach SWAYNE ist bei ihnen der Trab unmöglich);[388] gewöhnlich sitzen nur Kranke, Krüppel und Gebrechliche auf.[389] Im Osten Nordsomalilands kann man auch nach MARES[390] heutzutage gar nicht selten Kamelreiter sehen. Ein berittener Somali begleitet dann in der Regel eine Kamelherde, nicht aber einen Zug Lastkamele: erstens, weil diese schon Lasten tragen und ihre gegenüber den ostsudanischen Kamelen schwächere Körperkraft eine zusätzliche Bürde schwer ertragen könnte, zweitens weil sich der Somali keine Gelegenheit zum Geldverdienen durch kommerzielles

379 MUNZINGER, 1864, S. 329, 572.

380 Hadendoa: BERNATZIK, 1942, S. 158. Kababisch: SELIGMAN, 1918, S. 117. Vgl. STEIN, 1960, S. 47 (Butana).

381 REID, 1930, S. 167. DAVIES, 1957, S. 108. MARNO, 1874, S. 257, 216f. HARTMANN, 1863, S. 205. BURCKHARDT, 1820, S. 352. MUNZINGER, 1864, S. 328. CLARK, 1938, S. 9.

382 BREHMS TIERLEBEN, 1927, Bd. 7, S. 156.

383 BURCKHARDT, 1820, S. 355. BERNATZIK, 1942, S. 158.

384 MARES, 1954, S. 418. STAFFORD, 1931, S. 105. PAULITSCHKE, 1893, S. 224.

385 PAULITSCHKE, 1893, S. 224. TRUST TERRITORY, 1952, S. 115. CERULLI, 1959, Somalia, S. 211. NEWBOULD, 1958, S. 34. LEWIS, 1961, S. 56. COLLINS, 1960, S. 51. MÜLLER, 1903, S. 123. LIPPMANN, 1953, S. 117. BURTON, 1861, S. 255. HAGGENMACHER, 1876, S. 34. HILDEBRANDT, 1875, S. 12. WAGNER, 1947, S. 897. ZÖHRER, 1964/65, S. 150.

386 HILDEBRANDT, 1874, S. 336. MUNZINGER, 1964, S. 153.

387 1896, S. 290.

388 Bei PAULITSCHKE, 1896, S. 288. – FERRANDI, 1903, S. 332.

389 LEWIS, 1955, S. 67. CRUTTENDEN, 1849, S. 54. – BURTON (1861, S. 281) sah bei Ausbruch einer Durchfallepidemie zahlreiche kranke Somal eines größeren Zuges auf Lastkamelen sitzen.

390 1954, S. 419f.

Frachtgut entgehen lassen möchte.[391] Der moderne Motorverkehr hat den Bedarf an Reitkamelen in Somaliland vermindert.[392] – Der Einsatz von Reitkamelen bei der Gazellenjagd der Midschurtin-Somal ist eine ganz alleinstehende Bemerkung GUILLAINS.[393]

Die Rendile in Kenia benutzen ihre Kamele als Lasttiere;[394] bei ihren hamitonilotischen Nachbarn, die in den Besitz des Kamels gelangt sind (Turkana, Samburu, Suk, Laikipia-Masai, jedoch nicht nordöstliche Masai), ist dies nicht der Fall: sie werden weder beladen noch geritten und dienen ausschließlich der menschlichen Ernährung und der Gewinnung von Rohstoffen.[395]

Die Verbreitung des *Rindes* hängt vom Vorkommen guter Weide (vorzugsweise Grasweide) und von der Möglichkeit einer häufigen, fast täglichen Tränkung ab.[396] (Über die Viehdichte des Rindes s. S. 57f.). Das Rind ist nicht nur das anspruchsvollste Herdentier der Nomaden, sondern auch das für Krankheiten anfälligste (Trypanosomiasis,[397] Rinderpest,[398] Pleuropneumonie usw., vgl. S. 254). Dichter Wald und hohe Luftfeuchtigkeit behindern seine Existenz.

Was die genealogische Gliederung der Rinderrassen des Untersuchungsgebietes betrifft, so gibt es noch zahlreiche offene Fragen. Die Auffassungen unterscheiden sich vor allem in bezug auf die Anteile der sogenannten Grundrassen des afrikanischen Rindes an den heutigen Rassen und Schlägen (vgl. S. 67f.).

Von den drei Grundrassen (foundation types) der Rinder Afrikas,[399] dem sogenannten hamitischen Langhorn-Rind (Bos africanus), dem Kurzhorn-Zwerg-Rind oder Langstirn-Rind (Bos brachyceros bzw. Bos longifrons) und dem Zebu oder Buckelrind (Bos zebu, B. indicus – der Buckel kann fehlen!) überwiegt im Untersuchungsgebiet das letztgenannte ganz entschieden. Während es sich beim Langhornrind um das älteste afrikanische Hausrind handelt, das wahrscheinlich aus dem afrikanischen Urus (Bos primigenius hahni) entstanden ist, und das Brachyceros-Rind schon vor mehreren Jahrtausenden aus Asien kam,

391 1954, S. 419f. 392 MARES, 1954, S. 420.

393 1857, S. 452.

394 HÖHNEL, 1892, S. 674. ARKELL-HARDWICK, 1903, S. 238ff. SPENCER, 1965, S. 292.

395 Laikipia-Masai: THOMSON, 1885, S. 345. Turkana: HÖHNEL, 1892, S. 725; ders., 1938, S. 222; GULLIVER, 1953, S. 60; WHITE, 1923, S. 221; BARTON, 1921, Turkana, S. 204; RAYNE, 1918, S. 256.

396 Vgl. S. 142f. u. S. 209f.

397 Überträgerin ist die Tsetse-Fliege, die auch anderen Herdentieren in unterschiedlichem Ausmaß gefährlich wird. 1950 waren von ihr 40% Ostafrikas verseucht, wobei zwei Drittel von Tansania, ein Drittel von Uganda und ein Zehntel der Fläche Kenias für die Rinderzucht ausfielen (BAKER, o. J., S. 21). Vgl. auch SCHICKELE, 1931, S. 91. Ostafrika: SCHULTZE, 1955, S. 84. Ostsudan: BARBOUR, 1961, S. 261 und DAVIES, 1935, S. 299. – Vgl. ferner Fußnote 316.

398 „In den neunziger Jahren verlor das südlich der Sahara gelegene Afrika etwa 90% seines gesamten Rinderbestandes durch Rinderpest." (SCHICKELE, 1931, S. 30).

399 WORTHINGTON, 1958, S. 331f. (nach CURSON, 1936). BOETTGER, 1958, S. 50–73. AFRIKA-SPRAVOČNIK, 1963, Bd. 1, S. 448. HAILEY, 1938, S. 930f. WÖRTERBUCH DER VÖLKERKUNDE, 1965, S. 372f., 503. HIRSCHBERG, 1962, S. 277. MÜLLER, 1903, S. 19, 34.

wurde der Zebu, dereinst in den Steppen Zentralasiens aus der Urform Bos namadicus[400] domestiziert, erst in jüngerer Zeit[401] zum afrikanischen Haustier, doch so weitgehend, daß es die anderen beiden Grundrassen verdrängte und assimilierte.[402] Reste des alten höckerlosen Kurzhornrindes haben sich in Ägypten und Nubien erhalten.[403]

Der Zebu ist ein variationsfähiges Rind der Trockenzone mit Fettspeichern vorwiegend am Nacken (Cervix) oder am Brustkorb (Thorax) und mit langer Wamme. Die große Hautoberfläche der Wamme und die Verdichtung des Fettansatzes dienen der Wärmeregulierung. Der Kopf ist verhältnismäßig schmal (im Querschnitt etwa sargförmig), der Hals kurz, das Fell meist hell. Die Hörner sind mittelgroß bis kurz. Die Beine sind lang und kräftig. Verglichen mit dem Brachyceros-Rind hat der Zebu eine größere Widerstandskraft gegen Rinderpest, jedoch eine geringere gegen Trypanosomiasis.[404]

Der Ostafrikanische Zebu (so bezeichnet in der englischen Arbeit INDIGENOUS CATTLE) hat unter den afrikanischen Großrassen der Rinder eine der höchsten Stückzahlen (1957: 16–18 Millionen).[405] Schläge dieses Typus[406] finden sich nicht nur in Kenia (Nandi, Boran, Watende, Kamba, Kavirondo), Uganda (Bukedi, Teso, Boran), Tansania (Tanganjika-Zebu – 1956: 6,5 Mill. Stück). Äthiopien (Boran; wohl auch das Qola-Tieflandrind),[407] Somaliland (Boran, Matschen) und im Ostsudan (Mongalla), sondern auch in Malawi (Njassa-Zebu, Njassaland-Angoni), Sambia (Angoni), Sansibar und Pemba (Sansibar- und Pemba-Zebu). Unterschiede in der Morphologie der Ostafrikanischen Zebu äußern sich vor allem in der Körpergröße, wobei der Nandi-Schlag das kleine Extrem, die Boran-Rinder hingegen das große Extrem vertreten.[408] Die größten Rinder

[400] DITTMER, 1954, S. 244.

[401] Bereits 1600 v. u. Z. erreichte der Zebu Ägypten (WÖRTERBUCH DER VÖLKERKUNDE, 1965, S. 503; AFRIKA-SPRAVOČNIK, Bd. 1, S. 448). Über den Zeitpunkt der ersten Ausbreitung in Ost- und Nordostafrika werden verschiedenen Angaben gemacht: im 1. Jh. u. Z. (WÖRTERBUCH, w. o.) bzw. im 7. Jh. u. Z. (DESHLER, 1963, S. 57f.; COZZI, 1965, Zebù, S. 62).

[402] Als Auswahl – BOETTGER, 1958, S. 72, 65f. SCHWEINFURTH, 1874, Bd. 1, S. 63. FEIGE, 1928, S. 8, 10f. MÜLLER, 1903, S. 22. BERTARELLI, 1929, S. 583. PAULITSCHKE, 1893, S. 225. HABERLAND, 1963, S. 63. STUHLMANN, 1909, S. 691f. INDIGENOUS CATTLE, 1957. JOSHI, 1957.

[403] FEIGE, 1928, S. 8. MÜLLER, 1903, S. 22. HERZOG, 1961, S. 61. WORTHINGTON, 1958, S. 321. INDIGENOUS CATTLE, 1957, S. XV u. a. (Nuba). – JOSHI, MACLAUGHLIN und W. PHILLIPS nennen einen im Ostsudan weitverbreiteten Rindertyp (bei Kenana, Rufaa, Schukrija, Batahin, Hadendoa, Baggara, im Gebiet des Weißen Nil und in der Nordprovinz) „Northern Sudan Shorthorned Zebu", allerdings ohne Bezugnahme auf mögliche Bluteinschläge des alten Kurzhornrindes (JOSHI, 1957, S. 58–74).

[404] HAILEY, 1938, S. 931 (nach S. L. STEWART und E. B. WORTHINGTON).

[405] INDIGENOUS CATTLE, 1957, S. 12.

[406] INDIGENOUS CATTLE, 1957, S. 2f. (Karten), XV–XVII, 12f., 15ff., 19, 39f. Vgl. auch TRUST TERRITORY, 1952, S. 110–116. JOSHI und Mitarbeiter bringen die meisten der hier aufgeführten Schläge in ihrer FAO-Arbeit (1957), jedoch in anderer Gruppierung.

[407] HILDEBRANDT, 1874, S. 330.

dieser Gruppe finden sich eigenartigerweise in den aridesten Rindergebieten (z. B. in der Nordprovinz Kenias).[409]

Ein typischer Vertreter des Ostafrikanischen Zebu ist das Boran-Rind,[410] das sich nicht nur beim gleichnamigen Stamm in Südäthiopien findet, sondern auch in der Nordprovinz Kenias, im Südwestteil und in der Nordregion Somalilands, also bei Galla, Somal, Toposa, Karamojong, Samburu u. a. Es hat eine relativ große Statur (die Kühe messen am Widerrist 116–120 cm), wiegt im Durchschnitt 320 kg (Bullen) bzw. 250 kg (Kühe), hat gut entwickelten Buckel, kleine Hörner und weiße Fellfärbung.

Mischrassen[411] sind entstanden durch Kreuzungen des Zebu mit dem Langhornrind bzw. mit dem Sanga[412] sowie mit dem Brachyceros-Rind. Zum Zebu-Langhorn-Mischtyp gehören z. B. das Dschiddu- oder Surko-Rind (nach INDIGENOUS CATTLE und COZZI), Schläge im Westen der Nordregion Somalilands, das Nganda-Rind in Uganda, und im Ostsudan die Unterrassen Baggara (1956: über 2 Mill.), Kenana (75000, bei Kenana und Rufaa) und Butana (250000, bei Batahin und Schukrija).

Das Dschiddu- oder Surko-Rind[413] kommt in Somaliland links des Dschuba bei Hawija-, Rahanwin- und Digil-Somal sowie in Kenia vor. Dieser Zebu-

408 INDIGENOUS CATTLE, 1957, S. 12f. KENYA LAND COMMISSION, 1934, S. 1655 (Borana).

409 Diese Angabe steht im Widerspruch zu R. MÜLLERS allgemeiner Feststellung über die Rinder: „. . . je trockener und dürftiger der Boden ist, desto kleiner und verkümmerter ist die Rasse. Hemmend auf das Wachstum wirken auch sehr heiße Klimate . . .“ (1903, S. 3); in diesem Sinne äußert sich auch LICHTENHELD über die Masai-Rinder (1913, S. 262f.).

410 INDIGENOUS CATTLE, 1957, S. 32–37. JOSHI, 1957, S. 208–218. COZZI, 1965, Zebù, S. 68. SOMALI REPUBLIC, 1961, S. 160. Hart-Darod-Somal in Trans-Dschuba: LEWIS, 1955, S. 69. Südäthiopien: HABERLAND, 1963, S. 63. Samburu: SPENCER, 1965, S. 3f. und McKAY, 1957, S. 269f., 320f. – KENYA LAND COMMISSION, 1934, S. 1655: „The true Boran cattle bear a definite resemblance to the Harriana or Hansi Hissar type of cattle in India, and which have their home in the Punjab. In India this type is considered one of the leading breeds both from a milk and draught point of view. The most common colour is greyish-white with a dark underlying skin, soft to the touch and loose in the flesh.“

411 INDIGENOUS CATTLE, 1957, S. XV–XVII, 42f., 47–60.

412 Das zur Langhorngruppe gehörige Sanga-Rind hat bereits Blut eines Zebu mit Nackenbuckel aufgenommen. Es fällt durch seine übergroßen Hörner auf und findet sich vornehmlich bei den Hima-Tussi, in Ankole, bei den Nordwest-Niloten, in Hochäthiopien und in Südafrika (Setschwana-Rind), gehört also nicht in den Rahmen unserer Untersuchung. Es ist wirtschaftlich wenig leistungsfähig – die großen Hörner sind auf der Weide hinderlich und ihr bloßes Vorhandensein bedeutet Kraftvergeudung. – STUHLMANN, 1909, S. 691f. MÜLLER, 1903, S. 34. WORTHINGTON, 1958, S. 331f., 322. HILDEBRANDT, 1874, S. 331. INDIGENOUS CATTLE, 1957, S. XVII, 12. MAERZ, 1941, S. 115 (Karte nach LICHTENHELD). COZZI, Zebù, 1965, S. 62. DESHLER, 1963, S. 57.

413 COZZI, 1965, Zebù, S. 68f. LEWIS, 1955, S. 68. BERTARELLI, 1929, S. 737. TARANTINO, 1930, S. 70. AFRICA ORIENTALE ITALIANA, 1938, S. 97. SOMALI REPUBLIC, 1961, S. 160. JOSHI, 1957, S. 228–231.

Langhorn-Mischtyp hat relativ große, lyraförmige Hörner, eine grobe Statur, mit einer Höhe von 117 cm am Widerrist (bei Kühen), und wiegt 335 kg (Bullen) bzw. 277 kg (Kühe). Der Buckel ist wenig entwickelt. Sein Fell ist rot gesprenkelt, auf weißem Untergrund; die dicke Haut schützt vor Insekten und Dorngestrüpp. Besonders hervorzuheben ist seine lange Laktationsdauer, auch bei Futtermangel in der Trockenzeit. Männliche Tiere werden manchmal als Lasttiere verwendet.

Bei den Samburu Nord-Kenias ist der Boran-Zebutyp vorherrschend, doch einige Herden haben Rinder vom Ankole-Sanga-Typus. Diese Tiere, die offenbar durch intensive Tauschbeziehungen mit der Gegend von Rumuruti und Thomson Falls nach Samburu gelangt[414] sind, dürften im Zebubestand aufgehen.

Auch bei den Rindern der Humr-Baggara, die nach Indigenous Cattle dem Zebu-Langhorn-Mischtyp angehören (s. o.), sind durch Handelsbeziehungen noch anhaltende Einschläge der südlich benachbarten Nilotenrinder (Sanga) festzustellen. Cunnison[415] schätzt, daß jedes zehnte Rind der Humr entweder ein Nilotenrind ist oder aber eine eindeutige Kreuzung darstellt. – Dem Idealtyp des Rindes entsprechen bei diesem Stamm große, langbeinige Tiere, die schnell laufen, Anschluß an die Herde halten, nicht streunen; eine gewisse Magerkeit fördert die Beweglichkeit. Bei Kühen zählt vor allem hohe Milchleistung und regelmäßiges Kalben, bei Bullen Körperkraft und ein breiter Rücken (für Transportzwecke). An den Rindern der Dinka-Niloten mißfällt den Humr besonders (im Vergleich mit den eigenen), daß sie kleiner sind, nicht so schnell laufen, abstreunen, weniger Milch geben, nicht so auf Sandboden vorankommen und nicht als Lasttiere zu gebrauchen sind. Als Vorteile gegenüber dem Humr-Vieh geben sie zu: die Dinkarinder sind besser an Lehm- und Schlammboden angepaßt, reifen schneller und sind fruchtbarer (nach Cunnison).[416]

Als Zebu-Kurzhorn-Mischtyp kommt das Gasara-Rind[417] (auch Abgal genannt) in allen Rinderzuchtgebieten Somalilands vor, vorzugsweise aber am Webi Schebeli, am oberen Dschuba und entlang der Küstendünen. Es ist das genügsamste und widerstandsfähigste Rind dieses Landes (im Gegensatz zum Gerra,[418] auch Dauara oder Garre genannt, einem anderen Zebu-Kurzhorn-Mischtyp). Seine Leistungen an Fleisch und Milch schwanken stark mit den Umweltbedingungen, unter denen es gehalten wird. Die Körperhöhe beträgt nur 109 cm (gemessen bei Kühen am Widerrist). Kühe wiegen 218 kg, Bullen

[414] Kenya Land Commission, 1934, S. 1655. – Wagner behauptet, im Gegensatz zu anderen Quellen, die Rinder der Kenia-Galla gehörten dem Langhorntyp an (1947, S. 897).

[415] 1966, S. 37.

[416] 1966, S. 36f. Vgl. Joshi, 1957, S. 178–189 (Nilotic Cattle).

[417] Cozzi, 1965, Zebù, S. 67. Lewis, 1955, S. 68. Bertarelli, 1929, S. 737. Trust Territory, 1952, S. 110ff. Somali Republic, 1961, S. 160.

[418] Cozzi, 1965, Zebù, 67f. Indigenous Cattle, 1957, S. 32–37. Bertarelli, 1929, S. 737. Rait, 1961, S. 488. Über kleinhörnige Rinder Somalilands s. weiterhin: Boettger, 1958, S. 59, 66. Tarantino, 1930, S. 70. Feige, 1928, S. 12. British Somaliland, 1920, S. 30. Müller, 1903, S. 21, 23. Keller, 1894, S. 184.

290 kg.[419] Die Hörner sind kurz, oftmals beweglich und herabhängend (Schlapphörnigkeit). Der Buckel ist nur schwach ausgebildet. Die Fellzeichnung ist sehr variabel.

Als Hauptherdentier kommt das Rind vor allem im afrikanischen Nomadismus vor. Von den Stämmen des Untersuchungsgebiets sind hier z. B. zu nennen die Süd-Hadendoa, Sinkatkenab-Beni Amer, Baggara, verschiedene Batahin- und Schukrija-Gruppen, Ogaden-Somal, Darod-Somal des Trans-Dschubalands, die meisten Hamitoniloten sowie Galla und zahlreiche andere Stämme, die die Tabellen 9 und 10 aufführen. Am günstigsten werden Rinder durch Schafbestand ergänzt, der statistisch aber durch die oft auftauchende Rubrik Kleinvieh schwer zu fassen ist (Labat- bzw. Süd-Hadendoa, Baggara, Rote Marea, Habab-Gruppen, Gasar-Gudda, Gubahin, Dschiddu, Borana Südäthiopiens, Turkana, Samburu, Masai u. a. m.), aber auch eine kombinierte Rinder-Ziegen-Zucht ist nicht selten (Diglel-Beni Amer, Schwarze Marea, Bogos, Afar am Hawasch, Gruppen der Gudschi-Galla, Toposa, Karamojong, Suk, Kipsiki, Barabaig-Datoga u. a.). Häufig wird ein kombinierter Kleinviehbestand zusammen mit Rindern gehalten, der die Landstriche, die den anspruchsvolleren Rindern auf Grund ihrer Tränkbedürftigkeit verschlossen bleiben, vorteilhaft ausnutzt.[420]

Das Rind ist neben dem Kamel das wichtigste Milchtier. Hamitoniloten und Galla zapfen den lebenden Rindern auch Blut ab. Lastrinder finden sich vor allem dort, wo Esel und Kamele weniger gut gedeihen, so bei den Baggara (Maximalbelastung 115 kg), Hassanie und den arabischen Stämmen der Gezira und Sennars.[421] Die Rufaa als Bewohner der feuchten Grenzzone des Kamel-Biotops richten für kleinere Expeditionen Ochsenkarawanen ein, für größere verwenden sie Kamele.[422] Mensa, Bogos, Saho, Bedschuk, Assaorta und andere Stämme Eritreas nutzen oder nutzten in großem Stil Packochsen.[423] Bei den Galla Südäthiopiens haben jetzt Esel die jungen Bullen als Lasttiere völlig, bei den Diglel-Beni Amer zum größten Teil ersetzt.[424] Aus einer Andeutung Werners[425] läßt sich jedoch bei den Galla Kenias der Einsatz von Lastochsen,

[419] Paulitschke (1893, S. 287) bezeichnet Somali-„Buckelrinder“ mit einem durchschnittlichen Gewicht zwischen 114,3 und 152,4 kg als solche „schwerster Qualität“.

[420] Vgl. Ausführungen über die Ergänzung des Kamelbesitzes durch Kleinvieh, S. 72.

[421] Reid, 1930, S. 195f. Berry, 1928, S. 289. Lloyd, 1910, S. 266. Marno, 1874, S. 264, 296f. Indigenous Cattle, 1957, S. 48. Treatt, 1930, S. 29. Lampen, 1933, S. 102. Petherick, 1861, S. 168. Boettger, 1958, S. 44, 70. Joshi, 1957, S. 64, 71. Cunnison, 1966, S. 29f. (bei den Humr-Baggara verfügt eine Kleinfamilie zweckmäßigerweise über 2–4 Transportbullen).

[422] Hartmann, 1863, S. 205.

[423] Munzinger, 1859, S. 77. Haberland, 1963, S. 90 (nach Rohlfs, Krapf und Rüppell). Boettger, 1958, S. 70. Hildebrandt, 1874, S. 332. Bettini, 1944, S. 111. Pollera, 1935, S. 177.

[424] Haberland, 1963, S. 89, 431, 67. Paul, 1950, S. 242.

[425] Sie erwähnt Satteltaschen für Lastochsen (1914, S. 128).

den Brenner[426] um 1860 feststellte, zumindest bis um 1910 schlußfolgern. Bei den Somal tauchen Lastrinder nur vereinzelt auf, so bei den Züchtern der oben behandelten Surko-Rasse (Hawija-, Rahanwin- und Digil-Somal), bei den Tunni-Somal, um Afmadu (ganz im Süden Somalilands) und in Nordost-Kenia.[427] Obwohl die Masai gewöhnlich über viele Esel verfügen, kommt bei Mangel dieser Lasttiere auch das Bepacken von Ochsen vor.[428] – Der Einsatz von Transportrindern wird dadurch beschränkt, daß häufige und regelmäßige Ruhepausen zum Wiederkäuen erforderlich sind.[429]

Teilnomadische Bodenbauer in Eritrea (Bogos, Mensa, Takwe, Bedschuk u. a.) verwenden auch Pflugochsen.[430]

Sudanaraber, die Rinder bepacken, reiten gewöhnlich auch auf ihnen (Baggara, Rufaa, Kenana, Dubaina u. a.).[431]

Manchmal werden auf den Lastochsen von Sudanarabern oder südlichen Bedscha Sänften für Frauen angebracht (Rinder-ʿutfa der Baggara mit einem Sonnenschirm, dardāg; bashuur-Sänfte der Diglel-Beni Amer).[432] Die gelehrigen Tiere lassen sich gemächlich besteigen und gehorchen wie Hunde. Die südlichen Galla ließen nach Brenner bei Verlagerungen nur Kinder auf Ochsen reiten; nach Haberland sind Rinder als Reittiere bei den Galla ganz ungewöhnlich.[433]

Kräftige, anspruchslose *Esel* kommen als wichtige Lasttiere in ausgesprochen trockenen Landstrichen des Untersuchungsgebiets selbst bei minderwertiger Weide vor, wenn genug Tränkwasser vorhanden ist.[434] In Waldgebieten und in Teilen des äthiopischen Hochlands fehlen sie. Neben Infektionen schadet ihnen besonders die sogenannte Wurmkrankheit, die durch Eingeweidewürmer, die im Magen der Tiere schmarotzen, hervorgerufen und durch Saufen schlechten Wassers übertragen wird.[435] Das Vorhandensein guter Lastkamele kann, aber muß nicht, die Verbreitung der Esel beschränken (Nord-Somaliland bzw. Butana). In den Kamelgebieten Somalilands findet man sie vorzugsweise bei

[426] 1868, S. 65. Kersten, 1871, S. 376.

[427] Trust Territory, 1952, S. 115. Lewis, 1955, S. 68. Zöhrer, 1964/65, S. 148f. Ferrandi, 1903, S. 331. Tarantino, 1930, S. 75. Bettini, 1944, S. 114. McKay, 1957, S. 318 (Nordost-Kenia). Cozzi, 1965, Zebù, S. 70. – Keine Lastrinder bei nordwestlichen Somal: Haggenmacher, 1876, S. 34.

[428] Merker, 1910, S. 164. Höhnel, 1892, S. 267. Reichard, 1892, S. 291. Maerz, 1941, S. 126f. Fischer, 1884, S. 71.

[429] Boettger, 1958, S. 45.

[430] Munzinger, 1859, S. 78. Heuglin, 1868, S. 103. Höfner, 1951, S. 686, 725.

[431] Marno, 1874, S. 264. Lloyd, 1910, S. 266. Indigenous Cattle. 1957, S. 48. Hartmann, 1863, S. 205. Lauture, 1855, S. 146. Lampen, 1933, S. 102. Joshi, 1957, S. 71. Cunnison, 1966, S. 30 (Humr).

[432] Baggara: Reid, 1930, S. 195f. Beni Amer: Paul, 1950, S. 242.

[433] Haberland, 1963, S. 90. Brenner, 1868, S. 65. Kersten, 1871, S. 376.

[434] Worthington, 1958, S. 332. Boettger, 1958, S. 113. Siehe auch S. 211 vorliegender Arbeit.

[435] Stuhlmann, 1909, S. 732, 734. Boettger, 1958, S. 113.

ärmeren Nomaden und bei solchen, die in zerklüfteten, unwegsamen Gegenden leben.[436] Die rinderzüchtenden Somal halten sie in einer Proportion von zwei Eseln auf 100 Rinder.[437]

Wie Tabelle 9 ausweist, spielt die Eselzucht in Kordofan, am Atbara und in der Butana, in Taka, im Barka, stellenweise auf dem Osthorn, um den Rudolf-See (Turkana, Samburu, Rendile) und in der Masaisteppe eine größere Rolle. Eigenartig ist die Abneigung der Nandi gegen die Eselzucht, was wohl mit dem Niederschlagsreichtum und dem dortigen Buschland, das stellenweise in Wald übergeht, zusammenhängen mag: sie behaupten, die Esel verdürben den Rindern die Weide.[438] Die Suk, deren nomadische Stammeshälfte um 1930 immerhin 5 GV-Prozente Esel züchtete, haben nach BEECH diese Nutztiere erst in jüngerer Zeit von den Turkana übernommen; in ähnlicher Weise wollen die Borana erst nach Raubzügen gegen die Rendile mit ihrer Eselzucht begonnen haben.[439]

Der Esel Ost- und Nordostafrikas ist offenbar das einzige autochthone Haustier der Nomaden. Die domestizierten Formen sind unschwer von den heute noch lebenden Wildformen (Nubischer Wildesel bzw. Equus asinus somaliensis Noack) abzuleiten, mit denen sie zahlreiche morphologische Züge gemein haben (z. B. Schulterstreifen, Bänderung).[440] Dennoch ist die Domestikation des afrikanischen Esels uralt (Nachweis seit 3400 v. u. Z. in Ägypten).[441] Der Haustierbestand wird zuweilen durch eingefangene Wildtiere aufgefrischt.[442] Der von den Turkana gezüchtete große hellgraue Esel soll fast doppelt so groß sein wie der langhaarige, dunklere Esel Mitteläthiopiens; der Boran-Schlag steht morphologisch zwischen beiden.[443]

Wenn wir von verarmten Turkana absehen, wird Eselsmilch nirgendwo genossen, auch das Eselfleisch wird fast überall verworfen.[444] Esel nützen vor

436 HOYOS, 1895, S. 176. LEWIS, 1955, S. 69f. (nach HUNT). – HABERLAND (1963, S. 68) behauptet jedoch, im Gegensatz zu GULLIVER (1953, S. 60), die Turkana-Esel als Tiere der flachen Steppe könnten keine Berge erklimmen.

437 LEWIS, 1955, S. 69 (nach HUNT).

438 HOLLIS, 1909, S. 22. HUNTINGFORD, 1953, S. 21.

439 Suk: BEECH, 1911, S. 9. Borana: HABERLAND, 1963, S. 65.

440 STUHLMANN, 1909, S. 730. FEIGE, 1928, S. 13, 10. HERZOG, 1961, S. 62. BOETTGER, 1958, S. 106, 112f. HILDEBRANDT, 1874, S. 338. JOHNSTON, 1886, S. 399. MÜLLER, 1903, S. 236ff. DITTMER, 1954, S. 236. JOHNSTON, 1902, S. 817. BERTARELLI, 1929, S. 737. MERKER, 1910, S. 164 (zebraähnlich). MENGES, 1894, S. 231. AUBERT DE LA RUE, 1939, S. 43.

441 BOETTGER, 1958, S. 106. WÖRTERBUCH DER VÖLKERKUNDE, 1965, S. 106f.

442 BOETTGER, 1958, S. 107. HILDEBRANDT, 1874, S. 338 (Eritrea). BAKER, 1968, S. 52 (Bischarin).

443 HABERLAND, 1963, S. 68. Äthiopischer Esel sehr klein: BERTARELLI, 1929, S. 583 und HILDEBRANDT, 1874, S. 338.

444 Belege für den Genuß von Eselsmilch auf Tabelle 9. Die Dodoth begründen ihren Verzicht auf Eselsmilch mit dem Ausschlagen der Tiere beim Melkversuch (THOMAS, 1965, S. 22). – Meidung durch heidnische Afrikaner ebenso wie durch Mohammedaner: STUHLMANN, 1909, S. 732. Somal: HILDEBRANDT, 1875, S. 14 und SOTTIRO, 1884, S. 160. Galla: HABERLAND, 1963, S. 88. Mensa: HÖFNER, 1951, S. 727. Für Turkana und Jie widersprüchliche Angaben; nach GULLIVER

allem bei Verlagerung der Siedlung und beim Heranschaffen von Trinkwasser,[445] werden aber weniger sorgfältig als die übrigen Herdentiere gepflegt. Das Reiten[446] von Eseln ist viel seltener als das Bepacken. In der Butana benutzen sie die Araber – im Gegensatz zum Kamel – nur für kurze Strecken als Reittiere.[447] MUNZINGER[448] fielen um 1860 zwischen Berber und Gosdjereb zahlreiche Esel eines kleinen schnellen Schlages auf, die so billig zu haben waren, daß (zumindest bei den Karawanen) kaum jemand zu Fuß ging. Für Afar, Somal, Galla und Turkana ist Eselreiten geradezu eine Schande:[449] nur Krankheit, Alter oder totale Gehbehinderung könnten einen Mann dazu veranlassen, während Frauen des öfteren auf Eseln reiten.[450] MENGES[451] sah bei den Habr Gerhadschi-Somal, wie in einer größeren Karawane zahlreiche Esel mitzogen, die von Frauen geritten wurden: sie saßen auf Lastsätteln und hatten die Beine über dem Hals der Tiere gekreuzt. Mütter der Somal oder Turkana, denen es auf den Verlagerungen zu schwer fällt, ihre Kinder auf dem Rücken zu tragen, lassen sie auf Eseln aufsitzen.[452] Maultiere, die von Nomaden hauptsächlich in der Randzone Äthiopiens in geringer Zahl gehalten und eingehandelt werden, versteht man nicht selbst zu züchten.[453] Die Frauen der Midschurtin-Somal reiten bei Verlagerungen manchmal auf solchen Tieren.[454] – Den Masai, die doch so reich

(1953, S. 35, 60) lehnen die Turkana Eselfleisch ab, während es die Jie verzehren. Auch die Dodoth essen es bisweilen (THOMAS, 1965, S. 23).

[445] Afar und Somal: PAULITSCHKE, 1893, S. 228 und MÜLLER, 1903, S. 238. Kordofan: HEUGLIN, 1869, S. 34. Darfur: SCHULTZE, 1965, S. 52. Kababisch: DAVIES, 1957, S. 77. Hassanie: TAYLOR, 1855, S. 333. Hadendoa in Taka: WERNE, 1851, S. 89. Süd-Bedscha: SELIGMAN, 1913, S. 596.

[446] Kordofan: HEUGLIN, 1869, S. 34. Bisweilen bei den Humr: CUNNISON, 1966, S. 30. Bei den Dodoth reiten ihn nur – Hexen (THOMAS, 1965, S. 23).

[447] STEIN, 1960, S. 47.

[448] 1864, Itinerar, S. 22.

[449] Von Männern nicht geritten: in Äthiopien, bei den Afar und Somal (HILDEBRANDT, 1874, S. 338); bei den Somal (MENGES, 1894, S. 229f.); bei den Turkana (GULLIVER, 1953, S. 60).

[450] Nur Frauen reiten: Somal (LEWIS, 1955, S. 70, nach DRAKE-BROCKMAN, alte Frauen; PAULITSCHKE, 1896, S. 7; HILDEBRANDT, 1875, S. 14 – vornehme Frauen); Afar und Somal (MURDOCK, 1959, S. 321).

[451] 1894, S. 229.

[452] Somal: LEWIS, 1955, S. 70 (nach DRAKE-BROCKMAN). Turkana: WHITE, 1920, S. 221.

[453] Die offizielle Länderstatistik der FAO gibt für den Ostsudan 1950 letztmalig 1000 Maultiere an (PRODUCTION YEARBOOK, 1965, S. 164). – Um Massaua: MUNZINGER, 1864, S. 154. Um Kassala: GLEICHEN, 1905, S. 98. Mittlerer Ostsudan, um Sennar: MARNO, 1873, S. 247. Um Suakin: GEYER, 1914, S. 256. Habab: HEUGLIN, 1877, S. 83. Beni Amer: HEUGLIN, 1867, S. 171. Eritrea: BERTARELLI, 1929, S. 583. Somal: LEWIS, 1955, S. 70 (nach HUNT und DRAKE-BROCKMAN); MÜLLER, 1903, S. 251; HILDEBRANDT, 1875, S. 14; HAGGENMACHER, 1876, S. 34; MCKAY, 1957, S. 317 (Kenia-Somal). Borana und andere Galla Südäthiopiens: HABERLAND, 1963, S. 67 (hier auf Häuptlings- und Priesterfamilien beschränkt, Zeichen amharischen Einflusses). Siehe auch BOETTGER, 1958, S. 212.

[454] GUILLAIN, 1857, S. 449.

an Eseln sind, liegt der Gedanke ganz fern, diese oder irgendwelche anderen Tiere zu reiten.[455]

Das *Pferd* erscheint im Untersuchungsgebiet an der Peripherie seiner Verbreitung – es ist in den Kurzgrasebenen und teilweise auch in der Halbwüstenvegetation[456] des Ostsudan, in der äthiopischen Randzone und in Somaliland zu finden. In Sumpfgebieten (z. B. am Webi Schebeli und Dschuba) und in Wäldern geht es zugrunde. Eine Verbreitung wird nicht nur durch Weide- und Tränkwassermangel eingeschränkt – die nordostafrikanischen Pferde sind relativ anspruchslos – sondern hängt auch in hohem Grade von Schadinsekten und Krankheiten ab (z. B. Rinderpest und Trypanosomiasis,[457] aber auch spezifische Pferdekrankheiten wie Blauzunge, Rotz und Pferdesterbe[458]). Aridität verbietet die Pferdezucht bei nördlichen Bedscha,[459] den meisten Afar[460] und in den wasserärmsten Zonen Somalilands. Diese und andere negative Verbreitungsregulative verhindern sie auch in weiten Teilen des südöstlichen Sudan und teilweise in Eritrea, ebenso fast in der ganzen Zone südlich Mogadischus.[461]

Das Pferd spielt als Nutztier der Nomaden eine Sonderrolle, denn der Genuß von Stutenmilch ist in Afrika, im Gegensatz zur gemäßigten Zone Innerasiens, ganz unbekannt, ebenso das Essen von Pferdefleisch.[462] Fast ausnahmslos ist es Reittier. Nur die Gadabursi-Somal, die sehr viele Pferde hatten, und die teilnomadischen Mati-Galla, die im Hochland keine Esel halten können und von allen Galla die meisten Pferde züchten, kennen auch die Nutzung als Packtiere. Der überall erstrebte Besitz eines Reitpferdes ist mehr sozial als wirtschaftlich bedeutungsvoll. Als Symbol von Reichtum und Unabhängigkeit verschafft er Prestige, und zwar um so mehr, je schwieriger das Pferd zu züchten ist.[463] Es hat große strategische Bedeutung und gestattet, schnell Erkundungen und

455 Daryll Forde, 1963, S. 296.

456 Worthington, 1958, S. 331f.

457 Schickele, 1931, S. 91. Marno, 1873, S. 247. Paulitschke, 1893, S. 230 (Süd-Galla). Zöhrer, 1964/65, S. 150.

458 Stuhlmann, 1909, S. 738. Bertarelli, 1909, S. 737. Boettger, 1958, S. 208. Müller, 1903, S. 206f.

459 Klunzinger, 1877, S. 254 (Ababde).

460 Paulitschke, 1893, S. 226f. Müller, 1903, S. 207. Nesbitt, 1930, S. 305.

461 Stuhlmann, 1909, S. 736f. Paulitschke, 1893, S. 226, 230, 228. Müller, 1903, S. 209. Brenner, 1868, S. 465. Feige, 1908, S. 13.

462 Boettger, 1958, S. 210; vgl. Schickele, 1931, S. 86. Mohammedaner verabscheuen es: Stuhlmann, 1909, S. 732. Mensa in Eritrea: Höfner, 1951, S. 727. Galla: Haberland, 1963, S. 88. Issa ekeln sich vor Stutenmilch: Burton, 1861, S. 290.

463 Beni Amer: Munzinger, 1864, S. 330. Süd-Hadendoa: Munzinger, 1864, S. 302. Um Sennar und Kassala: Marno, 1874, S. 264; Hartmann, 1863, S. 205; Gleichen, 1905, S. 98. Habab und Beduan: Heuglin, 1877, S. 83, 133; Munzinger, 1864, S. 154. Bogos: Munzinger, 1859, S. 77. Hassanie: Petherick, 1861, S. 150. Kamelaraber: Lauture, 1855, S. 146; Rüppell, 1829, S. 145; vgl. Daryll Forde, 1963, S. 400. Baggara: Lampen, 1935, S. 135; Lloyd, 1910, S. 266. Rufaa, Agalin, Dubaina u. a.: Marno, 1873, S. 247.

Reisen durchzuführen.[464] Bei den Baggara ist es auch unentbehrlich bei der Jagd auf Giraffen und Elefanten, die in hohem Ansehen steht;[465] im vorigen Jahrhundert benutzte man es hier auch zum Sklavenraub.[466] Daß die Haltung von Pferden sehr kostspielig und zumeist ein Luxus der Reichen ist, erhellt schon daraus, daß man sie im Ostsudan mit dem schwer zu beschaffenden Durrafutter und mit Milchüberschüssen füttert (s. S. 150f.). Nutzungsformen im Rahmen der Viehwirtschaft, wie z. B. das Aufspüren von abstreunendem Vieh (Hassanie) oder die Erleichterung des Hütegeschäfts durch Reiten der Hirten (nördliche Somal) werden in der Literatur nur selten erwähnt.[467] Bei Somal, Baggara und Beni Amer begleiten reiche Familienoberhäupter zu Pferde den Umzug.[468]

Im Ostsudan wird bei den Baggara (Rizeigat, Messirija, Schankab u. a.), Kababisch und Hawawir die Gharbaui-Rasse gezüchtet (nach Heuglin), die wohl mit der von Herzog angeführten Kordofani-Rasse in Kordofan und Darfur identisch ist.[469] Sie zeigt Verwandtschaft mit dem ramsnasigen Berberpferd, hat einen sehr langen Schweif und eine lange Mähne, ist in der Morphologie recht mittelmäßig und kaum jemals mit der berühmten Araberzucht gekreuzt worden; dennoch haben wir hier schnellaufende, dauerhafte und anspruchslose Pferde vor uns. Weiter östlich züchtet man den ramsköpfigen Dongolawi-Schlag,[470] dessen Verbreitung bis in das Barka Eritreas reicht.[471] Kordofani- und Dongolawi-Pferde sind zumeist schwarz, größer als die abessinischen und besser als diese an sandiges Terrain und das heiße Klima des Unterlands angepaßt. Die Baggara beziehen einen Teil ihres Pferdebedarfs aus Äthiopien über Gallabat, Fadasi und andere Märkte.[472] Die seßhaften Galla Hochäthiopiens haben zahlreiche dieser nur 140 bis 150 Zentimeter großen, aber robusten Hochlandtiere;[473] nach anderen Angaben verfügen sie jedoch über hochgewachsene Pferde, „den arabischen aufs Haar gleichend".[474] Nach Süden zu tritt die Pferdezucht der Galla stark zurück: die Borana Südäthiopiens halten nur einige wenige Tiere in begrenzten Berggegenden und vernachlässigen sie sehr in Zucht, Pflege und Dressur; die Insektenplage ist offenbar der Hauptgrund ihres

464 Munzinger, 1864, S. 570.

465 Cunnison, 1958, S. 50ff. Müller, 1903, S. 205. Marno, 1874, S. 264. Munzinger, 1864, S. 571.

466 Pallme, 1843, S. 78.

467 Hassanie: Petherick, 1861, S. 150. Somal: Lewis, 1955, S. 70.

468 Beni Amer: Munzinger, 1864, S. 328. Somal: Lewis, 1955, S. 67. Humr: Cunnison, 1966, S. 30.

469 Heuglin, 1869, S. 34. Herzog, 1961, S. 62. Boettger, 1958, S. 208. Munzinger, 1864, S. 576. Paul, 1935, S. 139ff. Lloyd, 1910, S. 266. Lampen, 1935, S. 135. Pallme, 1843, S. 78. Lauture, 1855, S. 146. Cunnison, 1958, S. 50. MacMichael, 1912, S. 143, 221. Berry, 1928, S. 283. Müller, 1903, S. 205.

470 Herzog, 1961, S. 62. Feige, 1928, S. 10. Müller, 1903, S. 201. Boettger, 1958, S. 208.

471 Hildebrandt, 1874, S. 337. Munzinger, 1864, S. 330. Bertarelli, 1929, S. 583.

472 Schweinfurth, 1874, S. 66. Marno, 1874, S. 264; ders., 1873, S. 247.

473 Feige, 1928, S. 10. Hildebrandt, 1874, S. 337. Bertarelli, 1929, S. 583.

474 Paulitschke, 1893, S. 227. Müller, 1903, S. 205.

beschränkten Vorkommens.[475] – In Kenia züchten die Rendile noch Pferde, bei den benachbarten Samburu gedeihen sie schon nicht mehr.[476]

Die Pferde der Galla und die Ponys der Somal weisen nach BOETTGER, BURTON und HOYOS im Gegensatz zur Ansicht GUILLAINS Beziehungen zum arabischen Pferd auf.[477] Die Ponys Somalilands sind im Durchschnitt 145 cm hoch, kräftig, genügsam, mit sicherem Tritt und harten Hufen, im Bergland zuhause, eine innerhalb Afrikas besonders markante Pferderasse; man unterscheidet den Schlag Bari im Osten von den Galbed-Pferden im Westen.[478] Geritten werden sie nur von Männern.[479]

Einen nennenswerten Pferdebestand[480] unter den Somal haben oder hatten Dulbahante, Gadabursi, Rer Ali, Rer Amaden, Habr Gerhadschi, Dschibril Abokr-Habr Aual, Marehan, Digodia, Warsangeli, Ogaden und Midschurtin, doch stehen Zucht, Pflege und Dressur auf keinem hohen Niveau.[481] Ein Zentrum der Pferdezucht war nach MÜLLER (1903) im Nogal-Tal festzustellen, wo mancher Mann bis zu 150 Pferde besessen haben soll.[482] Pferde fehlten praktisch schon immer bei den Issa, Deschische, Girri, Rahanwin und bei vielen Hawija; nach Angaben um 1950 waren auch bei den Habr Aual Esa Mussa, Arab, Aidagalla, den Habr Junis des Burao-Distrikts und den Habr Tol Djala Mussa Abokr und Omar keine vorhanden. Seit mehreren Jahrzehnten ist ein Wandel eingetreten: in einem Lande, wo früher ein Reitpferd der erstrebte Besitz jedes freien Mannes war, werden bestenfalls nur noch ein- bis zweihundert Tiere pro Stamm gezüchtet.[483] Für die Gadabursi, die PAULITSCHKE noch als so reich an Pferden hervorhob, daß man sie als Packtiere einsetzte, gibt die Statistik um 1950 noch fünfzig an![484] Die Ursachen hängen wohl mit der Überstockung

475 HABERLAND, 1963, S. 65ff. ZAVATTARI (1940, S. 338) erwähnt Pferdezucht.

476 Rendile: HÖHNEL, 1892, S. 673; REIN, 1920, S. 384; ARKELL-HARDWICK, 1903, S. 235. Samburu: REIN, 1920, S. 378; ARKELL-HARDWICK, 1903, S. 235. – Den Laikipia-Masai waren Pferde als „burta" bekannt (THOMSON, 1885, S. 345).

477 BOETTGER, 1958, S. 208. BURTON (1861, S. 303) spricht von ausgearteten Araberpferden, HOYOS nennt sie „Equus arabicus" (1895, S. 176); GUILLAIN allerdings sieht keine Analogie (1857, S. 449).

478 PAULITSCHKE, 1893, S. 227f. LEWIS, 1955, S. 70. BURTON, 1861, S. 303. STUHLMANN, 1909, S. 737. MÜLLER, 1903, S. 206. WORTHINGTON, 1958, S. 332. COZZI, 1965, Allevamento, S. 131.

479 MURDOCK 1959, S. 321 (Afar und Somal). PAULITSCHKE, 1896, S. 7.

480 PAULITSCHKE, 1893, S. 227f.; ders., 1888, Harar, S. 329, 132; ders., 1889, S. 3; ders., 1896, S. 289 (nach SWAYNE). BURTON, 1861, S. 303. CLIFFORD, 1928, S. 176. FERRANDI, 1903, S. 296. CRUTTENDEN, 1844, S. 329; ders., 1849, S. 65, 61, 72. GUILLAIN, 1857, S. 448f. HILDEBRANDT, 1875, S. 13. HOYOS, 1895, S. 176. MÜLLER, 1903, S. 206. LEWIS, 1955, S. 70. SCHLEICHER, 1892, S. 42.

481 GUILLAIN, 1857, S. 449. CRUTTENDEN, 1844, S. 329. FERRANDI, 1903, S. 296. BURTON, 1861, S. 303.

482 S. 206; vgl. LEWIS, 1955, S. 70.

483 LEWIS, 1955, S. 70 (nach HUNT). Nach ZÖHRER (1964/65, S. 150) heutzutage nur noch 250 Pferde in Somaliland vorhanden.

484 MARES, 1954, S. 470. LEWIS, 1955, S. 70. ZÖHRER, 1959, S. 51; ders., 1964/65, S. 150. BRITISH SOMALILAND, 1920, S. 51.

der Nomadenbetriebe und mit der Denudierung zusammen, weit wichtiger aber dürfte die fortschreitende Befriedung und das Aufkommen eines billigen Motortransportes sein.[485]

Die *Ziege*, die man im Gebirge wie in der Ebene weiden lassen kann, hat von allen Herdentieren die breiteste Futterskala, bevorzugt aber bei Vorhandensein Busch- und Laubweide. Das schädigt oftmals die Vegetation,[486] kann aber dort, wo sich Buschwuchs auf Kosten wertvollen Futtergrases ausbreitet, ein positives Moment für die Weidewirtschaft sein.[487] Naßkälte schadet ihr sehr;[488] gegen Trockenheit ist sie – von rassischen Variationen abgesehen – meist weniger empfindlich als das Schaf.[489] Rühmenswert ist die Widerstandsfähigkeit der afrikanischen Ziegen gegen Seuchen.[490] Rinderpest kann ihnen kaum etwas anhaben, und gegen Tuberkulose sind sie offenbar resistent. Obwohl sie unter der Tsetsefliege leiden, können sie in vielen Fällen Trypanosomen lange Zeit im Blut haben, ohne Schaden zu nehmen; sie werden aber so zu gefährlichen Weiterverbreitern des Nagana-Erregers. Insektenlarven in den Nasenhöhlen spielen den Ziegen stellenweise übel mit.[491]

Die Sinnesorgane der Ziegen sind – gemessen am Maßstab der Wiederkäuer – hochentwickelt; als Herdentiere sind sie ziemlich selbständig, brauchen wenig Beaufsichtigung und Pflege,[492] auch geben Ziegen u. U. die Leittiere für Schafherden ab. Ein wichtiges ökonomisches Moment für die Regeneration der Herden sind die große Fruchtbarkeit der Ziegen und ihre früh einsetzende Geschlechtsreife.[493] Als Milchtiere sind viele ihrer Rassen wichtiger als Schafe.[494] Mit diesen zusammen sind die Ziegen auf Grund ihrer Körpergröße, die einen rationellen Verzehr im Kreise der zahlenmäßig beschränkten und verstreut lebenden nomadischen Lokalgruppen gestattet, die wichtigsten Schlachttiere; das Fleisch der ostafrikanischen Ziegen ist besonders schmackhaft.[495] Klein-

485 Lewis, 1955, S. 70 (nach Hunt).

486 Hailey, 1939, S. 1111f., 1079, 1095f. Müller, 1903, S. 103. Boettger, 1958, S. 90f. McKay, 1957, S. 274. Zöhrer, 1964/65, S. 152. Aubert de la Rue, 1939, S. 96.

487 Worthington, 1958, S. 328. Vgl. Stuhlmann, 1909, S. 729.

488 Paul, 1950, S. 242 (Beni Amer).

489 Boettger, 1958, S. 80. Vgl. auch S. 88 vorliegender Arbeit.

490 Hailey, 1938, S. 932. Afrika-Spravočnik, 1963, Bd. 1, S. 416. Worthington, 1958, S. 320, 328. Heuglin, 1877, S. 85 (bei Habab).

491 Stuhlmann, 1909, S. 729. Schickele, 1931, S. 91.

492 Stuhlmann, 1909, S. 718. Müller, 1903, S. 89. Boettger, 1958, S. 77.

493 Worthington, 1958, S. 328. Trust Territory, 1952, S. 115. Spencer, 1965, S. 23 (Kleinvieh, bei Samburu). Vgl. auch S. 249 vorliegender Arbeit.

494 Boettger, 1958, S. 90. Cozzi, 1965, Allevamento, S. 131f. und Paulitschke, 1893, S. 156, 225 (Somaliland).

495 Worthington, 1958, S. 328. – Eritrea: Hildebrandt, 1874, S. 335. Nordostafrika: Paulitschke, 1893, S. 225. Somal: Lewis, 1961, S. 95; Bozzi, 1960, S. 405; Buchholzer, 1959, S. 71; Kersten, 1871, S. 327. Toposa: Gulliver, 1953, S. 89. Turkana: Gulliver, 1953, S. 60.

viehbälge dienen vorzugsweise zur Anfertigung von Wassergefäßen.[496] Manche nördlichen Nomadenstämme verarbeiten Ziegenhaar.[497]

Die südlich der Sahara gezüchteten einheimischen Ziegen haben kein wollenes Haar und sind an das heiße Klima gut angepaßt, ohne jedoch Fettschwanz oder Fettsteiß wie die Schafe zu entwickeln.[498] In Oberägypten, Nubien und in Teilen Äthiopiens findet sich die Thebaische Ziege, ein extremer Typ der Mamberziege (d. i. eine Rasse mit starker Ramsnase); Kennzeichen sind Langbeinigkeit, Kurzhaarigkeit, schraubige Hörner und gute Milchleistung.[499] Die kleinen, aber sehr beweglichen Ziegen der Hassanie am Weißen Nil[500] sind höchstens 70 cm lang, haben 50 cm Höhe am Widerrist, wiegen nicht über 25 Kilogramm, haben ein schwarzes bis rötlichfahles, langes Haarkleid, lange Ohren und nur kurze, bei beiden Geschlechtern kaum fingerlange Hörner und gedrungene kurze, aber starke Beine. Solche Zwergziegen (Hircus reversus) lassen sich auch bei den Rufaa belegen.[501] Nach Boettger[502] sind Zwergrassen vom Weißen Nil bis zur Südspitze Afrikas zu finden.

Die Ziegen der Somal[503] sind ungehörnte, kurzbeinige Zwergziegen mit einem Lebendgewicht von 25 bis 40 kg,[504] einem weißen Fell mit roten oder schwarzen Sprenkelungen, mit geringem Milchertrag; doch kommen offenbar auch größere Schläge vor.[505] Nach Cozzi[506] gibt es bei den Somaliziegen (wie auch bei den dortigen Kamelen) zwei Hauptrassen, die nach den Ohren unterschieden werden. Die Ziegen mit kleinen Ohren werden Deghier genannt (von „deg", Ohr, und „hier", klein), die mit großen Ohren heißen Deguen („uen" = groß). Die Deghier-Ziege lebt in den aridesten Gebieten und kann Durst sehr gut ertragen. Das Gewicht (40 kg bei Männchen und 29 kg bei Weibchen) ist ziemlich gering, die Höhe am Widerrist erreicht bei männlichen Tieren 72 cm, bei weiblichen 67 cm. Sie hat ein glattes, weißes Fell, liefert wenig, doch fettreiche Milch, schmackhaftes Fleisch und kostbares Leder. Die Deguen-Ziege hat große,

496 Hildebrandt, 1874, S. 335f.; ders., 1875, S. 13 (Eritrea bzw. Somaliland).

497 Bischarin und Ababde bei Assuan und im bischarischen Halaib: Bühler, 1957, S. 19. Bischarin: Bernatzik, 1942, S. 16. Kababisch: Seligman, 1918, S. 172 (allg. Hinweis auf derartige Nutzung des Viehs). Kawachla der White Nile Province: Reid, 1930, S. 169. Nicht bei Somal und Afar: Paulitschke, 1893, S. 225.

498 Worthington, 1958, S. 326, 328.

499 Boettger, 1958, S. 95. Müller, 1903, S. 99.

500 Petherick, 1861, S. 179. Müller, 1903, S. 100. Schweinfurth, 1874, S. 36. Brehms Tierleben, 1927, Bd. 9, S. 28.

501 Hartmann, 1863, S. 205.

502 1958, S. 95. – Kleine Ziegen weiterhin erwähnt bei Paul, 1950, S. 242 (Diglel-Beni Amer) und Feige, 1928, S. 11f. (Südäthiopien). Siehe auch vorletzte Fußnote.

503 Bertarelli, 1929, S. 737. Boettger, 1958, S. 96. Müller, 1903, S. 100f. Lewis, 1955, S. 69.

504 Paulitschke (1893, S. 287) gibt das Durchschnittsgewicht von exportierten Somali-Schafen und -Ziegen mit 19,05 bis 28,57 kg an.

505 Hoyos, 1895, S. 186. Hildebrandt, 1875, S. 13.

506 Cozzi, 1965, Allevamento, S. 130f. – Lewis, 1955, S. 69.

hängende Ohren und ist, im Vergleich zur Deghier, verhältnismäßig anspruchsvoll in bezug auf Weide und Wasser. Körperhöhe und Gewicht haben höhere Werte: die Männchen wiegen 42 kg, die Weibchen 34 kg, und die Widerristhöhe beträgt 81 bzw. 70 cm. Die Deguen hat glattes Fell, mit weißem Untergrund, doch gibt es oft Flecken und Scheckungen in Schwarz und Kastanienbraun. Sie liefert etwas mehr Milch als die Deghier. – Die eigentliche Ziege der Masai ist ebenfalls klein; erst durch Raubzüge gegen Unjamwezi, Pareland und andere Nachbargebiete haben diese Nomaden eine große Ziegenrasse erhalten.[507]

Das *Schaf* gedeiht in trockenem Klima und bei trockenem Futter, in Waldzonen und Sumpfländereien geht es – im Gegensatz zur Ziege – bald zugrunde.[508] Seine Resistenz gegen Seuchen ist geringer, die Ansprüche an das Weidefutter (vorzugsweise Gras) sind höher als bei der Ziege.[509] Dennoch werden Schafe und Ziegen oft gemeinsam geweidet.[510] Auf dem Osthorn Afrikas und in Ostafrika können die Ziegen länger ohne Tränkwasser auskommen als die Schafe, im Ostsudan liegen die Verhältnisse gerade umgekehrt (s. S. 210f.). Wie die Ziegen können auch manche ostafrikanischen Schafrassen Trypanosomen ins Blut aufnehmen, mehr oder weniger ertragen und weiterverbreiten.[511] Seine Anfälligkeit für Seuchen ist verschieden von der des Rindes (das ja eine ähnliche Weide verlangt), was sich als Viehversicherung auswirkt (s. S. 92). Auch das Schaf wird gemolken (z. B. im Ostsudan, bei Stämmen in Eritrea und in Somaliland, bei Turkana)[512], doch spielt Verbreitung und Menge des Ziegenmilchgenusses eine größere Rolle. Das Schaf ist neben der Ziege das wichtigste Schlachttier der Nomaden. Als Hauptlieferant tierischer Fette hat es das Schwein, das hier nicht gehalten werden kann und das von der kulturellen und religiösen Tradition abgelehnt wird, voll und ganz ersetzt.[513] Bemerkenswert ist die hohe Reproduktionsrate mancher Schafschläge, die sogar die der Ziegen übertreffen soll.[514] Bei Hamitoniloten (Masai, Samburu, Karamojong, Turkana u. a.) ist der

[507] Merker, 1910, S. 164. Johnston, 1886, S. 398. Feige, 1928, S. 13.

[508] Müller, 1903, S. 59. Boettger, 1958, S. 77. Afrika-Spravočnik, 1963, Bd. 2, S. 124.

[509] Stuhlmann, 1909, S. 748. Boettger, 1958, S. 80. Schickele, 1931, S. 91. Ferner: Clark, 1938, S. 22 (Nord-Bedscha); Heuglin, 1877, S. 85 (Habab); Zöhrer, 1964/65, S. 131 und Proshogin, 1963, S. 142 (Somal); Spencer, 1965, S. 3 (Samburu).

[510] Ababde: Tregenza, 1955, S. 48, 81. Somal: Lewis, 1961, S. 56 und ders., 1955, S. 69 (hängt auch von der Weidebeschaffenheit ab, ob das Kleinvieh gemeinsam gehütet wird). Tiefland-Arussi: Haberland, 1963, S. 427. Turkana: Emley, 1927, S. 184. Masai: Daryll Forde, 1963, S. 296.

[511] Stuhlmann, 1909, S. 754.

[512] Ostsudan: Murdock, 1959, S. 316 (Bedscha); Davies, 1966, S. 200 und Reid, 1930, S. 196 (Sudanaraber). Somal: Haggenmacher, 1876, S. 34 und Mares, 1954, S. 420, im Gegensatz zu Paulitschke, 1893, S. 156, 225. Eritrea: Hildebrandt, 1874, S. 335.

[513] Boettger, 1958, S. 79, 77. Werth, 1941, S. 307.

[514] So bei den Samburu: Spencer, 1965, S. 3, vgl. S. 23.

Aderlaß nicht nur von Großvieh, sondern auch von lebenden Schafen (und Ziegen) üblich.[515] Die Nutzung der kaum entwickelten Wolle bzw. der Schafhaare läßt sich nur bei einigen nördlichen Stämmen nachweisen,[516] so bei nördlichen Bedscha, manchen Sudanarabern und im Bergland Eritreas. Bei Nomaden der äthiopischen Randzone finden sich die im Untersuchungsgebiet sehr seltenen Wollschafe, und HILDEBRANDT geht soweit, die Wollgewinnung bei den Habab, die auch bei Ad Temeriam, Meskalit und anderen Nachbarn eine wichtige Rolle spielt, als den Hauptzweck der Schafhaltung anzusehen.[517] Die Baggara der White Nile Province nutzen zwar nicht die Wolle ihrer Schafe, gestatten aber alljährlich Schafscherern von nördlichen Stämmen die Gewinnung des wenig ausgebildeten Wollhaars.[518]

In den vom Handel wenig berührten Gegenden des Untersuchungsgebietes spielt oder spielte die Verarbeitung der Tierhäute zu Lederkleidung, die vorzugsweise von Frauen getragen wird, eine Rolle.[519]

Das Haarschaf als die ursprüngliche Schafrasse Afrikas wird zurückgedrängt im Norden vom Wollschaf, im Süden vom Fettschwanzschaf (Ovis steatopyga),[520] das als die am weitesten verbreitete Schafrasse des Untersuchungsgebietes anzusehen ist. In Altägypten lösten Fettschwanzschafe bereits zu Beginn der 12. Dynastie (2000–1788 v. u. Z.) auf Grund ihrer besseren Fettproduktion die altägyptische Haarschaf-Rasse ab.[521] Nilaufwärts hat sie sich bis heute erhalten, so bei den Bischarin des Atbai, deren Schafe nach BOETTGER der Dinkarasse zugerechnet werden, und bei den Fezzanschafen (außerhalb des Untersuchungsgebietes).[522] Merkmale dieser primitiven Haarschafrasse sind: Hängeohren, geringe Anlage zur Ramsnase, langer, dünner, buschiger Schwanz; die vordere Körperhälfte hat lange, derbe, straffe Haare, die mähnenartig ausgebildet sind, oft dunkelgefäbt (v. a. bei den Schafen der Dinka), sonst

515 Masai: MERKER, 1910, S. 174; DARYLL FORDE, 1963, S. 296; LEAKEY, 1930, S. 208; HUNTINGFORD, 1953, S. 108. Turkana: GULLIVER, 1953, S. 63. Samburu: PELLEGRINI, 1961, S. 146. Karamojong: GULLIVER, 1954, Blood of the Karamojong, S. 196.

516 Nördl. Bedscha: CLARK, 1938, S. 23; BERNATZIK, 1942, S. 16 (Bischarin); PETHERICK, 1861, S. 57 (Ababde). Sudanaraber: REID, 1930, S. 169; SELIGMAN, 1918, S. 172. Nicht in Somaliland: PAULITSCHKE, 1896, S. 289; GUILLAIN, 1857, S. 450; LEWIS, 1955, S. 69.

517 HILDEBRANDT, 1874, S. 334f. HEUGLIN, 1868, S. 87. MUNZINGER, 1864, S. 140; ders., 1872, S. 204.

518 REID, 1930, S. 196.

519 Nordostafrika: PAULITSCHKE, 1893, S. 78f. Somal: HILDEBRANDT, 1875, S. 13, 6. Afar: HARRIS, 1845, Bd. 1, S. 53; VIGNÉRAS, 1900, S. 28. Gudschi-Galla: SCHULZ-WEIDNER, 1961, S. 334. Turkana: GULLIVER, 1953, S. 60. Masai: FISCHER, 1884/85, S. 66; STIGAND, 1913, S. 221; MERKER, 1910, S. 135–138. Barabaig-Datoga: WILSON, 1952, S. 38.

520 HIRSCHBERG, 1962, S. 277. WERTH, 1941, S. 307.

521 BOETTGER, 1958, S. 81.

522 BOETTGER, 1958, S. 79. SCHWEINFURTH, 1874, S. 37 (mit Abb.). MÜLLER, 1903, S. 68. AFRICA ORIENTALE ITALIANA, 1938, S. 97 (äthiop. Schlag). WERTH, 1941, S. 310.

Kurzhaarigkeit und weißes Fell, jedoch Fußknöchel und Schnauze schwarz behaart. Das Fettschwanzschaf gelangte nicht nur über das Niltal nach Äthiopien, sondern auch – vorwiegend durch mohammedanische Völker (Araber, Perser) – seit dem ersten nachchristlichen Jahrhundert über das Küstenland am Indischen Ozean nach Ostafrika, wo es zu einem typischen Herdentier der Südkuschiten wurde.[523] Von diesen übernahmen es hamitonilotische Völker, ebenso ist es in Eritrea und im sudanarabischen Raum heimisch geworden.[524] Interessantes Material über die Kontaktsituation zwischen dem Fettschwanzschaf und bodenständigen Altrassen ist HABERLANDS[525] Galla-Monographie zu entnehmen. Von den drei Schafrassen der Galla Südäthiopiens ist am häufigsten das rotbraune, seltener weißgelbe Hochlandschaf mit langem dünnen Schwanz und kurzem bis mittellangem Haar sowie langen schmalen Beinen; in Höhen unter 1500 m geht es zugrunde. „Es ähnelt dem sudanischen Schaf, das nach WERTH ... ein Abkömmling des altägyptischen Schafes ist."[526] Daneben gibt es eine ähnliche, nur viel langhaarigere Schafrasse, die HABERLAND für eine durch kühles Klima bedingte Lokalvarietät hält und als den einzigen Wollieferanten Äthiopiens bezeichnet. Hierzu ist zu bemerken, daß im Mittel- und Unterland Äthiopiens auch das sogenannte Transhumanzschaf[527] zu finden ist, das seine langen Haare teilweise zu einem Wollkleid umgebildet hat und ausdrücklich von dem größeren und viel schwereren äthiopischen Schlag des sudanesischen Schafes (Gewicht 60–80 kg, ohne jede Wolle, großer Kopf) unterschieden wird. Dieses Transhumanzschaf, dessen Wollverwertung in Eritrea wir oben schon erwähnt haben, hat einen reduzierten Fettschwanz und gute Milchleistung. – Zurück zu den Galla. Als dritte Schafrasse züchten sie im Boranaland, in Teilgebieten der Uraga- und Hoku-Galla, aber auch in Kenia,[528] das kurzhaarige Fettschwanzschaf mit schwarzem Kopf und weißem Körper.[529] Die Galla wissen, daß es sich hier um ein von anderen Völkern übernommenes Tier handelt, doch wurde es offenbar schon eher als das Zebu eingeführt, denn bei Laga Oda westlich von Harrar zeigen alte Felsbilder Fettschwanzschafe zusammen mit den längst verschwundenen buckellosen Langhornrindern.

Als typisch kann das als Berbera oder Somali bezeichnete mittelgroße Fettschwanzschaf der Somal angesehen werden:[530] der Kopf ist schwarz, die Zeich-

523 HIRSCHBERG, 1962, S. 277. BOETTGER, 1958, S. 83f. STUHLMANN, 1909, S. 747f. (vermutet Zurückdrängung des nordafrikanischen Mähnenschafes in Ostafrika). HABERLAND, 1963, S. 64.

524 Einführung nach Eritrea und Äthiopien: FEIGE, 1928, S. 11 und AFRICA ORIENTALE ITALIANA, 1938, S. 97. Kababisch: DAVIES, 1957, S. 111.

525 1963, S. 64; Tafel 67, Abb. 1–3, Taf. 28, Abb. 1.

526 WERTH, 1941, S. 310, zitiert bei HABERLAND, 1963, S. 64.

527 AFRICA ORIENTALE ITALIANA, 1938, S. 97. HILDEBRANDT, 1874, S. 334. FEIGE, 1928, S. 11. – Vgl. Fußnote 517.

528 KENYA LAND COMMISSION, 1934, S. 1662. BRENNER, 1868, S. 465.

529 HABERLAND, 1963, S. 64.

530 LEWIS, 1955, S. 69. STUHLMANN, 1909, S. 747. AFRICA ORIENTALE ITALIANA, 1938, S. 97. BRITISH SOMALILAND, 1920, S. 30f. BERTARELLI, 1929, S. 737. PELLEGRINI, 1961, S. 35. MARES, 1954, S. 420f. HILDEBRANDT, 1874, S. 335.

nung des Körperfells, das glatt ist und ohne Wolle, ist weiß: die Fettspeicher erscheinen um so ausgeprägter, je trockener der Lebensraum ist (Tiefland). Seine Körperhöhe beträgt 60–65 cm, sein Körpergewicht 25–40 kg.[531] Außer den Fettschwanzschafen gibt es im Untersuchungsgebiet Schafe, deren Schwanzwirbel reduziert sind und die nicht im Schwanz, sondern im Steiß das meiste Fett ablagern; sie werden deshalb Fettsteiß- oder Stummelschwanzschafe genannt.[532] Nach STUHLMANN wurden sie durch Semiten verbreitet und sind besonders häufig bei Somal und Masai zu finden. Da sich ihr Verbreitungsgebiet von Persien aus über Arabien, Eritrea, Somaliland nach Ostafrika erstreckt, werden sie auch abwechselnd als Perser-, Somali- oder Masaischafe bezeichnet. Für die Nordprovinz Kenias werden zahlreiche, sehr variable Schläge vermerkt (Samburu, Gabra oder Boran u. a.).[533] Bei den Masai[534] gibt es nach MERKER und FEIGE zwei kleinere Fettschwanzrassen und eine große Fettsteißvarietät, die mit Ausnahme der alten Böcke fast ganz hornlos sind. Nach DARYLL FORDE verfügen sie vorrangig, nach BOETTGER ausschließlich über die (hornlosen) Fettsteißschafe; nach JOHNSTON (1886) hingegen haben sie ein haariges Fettschwanzschaf mit kurzen Hörnern und ein großes, starkbehörntes Schaf mit einer Mähne an der Brust.

Im folgenden wollen wir noch einen Blick auf das Phänomen einer *vorrangigen* oder *ausschließlichen Kleinviehhaltung* werfen, den die Tabellen 9 und 10 in zahlreichen Fällen belegen.[535] Die Ursachen hierfür sind verschiedener Art. Erstens sind natürliche Faktoren zu nennen, indem eine fast ausschließliche Ziegen- bzw. Schafzucht durch einseitige Weideressourcen, fortgeschrittene Wüstenbildung,[536] durch ein für Großvieh unzugängliches Terrain, durch Infektionsgefahr u. ä. diktiert wird (z. B. Ziegenzucht von Beni Amer-, Amarar-, Afar-, verschiedenen Nord-Somal- und Suk-Gruppen, Schafzucht der Atbara-Bischarin, der Aulad On- und Aulad Ukba-Kababisch, der Issa-Somal). Zweitens sind soziale und wirtschaftliche Momente entscheidend.[537] Nach Dürren, Seuchen und Viehraub verschieben sich die Herdenformeln nicht selten zugunsten des Kleinviehs (Masai, Samburu, Ababde, Bischarin, Nomaden östlich

HAGGENMACHER, 1876, S. 34. ALMAGIÀ, 1936, S. 256. MCKAY, 1957, S. 318.– Vgl. WORTHINGTON, 1958, S. 326.

531 COZZI, 1965, Allevamento, S. 131.

532 STUHLMANN, 1909, S. 747ff. FEIGE, 1928, S. 11. MÜLLER, 1903, S. 68; S. 282 (nach KELLER). BOETTGER, 1958, S. 79.

533 KENYA LAND COMMISSION, 1934, S. 1662.

534 MERKER, 1910, S. 165. FEIGE, 1928, S. 11. BOETTGER, 1958, S. 85. DARYLL FORDE, 1963, S. 296. JOHNSTON, 1886, S. 398f.

535 Vgl. auf S. 72 die Gründe gegen das Halten eines ausschließlichen Kamelbestandes.

536 MARES (1954, S. 470) spricht im Zusammenhang mit der fortschreitenden Austrocknung und Denudierung Nord-Somalilands von der Zunahme des Anteils der Ziegen in den Somaliherden.

537 Siehe die Abschnitte wirtschaftliche und soziale Verbreitungsregulative in der Übersicht „Kulturelle Verbreitungsregulative von Herdentieren in Ost- und Nordostafrika" im Anhang, S. 287–293.

des Blauen Nil um 1900, Habab, Ngabotok-Turkana u. a.), während man in Zeiten der wirtschaftlichen Konsolidierung und des Wohlstands vorzugsweise Großvieh auf Grund der größeren außerwirtschaftlichen Wertakkumulation und des Prestiges züchtet. Wenn Reisende davon sprechen, daß „verarmte Nomadengruppen" ausschließlich Ziegen oder Schafe besitzen, dann können jene reicher sein, als es den Anschein hat; oft werden nämlich die Kamele in der Trockenzeit in hochmobilen Weidekamps zusammengefaßt (s. S. 121ff.) und von Verwandten in brunnenfernen Gegenden betreut. – Um 1900, ein bis zwei Jahrzehnte, nachdem verheerende Rinderseuchen über Ostafrika hinweggegangen waren, lag die Kleinviehbestockung wesentlich höher als fünfzig Jahre später.[538] Die Masai hatten um 1890 begonnen, viel mehr Schafe als früher zu züchten, weil sich diese als resistent gegen die Rinderseuchen erwiesen.[539] Um 1930 bestand ihr Hauptviehbesitz wieder in Rindern (s. Tabelle 10). 1922 wurde das Vieh der Samburu auf 150000 Rinder und 100000 Schafe geschätzt – bis zum Januar 1923 ergab sich nach einer schweren Pleuropneumonie-Epidemie eine Verminderung der Rinder auf 70300, während die Zahl der Schafe kaum abgenommen hatte (97000).[540] Den Vorteil des Überlebens nach Dürren bieten vor allem die Ziegen; mit dem verbliebenen Grundstock, oder mit geschenkten Tieren, oder nachdem man mit geringem Anfangskapital einige Ziegen erworben hat, beginnt man von neuem, bis nach einigen Jahren oder Jahrzehnten wieder die erstrebenswerte Großviehzucht überwiegt. In Gegenden, wo der Handel mit Vieh und Viehzuchtprodukten relativ gut entwickelt ist, erweist sich manchmal die Regeneration der Großviehherden durch „episodische Marktwirtschaft" als vorteilhaft. Marktorientierte Viehproduktion klingt nach all dem, was wir über das Wirtschaftsziel und den geringen Warenbedarf der Nomaden erfahren haben, paradox, ist aber folgendermaßen zu erklären. Wenn sich beispielsweise Baggara, Nord-Somal und Samburu vorrangig auf Schafzucht umstellen, dann betreiben sie diese nur so lange, bis sie in der Lage sind, sich mit den Gewinnen genug Rinder oder Kamele zu kaufen, um ein „standesgemäßes" Leben als nomadische Großviehzüchter zu beginnen.[541] Manche Nomaden (vor allem im Norden) sind aber dauernd gezwungen, eine mehr oder minder große Menge Kleinvieh für den Absatz zu züchten, weil sie auf den Kauf von Pflanzennahrung, Kleidung und Gebrauchsgütern auf den Märkten der Bodenbauer und Städter angewiesen sind[542] (nördliche Bedscha, Kamelaraber des Ostsudan, Nord-Somal, Nomaden Eritreas).

538 Schultze, 1955, S. 83 (nach Vergleich mit Uhligs Angaben von 1903).

539 Reichard, 1892, S. 290.

540 Kenya Land Commission, 1934, S. 1450; vgl. S. 1560 (Auswirkungen der Rinderpest bei Ogaden und Galla in Kenia).

541 Somal: Pauli, 1947, S. 883. Baggara am Weißen Nil: Reid, 1930, S. 172. Samburu: Kenya Land Commission, 1934, S. 1477; Stigand, 1913, S. 286 (Somalihändler, die bei den Masai in Laikipia Rinder gegen Handelsgüter erworben haben, setzen sie in Samburuland ab und erhalten 40–60 Schafe für ein Rind).

542 Nördliche Bedscha: Klunzinger, 1877, S. 201, 253. Eritrea: Heuglin, 1868, S. 79; vgl.: Paul, 1950, S. 243. Sudanaraber: Barbour, 1961, S. 170f. Somal:

So halten tigresprechende Nomaden um Massaua zahlreiche Ziegen in ihren Herden, um in der Stadt Milch abzusetzen,[543] die Issa-Somal liefern an die Karawanen von und zur Nordküste Hammelfleisch,[544] und auf zwei Verbreitungskärtchen des Kleinviehs im Ostsudan bei BARBOUR[545] häuft sich das Vorkommen von Ziegen und Schafen auffällig in der Nähe der städtischen Märkte am Weißen und Blauen Nil sowie im Norden bis Abu Hamed.

Abschließend sind noch einige *weniger verbreitete Nutztiere* zu erwähnen.

Die Beni Amer halten nach MUNZINGER viele Hühner, doch PAUL bestreitet dies ganz und gar.[546] Nur wenige Hühner haben die Habab (HEUGLIN).[547] Ohne Nomaden und Seßhafte zu unterscheiden, bestätigt BERTARELLI ganz allgemein für Eritrea eine systemlose Geflügelhaltung einer kleinen, widerstandsfähigen, gut brütenden Spezies, die zwar zahlreiche Eier, doch nur von geringer Größe legt.[548] Bei den hühnerhaltenden Rufaa hält sich das Geflügel unter den Bettgestellen auf; auch die Frauen der Butana-Nomaden halten Hühner nachts in ihren Zelten, ebenso bringen nach ZAVATTARI Borana Südäthiopiens Hühner in den Hütten unter.[549] Nach ḤABERLAND hingegen ist die Galla-Hühnerzucht nur im amharischen Einflußbereich unter Gudschi und Arussi vorzufinden – die Tiere selbst und ihre Eier werden aber an Christen oder Moslem verkauft.[550] CROWFOOT[551] wertet die zunehmende Zahl des Geflügels der Schukrija als Ausdruck der Seßhaftwerdung. Ababde, die sich im Niltal niederließen, übernahmen die Hühnerzucht.[552] In Kordofan fördert der Nomadismus zwar nicht die Hühnerhaltung, schließt aber die Aufzucht einer kleinen Rasse mit auffällig zerschlissenem Gefieder nicht völlig aus.[553] Die hier lebenden Humr-Baggara halten Geflügel als kleines Schlachtvieh.[554] LAMPEN erwähnt in seiner Arbeit über die Baggara Darfurs von den dortigen Fellata, sie hielten *kein* Geflügel, was womöglich als ein unterscheidendes Merkmal gegenüber ihren Baggara-Nachbarn anzusehen ist;[555] ebenso ist hier den nomadischen Meidob die Hühnerzucht unbekannt.[556] In den Nomaden-

HILDEBRANDT, 1875, S. 13; LEWIS, 1961, S. 85; CRUTTENDEN, 1844, S. 330; PAULITSCHKE, 1896, S. 289 (nach SWAYNE).

543 MUNZINGER, 1864, S. 153.

544 PAULITSCHKE, 1888, Harar, S. 119.

545 1961, S. 96, Fig. 37 u. 38.

546 MUNZINGER, 1864, S. 330. PAUL, 1950, S. 243.

547 1877, S. 83.

548 1929, S. 583. Vgl. AFRICA ORIENTALE ITALIANA, 1938, S. 97.

549 Rufaa: MARNO, 1874, S. 257. Butana: STEIN, 1958/59, S. 150. Borana: ZAVATTARI, 1940, S. 342.

550 1963, S. 68, 88. Die Kenia-Galla halten manchmal Hühner: WERNER, 1914, S. 131. Keine Hühnerzucht bei Galla: KERSTEN, 1871, S. 23; HILDEBRANDT, 1875, S. 14; ders., 1878, S. 378.

551 1920, S. 87.

552 KLUNZINGER, 1877, S. 255. HOHENWART-GERLACHSTEIN, 1959, S. 82.

553 HEUGLIN, 1869, S. 34.

554 CUNNISON, 1966, S. 30.

555 1933, S. 101.

556 MACMICHAEL, 1912, S. 449.

betrieben der Afar und Somal ist die Hühnerhaltung in weitesten Teilen nicht üblich und wird verpönt.[557] Auf dem Osthorn ist sie im Norden auf Bodenbauer und Städtebewohner (die das Geflügel an Schiffsbesatzungen verkaufen) beschränkt, im Süden kommt sie bei manchen Halbnomaden in der Nähe der großen Flüsse (vorwiegend Sab und Tunni) vor.[558] Hamitoniloten wie Turkana, Jie, Suk und Masai lehnen die Geflügelhaltung ab,[559] die ziemlich seßhaften Didinga und Nandi kennen sie.[560]

Hunde werden in ihrer beschränkten Funktion als Hüte- und Wachtiere später behandelt (S. 174f. bzw. 238). Wo die Jagd eine Rolle spielt, werden sie gewöhnlich als Jagdhunde eingesetzt (bei den Bedscha zur Gazellen-, Steinbock- und Rhinojagd, ebenso bei den Hawawir, in der Butana, bei den Rufaa, Hassanie, in Kordofan, bei Borangruppen und Galla in Kenia, bei Dodoth u. a.).[561] Eine Sonderrolle spielen Hunde offenbar bei den Turkana: nach von Höhnel und Johnston verzehren sie ihr Fleisch; Rayne fiel beim Besuch eines Turkana-Krals die fette Konstitution der Hunde auf, die fast alle kastriert waren.[562]

Merkwürdig ist die alleinstehende Bemerkung Heuglins, in nur wenigen Zelten der Kordofan-Araber fehle die Katze (auf den Wanderungen wird sie in einem sackartigen Korbe mitgenommen).[563] Die Beni Amer und andere Bedscha halten nur wenige Katzen;[564] verschiedenen Somal bringen sie mehr Plage als Nutzen.[565] Bei den Borana Südäthiopiens fehlen sie.[566] Nach Boettger sind Katzen durch ihren Ortssinn für den Nomadismus ungeeignet.[567]

Eine Sonderform der Tierhaltung, die aber sehr an Bedeutung verloren hat, ist die Zähmung (nicht Zucht!) von Straußen, um deren Federn regelmäßig

557 Afar: Vigneras, 1900, S. 33 (sehr selten); Salt, 1814 (nicht bei Afar und Somal). Somal: Burton, 1861, S. 281; Hildebrandt, 1875, S. 14; ders., 1878, S. 378; Kersten, 1871, S. 320; Murdock, 1959, S. 321; Balsan, 1964/65, S. 128.

558 Trust Territory, 1952, S. 119. Kersten, 1871, S. 320. Hildebrandt, 1871, S. 320.

559 Masai: Merker, 1910, S. 176; Johnston, 1886, S. 397; Mallet, 1923, S. 276; Kersten, 1871, S. 23. Jie: Wayland, 1931, S. 224 (gegessen, aber nicht gehalten). Suk: Schneider, 1957, S. 296. Datoga: Berger, 1947, S. 1003.

560 Nandi: Huntingford, 1953, S. 21. Didinga: Driberg, 1922, S. 216.

561 Bischarin: Baker, 1868, S. 45. Kordofan: Heuglin, 1869, S. 34; Kotschy, 1839, S. 17; Brehm, 1927, Bd. 3, S. 263f. Hassanie: Schweinfurth, 1874, S. 64. Hawawir: Brehm, 1855, S. 60. Butana: Stein, 1958/59, S. 152. Beni Amer: Hildebrandt, 1874, S. 339. Habab und Bogos: Hildebrandt, 1874, S. 339. Kenia-Galla: Dracopoli, 1913, S. 138; Hobley, 1894, S. 106. Dodoth: Wayland, 1931, S. 220.

562 Höhnel, 1892, S. 726. Johnston, 1902, S. 848. Rayne, 1918, S. 256. – Nach Emley (1927, S. 170) wird der Hund bei den Turkana nicht gegessen, nach Gulliver (1953, S. 35) nicht bei den Jie.

563 1869, S. 34.

564 Beni Amer: Munzinger, 1864, S. 330. Bedscha: Murdock, 1959, S. 316.

565 Hildebrandt, 1875, S. 14. Paulitschke, 1893, S. 223, 229. Gelten als unrein: Haggenmacher, 1876, S. 22.

566 Haberland, 1963, S. 68.

567 1958, S. 115f.

„abzuernten“ und damit Handel zu treiben.[568] Dieser Wirtschaftszweig findet sich vor allem auf dem Osthorn (Ogaden-, Habr Aual-, Issa-Somal, Tekhail, Woema-Afar u. a.),[569] seltener im Ostsudan (Baggara bei Kava am Weißen Nil, Toposa).[570] Zu PAULITSCHKES[571] Zeit (1885) soll man kaum einen größeren Trupp Somal angetroffen haben, der nicht einige zahme Strauße mit sich führte. Sie wurden zusammen mit Schafen, Rindern oder Kamelen auf die Weide getrieben, zuweilen auch in großen homogenen Herden gehalten; nachts wurden sie gefesselt in den Hütten untergebracht. In Ogaden soll jedes Dorf einige Dutzend Strauße besessen haben, denen man im Jahre drei- bis viermal die Federn stutzte.[572]

568 WORTHINGTON, 1958, S. 332. MÜLLER, 1903, S. 271. BOETTGER, 1958, S. 153.

569 PAULITSCHKE, 1893, S. 229; ders., 1888, Harar, S. 142. REIN-STEINHARDT, 1936, S. 138. HAGGENMACHER, 1876, S. 22. SOTTIRO, 1884, S. 160. HARRIS, 1845, S. 160. BRITISH SOMALILAND, 1920, S. 31.

570 GESSI PASHA, 1892, S. 62 (Baggara). GULLIVER, 1953, S. 89 (Toposa). – Nach DAVIES (1935, S. 299): im Ostsudan Strauße „are not farmed“.

571 1893, S. 229.

572 SOTTIRO, 1884, S. 160.

II. WEIDEGANG, HÜTEN UND FUTTERAUFNAHME

1. Arbeitsleistung und Arbeitsorganisation der nomadischen Produktionswirtschaft

Viele Nomaden behaupten, in stolzem Vergleich mit den sich ewig plagenden Bodenbauern, ihnen, den Viehbesitzern, bliebe das Los der Arbeit erspart. Die Verachtung der körperlichen Arbeit und die Verherrlichung des freien, ungebundenen Lebens, trotz aller Mühen, Gefahren, Nachteile und Verkümmerungen, ist in der Vorstellungswelt der Nomaden tief verwurzelt. Wäre also eine Untersuchung von Arbeitsleistung und Arbeitsorganisation bei Nomaden überflüssig? Natürlich nicht. Es ist aber nützlich, sich das Wesen der nomadischen Wirtschaftsform noch einmal vor Augen zu halten (vgl. S. 11).

Der Nomade *produziert*, indem er mit Hilfe des Produktionsmittels Vieh aus dem in der Natur vorgefundenen Weidefutter Nahrungsmittel und Rohstoffe zur Befriedigung seiner menschlichen Bedürfnisse hervorbringt. Sein Wirtschaften konzentriert sich darauf, die Futteraufnahme und Tränkung, den Schutz und die Vermehrung des Viehs bestmöglich zu organisieren, reicht aber nicht bis zur Produktion von Weidefutter. Diese Tatsache der bloßen Aneignung von Viehfutter ist von ausschlaggebender Bedeutung für das Wesen der nomadischen Wirtschaftsform. Der Nomade muß wandern, muß sein Vieh auf neue Weiden führen. Von der Auswahl dieser Wirtschaftsräume und von der Planung und Organisation ihrer Nutzung hängt der Produktionserfolg in hohem Grade ab. Die Rolle der Handarbeit, insbesondere mit Produktionsinstrumenten, tritt in diesem Prozeß der Zuführung von Weidefutter, Tränkwasser und Salz vergleichsweise zurück. Nicht nur im Bereich der Wirtschaft, auch in allen anderen Bereichen des Lebens der Nomaden wird der materielle Kulturbesitz durch das Transportproblem stark eingeschränkt. Der Einsatz von Produktionsinstrumenten (z. B. Hakenstöcke, Schöpfgefäße, Tröge, Äxte, Viehstricke, die Kalbspuppe), an Zahl so erstaunlich gering, fällt am meisten bei der Wasserversorgung ins Gewicht. Doch selbst hier bringen es die Nomaden nicht bis zur Errichtung wirklich leistungsfähiger permanenter Brunnen (s. S. 202).

Zahlreiche europäische Beobachter bescheinigen Nomaden des Untersuchungsgebietes, die sie kennenlernten, Trägheit und Müßiggang. Die Hadendoa von Taka[1] beispielsweise werden als „sehr träge“ charakterisiert, die rinderzüchtenden Afar[2] führten „ein Leben des trägsten Müßiggangs“; der Träge wird der Bogos-Jugend als moralisch-sittliches Leitbild vorgehalten[3];

[1] Burckhardt, 1820, S. 311.
[2] Harris, 1845, S. 231.
[3] Munzinger, 1859, S. 92, 67.

die Baggara „pass their time in pleasing idleness"[4]; durch Nichtstun sei das ganze Dasein der Viehbesitzer der Hassanie[5] und Masai[6] ausgefüllt; die Gudschi-Galla[7] hätten „viel Zeit für Müßiggang" usw. HABERLAND bezeichnet die Errichtung von Dornenwällen als die *einzige* Arbeit der Borana-Männer[8], und kein geringerer als SCHWEINFURTH war es, der den Bischarin um Suakin[9] als Zweck des Daseins „möglichst wenig zu schaffen, viel zu schlafen, Ziegenmilch zu trinken und Schaffleisch zu essen" nachgesagt hat. Das Bild des unter einem Baume sitzenden Viehbesitzers, wie er den Tag verplaudert, sein Schläfchen macht und vielleicht auch ein wenig schnitzt, taucht immer wieder in Milieuschilderungen auf.[10]

Dabei ist folgendes zu bedenken. Die Kapazität der natürlichen Hilfsquellen schwankt im Jahreszyklus ganz beträchtlich. Müßte der Nomade schon in der Regenzeit viel Mühe für Futter und Tränkwasser aufwenden, so könnte er in der Trockenzeit, also während der Arbeitsspitze, vor lauter Plage und Anstrengung gar nicht existieren. Warum sollte denn der Nomade in der besseren Jahreshälfte nicht mit kleinstem Aufwand ein für ihn ausreichendes Ergebnis erzielen? Bei Dürren trifft ihn die Mühe des Viehtreibens und Tränkens um so härter. Unsere Berichterstatter haben in erster Linie die viehbesitzenden Familienoberhäupter, zumeist schon über dreißig Jahre alt, im Auge. Während die jüngere, abhängige Verwandtschaft und die Frauen[11] die Hauptlast der körperlichen Routinearbeiten auf der Weide, an der Tränke, in der Siedlung und unterwegs, tragen, fällt den Viehbesitzern die nicht minder wichtige Aufgabe der Planung und Organisation des Produktionsprozesses zu.

Die hochgradige Naturabhängigkeit der Nomadenwirtschaft bewirkt, daß zahlreiche produktionsgefährdende Faktoren[12] den Produktionsprozeß stören. Der Viehbesitzer muß ständig die mögliche Wirkung der förderlichen und der hemmenden Faktoren *gegen*einander abwägen. Das stellt ihn vor komplizierte und schwerwiegende Entscheidungen. Einige typische *Alternativen*, zwischen

[4] LAMPEN, 1935, S. 133; ders., 1933, S. 109. Vgl. DAVIES, 1957, S. 118.

[5] PETHERICK, 1861, S. 168.

[6] HINDE, 1901, S. 66. HOLLIS, 1905, S. 249.

[7] SCHULZ-WEIDNER, 1961, S. 326f.

[8] 1963, S. 33.

[9] 1874, S. 32. – PAUL (1954, S. 67) über die Bedscha: „Of Beja indolence it is almost superfluous to speak. . . . Leisure is more to them almost than life: of manual labour they will none, and they will starve rather than set their hand to tasks which with a little effort would ensure a certain degree of prosperity and freedom of want."

[10] Bischarin: CLARK, 1938, S. 20. Beni Amer: MUNZINGER, 1864, S. 327. Humr: CUNNISON, 1966, S. 64. Somal: COLLINS, 1960, S. 15. Karamojong: DYSON-HUDSON, 1960, S. 54. Samburu: SPENCER, 1965, S. 230.

[11] Masai: MERKER, 1910, S. 120; HUNTINGFORD, 1953, S. 109; LE ROY, 1886, S. 416; MALLET, 1923, S. 381; THOMSON, 1885, S. 374; GRZIMEK, 1959, S. 274; ULLRICH, 1959, S. 75. Somal: BUCHHOLZER, 1959, S. 73; vgl. PAULITSCHKE, 1893, S. 190f., 183; HAGGENMACHER, 1876, S. 27.

[12] Vgl. negative natürliche Verbreitungsregulative der Herdentiere (S. 64f.) und kulturelle Verbreitungsregulative (S. 66 sowie Übersicht im Anhang, S. 287–294).

denen der Viehbesitzer, je nach den Umständen, wählen muß,[13] ehe die Optimalvariante gefunden ist, seien hier aufgeführt:

Reichlich Weide und wenig Tränkwasser	oder	reichlich Tränkwasser und knappe Weide;
gute Weide und reichlich Tränkwasser bei Bedrohung durch Feinde und/oder Raubtiere	oder	mäßig gute Weide und knappes Tränkwasser ohne diese Gefährdung;
gute Weide und parasitäre Insekten	oder	weniger gute Weide ohne diese Belästigung von Mensch und Vieh;
bei z. Z. guten Weidebedingungen maximale Futterverwertung und sehr guter Ernährungszustand des Viehs, jedoch keine Weidereservierung für Rückschläge	oder	trotz guter Weidebedingungen Rationierung der Weide im Hinblick auf mögliche Verknappung bei zukünftigen Dürren;
zahlreiche Verlagerungen zur optimalen Ernährung des Viehs und dadurch harte Lebensbedingungen für die Nomaden	oder	durch weniger Umzüge größere Bequemlichkeit für den Menschen, doch knappere Weide für das Vieh;
gute Salzversorgung (Salzleckenbildung) bei mäßigem Weidewert der Vegetation	oder	gute, aber salzarme Weide, die man in kurzen Abständen wieder verlassen muß, um die Salzversorgung zu sichern;
leichtes Tränken an Tümpeln und Gefährdung durch Krankheitserreger (z. B. Malaria)	oder	aufwendiges Tränken an Brunnen ohne diese Gefährdung;
Treiben von Vieh über ungünstigen Boden oder schwieriges Terrain zu günstiger Weide	oder	Verzicht auf dieses Risiko des Viehverlustes durch Stürze, Verletzungen, Klauenschäden, Erschöpfung u. ä.;
qualitative Aufspaltung des Viehbesitzes in spezifische Herden oder Betriebe einzelner Vieharten, zur jeweils optimalen Befriedigung ihrer Tränk- und Nahrungsbedürfnisse, dadurch aber zahlenmäßig hoher Arbeitskräfteeinsatz	oder	Zusammenballung der Kamele, Rinder, Schafe und Ziegen in einem einzigen Betrieb, wodurch das Vieh mangelhaft ernährt wird, jedoch weniger Arbeitskräfte im Einsatz sind;
Leben in großen Siedlungen mit ausgeprägtem Sozialleben und militärischem Schutz, bei häufigen Verlagerungen und Weideknappheit	oder	Leben in isolierten, gefährdeten, weidewirtschaftlich aber optimalen Siedlungen, wo das Vieh am besten ernährt werden kann;

[13] Bischarin: SANDARS, 1933, S. 144. Sudanaraber: DAVIES, 1966, S. 197. Humr: CUNNISON, 1966, S. 19f., 33, 31, 67. Somal: SILBERMAN, 1959, S. 596. Dodoth: THOMAS, 1965, S. 33 f., 152. – Siehe weiterhin den Abschnitt „Ursachen und Ziele der Verlagerungen", S. 263–267.

Viehversicherung gegen Verlust durch Unterstellung von Vieh in befreundeten Nomadenbetrieben, Verzicht auf die Milch, und Gefahr eventueller Vernachlässigung	oder	optimale Fürsorge im eigenen Betrieb und volle Nutzung der Milch, bei Gefahr des Totalverlustes durch Raub oder Seuchen;
reichlich Milch für gut gedeihendes Jungvieh bei Milchknappheit für den Menschen	oder	knappe Milch für den Herdennachwuchs, Wachstumsverzögerungen, bei reichlich Milch für den Menschen.

Diese Entscheidungen werden um so schwieriger, je mehr Gesichtspunkte sich miteinander verquicken. Die Fähigkeiten der Viehbesitzer, ihre Betriebe zu leiten, sind recht unterschiedlich. Bei klugem Wirtschaften und glücklichen Umständen kann ein Nomade seine Rinderherde in fünf Jahren verdoppeln. So ist unter den Samburu der Fall des fleißigen, umsichtigen und geschickten Viehbesitzers Kalasi, der zwischen 1946 und 1959 seine Rinderherde von 30 auf 170 Tiere vergrößerte, weithin bekannt geworden.[14]

Der einzelne Arbeitsgang der Wanderviehzucht, das Hüten, das normale Tränken und Treiben, der Kralbau, das Melken usw. verlangt, verglichen mit dem Bodenbau, ein geringeres Maß kontinuierlich eingesetzter Körperkraft. Andererseits kennt aber die Viehpflege kein saisonbedingtes Aussetzen von Arbeitsgängen wie der Bodenbau. Wenn wir bei Einschätzung der Arbeitsleistung der Nomaden nur die eingesetzte Körperkraft berücksichtigen, so finden wir zahlreiche Situationen, wo sie ausgesprochene Muskelarbeit verrichten. Da sind einmal die Mühen alltäglicher langer Märsche mit den Herden zwischen Weide, Siedlung und Tränke, weiterhin Ortsveränderungen, um die Weide zu erkunden oder um verlorengegangenes Vieh wiederzufinden, nicht zu vergessen die unumgänglichen Verlagerungen des Wohnsitzes, die gewöhnlich nach wenigen Wochen stattfinden. Umwege von vielen Kilometern werden nicht gescheut, um das Vieh einer besonderen Weide zuzuführen. In der Trockenzeit, wenn immer weitere Strecken zwischen dürren Weiden und austrocknenden Brunnen in staubiger Steppe überbrückt werden müssen, unterwirft sich der Nomade der Mühsal eines anstrengenden, langwierigen Tränkgeschäftes;[15a] da trägt er, wenn es sein muß, Jungtiere viele Stunden weit zum nächsten Brunnen. Ohne Zögern setzt er sein Leben ein, wenn er Löwen und anderes Raubwild hetzt oder sein Vieh gegen Räuber verteidigt. Hohe stabile Dornenwälle werden aus Gründen der Sicherheit im Notfall sehr schnell und mit großem Arbeitseinsatz errichtet.[15b]

Die Lebensbedingungen und die wirtschaftliche Produktivität sind natürlich nicht bei allen Nomadenstämmen gleich. Bei den Nomaden in den aridesten Gebieten (so bei Amarar, Nord-Somal, Afar, Kababisch, Turkana und anderen) war das Leben unter den ursprünglichen Verhältnissen nicht nur ein Kampf

[14] Spencer, 1965, S. 25, 69f.
[15a] Über Arbeitsaufwand beim Tränken siehe speziellen Abschnitt, S. 222–227.
[15b] Haberland, 1963, S. 62. – Über eine entgegengesetzte Verhaltensweise s. Abschnitt „Unterbringung", S. 238.

gegen die Härte der Natur, sondern auch gegen feindliche Nachbarn, die die beschränkten Ressourcen streitig machten. Besonders entbehrungsreich ist das Dasein der zumeist jugendlichen Hirten in den hochmobilen Weidelagern. Hier fehlt es an Brennholz, an Trink- und Waschwasser; oft schon nach Tagen erfolgt eine neue Verlagerung, werden neue Dornverhaue errichtet; um beweglich zu sein, verzichtet man auf Hütten und schläft im Freien, bei heftigen Winden und widrigen Temperaturen; man verfügt nur über Gegenstände, die man selbst tragen kann u. a. m.[16] Hier, wo sich das beste Zuchtvieh konzentriert, ist die Gefahr der Raubüberfälle besonders groß. Auch in den Familiensiedlungen verzichten die Männer oft auf den Komfort der Hütten und schlafen unter freiem Himmel, in der Nähe der Viehpferche, wo sie auch in der Nacht jede verdächtige Regung ihrer Tiere verfolgen und das Vieh vor Gefahren schützen.[17]

Wo es die Sicherung der Existenz der Herden erfordert, sehen wir die Nomaden langandauernde Mühsal willig tragen, da sind sie auch spontan zu Höchstleistungen bereit. Besondere Bedürfnisse und höhere Ziele außerhalb der Viehzucht, um deretwillen sich Mühe und Plage lohnen würden, gibt es in ihrem Dasein nicht.

2. Die Arbeitsteilung beim Hüten

Die Hauptlast des Hütegeschäfts ruht bei den Nomaden Ost- und Nordostafrikas auf der unverheirateten *männlichen Jugend.* Diese Grundregel können wir für die Arbeitsteilung beim Hüten des Viehs in bezug auf Alter und Geschlecht aufstellen.

Auf Grund des hohen wirtschaftlichen Wertes der Arbeitskraft der Kinder und Jugendlichen in den Hirtenkulturen bestehen enge Beziehungen zwischen Vielweiberei, Kinderreichtum und Reichtum an Vieh. Im Gegensatz zu den stationären Viehzuchtbetrieben der Bantu Ostafrikas, wo die den Boden bestellenden Frauen aus der sakrosankten, außerwirtschaftlich orientierten Rinderhaltung ausgeschlossen sind, werden die Frauen bei den Nomaden in Haltung und Pflege des Viehs allgemein einbezogen, und in zahlreichen Fällen auch speziell in das Hütegeschäft. (Ausnahmen stellen die Bedscha und teilnomadische Hamitoniloten dar, s. u.). Die Arbeitsteilung bei der Viehpflege ist so weit naturwüchsig zu nennen, wie sie jedem Mitglied der Nomadengemeinschaft Alter, Geschlecht und Konstitution entsprechend eine Arbeit zuweist. Wenn es aber auf der Weide, an der Tränke, in der Siedlung oder unterwegs zu größeren Disproportionen zwischen der zu betreuenden Viehzahl und den hierfür zuständigen Arbeitskräften kommt, wird im Interesse der Herden über die Arbeitskräfte frei verfügt. Mädchen und Frauen legen ganz nach

[16] s. Anmerkungen Nr. 181–185 zu hochmobilen Rinder- bzw. Kamellagern, S. 125f. und S. 121.

[17] Afar: Lewis, 1955, S. 165. Humr: Cunnison, 1954, S. 55. Somal: Collins, 1960, S. 62. Kenia-Galla: Werner, 1914, S. 129f. Karamojong: Dyson-Hudson, 1960, S. 45, 54. Turkana: Gulliver, 1953, S. 67.

Bedarf mit Hand an bei der Betreuung der Hauptherden auf der Weide,[18] ebenso wie die viehbesitzenden Familienoberhäupter notfalls jede Art von Vieh einschließlich Jungvieh hüten.[19] Das Alter der Einbeziehung der jüngeren Knaben in das Hütegeschäft hängt von der Zahl der verfügbaren Hirten aus dem Kreise der älteren Brüder oder Halbbrüder ab (so bei den Masai)[20] usw.

Von frühester Jugend an erwerben die *Kinder* Grundkenntnisse der Nomadenwirtschaft[21] und werden sehr bald in den Arbeitsprozeß einbezogen. Als junge Hirten leisten sie in Anbetracht der Bedrohung durch Raubtiere und Feinde eine gefahrvolle Arbeit. Das Alter ihres Einsatzes, insbesondere der Knaben, richtet sich nach den Eigenschaften der Herdentiere (Alter, Größe, Lenksamkeit usw.), nach der Schwierigkeit des Hütegeschäftes und, wie oben schon angedeutet, nach dem Arbeitskräftepotential der Nomadengemeinschaft insgesamt. Bei großem Weidemangel, langen Strecken zwischen Weide und Tränke, auf schwierigem Terrain oder bei großer Raubtiergefahr hüten besser *Erwachsene*. Die Kleinkinder verbringen bis etwa zum vierten Lebensjahr ihre Tage spielend im Krale, unter der Aufsicht der Mütter und Großmütter. Später begleiten sie, zunächst mehr aus Geselligkeit, ihre älteren Geschwister auf die Weide.[22] Jungen wie Mädchen zwischen dem vierten und siebenten Lebensjahr betreuen erst in Hörweite der Siedlung, später auch auf entfernteren Weiden Lämmer, junge Ziegen und Kälber. Ab dem achten Lebensjahr wird den Knaben gewöhnlich die Kleinviehweide anvertraut.[23] Knaben im Alter unter zehn Jahren werden z. B. bei den Baggara, Nandi, Dodoth, Suk und Masai beim Rinderhüten regulär eingesetzt.[24] PELLEGRINI teilt uns jedoch mit, daß der Masai-Knabe erst mit elf bis zwölf Jahren die nötige Körperkraft und Erfahrung habe, um mit der Lanze in der Hand seine Herde gegen einen Löwen zu verteidigen.[25] Die erste selbständige Rinderweide bedeutet für den Borana-Jüngling den Beginn seiner Volljährigkeit.[26] – Den harten Lebensbedingungen in den hochmobilen Kamellagern der nördlichen Somal werden manchmal schon siebenjährige Jungen ausgesetzt.[27] Im Normalfall jedoch stellt in den hochmobilen

[18] Turkana: 1953, S. 60. Samburu: SPENCER, 1965, S. 10, 292. Humr: CUNNISON, 1966, S. 67.

[19] Humr: CUNNISON, 1966, S. 67. Nord-Somal: MARES, 1954, S. 415. Borana: HABERLAND, 1963, S. 81. Turkana: GULLIVER, 1955, 147. Karamojong: DYSON-HUDSON, 1960, S. 54. Dodoth: THOMAS, 1965, S. 15.

[20] LEAKEY, 1930, S. 187.

[21] Humr: CUNNISON, 1966, S. 40f. Nord-Somal: LEWIS, 1961, S. 72. Dodoth: THOMAS, 1965, S. 33f. Samburu: SPENCER, 1965, S. 10. Masai: THOMSON, 1885, S. 376.

[22] Borana: HABERLAND, 1963, S. 80. Turkana: DYSON-HUDSON, 1960, S. 54. Turkana: GULLIVER, 1955, S. 149. Masai: PELLEGRINI, 1961, S. 292f.

[23] Die Ziegen sind selbständige, umsichtige Herdentiere, die Schafe sehr fügsam.

[24] Baggara: LAMPEN, 1933, S. 102, 109. Dodoth: THOMSON, 1965, S. 127. Nandi und Suk: HUNTINGFORD, 1953, S. 23, 81. Samburu: SPENCER, 1965, S. 8, 10. Masai: HINDE, 1901, S. 66 und JOHNSTON, 1902, S. 814.

[25] 1961, S. 293.

[26] HABERLAND, 1963, S. 235.

[27] LEWIS, 1961, S. 72.

Kamel- wie auch Rinder-Betrieben (S. 121f., 125f.) die männliche Jugend im Alter zwischen zehn und zwanzig, teilweise auch bis zu fünfundzwanzig Jahren, fast das gesamte Hütepersonal. Bei den Masai und Nandi werden die jungen Männer weniger als anderswo in das Hüten einbezogen, da ihnen hier, im Rahmen des militärischen Altersklassensystems, als Hauptaufgabe der Viehraub übertragen wurde; doch daneben schützen sie das Vieh vor Raubtieren und Feinden. Seit der Befriedung Ostafrikas kümmern sich die Krieger dieser Stämme mehr als früher um die Herden.[28]

Frauen und Mädchen spielen beim Hüten eine zweitrangige Rolle (von den Somal und Afar abgesehen). Das ist einmal ihrer geringeren körperlichen Eignung zuzuschreiben, zum anderen haben sie in der Siedlung wichtige Aufgaben zu erfüllen (Haushalt, Trinkwasserbeschaffung, Melken, Jungtierpflege u. ä.). Wir müssen solche Fälle, in denen man die Mädchen und Frauen vorzugsweise und freiwillig vom Hüten ausschließt, von den Fällen unterscheiden, wo weibliche Arbeitskräfte kategorisch, im Rahmen einer kulturellen Institution, vom Hüten ferngehalten werden. Bei den Bischarin, Hadendoa, Beni Amer und anderen Bedscha bleibt das Hüten (wohl mit Ausnahme der Eselweide), ebenso wie das Melken, ausschließlich männlichen Personen vorbehalten.[29] Bis zu einem gewissen Grade läßt sich ein solcher Ausschluß der weiblichen Arbeitskräfte durch die Beschränktheit der weidewirtschaftlichen Ressourcen erklären, indem eine relativ niedrige Pro-Kopf-Zahl an Vieh[30] einen Einsatz der Frau ökonomisch nicht unbedingt erfordert. Eine Ausnahme wurde dem Verfasser von (kleinviehhütenden) Frauen der Ababde[31] bekannt, welcher Stamm allerdings stark arabisiert ist. Anhand der Literaturquellen läßt sich schwer einschätzen, mit welcher Strenge ein Tabu in bezug auf die Arbeitsteilung angesichts wirtschaftlicher Erfordernisse aufrecht erhalten wird. – Für die tigresprechenden Nomaden Eritreas und für die Bogos fehlen Informationen über einen eventuellen Einsatz weiblicher Personen beim Hüten.

Der Ausschluß der Mädchen vom Hütegeschäft (spätestens zu Beginn der Pubertät) bei Hadendoa, Kababisch und anderen Nomaden im nördlichen Ostsudan wird von Herzog[32] mit der dortigen Hochschätzung der Virginität in Verbindung gebracht. Bei vorehelicher Defloration sinkt der meist in Vieh gezahlte Brautpreis beträchtlich. Der Ausschluß erfolgt, obwohl die Hadendoa und andere Bedscha Infibulation üben. Bei den Kababisch ist Kamelhüten durch Frauen ganz ausgeschlossen, und wenn sie sich dem Rinder-

[28] Koenig, 1956, S. 88. Fosbrooke, 1948, S. 31. – Bei den Samburu waren die Krieger offenbar schon in alter Zeit mehr in das Hütegeschäft einbezogen: Spencer, 1965, S. 99f., 131.

[29] Bedscha, allg.: Murdock, 1959, S. 316. Bischarin: Clark, 1938, S. 9. Hadendoa: Herzog, 1959, S. 193. Beni Amer: Paul, 1950, S. 241f. und Munzinger, 1864, S. 327.

[30] Vgl. Tabelle 10, die eine niedrige Pro-Kopf-Zahl an Vieh bei Amarar und Hadendoa ausweist (in der Beilage).

[31] Tregenza, 1955, S. 48, 81. Vgl. Petherick, 1861, S. 57.

[32] 1959, S. 183.

hüten zuwenden, ist das ein Zeichen von Armut.[33] Bei den Afar und Somal, wo im ganzen Untersuchungsgebiet die meisten Frauen und Mädchen beim Hüten eingesetzt werden, ist die Infibulation[34] weitverbreitet. Die Borana Südäthiopiens, die die Infibulation nicht kennen, halten ihre unverheirateten Mädchen streng und schließen sie (im Gegensatz zu anderen nomadischen Galla) vom Hüten aus.[35] Das ist jedoch auch mit den verheirateten Frauen dieses Stammes der Fall, die in sehr freier Stellung leben. Bei Hamitoniloten mit komplexwirtschaftlichem Viehpostensystem (z. B. Jie und Karamojong,[36] vgl. auch die Nordwestniloten) kümmern sich die Frauen und Mädchen nur um die Feldbestellung – ein wirtschaftlich erzwungener Einsatz von weiblichen Personen beim Hüten wird als Schande empfunden. Bei den Rendile[37] in Kenia mußten sich die Frauen und Kinder nach einer Pockenepidemie in großem Umfang dem Schafehüten widmen, weil die Gruppe der jungen Männer, denen diese Aufgabe eigentlich zufiel, von schweren Verlusten betroffen worden war. – Für eine Masai-Frau gilt Eselhüten als eine schändliche, den Kindern vorbehaltene Arbeit; bei den Turkana hingegen bleibt sie den jungen Männern überlassen.[38]

Stämme mit großem Arbeitskräftebedarf und gelockerten vorehelichen Sexualauffassungen (Humr und andere Baggara, Masai, Samburu, Turkana[39]) beschäftigen jüngere wie ältere Mädchen regelmäßig oder ganz nach Bedarf beim Viehhüten. Bei den Gudschi-Galla betreuen nach SCHULZ-WEIDNER[40] die Frauen und Mädchen Jungvieh, Schafe und Ziegen. Bei den Afar und Somal werden Mädchen und Frauen in großem Stil beim Kleinviehhüten, teilweise auch beim Hüten von Großvieh eingesetzt.[41] Dauernd oder vorübergehend mit dem Rinderhüten beschäftigt werden Frauen z. B. bei den Afar, Kenia-Galla, Suk, Nandi, Turkana und Masai.[42]

33 HERSKOVITS, 1926, S. 119, nach SELIGMAN, 1918.

34 Afar: LIPPMANN, 1953, S. 122 und AUBERT DE LA RUE, 1939, S. 103 (ebenso wie Issa-Somal). Somal: VAGELER, 1941, S. 143; BALSAN, 1964/65, S. 127f. und zahlreiche andere Autoren.

35 HABERLAND, 1963, S. 80, vgl. S. 238, 328f., 332f.

36 Karamojong: DYSON-HUDSON, 1960, S. 48f., 51f. Jie: GULLIVER, 1955, S. 40.

37 ARKELL-HARDWICK, 1903, S. 238.

38 Masai: HOLLIS, 1905, S. 178. Turkana: EMLEY, 1927, S. 184.

39 Baggara: LAMPEN, 1933, S. 102. Humr: CUNNISON, 1954, S. 56 und HERZOG, 1959, S. 183. Turkana: RAYNE, 1918, S. 257 und EMLEY, 1927, S. 184. Samburu: SPENGER, 1965, S. 10 und PELLEGRINI, 1961, Abb. 17 bei S. 128. Masai: ULLRICH, 1959, S. 26.

40 1961, S. 290.

41 Afar: HARRIS, 1845, S. 97, 143, 237; REIN–STEINHARDT, 1936, S. 88; AUBERT LE DE RUE, 1939, S. 75, 79, Tafel XII. – Somal: PAULITSCHKE, 1885, S. 381; ders., 1888, Harar, S. 118; ders., 1896, S. 286 (nach SWAYNE); KERSTEN, 1871, S. 328; BUCHHOLZER, 1959, S. 38; MARES, 1954, S. 421f.; BURTON, 1861, S. 291, 257 und AUBERT DE LA RUE, 1939, S. 28 (Issa); CRUTTENDEN, 1844, S. 328 und GUILLAIN, 1857, S. 429 (Midschurtin); ZÖHRER, 1964/65, S. 151.

42 Kenia-Galla: WERNER, 1914, S. 129 und DRACOPOLI, 1913, S. 138. Turkana: GULLIVER, 1955, S. 147. Suk: SCHNEIDER, 1957, S. 280, 282. Nandi: HUNTINGFORD, 1953, S. 23. Masai: THOMSON, 1885, S. 247.

Die *älteren* verheirateten und viehbesitzenden *Männer* beteiligen sich nur unter besonderen Umständen (Arbeitskräftemangel, schwieriges Hütegeschäft[43]) an der unmittelbaren Viehpflege. Ihre Hauptaufgabe ist die Planung, Organisation und Kontrolle der Produktionsprozesses (s. S. 97ff.). Bei der Raubtierbekämpfung[44] und bei der Abwehr von Viehräubern entwickeln sie noch einen beachtlichen körperlichen Elan. Es ist ihr Ideal, sich alle Routinearbeiten der Viehwirtschaft vom Leibe zu halten und als Oberhaupt kinderreicher polygyner Familien über zahlreiche Arbeitskräfte, viel Vieh und damit über gesellschaftlichen Einfluß zu verfügen.[45] Die Stellung der alten Menschen ist je nach den wirtschaftlichen und sozialen Umständen durch besondere Züge gekennzeichnet: patriarchalische Wertschätzung des Familienvaters; rücksichtslose Auslese beim Nachlassen der Körperkraft (Beispiele bei Somal und Afar[46]); Rivalität der lange Zeit unselbständigen Söhne gegenüber dem Vater, oftmals bis zu dessen Hinscheiden[47] (z. B. Turkana, Boran-Galla Südäthiopiens); „Generationsproblem" durch die wirtschaftliche und soziale Unmündigkeit der von der Ehe ausgeschlossenen Kriegerklasse (Hamitoniloten wie Masai, Samburu[48] und Nandi). Die Mütter, im islamischen Bereich oft schon früh geschieden (zwischen dem 30. und 40. Lebensjahr), um jüngeren Gebärerinnen künftiger Arbeitskräfte Platz zu machen,[49] bringen ihre alten Tage gewöhnlich in den neubegründeten Betrieben ihrer selbständig werdenden Söhne zu. Männer und Frauen ziehen sich im Alter ganz in die weniger beweglichen Siedlungen oder Betriebsabteilungen zurück (Bodenbauerdörfer, Familiensiedlungen).

Der Einsatz von *Sklaven* beim Hüten läßt sich im Untersuchungsgebiet nicht immer eindeutig von Dienstverpflichtungen der Hörigen (so in Eritrea, vgl. S. 105) und von echter Lohnarbeit in der Viehpflege unterscheiden. Insgesamt gesehen war die viehwirtschaftliche Bedeutung solcher Sklaven gering. Kababisch und andere Kamelnomaden des Ostsudan[50] ebenso wie die rinderhaltenden Baggara[51] setzten Sklaven bzw. Freigelassene beim Hüten ein, desgleichen wurden die mit Negern vermischten „Sklaven" der südlichen Somal (sogenannte Sab) teilweise so beschäftigt.[52] Ob die hierfür gezahlten Löhne in Viehnaturalien,

[43] So hüten z. B. bei den Humr bei schwierigem Terrain und bei besonders knapper und entfernt liegender Weide erwachsene Männer das Vieh (Cunnison, 1966, S. 67).

[44] Dodoth: Thomas, 1965, S. 18. Somal: Stafford, 1931, S. 124. Masai: Pellegrini, 1961, S. 293. Turkana: Gulliver, 1955, S. 149.

[45] Über die Mentalität des nomadischen Viehbesitzers (der Humr) s. bei Cunnison (1966) die Abschnitte „The cattle urge" (S. 31–34), „Building and maintaining a herd" (S. 34ff.) und „Cattle policy" (S. 36–39).

[46] Paulitschke, 1893, S. 205; ders., 1888, Beiträge, S. 30. Smith, 1896, S. 122.

[47] Turkana: Gulliver, 1955, S. 133ff. Borana: Haberland, 1963, S. 108ff., 62.

[48] Samburu: Spencer, 1965, S. 10, 58ff., 135f., 140f., 144–149, 174, 277.

[49] Beispielsweise Humr-Baggara: Cunnison, 1966, S. 49–63.

[50] Reid, 1930, S. 166. Seligman, 1918, S. 107, 130. Davies, 1957, S. 104, 130. Vgl. Cuny, 1863, S. 129.

[51] Humr: Cunnison, 1966, S. 32, 66f., 76.

[52] Caniglia, 1921, S. 53. Zöhrer, 1959, S. 24; ders., 1964/65, S. 141.

die HEUN[53] 1963 erwähnt, auch vor Aufhebung der Sklaverei in Somaliland üblich waren, ist fraglich.

Die *hörigen Hirten* der Mensa vom Typ „ba'al sedeb" mußten allwöchentlich die „Milch des Sabbat" in die Residenzen ihrer Herren schaffen und außerdem zu Ostern wie auch bei Hochzeiten Butterabgaben an die Herrenfamilie leisten. Ein solcher Hirt,[54] heißt es im Sitten- und Rechtskodex Feteh Mahārī der Mensa, „weidet die Rinder seines Herrn und tränkt sie, melkt sie und bewacht sie nachts . . ., und wenn Feinde oder wilde Tiere oder ein anderer Schaden kommen, wehrt er nach seinen Kräften ab und ruft um Hilfe . . . Und was er für diese seine Arbeit erhält ist folgendes. Als Lohn vom Winter her erhält er zwei Kühe . . . Und vom Sommer her, nachdem die Kühe ins Tiefland hinuntergestiegen sind, gehört dem Hirten und seinem Gast die ganze Milch . . ." (mit Ausnahme der wöchentlichen Milchabgabe). Bei der Nabtab-Aristokratie der Beni Amer in Eritrea war die Verpflichtung der Hörigen (Tigre), das gesamte Vieh ihrer Herren zu hüten und zu melken, sogar zu einem Tabu für die Oberschicht geworden.[55]

Lohnarbeit läßt sich in der nomadischen Viehwirtschaft des öfteren nachweisen. Verarmte, die nur sehr wenige oder gar keine Herdentiere besitzen, verdingen sich bei Wohlhabenden.[56] Der Lohn beträgt gewöhnlich ein bis zwei Stück Großvieh pro Jahr, neben Nahrung, Kleidung und Schutz. Bei den Baggara am Weißen Nil[57] erhalten rinderhütende Lohnhirten ein Bullenkalb und eine Kuh jährlich, während solche Schafhirten pro Jahr acht bis zehn Lämmer bekommen. Bei den Nord-Somal beträgt der Jahreslohn ein Kamel.[58] Die Humr-Baggara stellen vorzugsweise Dinka-Lohnhirten ein.[59]

Es gibt auch (allerdings sehr selten) Belege für eine *intertribale Arbeitsteilung* bei Haltung und Pflege des Viehs. Die engbefreundeten Rendile und Samburu in Kenia, deren gemeinsame Stammesgrenzen an der Verbreitungsgrenze der Kamelzucht entlangführt, haben eine besondere gegenseitige Treuhänderschaft entwickelt. Die im Süden lebenden Samburu deponieren nämlich einen großen Teil ihrer Kamele bei den vorwiegend kamelzüchtenden Rendile im Norden, und diese wiederum ihre schlecht gedeihenden Rinder in den Betrieben der Samburu.[60] – Bisweilen lassen Seßhafte ihr Vieh von Nomaden betreuen.[61]

[53] S. 28. [54] HÖFNER, 1951, S. 713f. [55] PAUL, 1950, S. 228.

[56] Bedscha: GUIRGUIS, 1956, S. 242 und PAUL, 1954, S. 7. Beni Amer: MUNZINGER, 1884, S. 318. Bogos: MUNZINGER, 1859, S. 48 (besondere Rechtssatzungen angeführt). Mensa: HÖFNER, 1951, S. 714 (sog. „ba'al kerāy" = Lohnhirt). Kababisch: SELIGMAN, 1918, S. 115. Somal: TARANTINO, 1930, S. 71. Galla: DENHARDT, 1881, S. 16 (in Kenia); HABERLAND, 1963, S. 287 (Alabdu in Äthiopien). Turkana: GULLIVER, 1955, S. 127, 129. Karamojong: DYSON-HUDSON, 1960, S. 52. Masai: FISCHER, 1884/85, S. 64; THOMSON, 1885, S. 385, 148; MERKER, 1910, S. 60, 119; GULLIVER, 1963, S. 11 (Aruscha-Lohnhirten bei Masai). Vgl. auch Anmerkung 151, S. 121 (über Lohnhirten, die für Städter Vieh halten und pflegen).

[57] REID, 1930, S. 195, 197. [58] MARES, 1954, S. 415.

[59] CUNNISON, 1954, S. 56; ders., 1966, S. 66f., 80.

[60] KENYA LAND COMMISSION, 1934, S. 1682, 1474, 1502. Vgl. SPENCER, 1965, S. 291. – Von einer ähnlichen intertribalen Arbeitsteilung (zwischen Sudanara-

Die quantitative Aufteilung des Viehs im Nomadenbetrieb.
Die Betriebsgröße

Eine grundlegende Frage der *optimalen Weidefutterverwertung* ist die quantitative und qualitative Gruppierung des Viehs in Nomadenbetrieben. Diese beiden Aspekte der Produktion sollen uns in den beiden folgenden Abschnitten beschäftigen.

Ein Betrieb als Organisationsform der nomadischen Produktion wird gekennzeichnet durch das Zusammenwirken von Arbeitskräften und Vieh in bestimmter Art und Menge in einer entsprechenden Umwelt. Die Produktivität ist dann am höchsten, wenn eine bestimmte Anzahl von Arbeitskräften eine *optimale Herdengröße* betreut (auf der Weide, an der Tränke, im Kral und unterwegs).[62] Während unterhalb dieser Herdengröße die Produktivität um so höher liegt, je größer die Viehzahl pro Arbeitskraft ist, sinken beim Überschreiten der optimalen Herdengröße die Erträge der Viehzucht und das Lebensniveau der Wanderhirten. Dies äußert sich in schlechter Weideausnutzung, erschwerter Beaufsichtigung auf der Weide und am Brunnen, in einem schwierigen und langwierigen Tränkgeschäft, in sehr häufigen und schwerfälligen Verlagerungen, in erhöhter Gefährdung des Viehbestandes durch Feinde, Seuchen und Raubtiere, in fortschreitender Erosion usw.[63] Bei Untergröße hingegen, das heißt, wenn noch mehr Vieh durch das vorhandene Pflegepersonal betreut werden könnte, wird menschliche Arbeitskraft vergeudet, und es werden zu wenig Nahrungsmittel produziert.

Die in einer Siedlung lebenden Nomaden wirtschaften aber in der Regel nicht bloß im Rahmen einer einzigen, in sich geschlossenen Wirtschaftseinheit, sondern auf mehreren, relativ selbständigen *Betriebsebenen*.[64] Als solche sind zu unterscheiden:

bern und Präniloten) berichtet DAVIES aus dem Ostsudan: „The Ingessana owned camels are taken northwards by the Rufa'a el Hoi for the rainy season and return to the Ingessana Hills to spend the dry season with their owners.“ (1966, S. 198f.).

[61] DAVIES, 1966, S. 201 (Rufaa el Hoi und Kenana). BORN, 1965, S. 224 (Kababisch und Kawachla). Siehe auch Anmerkungen 151 und 180 über Weidelager, in denen Städter ihr Vieh betreuen lassen, auf S. 121 und 125.

[62] Bei den Mensa in Eritrea (wie auch bei allen anderen Nomaden) versteht man unter einer Herde nicht eine beliebige Gruppierung des Viehs, sondern eine Wartungs- und Pflegeeinheit bestimmter Größe. Aufschlußreich ist in diesem Zusammenhang die Etymologie des Mensa-Wortes für Herde, megda, das nicht nur Herde, sondern auch Dornenumwallung und Lagerfeuer heißt. (Nach HÖFNER, 1951, S. 699).

[63] SCHICKELE, 1931, S. 39, 45. GULLIVER, 1955, S. 28. CUNNISON, 1966, S. 68f. SPENCER, 1965, S. 11.

[64] Zur Konzeption der verschiedenen Betriebsebenen kam der Verfasser in Auswertung zahlreicher Quellen der vorliegenden Arbeit. Die wichtigsten sind: LEWIS, 1961, S. 56, 58f., 62, 64; GULLIVER, 1955, S. 11f., 51, 127, 130f.; ders., 1953, S. 34f., 65ff.; SPENCER, 1965, S. 16ff., 9, 23; CUNNISON, 1966, S. 32, 47f., 49–58, 69ff.

1. der Haushalt,
2. der Familien-Kleinbetrieb,
3. der lokale Betrieb (das ist die ganze Siedlung als Betrieb), und
4. der regionale Betrieb (d. h. die Kooperation mehrerer benachbarter Siedlungen).

Jeder einzelne Betrieb einer dieser Ebenen hat bestimmte wirtschaftliche Funktionen zu erfüllen, die sich gegenseitig ergänzen. Die vier Betriebsebenen befinden sich im Idealfall in einem geschlossenen hierarchischen Verhältnis: der Haushalt ist im Familien-Kleinbetrieb enthalten, dieser im lokalen Betrieb usw. Übergeordnete Betriebsebenen können fehlen, z. B. kann die Siedlung aus einem einzigen Familien-Kleinbetrieb bestehen, so daß dieser mit dem lokalen Betrieb zusammenfällt. Die vierte und umfangreichste Betriebsebene tritt als Wirtschaftseinheit im Untersuchungsgebiet weniger in Erscheinung als die ihr untergeordneten Betriebe; ihr Vorhandensein ist regional und vor allem jahreszeitlich begrenzt. Die personelle Zusammensetzung der Einzelbetriebe und ihre Kooperation mit anderen Betriebsebenen wird in hohem Grade von der Blutsverwandtschaft beeinflußt. Es besteht die Tendenz, um so enger zusammenzuleben und wirtschaftlich zu kooperieren, je näher die Blutsverwandtschaft ist. Die Frage der optimalen Betriebsgröße eines einzelnen Betriebes kann nur in Zusammenhang gesehen werden mit der optimalen Erfüllung von Aufgaben, die übergeordnete Betriebsebenen für diesen einzelnen Betrieb mit übernehmen. Wir wollen hier die Grundzüge dieser vier Prototypen aufzeigen (in Wirklichkeit treten mancherlei Modifikationen auf).

1. Der *Haushalt.* Er basiert auf der polygynen Kleinfamilie (Mutter mit ihren Kindern, u. U. auch Großmutter). Der viehbesitzende Familienvater allokiert jedem Haushalt eine Anzahl Milchvieh und gewöhnlich auch ein bis zwei Lasttiere. Funktionen: Melkung des allokierten Viehs und Verteilung der Milch an die Angehörigen des Haushalts, getrennte Unterbringung und Jungtierpflege dieses allokierten Viehs; Trinkwasserversorgung und Nahrungsmittelzubereitung u. ä. m. Der Haushalt ist in seiner Zusammensetzung nach Arbeitskräften und Herdentieren sehr stabil. – Nur in wenigen Fällen treten die Haushalte im Untersuchungsgebiet als selbständige Wirtschaftseinheiten auf, d. h. sie fallen mit dem Familien-Kleinbetrieb und mit dem lokalen Betrieb zusammen, und die „Siedlung“ besteht dann nur aus einer einzigen Hütte. Das ist vor allem in kümmerlichen Weidegegenden der Fall, die aber ausreichend mit Tränkwasser versorgt und nicht von Feinden bedroht sein dürfen (z. B. bei den Bedscha, bei Somal in Einzelfällen).[65]

2. Der *Familien-Kleinbetrieb.* Er basiert auf mehreren polygynen Kleinfamilien (oder einer Großfamilie). Das Vieh eines solchen Betriebes gehört

[65] Petherick, 1861, S. 90: „The Ababde fly each other's neighbourhood and seek retirement with their families and flocks in lonely valleys. . . . as soon as fodder becomes scarce, they leave the others . . .“. In diesem Sinne Paul über die Bedscha allgemein (1954, S. 14). Bei den Bischarin sieht man 1–2 Hütten beeinander, höchstens einmal 6, doch nicht mehr, „scarcity of grazing precludes this.“ (Sandars, 1933, S. 144). Bei nördlichen Somal hatten von 58 untersuchten Kralen 5 nur eine einzige Hütte (= ca. 9%) (Lewis, 1961, S. 58).

gewöhnlich mehreren Familienoberhäuptern, denen jeweils ein Haushalt oder mehrere Haushalte unterstehen. Der durchschnittliche Viehbesitz jedes dieser Familienoberhäupter liegt unterhalb der Größe einer rationell zu hütenden Herde. Das gemeinsame Hüten des gesamten Viehs aller Viehbesitzer in optimaler Herdengröße ist deshalb die Hauptfunktion des Familien-Kleinbetriebes, der so zu einem Gemeinschaftsbetrieb wird. Das Vieh eines jeden Viehbesitzers besteht nicht nur aus dem den Haushalten allokierten Bestand, sondern auch noch aus einer Restherde (residual herd nach GULLIVER und SPENCER),[66] über die er, im Gegensatz zum allokierten Vieh, völlig frei verfügen kann. Weitere Funktionen des Familien-Kleinbetriebes sind die gesonderte Unterbringung und Melkung der Restherden und die Verteilung dieser Milch; in der weniger trockenen Jahreszeit die Tränkung des gesamten Viehs und anderes mehr. In seiner Zusammensetzung nach Arbeitskräften und Herdentieren ist der Familien-Kleinbetrieb relativ beständig.

3. Der *lokale Betrieb* (die Siedlung als Betrieb). Er setzt sich gewöhnlich aus 5 bis 15 Haushalten, entsprechend 3 bis 4 Familien-Kleinbetrieben, zusammen. Die Funktionen des lokalen Betriebes sind: gemeinsamer Schutz von Mensch und Vieh (militärisch und durch Befestigung der Siedlung), gemeinschaftliche Erkundung neuer Weiden und gemeinsame Verlagerungen, unter Umständen auch gemeinsame Nutzung von Transporttieren, gemeinsamer Konsum von Schlachtfleisch und, in Zeiten der Nahrungsknappheit, auch von Milch und Getreide; in der Trockenzeit gemeinschaftliche Tränkung des Viehs einer Siedlung und anderes mehr. Das Vieh eines lokalen Betriebes gehört nur in seltenen Fällen einem einzelnen Viehbesitzer. Der lokale Betrieb wird vom Siedlungsführer[67] geleitet, dem sich die einzelnen Viehbesitzer freiwillig, und so lange es ihnen beliebt, unterordnen. Reichtum an Vieh, weidewirtschaftliche Kenntnisse, Lebenserfahrung, Alter, Rednergabe und seine Stellung im System der Blutsverwandtschaft sind die wichtigsten Voraussetzungen für den Träger dieser Funktion. – Die Zusammensetzung des lokalen Betriebes nach Arbeitskräften und Herdentieren ist unbeständig; oft bilden nur zwei Familien-Kleinbetriebe den Kern.

4. Der *regionale Betrieb*. Er beruht auf der wirtschaftlichen Kooperation einer Anzahl befreundeter Lineages oder Klane, teilweise auch einer ganzen Stammessektion (z. B. in Nord-Kordofan). Einzeln oder kombiniert wahrgenommene Funktionen sind: Organisation von Umzügen zahlreicher Siedlungen (vgl. S. 155), weiterhin der militärischen Abwehr oder von Kriegszügen in großem Stil; Durchführung von Stammesfesten oder von wichtigen Zeremonien, unter

[66] GULLIVER, 1955, S. 57f., 129f. SPENCER, 1965, S. 53, 66ff., 53–58. Vgl. auch: STORRS FOX, 1930, S. 459 und FOSBROOKE, 1948, S. 43, 48 (Masai).

[67] Bei den Humr der „reis el ferig“: CUNNISON, 1966, S. 72, 65; ders., 1954, S. 56,58. Nord-Somal: LEWIS, 1961, S. 60, 75; vgl. ZÖHRER, 1964/65, S. 144 (der Familienvater); PAULITSCHKE (1893, S. 248) erwähnt den „haghâl“. Bei den Boran-Galla der „ábba óla“ (d. i. „Vater des Dorfes“): HABERLAND, 1963, S. 32, 34. Gudschi-Galla: SCHULZ-WEIDNER, 1961, S. 64. – Vgl. Turkana: GULLIVER, 1955, S. 137. – Eine grundsätzlich andere Funktion erfüllte der „b'al fer'a“ (d. h. „Platzherr“) bei den Beni Amer, s. S. 42 vorliegender Arbeit.

Umständen auch Schlachtfleischkonsum im Rahmen zahlreicher Siedlungen. Die Leiter werden gewählt, oder es sind die Sektionsoberhäupter; in vielen Fällen gibt es aber gar keine eingesetzten Anführer.[68] Die regionalen Betriebe sind in ihrer Zusammensetzung sehr labil, sie bestehen oft nur wenige Wochen, vorzugsweise in der Regenzeit.

Stellen wir uns einen Familien-Kleinbetrieb oder einen lokalen Betrieb vor, wie er innerhalb eines Jahres seinen Wander- und Wirtschaftszyklus abwickelt. Nicht nur von Monat zu Monat, auch von Ort zu Ort liegen unterschiedliche Bedingungen für die Produktion vor. (Wir wollen davon ausgehen, daß die Proportion zwischen Arbeitskraft und Viehzahl im Verlaufe dieses Jahres gleichbleibt, also Einbußen oder Zuwachs bei Mensch und Herde hier nicht berücksichtigen). In Anbetracht der schwankenden jahreszeitlichen und regionalen Bedingungen muß – rein theoretisch – die Produktivität der Wanderviehzucht laufenden Schwankungen unterworfen sein. Da das Zahlenverhältnis zwischen den Arbeitskräften und der Viehmenge aus zahlreichen Gründen nicht laufend korrigiert werden kann, ist die optimale Betriebsgröße zwangsläufig ein grober Durchschnittswert, der sich an die Produktionsbedingungen während des ganzen Jahreszyklus und im gesamten jährlich genutzten Wirtschaftsraum anlehnt. Wenn wir von den weiter unten behandelten jahreszeitlichen und regionalen Korrekturen der Betriebsgröße absehen, so wird die für ein ganzes Jahr maßgebliche optimale Betriebgröße durch die *Arbeitsspitze* der Nomaden in der Trockenzeit determiniert, d. h. sie wird in erster Linie bestimmt durch die Viehzahl, die bei maximaler Kräfteanspannung aller in Frage kommenden Arbeitskräfte einer Nomadengemeinschaft in der härtesten Phase des Jahres gerade noch recht und schlecht versorgt werden kann.

Da sich Menschen und Herdentiere nicht gleichmäßig proportional vermehren und zahlreiche zufällige Faktoren Disproportionen schaffen (Dürren, Todesfälle, Raubkriege, Seuchen, Eroberungen, Verfeindungen einzelner Viehbesitzer, Heiraten usw.) muß im Laufe der Zeit auf allen Betriebsebenen das Zahlenverhältnis zwischen Arbeitskräften und Viehmenge auf seine Wirtschaftlichkeit hin neu überprüft werden. Auf den Ebenen der Haushalte, der Familien-Kleinbetriebe und der lokalen Betriebe werden *irreguläre Korrekturen* der Betriebsgröße vorgenommen. Viehbesitzer mit Unterbestand an Vieh schließen sich mit anderen Viehbesitzern einer ergänzenden Arbeitskräfte- und Viehzahl zu gemeinschaftlichen Familien-Kleinbetrieben und zu lokalen Gemeinschaftsbetrieben zusammen. Sehr reiche Viehbesitzer hingegen, deren Viehzahl angewachsen ist, spalten ihre Herden und ihre Arbeitskräftekapazität in mehrere Einzelbetriebe auf und versuchen auf diese Weise, das Mißverhältnis zwischen beschleunigtem Herden- und verzögertem Menschenzuwachs durch neue

[68] Kamelaraber des Ostsudan: Reid, 1935, S. 119; ders., 1930, S. 166 (Mek); Davies, 1957, S. 59; Selligman, 1918, S. 116f.; Born, 1965, S. 95. Vgl. Sandars, 1933, S. 144. Bei den Humr der „rawwagh": Cunnison, 1954, S. 59. Bei den Tiefland-Arussi Klanoberhäupter: Haberland, 1963, S. 431.

Heiraten, Adoptionen[69] und durch den Einsatz von Lohnhirten (s. S. 105) zu korrigieren.

Die Nomaden passen sich aber nicht nur den langfristigen Veränderungen der Produktivkräfte durch Zusammenschluß bzw. Aufspaltung an, sondern sie reagieren auch auf die jahreszeitlichen Schwankungen von Weide und Wasser betriebsökonomisch (*jahreszeitliche Korrektur* der Betriebsgröße). Stellen wir uns eine von Nomaden betreute Standardherde vor, deren Größe, wie wir erfahren haben, durch ihre Versorgbarkeit in der Zeit der Arbeitsspitze bestimmt wird. In der Regenzeit könnte – um einen beliebigen Richtwert zu nennen – eine doppelt so große Herde auf Grund reichlicher Weide und leicht verfügbaren Tränkwassers von dem gleichen Pflegepersonal mit weitaus geringerem Aufwand betreut werden. Statt dessen bleibt nun die Hälfte der Arbeitskapazität dieser Hirten ungenutzt. Um Arbeitskräfte zu sparen, schließt man sich deshalb während der Regenzeit mit einem etwa gleichgroßen Betrieb zu einem Gemeinschaftsbetrieb zusammen, so daß nun tatsächlich die doppelte Zahl Vieh von der gleichen Anzahl Arbeitskräfte betreut werden kann. Die Arbeitskräfte werden von den beiden beteiligten Gruppen je zur Hälfte gestellt. Diese Einsparung von Arbeitskräften ist die wichtigste Voraussetzung für die in der günstigen Phase des Jahres stattfindenden Stammesfeste, Ratsversammlungen, Hochzeiten, Initiationen, religiösen Zeremonien, Raubzüge usw. der Nomaden. – In der weidearmen Trockenzeit hingegen teilt sich unsere Standardherde in zwei Abteilungen auf, die die Umgebung zweier Brunnen abweiden. An den Weidefuttermangel der Trockenzeit passen sich die Nomaden also durch die Verminderung der Viehdichte an.

Diese jahreszeitlichen Korrekturen sind den irregulären Anpassungen ähnlich, die wir bei Zunahme oder Verminderung der Herde eines Viehbesitzers nach

[69] Auch der Ärmste braucht nicht umzukommen, wenn er sich formell unter den Schutz eines reichen Viehbesitzers begibt, seinen sozialen Status ändert und seine Arbeitskraft zur Verfügung stellt. – Humr: Cunnison, 1966, S. 34ff., 42, 45ff., 49ff. Kababisch: Seligman, 1918, S. 115f. Galla: Paulitschke, 1893, S. 190, 193f. Bei den Tiefland-Arussi baten sich nicht selten kinderarme Leute von kinderreichen Familien einen Säugling aus, was man schwer abschlagen konnte; dieses Kind verlor seine leibliche Verwandtschaft auf Lebenszeit, nachdem seine Eltern zwei Färsen als Entschädigung erhalten hatten (Haberland, 1963, S. 483f.; weiterhin über Adoption bei Galla Südäthiopiens S. 236, 293, 295, 378, 390 u. a.). Bei den Gudschi gibt ein verarmter, anhangloser Mann seinen Leibriemen (gurda) symbolhaft einem Klangenossen und zieht zu den Borana. Dort wird er in den Klan seines Adoptivvaters neu aufgenommen, wird also formell ein Borana, und erhält auch Vieh (Schulz-Weidner, 1961, 326). In ganz ähnlicher Weise schließen sich auch arme Turkana, Karamojong, Datoga, Masai u. a. freiwillig wohlhabenden Familien innerhalb oder außerhalb ihres Stammes an (Turkana: Gulliver, 1955, S. 127; Barabaig-Datoga: Huntingford, 1953, S. 90; Masai: Storrs Fox, 1930, S. 458). Auch durch Menschenraub (v. Frauen und Kindern) im Kriegsfall gewinnt man neue Arbeitskräfte, die adoptiert werden (Barton, 1921, S. 209 – Turkana; Wayland, 1931, S. 220 – Dodoth; Barton, 1921, Suk, S. 88 – Suk; Collins, 1960, S. 85 – Somal; Haberland, 1963, S. 206 und S. 484 Borana und Tiefland-Arussi; Baumann, 1894, S. 165 und Merker, 1910, S. 98 – Masai).

längerer Zeit feststellen konnten: was bei jenem durch die Quantität des Viehs nötig wurde, empfiehlt sich hier durch die unterschiedliche Ausstattung mit Weidefutter und Tränkwasser innerhalb des Jahres.

Wenn Nomaden in eine andere Landschaft überwechseln, deren weidewirtschaftliche Ressourcen gegenüber denen der alten Gegend beträchtliche Unterschiede aufweisen, kann auch eine *regionale Korrektur* der Betriebsgröße erforderlich werden. Dies beeinflußt in erster Linie die Siedlungsgröße, also den lokalen Betrieb, insofern, daß sich die Durchschnittszahl der Familien-Kleinbetriebe ändert. Bei den Samburu z. B. sinkt nach SPENCERS Ermittlungen in schwer passierbarem Bergland, wo das Vieh in der Weidefutteraufnahme behindert ist, die Durchschnittszahl der Familien-Kleinbetriebe pro Siedlung von 4,8 auf 2,9.[70]

Die irregulären, jahreszeitlichen und regionalen Korrekturen der Betriebsgröße erfolgen auf Grund bestimmter betriebswirtschaftlicher Zusammenhänge zwischen der Arbeitskräftezahl, der Viehzahl, der Weidegüte und den Tränkmöglichkeiten. In der Praxis stehen aber diesen rein wirtschaftlichen Anpassungen mancherlei *Hindernisse* entgegen. In der Regenzeit kann der Zusammenschluß zu Gemeinschaftsbetrieben z. B. durch das Fehlen geeigneter Partner, durch auftretende Viehseuchen, durch Feldbestellung und durch Streit und Fehden einzelner Personen oder blutsverwandter Einheiten verhindert werden, und in der Trockenzeit mag der Mangel an permanenten Brunnen und/oder Notzeitweiden, das Fehlen von Hirten oder die Bedrohung durch Feinde eine Aufspaltung der Betriebe auf mehrere Weiden unmöglich oder riskant machen. Allzuoft bleibt die Herde, weil zu wenige Brunnen da sind, in der Zeit des Futtermangels unaufgeteilt, und es müssen sich – umgekehrt! – zahlreiche Herden die überforderte Weide um einen Brunnen teilen, so daß nun sogar eine noch größere Viehdichte vorliegt als in weidegünstigen Phasen des Jahres! Was wir hier an Hindernisgründen für die jahreszeitliche Korrektur der Betriebsgröße aufführen, gilt im Prinzip auch für die irreguläre Korrektur der Betriebsgröße. Ganz außerwirtschaftliche Momente, wie z. B. Streit zwischen den Ehefrauen eines Viehbesitzers, können eine durch Herdengröße und Arbeitskräftezahl nicht gerechtfertigte Aufspaltung des Familien-Kleinbetriebes in zwei unterbestockte, dislokalisierte Betriebe bewirken![71] Umgekehrt kann in der Ausstrahlungskraft der Persönlichkeit eines Siedlungsführers, mit dem man gern zusammenleben möchte, die Ursache dafür liegen, daß eine wirtschaftlich empfehlenswerte Aufspaltung eines großen lokalen Betriebes hinausgezögert wird.[72]

Eine der häufigsten Ursachen für Übergröße lokaler Nomadenbetriebe ist die Gefährdung des Viehbesitzes durch räuberische Nachbarn. Größere Siedlungen können einen besseren militärischen Schutz gewährleisten. Die pro Siedlung viel zu große Viehzahl kann dann nur durch ungewöhnlich häufige

[70] 1965, S. 20.

[71] Samburu: SPENCER, 1965, S. 11, 226f. Vgl. CUNNISON, 1966, S. 72f. und GULLIVER, 1953, S. 67.

[72] Nach CUNNISON, 1966, S. 73, 42.

Verlagerungen ernährt werden. Die Schukrija[73] beispielsweise waren vor Befriedung des Ostsudan gezwungen, in der Butana in Gemeinschaften von 200–300 Zelten zu siedeln und sich alle vierzehn Tage zu verlagern. Seit Beginn unseres Jahrhunderts können sie ihre Siedlungen auf wenige Behausungen beschränken und vier Wochen oder länger an einer Stelle bleiben. Ähnliche Übergrößen von lokalen Nomadenbetrieben ließen sich auch bei Issa- und anderen Nord-Somal, bei Turkana, Samburu und Borana nachweisen.[74] Überstockung der Nomadenbetriebe aus Gründen des militärischen Schutzes ist jedoch nicht die einzig mögliche Reaktion auf die Gefahr von Überfällen. Wenn sich ein solcher militärischer Schutz nicht organisieren läßt und genug Arbeitskräfte vorhanden sind, dann stellt auch Unterbestockung der lokalen Nomadenbetriebe eine Art Viehversicherung dar. E. M. Thomas[75] berichtet von den Dodoth:

> „The owner ... kept only thirty or forty cattle in each camp ... By ... dividing the cattle into small herds (and by having enough sons to tend them all), he had escaped heavy losses during the June raid, during which only two of his herds, only sixty head, were stolen."

Wir wollen nun durch Zahlenangaben und durch konkrete Beispiele die allgemeinen Ausführungen über optimale Herden- und Betriebsgrößen veranschaulichen. Betriebswirtschaftliche Zahlen finden sich in der Literatur über den Nomadismus selten, zumeist nur bruchstückhaft und ganz beiläufig in die Berichte eingestreut. Der besseren Übersicht wegen wird dieses Material folgendermaßen gegliedert:

I. Angaben über das Verhältnis einer bestimmten Zahl von Arbeitskräften zu einer bestimmten Viehzahl,[76]

II. Angaben über optimale Herdengrößen, ohne daß die Zahl der Arbeitskräfte bekannt ist, sowie über Anpassungen an Richtwerte durch Abtrennung oder Zusammenschluß von Herden und Arbeitskräften.

Zu I. Zunächst die *Rinderhaltung.* Cunnison[77] berichtet von den Humr-Baggara, daß eine (als optimal anzusehende) Herdeneinheit von 60 bis 120 Rindern ohne Schwierigkeiten von 2 Jugendlichen beaufsichtigt werden kann, indem der eine die Tiere führt, der andere nachfolgt und sich um die Nachzügler und die abstreunenden Tiere kümmert. Eine rationelle Herdengröße von 200 Rindern bei ebenfalls 2 Hirten veranschlagt Hollis[78] für die Nandi. Eine

[73] Crowfoot, 1920, S. 86f.

[74] Somal: Lewis, 1955, S. 85; ders., 1961, S. 63, 42; Buchholzer, 1959, S. 75f. Issa-Somal: Lippmann, 1953, S. 125; Paulitschke, 1888, Beiträge, S. 20; ders., 1888, Harar, S. 118. Boran-Galla: Haberland, 1963, S. 31. Turkana: Barton, 1921, Turkana, S. 114f. Samburu: Spencer, 1965, S. 20, 100.

[75] 1965, S. 152. Bei den Dodoth und ihren Nachbarn hat der Viehraub noch immer nicht aufgehört (Thomas, 1965, S. 9, 35, 114–150).

[76] Vgl. Tabelle 10 in der Beilage, „Viehstatistik von Nomadengruppen im Verhältnis im Anhang zur Personenzahl".

[77] 1954, S. 58.

[78] 1909, S. 20.

Herde von 50 Rindern und von 3 Eseln befand sich bei den Dodoth, in einem konkreten Falle, in der Obhut von 3 kleinen Hirtenjungen.[79] COZZI[80] gibt für Somaliland nur einen Hirten pro Herde an. Bei den fast ausschließlich viehzüchterischen Barabaig-Datoga[81] kommen im statistischen Durchschnitt auf einen Viehbesitzer und 2–3 Ehefrauen 70–80 Rinder (sowie eine etwas kleinere Zahl Kleinvieh). Eine durchschnittliche Boma (Dornenkral) der Samburu zählt nach Angaben der KENYA LAND COMMISSION[82] (1934) 30–40 Bewohner aller Altersstufen, deren Arbeitskräftezahl im Durchschnitt 250 Rinder und 400 Stück Kleinvieh betreut; das sind reichlich 7 Rinder pro Person. Nach SPENCER[83] (1965) hat bei diesem Stamm jeder Familien-Kleinbetrieb (homestead) einer Siedlung, der im Durchschnitt aus 6,9 Personen besteht, etwa 80 Rinder; das sind 11–12 Stück pro Person. Bei den Dodoth, die eine starke Bodenbaukomponente haben (komplexwirtschaftliches Viehpostensystem), werden 70–130 Rinder von 25–30 Personen gehalten; das sind nur 2–5 Rinder pro Person.[84] Ein Familien-Kleinbetrieb der Humr[85] setzte sich in einem konkreten Falle aus dem Viehbesitzer, aus seiner alten verwitweten Mutter, aus seinen 2 Ehefrauen sowie aus 7 noch nicht erwachsenen Söhnen und Töchtern zusammen, denen allen eine Herde von 60 Rindern zur Verfügung stand. Diese 11 Personen, die in 3 Hütten einer Siedlung von insgesamt 15 Hütten lebten, hielten also pro Kopf 5,4 Rinder, was zur Versorgung gerade ausreichte. – Ein durchschnittlicher Humr-Haushalt benötigt 2–3 Transportbullen.[86]

Kamelhaltung. Unter den Bedingungen der Regenzeit werden im Ostsudan die Kamele in einer Herdengröße von 50–100 Stück durch 2–3 Familien (höchstwahrscheinlich polygyne Kleinfamilien) betreut.[87] BREHM[88] sah bei den Hassanie am Weißen Nil „mehrere Hirten" und „einige Hunde" Kamelherden von 500–600 Stück in der Kontrolle halten. – Bei nördlichen Somal (Dulbahante und Iise) kamen nach Ermittlungen von LEWIS[89] auf 35 Viehbesitzer 3022 Kamele; das sind 86 Kamele pro Viehbesitzer. Im Durchschnitt war jeder Viehbesitzer mit 2,1 Ehefrauen verheiratet. Im Familienkral wohnt jede Ehefrau gewöhnlich mit 3–4 ihrer Kinder (vorwiegend Mädchen) zusammen. Da in den Kamellagern die männliche Altersgruppe zwischen sieben und zwanzig Jahren konzentriert ist, läßt sich bevölkerungsbiologisch schlußfolgern, daß hier weitere 2–3 Söhne dieser Ehefrau leben. So können wir annehmen, daß sich die 86 Kamele eines Viehbesitzers in Haltung und Pflege von 4–5 männlichen Nachkommen be-

[79] THOMAS, 1965, S. 13f.
[80] 1965, Allevamento, S. 132.
[81] HUNTINGFORD, 1953, S. 93, 98.
[82] 1934, S. 1474.
[83] 1965, S. 2, 13, 15.
[84] DESHLER, 1965, S. 158ff.
[85] CUNNISON, 1966, S. 49, 52.
[86] CUNNISON, 1966, S. 29f.
[87] BARBOUR, 1961, S. 170.
[88] 1855, S. 288.
[89] 1961, S. 57, vgl. mit LEWIS, 1955, S. 69. BUCHHOLZER, 1959, S. 41 (durchschnittliche Kinderzahlen).

finden, das sind 19 Kamele pro Arbeitskraft. (Vgl. auch die Pro-Kopf-Angaben von Kamelen in drei Turkana-Familien, S. 59).

Kleinviehhaltung. In den Familienkralen der nördlichen Somal, wo das Kleinvieh neben einigen wenigen Milch- und Lastkamelen gehalten wird, leben gewöhnlich nur 8–15 Personen.[90] Für eine Mutter und ihre 3 Kinder (die hier den Personenkreis eines Haushaltes und – als Hüteeinheit – auch eines Familien-Kleinbetriebes darstellen) kann das Existenzminimum gerade gesichert werden, wenn diese 4 Personen über eine Herde von 50 Schafen und Ziegen verfügen (nach HUNT).[91] Wird eine Herdengröße von einem Tiro (d. i. die Einheit für 100 Stück Kleinvieh) erreicht,[92] so sind tägliche Milchmahlzeiten möglich.[93] Bis zu einer Herdengröße von 250 Schafen und Ziegen (das sind dann 65 Stück Kleinvieh pro Arbeitskraft) läßt sich das Kleinvieh durch die genannten 4 Personen hüten und anderweitig betreuen; darüber hinaus wird die Wartung unrationell und schließlich faktisch unmöglich.[94] Nach LEWIS[95] kommen auf einen Familienkral der nördlichen Somal 2,6 Ehefrauen, deren Kinder gewöhnlich 400–500 Stück Kleinvieh beaufsichtigen; das sind im Durchschnitt 50 Schafe und Ziegen pro Arbeitskraft. In der schon erwähnten statistischen Aufnahme bei Dulbahante- und Iise-Somal schwankt der Kleinviehbestand pro polygyne Kleinfamilie (d. i. Haushalt und gleichzeitig Familien-Kleinbetrieb) zwischen 30 und 550 Stück (bei 74 Kleinfamilien).[96] GRZIMEK[97] sah in der Masaisteppe eine Herde von 800 Schafen in der Obhut von einem älteren Familienvater, 4 halbwüchsigen Jungen und von 2 Kriegern mit langen Speeren (das waren ca. 115 Schafe pro Arbeitskraft); in einem anderen Falle wurden 600 Schafe von 2 elfjährigen Knaben gehütet und von 6 Kriegern bewacht (entspricht 75 Schafen pro Person). An die durchschnittliche Kleinviehzahl von 400 Schafen und Ziegen in einem gewöhnlichen, Rinder und Kleinvieh haltenden Samburu-Kral mit 30–40 Bewohnern sei erinnert[98] (das sind 11,5 Schafe pro Person). Nach einer verheerenden Pockenepidemie bei den Rendile sollen sich nach ARKELL-HARDWICK[99] in einzelnen Dörfern bis zu 20000 Schafe und Ziegen in der (allerdings sehr mangelhaften) Betreuung von 30 Dorfbewohnern befunden haben (670 Stück Kleinvieh pro Person).

Zu II. Die folgenden Angaben zur Optimierung von Herdengrößen verstehen sich als Ergänzung zu den unter I. gemachten Ausführungen über Arbeitskräfte und Viehzahl. Sie werden hier gesondert aufgeführt, weil die Zahl der Arbeitskräfte unbekannt ist.

[90] ZÖHRER, 1964/65, S. 144.
[91] LEWIS, 1955, S. 69, nach HUNT. SILBERMAN, 1959, S. 594.
[92] LEWIS, 1961, S. 56, 58.
[93] Vgl. BUCHHOLZER, 1959, S. 41.
[94] LEWIS, 1955, S. 69, nach HUNT.
[95] LEWIS, 1955, S. 57. Viehzahlen auch bei CRUTTENDEN, 1844, S. 329 und GUILLAIN, 1857, S. 448.
[96] LEWIS, 1961, S. 57.
[97] 1959, S. 246, 57.
[98] KENYA LAND COMMISSION, 1934, S. 1474.
[99] 1903, S. 232. Vgl. SPENCER, 1965, S. 293.

Das *Abtrennen* von Herdenanteilen und von Arbeitskräften. Bei den Humr-Baggara[100] schwanken Umfang und Zusammensetzung der Ferigs (Krale und gleichzeitig lokale Betriebe) und demzufolge auch der dortige Viehbestand jahreszeitlich und von Jahr zu Jahr. Maximal mag ein solcher Ferig 20 Hütten und 150 Rinder haben. Im Idealfall ist eine hier lebende Lineage (surra) Siedlungs-, Verlagerungs- und Hüteeinheit. Sehr oft jedoch wird das Vieh der 2–3 Familien-Kleinbetriebe einer Siedlung getrennt gehütet. Wächst die Surra über die Personalenzahl eines optimalen lokalen Betriebes hinaus, und ist die Viehzahl entsprechend angewachsen, so spaltet sich ein neuer Ferig für immer ab. Das erfolgt auch vorübergehend, wenn die trockenzeitliche Kargheit der Weide oder ein überlanger Weg zu den Brunnen die Rinderhaltung im normalen Umfang nicht mehr rechtfertigt. Ganz ähnliches ließ sich bei den Gudschi, Karamojong, Jie, Samburu und anderen Stämmen nachweisen.[101] Auch Kamelbetriebe spalten sich auf. So arrangieren reiche Kamelbesitzer der Midschurtin-Somal,[102] die manchmal 1000 Tiere ihr eigen nennen, die Standortverteilung der Kamele so, daß immer nur 50–80 Stück pro Kral gehalten werden, und diesem analog nicht mehr als 500 Ziegen und Schafe an einem Ort.

Hier noch einige Informationen über die Disposition der Arbeitskräfte bei Aufspaltung der Betriebe. Wenn bei den Masai[103] im Kral des Schwiegervaters Arbeitskräftemangel herrscht, dann schickt der Ehemann (bei freundlichem Einvernehmen und bei Entbehrlichkeit der Arbeitskraft) nicht selten seine Frau vorübergehend zur Mithilfe in den Kral ihres Vaters zurück. Die Turkana und Samburu gehen bei Aufteilung der Arbeitskräfte von der Notwendigkeit aus, in jedem Familien-Kleinbetrieb eine erwachsene männliche Person und eine erwachsene weibliche Person zur Organisation und Kontrolle auf der Weide und im Kral zu haben, daneben eine ausreichende Zahl von Kindern und Jugendlichen für die täglichen Routinearbeiten.[104] Mangel an Arbeitskräften kann dazu führen, daß Mutter und Tochter getrennt leben müssen. Wenn es die wirtschaftlichen Umstände irgendwie gestatten, nimmt der Viehbesitzer auf Sonderwünsche, die auf Zusammenleben oder Trennung bestimmter Personen hinzielen, Rücksicht.[105]

Der *Zusammenschluß* von Herdenanteilen[106] und Arbeitskräften. Bei den besonders viehreichen Masai[107] war der durchschnittliche Viehbesitz eines in

[100] Cunnison, 1954, S. 58; ders., 1966, S. 42, 66f., 68–71.

[101] Karamojong: Dyson-Hudson, 1960, S. 52. Jie: Gulliver, 1953, S. 33. Samburu: Spencer, 1965, S. 11, 17, 20, 7, 9, 227. – Trockenzeitliche Aufspaltung der Siedlungen: Cunnison, 1954, S. 59 und ders., 1966, S. 69, 197 (Humr); Lampen, 1935, S. 133 (Baggara); Seligman, 1913, S. 597 (Süd-Bedscha); Spencer, 1965, S. 6 u. a. (Samburu).

[102] Cruttenden, 1844, S. 329. Guillain, 1857, S. 448.

[103] Fosbrooke, 1948, S. 46.

[104] Turkana: Gulliver, 1955, S. 125f., 40f; ders., 1953, S. 67. Samburu: Spencer, 1965, S. 11, 226f.

[105] Spencer, 1965, S. 226f. Gulliver, 1953, S. 67.

[106] Auch die seßhaften Bantu und stationär gewordenen Hirtenvölker wie Teso, Iraku und urbanisierte Somal sehen sich veranlaßt, ihren pro Besitzer viel gerin-

polygynen Ehen lebenden Familienoberhauptes in der Zeit vor den großen Rinderseuchen um 1890 so groß, daß er nicht selten mit der optimalen Herdengröße eines lokalen Betriebes identisch war, so daß damals im Regelfall jede Großfamilie ihren eigenen Kral anlegte. Zu MERKERS Zeit (1905) war der Viehbestand soweit zurückgegangen, daß sich gewöhnlich mehrere Viehbesitzer mit ihrem Vieh in einem Kral, d. h. in einem lokalen Betrieb, zusammenschlossen. – In einer typischen Samburu-Siedlung ist das Vieh von 4–10 Viehbesitzern konzentriert.[108] Ein lokaler Betrieb der Humr besteht oftmals aus 2–3 Familien-Kleinbetrieben, in deren Rahmen die Rinder getrennt gehütet werden.[109] Das Vieh eines einzelnen Familien-Kleinbetriebes kann einem oder auch mehreren Viehbesitzern gehören. Ist das letztere der Fall, stellt jeder Viehbesitzer (bei annähernd gleichen Viehanteilen) für fünf Tage einen Hirten. Bei den Humr wie auch bei den Baggara Darfurs lassen manchmal 5–6 Viehbesitzer ihre Herden gemeinsam hüten.[110] Auch partielle Gemeinschaftsbetriebe kommen im Untersuchungsgebiet vor. In diesen werden nur bestimmte Herdentiere gemeinsam gehütet. Die gemeinschaftliche Eselweide[111] mehrerer Krale und die gemeinsame Betreuung der vereinigten Rinderherden zweier getrennt lebender Viehbesitzer[112] konnten bei den Turkana belegt werden.

Im folgenden eine Zusammenstellung grober Richtwerte für *optimale Herdengrößen*, auf welche die Viehbesitzer ihren lokal gehaltenen Viehbesitz durch Abtrennung bzw. Zusammenschluß einpendeln lassen: bei den Masai[113] einige 100 Rinder, bei den Humr[114] 60–150 Rinder, bei den Didinga[115] 200–300, bei den Karamojong[116] und Suk[117] 100–200, bei den Nandi[118] 200, bei den Bogos[119] 50–100, bei Habab, Ad Temeriam und Ad Tekles[120] ca. 40 Rinder oder 50 Stück Kleinvieh, bei Samburu[121] ca. 250 Rinder (nach anderen Angaben[122]

geren Viehbestand in Kommunalherden von rentabler Größe zusammenzulegen und entweder im Turnus Arbeitskräfte zum Hüten freizustellen oder Lohnhirten zu beschäftigen; unter Umständen wird auch das Vieh nomadischen Verwandten zur Betreuung übergeben. (Teso: GULLIVER, 1953, S. 16; LAWRANCE, 1957, S. 145. Iraku: HUNTINGFORD, 1953, S. 128. Somalistädter: LEWIS, 1961, S. 94, 102; FERRANDI, 1903, S. 245f.; TRUST TERRITORY, 1952, S. 125; SOMALI REPUBLIC, 1961, S. 162. Afarstädter: AUBERT DE LA RUE, 1939, S. 58. Bantu: SCHIKKELE, 1931, S. 97.

107 MERKER, 1910, S. 32. Vgl. FISCHER, 1884/85, S. 64f.

108 SPENCER, 1965, S. 6.

109 CUNNISON, 1966, S. 66–71.

110 LAMPEN, 1935, S. 135. CUNNISON, 1966, S. 69.

111 GULLIVER, 1953, S. 60.

112 GULLIVER, 1953, S. 67, 147.

113 FISCHER, 1884/85, S. 64f.

114 CUNNISON, 1954, S. 58; ders., 1966, S. 68f.

115 DRIBERG, 1922, S. 216.

116 DYSON-HUDSON, 1960, S. 52.

117 KENYA LAND COMMISSION, 1934, S. 1734.

118 HOLLIS, 1909, S. 20.

119 MUNZINGER, 1859, S. 77, 35.

120 POLLERA, 1935, S. 196.

121 KENYA LAND COMMISSION, 1934, S. 1474.

122 KENYA LAND COMMISSION, 1934, S. 1486.

zwischen 200 und 1000!), bei rinderzüchtenden Somal[123] „oft mehre Hundert Tiere“, bei den Gudschi-Galla[124] 40–100, bei den Turkana nur 25–30 Rinder;[125] bei Kawachla und Schenabla[126] 70 bis 100 bis 200 Kamele, generell bei den Kamelzüchtern Nordkordofans[127] 40–100 Tiere. In den Weidekamps der nördlichen Somal werden die Kamele in einer Herdeneinheit (kadin) oder in mehreren zu je 80–100 Stück gehalten.[128] Von den Somal ganz allgemein und von den Afar teilt PAULITSCHKE[129] mit, sie hielten oft 3–4 Seriben (Dornumwallungen) mit jeweils bis zu 300 Kamelen in einer Weidegegend, wo sie dann 4–6 Wochen verblieben; das ist offenbar eine Angabe über eine normale regionale Betriebsgröße. Belegen wir nun noch die im allgemeinen Teil dargestellten Abweichungen von den Optimalgrößen der Herden und Betriebe.

Während für die Kamele züchtenden Araber des Ostsudan 50–100 Tiere als optimale Herdengröße angegeben werden, sah man bei den Beni Amer[130] Kamelherden von 300 Tieren, bei den Hassanie[131] von ca. 600; BREHM[132] beobachtete in den Steppen Kordofans sogar Herden von mindestens 1500 Stück auf einer Weide. Bei Galgail-Somal traf man Kamelherden von 500 Tieren an.[133] (Vgl. die Richtwerte von LEWIS, CRUTTENDEN und PAULITSCHKE für die Somal). Nach McKAY schwankt die Herdengröße der in Nord-Kenia gehaltenen Rinder zwischen 50 und 800 Stück.[134] Bei den Samburu[135] haben einzelne Krale 1000 und mehr Rinder, während der Richtwert 250 Stück beträgt. Nach SPENCER[136] hat hier jeder fünfte Familien-Kleinbetrieb weniger als 40 Rinder, und jeder fünfzehnte mehr als 160 Rinder; die Durchschnittsgröße beträgt 80 Rinder. Die zahlenmäßige Untersuchung der beiden Kamel-Ziegen- und Rinder-Schaf-Betriebe zweier Turkana-Viehbesitzer ergab:[137] wohl wurden in den Rinder-Schaf-Betrieben 25 bzw. 35 Rinder gehalten (was dem Richtwert von 25–30 Rindern ziemlich nahekommt), doch in den Betrieben mit Kamelen befanden sich einmal 8 Kamele und 150 Ziegen, im anderen Fall aber 20 Kamele und 500 Ziegen (Schwankungen um 100–200%!).

Zusammenfassend und abschließend können wir sagen, daß in der großen Mehrzahl der Fälle eine eindeutige Tendenz besteht, irreguläre, jahreszeitliche

[123] ZÖHRER, 1959, S. 51.
[124] SCHULZ-WEIDNER, 1961, S. 321.
[125] GULLIVER, 1953, S. 61.
[126] MACMICHAEL, 1920, S. 238.
[127] REID, 1930, S. 165; ders., 1935, S. 117. BARBOUR, 1961, S. 170.
[128] LEWIS, 1961, S. 73. Nach ZÖHRER (1959, S. 51) ist die Betreuung von mehreren 100 Tieren üblich. In einem Weidelager der Isa Mussa sah MENGES 200 Kamele (1894, S. 228).
[129] 1893, S. 131.
[130] MÜLLER, 1883, S. 427.
[131] BREHM, 1855, S. 288.
[132] 1927, Bd. 7, S. 146.
[133] COLLINS, 1960, S. 64.
[134] 1957, S. 320.
[135] KENYA LAND COMMISSION, 1934, S. 1538.
[136] 1965, S. 2, 13.
[137] GULLIVER, 1955, S. 45–48.

und regionale Korrekturen der Betriebsgröße in Richtung auf das Optimum vorzunehmen. Das betrifft besonders die Familien-Kleinbetriebe einer Siedlung wie auch den lokalen Betrieb selbst. Im Einzelfall jedoch kann die Abweichung der Betriebs- und Herdengröße beträchtlich sein. Diese Abweichung vom Optimum, das sehr schwer zu bestimmen ist, wird hervorgerufen durch die Mitwirkung zahlreicher produktionsgefährdender, sozialer und außerwirtschaftlicher Faktoren.

4. Die qualitative Aufteilung des Viehs im Nomadenbetrieb. Familiensiedlungen und hochmobile Weidelager

Die einzelnen *Vieharten*, also Kamele, Rinder, Schafe, Ziegen und Esel, sowie deren rassische Varianten zeigen unterschiedliche Lebensgewohnheiten und stellen verschiedene Ansprüche an das Weidefutter und die Tränke. Das gilt mehr oder weniger auch für die *Herdentierkategorien* dieser Vieharten und Schläge, worunter wir biologische Kategorien (Jungtiere verschiedenen Alters, trächtige Tiere, Vatertiere u. a.) wie auch Leistungskategorien (Masttiere, kastrierte Tiere, Transporttiere u. a.) zu verstehen haben. An einem Ort oder auf ein und derselben Weide können diese unterschiedlichen Bedürfnisse des Viehs nur unvollkommen befriedigt werden. Um die Produktion zu steigern, nehmen die Nomaden deshalb eine Aufteilung der Vieharten und Herdentierkategorien auf verschiedene Weiden eines Siedlungsbereiches vor, oder es erfolgt, in größerem Stil, eine Dislokalisation des Viehs in spezifische Betriebe.

Von der Abtrennung der noch säugenden Jungtiere abgesehen, kommt eine Aufspaltung der Herden in biologische und Leistungskategorien in Ost- und Nordostafrika nicht häufig vor. (Die Gründe hierfür werden wir noch im Rahmen der Zucht aufführen, S. 240). Die noch säugenden *Jungtiere* werden sowohl tagsüber von ihren Müttern getrennt als auch nachts gesondert untergebracht.[238] Das hat zwei wichtige wirtschaftliche Ursachen: erstens sollen die Herden bei den oftmals weiten und schnellen Anmärschen zu guter Weide und an die Brunnen nicht in ihrer Beweglichkeit behindert werden, und zweitens muß man eine ausreichende Milchversorgung für den Menschen sichern. Mechanische Saughindernisse ermöglichen es bisweilen, die schon kräftigeren, aber noch nicht entwöhnten Jungtiere mit auf die Weide zu nehmen,[139] wodurch Arbeits-

[138] Siehe Abschnitt „Unterbringung", über Unterkünfte der Jungtiere, S. 234f.

[139] Die Kameljungen der Sudanaraber Nord-Kordofans begleiten schon sehr früh ihre Mütter, doch werden diesen Jungtieren, wenn sie etwas größer geworden sind, erst zwei, dann drei und schließlich alle vier Zitzen durch Abbinden oder auch durch Aufbinden von Dornen vorenthalten (Petherick, 1861, S. 328). Ältere, noch nicht entwöhnte Lämmer und Kitzen, die ihre Elterntiere schon auf die Weide begleiten können, werden bei den Hassanie durch das Aufsetzen von Eutertaschen am Säugen gehindert (Petherick, 1861, S. 178), bei den Beni Amer durch Unterbinden der Zitzen (bei Ziegen – Schoenfeld, 1904, S. 42). Beide Verfahren sind auch in Tadschura (d. i. eine Stadt im Stammesgebiet der

kräfte zum Hüten eingespart werden können. Im Normalfall verbringt das noch säugende Jungvieh den Tag folgendermaßen:

1. der jüngste Herdennachwuchs (so Kälber bis etwa zum 3. Lebensmonat) wird innerhalb der Siedlung in geeigneten Hütten oder Verschlägen untergebracht (s. S. 235);
2. die ein wenig älteren Kälber (im 3.–6. Lebensmonat), Lämmer und Kitzen streunen durchs Dorf oder grasen unter Aufsicht der jüngeren Knaben und Mädchen, bisweilen auch der Frauen, die unmittelbare Umgebung des Dorfes ab.
3. In anderen Fällen schließlich werden die Jungtiere in homogenen Gruppen auf spezielle Weiden geführt, so die älteren Kälber bei den Masai und Karamojong.[140] Die Borana führen diese Kälber auf eine dorfnahe Weide entgegengesetzt zur Austriebsrichtung der Kühe, um das Säugen zu verhindern.[141]
4. Manchmal werden die älteren Kälber auch in heterogenen Herden gemeinsam mit dem Kleinvieh gehütet (Nandi).[142]
5. Daß Jungtiere gemeinsam mit ausgewachsenen Tieren der gleichen Viehart gehütet werden, hat verschiedene Motive: die Paarung zur ungeeigneten Zeit wird verhindert, wenn die Schafböcke in der Lämmerherde gehalten werden (nördliche Somal),[143] oder die Beweglichkeit der Hauptherden bleibt erhalten, wenn man z. B. die lahmenden Ziegen zusammen mit den Zickeln die Umgebung des Dorfes abweiden läßt (Turkana).[144]

Bei den nördlichen Somal[145] erfolgt in den Kamellagern u. U. ein getrennter Weidegang der laktierenden Kamelmütter (geel irmaan) einerseits und des übrigen Herdenbestandes andererseits (gaane – das sind die tragenden Stuten, diejenigen, die noch nicht geboren haben, die Kamelfohlen und die Kamelhengste). Für den Gaane-Herdenteil wird die bessere Weide ausgesucht. – In der Northern Frontier Province Kenias[146] ist eine analoge biologische Aufteilung der dortigen Rinderherden in „trockene" Tiere (trächtige und unfruchtbare Kühe, Ochsen) sowie in Herden von Milchkühen eine seltene arbeitsorganisa-

Afar) bekannt (Aubert de la Rue, 1939, S. 57). – Bei den rinderzüchtenden Fellata Darfurs ziehen die Kälber mit den Kühen auf die Weide, ohne jedoch vor der erlaubten Säugezeit Milch zu trinken (Lampen, 1933, S. 100). Nach Ansicht ihrer Baggara-Nachbarn soll dieses ungewöhnliche Verhalten junger Kälber nicht durch einen Maulkorb oder durch eine ähnliche Vorrichtung verursacht werden, sondern allein – durch einen Zauber, den der Hirt in einer kleinen Kalebasse mit sich führt. – Die Teso in Uganda, die als Viehzüchter stationär wurden und als Bodenbauer reichlich über Pflanzenkost verfügen, lassen ebenfalls die Kälber den Kühen auf die Weide folgen (Lawrance, 1957, S. 145).

140 Masai: Stigand, 1913, S. 214 und Pellegrini, 1961, S. 292. Karamojong: Dyson-Hudson, 1960, S. 54.

141 Haberland, 1963, S. 80.

142 Hollis, 1909, S. 21.

143 Mares, 1954, S. 421.

144 Gulliver, 1953, S. 60.

145 Lewis, 1961, S. 73 und Mares, 1954, S. 416f.

146 Kenya Land Commission, 1934, S. 1658. Vgl. Gulliver, 1955, S. 29 (Turkana).

torische Maßnahme, die offenbar auf wenige reiche Viehbesitzer beschränkt ist. (Vgl. auch Zucht, S. 240).

Südliche Somal (Dschiddu, Gasar-Guda, Gubahin u. a.)[147] bringen verschiedene biologische Kategorien von Rindern in verschiedenen Dornenkralen unter, was auch auf einen getrennten Weidegang schließen läßt, nämlich erstens Kühe (sada), Stiere (auar) und Färsen (uelo dedich), zweitens kastrierte Rinder (bagai) und die Kälber, und drittens die Kühe mit den jüngsten Kälbern (hero uailot).

Die Aufteilung des Viehs nach *Vieharten* erfolgt auf verschiedene Weiden um die gleiche Siedlung oder in voneinander entfernt operierende, selbständige Betriebe verschiedener Vieharten. Es entstehen in eigenen Siedlungen oder Lagern Kamel-Betriebe, Ziegen-Betriebe, Kamel-Ziegen-Betriebe, Rinder-, Rinder-Schaf-, Kleinvieh- und andere Betriebe. Aus Gründen der Versorgung des Menschen (Allokation bestimmter Milch-, Transport-, Schlachttiere usw., deren Ernährungs- und Tränkansprüche nicht denen des Hauptherdenbestandes entsprechen) ist jedoch in vielen Fällen diese „Homogenisierung“ eines Betriebes keine totale.[148] Die Mehrheits- oder Mischungsverhältnisse sind für die Charakterisierung solcher Betriebe ausschlaggebend. Jedoch können anspruchsvollere und langsamere Herdentiere in Betrieben mit umgekehrten Verhältnissen als Minderheiten naturgemäß nicht existieren.

Neben der quantitativen Aufteilung des Herdenviehs (s. S. 106–108) ist die Dislokalisierung des Viehbestandes nach Vieharten und – viel seltener – nach Herdentierkategorien die wichtigste Maßnahme der Nomaden, die Existenzbedingungen aller Herdentiere insgesamt zu verbessern und somit die Produktion zu steigern. Diese Wirkung wird erzielt:

1. durch einen mengenmäßigen Futtergewinn (Zahl der Verlagerungen den spezifischen Nahrungs- und Tränkansprüchen angepaßt), und
2. durch bessere Weideverwertung, indem eine den betreffenden Tieren besonders bekömmliche und nahrhafte Weide ausgenutzt werden kann.

Besonders gut kann das Vieh in den hochmobilen Weidelagern der Jungmannschaften (s. u.) ernährt werden, da die Verlagerungen hier nicht durch das Vorhandensein von Frauen und Kleinkindern, von Alten und Kranken, sowie durch das Transportproblem, behindert werden (Hütten fehlen!).

Die Arbeitskräfte einer Großfamilie, einer Lineage oder ähnlicher blutsverwandter Einheiten müssen sich diesen ökonomischen Erfordernissen unterordnen und leben getrennt in weitgehend autarken Betrieben. Als Ausdruck dieser Arbeitsteilung treten folgende betriebliche und sozialökonomische Gruppierungen auf:

1. hochmobile Weidelager der Jungmannschaften, die weniger beweglichen Familiensiedlungen gegenüberstehen (z. B. bei den Humr, nomadischen Galla, nördlichen Somal);

147 Ferrandi, 1903, S. 245.
148 Vgl. Gulliver, 1955, S. 29f.

2. zwei oder mehr nomadische Familienkrale ein und derselben Großfamilie (Turkana);
3. hochmobile Weidelager der Jungmannschaften, die sich von stabilen Bodenbauerdörfern abgetrennt haben, wo engverwandte Angehörige Felder bestellen (komplexwirtschaftliches Viehpostensystem, z. B. bei Jie, Karamojong und Dodoth);
4. nomadische Familiensiedlungen, die von wenig beweglichen, viehzuchttreibenden Herrensitzen einer anderen Kaste abhängig sind[149] (Nomaden Eritreas).

Die durch die Erfordernisse der nomadischen Weidewirtschaft in verschiedenen Gegenden lebenden Angehörigen der gleichen blutsverwandten Einheit, deren Oberhaupt in der Regel auch der Besitzer des gesamten Viehs ist, führen wirtschaftlich für längere Zeit im Jahr ein Eigenleben und sind dann sozial, kultisch und kulturell weitgehend voneinander isoliert. Höhepunkte des Gemeinschaftslebens fallen zumeist in die Regenzeit, wenn eine umfangreiche Weide und leicht verfügbares Tränkwasser die Existenz aller Herdentierarten im gleichen Wirtschaftsraum ermöglicht.

Wenden wir uns nun den Betrieben der gleichen Viehart im einzelnen zu.

Kamel-Betriebe. Sie sind die beweglichsten Nomadenbetriebe des Untersuchungsgebietes. Man richtet sie ein, um nach episodischen Regenfällen rasch entstehende Weidegründe (Ephemeren), aber auch wasserlose Landstriche mit sukkulenter oder Dornbuschweide, die anderen Herdentieren verschlossen sind, auszunutzen. Auf diese Weise braucht die kostbare Trockenzeitweide für das Kleinvieh und die Rinder in engem Umkreis um die permanenten Brunnen von den Kamelen nur wenig beansprucht zu werden. Voraussetzung für diesen Weidebetrieb ist extreme menschliche Bedürfnislosigkeit, der die männliche Jungmannschaft am besten gewachsen ist (zahlreiche Verlagerungen, Fehlen von Hütten, Mangel an Gerätschaft, Fehlen von Trink- und Waschwasser, Einförmigkeit der Ernährung, nämlich Kamelmilch und, nur selten, gekochte Speisen, Mangel an Feuerholz, Unbilden der Witterung, Gefährdung durch Viehräuber, monatelange soziale Isolierung und Unterbrechung des Familienlebens usw.).[150] Die reinen Kamellager stehen im Untersuchungsgebiet nur Kleinviehlagern gegenüber (wenn wir von hochmobilen Kamelkamps kamelbesitzender Städter[151] oder von seßhaft gewordenen, bodenbautreibenden Nomaden[152] absehen).

149 Denkbar wäre auch ein fünfte Kombination, doch sie ist noch nicht nachweisbar: hochmobile Weidelager und semipermanente Herrensitze in Eritrea.

150 Kamelaraber des Ostsudan: Reid, 1935, S. 120; Seligman, 1918, S. 119f.; MacMichael, 1912, S. 192; Davies, 1957, S. 59. Nord-Somal: Lewis, 1961, S. 72ff., 81ff.; Mares, 1954, S. 415; Menges, 1894, S. 228. Rendile in Kenia: Spencer, 1965, S. 292, 296f.

151 Die Stadt Berber: Burckhardt, 1820, S. 90. Städte Somalilands: Lewis, 1961, S. 94. Vgl. auch Anmerkung 180 auf S. 125, über Haltung und Pflege von Vieh, das Städtern gehört, durch Lohnhirten.

152 Ababde des Niltals: Petherick, 1861, S. 52. Kababisch der Dongola-Provinz: Seligman, 1918, S. 108.

Beispiele: Junge Männer der westlichen Amarar[153] führen von August bis November ihre Nagas (Kamelstuten) auf die wasserlosen Atmur-Ebenen nach Westen in Richtung Nil, wo die Tiere geradezu gemästet werden; ab Mitte November tendieren diese Kamellager wieder nach Osten, auf die Brunnen am Fuße der Red Sea Hills, wo sie mit schlechter werdender Weide sich veranlaßt sehen, in das Hügelland vorzustoßen; in Dürrejahren ziehen sie jedoch nach Süden, bis an den Atbara. Die Kamelhirten der Hadendoa (besonders der Sektionen Sherab und Bishariab)[154] profitieren im Winter von den Regenfällen der maritimen Klimazone in der Küstenebene, während sich die Kamelkamps der Aschraf und Artega[155] Kamelweide durch Aufstieg in das begrünte Hügelland südlich des Khor Baraka verschaffen. – In allen diesen Fällen leben die kamelzüchtenden Bedscha-Hirten für längere Zeit des Jahres getrennt von der Bevölkerungsmehrheit, die das Kleinvieh betreut.

Die Kamelzüchter Nord-Kordofans und Darfurs (Kababisch, Kawachla, Schenabla, Meidob, nördliche Rizeigat, Zaghawa, Teile der Hamar u. a. m.)[156] schicken von November bis Februar-März (das sind die ersten zwei Drittel der Trockenzeit) ihre jungen Männer möglichst weit nach Nordwesten, wo das grobe, sukkulente Gizzu-Gras den Kamelen eine nahrhafte Weide bietet und die Tränkung erspart. Zu Beginn der letzten zwei Monate der Trockenzeit ziehen sich diese Kamelkamps so langsam wie möglich nach Süden zurück, wo sie dann bis zum Mai auf das Nilwasser oder auf die permanenten Brunnen ihrer Sektionen angewiesen sind. Die Familien mit dem Kleinvieh haben die dortigen Damar (Trockenzeitlager) schon seit mehreren Monaten bezogen.[157] Obwohl die Kamele nun die gleichen Brunnen wie Ziegen und Schafe aufsuchen, meiden die Kamellager, um Weide zu sparen, die Damar und suchen sie nur alle sieben Tage auf, d. h. jedesmal, wenn die Kamele getränkt werden müssen. In der Zwischenzeit weiden sie die fernere Umgebung der Familienkrale in einem Umkreis von 75 Kilometern und mehr ab.[158] Zu Beginn der Regenzeit ziehen die Kamelkamps zunächst unter Zurücklassung der Frauen, Kinder und Zelte in die Gebiete frischer Weide im Süden der Damar: erst bei reichlichen Regenfällen erfolgt eine allgemeine Verlagerung aller Betriebsabteilungen nach Norden.[159]

Die Abtrennung der Hauptmasse der Kamele in speziellen Lagern agnatisch verwandter Viehbesitzer gestattet bei den nördlichen Somal[160] die trocken-

[153] Sandars, 1935, S. 215f.

[154] Seligman, 1913, S. 597. – Bei folgenden Autoren Andeutungen: Burckhardt, 1820, S. 308 (Hadendoa von Taka); Munzinger, 1864, S. 561 (Bischarin und Hadendoa); Bent, 1896, S. 338 (Achmed-Orab-Bischarin).

[155] Seligman, 1913, S. 597.

[156] Barbour, 1961, S. 151. Reid, 1935, S. 120; ders., 1930, S. 166. Born, 1965, S. 207f. Davies, 1957, S. 59. Seligman, 1918, S. 119. Pallme, 1843, S. 89 (Hamar).

[157] Reid, 1930, S. 165; ders., 1935, S. 117. Herzog, 1961, S. 17.

[158] Reid, 1930, S. 165; ders., 1935, S. 117.

[159] Reid, 1935, S. 118.

[160] Lewis, 1955, S. 67; ders., 1961, S. 32, 81ff., 72ff. Mares, 1954, S. 415ff. British Somaliland, 1945, S. 2ff.

zeitliche Verwertung umfangreicher, wasserloser Weidegründe im Süden der zentralen Stammesländer (Ogo), d. h. in der Haud. In diesen dornumwallten Kamelkamps, die sich alle zwei bis drei Wochen verlagern, ist die männliche Altersgruppe zwischen sieben und zwanzig Jahren als Kamelzüchter beschäftigt (geeljiro). Die Viehbesitzer selbst weilen hier nur besuchsweise oder helfen in der Trockenzeit beim Tränken; nur Verarmung kann einen verheirateten Mann dazu veranlassen, für längere Zeit in einem Kamellager zu leben. Auch die Frauen, Mädchen, Greise und jüngsten Knaben leben im Familienkral. – Mit fortschreitender Trockenzeit müssen sich die Kamelhirten nach Norden zurückziehen und die permanenten Brunnen ihrer Lineages aufsuchen, doch da das Somali-Kamel für 13 Tage und länger mit der Tränke aussetzen kann,[161] stoßen die Kamelhirten in der Zwischenzeit nicht selten wieder Hunderte Kilometer weit nach Süden vor! Modifikationen dieses Verlagerungstyps treten auf bei westlichen Somal (Ogaden),[162] wo die Männer

> „unter Zurücklassung der Frauen und Kinder mit ihrer ganzen Viehhabe an Rindern und Kamelen aus den Thalschaften in die weidereichen Berge ziehen und dort viele Wochen zubringen“,

sowie bei den nördlichen Küstenstämmen in der Guban, die in der Trockenzeit die maritimen Winterregen ausnutzen;[163] Menges sah in einem Falle 200 Zuchtkamele, die von ca. 40 ausschließlich männlichen Hirten eines Lagers auf dem küstennahen Hekebo-Tafelland betreut wurden.[164] Emley erwähnt Kamellager der Turkana im Kolosia-Distrikt,[165] Spencer bei den benachbarten Rendile[166].

Kamel-Ziegen-Betriebe. In Gegenden mit relativ guter Wasserversorgung und umfangreicher Dornbusch- und Laubäsung (Turkana, Beni Amer, Habab, Raschaida, Ad Tsaura u. a.)[167] können mit den Kamelen die Ziegen mitgeführt werden und zusammen eigene Betriebe bilden. Die Zeltlager der Beni Amer und Samhar-Nomaden werden nach Zaga (wohl das Dagga bei Paul[168] und das Degà bei Pollera),[169] d. i. Kamel-Ziegen-Lager, und nach Az Aha (wahrscheinlich das Ad Pauls), d. h. „Kuhlager“ unterschieden.[170] Die sogenannten Kuh-Lager verlagern sich häufiger als die Kamel-Ziegen-Lager. Das mag zunächst verwundern, kann aber wohl durch die politische Struktur dieser Hirtengesellschaft erklärt werden. Der müßige kamelbesitzende Adel unterwarf vor Jahrhunderten autochthone nomadische Rinderzüchter (Tigre),[171]

[161] Über die Häufigkeit des Tränkens von Kamelen s. S. 208f.
[162] Keller, 1894, S. 184.
[163] Vgl. oben, Kamel-Lager der Hadendoa. Siehe auch Ausführungen über Notzeitweide durch trockenzeitlichen Wechsel der Klimazone, S. 29 und 163f.
[164] 1894, S. 228.
[165] 1927, S. 172.
[166] 1965, S. 292.
[167] Munzinger (1864, S. 561) gibt für Ostafrika allgemein das Zusammengehen von Ziegen und Kamelen an.
[168] 1950, S. 230f., 236.
[169] 1935, S. 201.
[170] Munzinger, 1864, S. 329f. Vgl. Pollera, 1935, S. 201.
[171] Munzinger, 1864, S. 279, 281, 288; ders., 1872, S. 204. Seligman, 1930, S. 95f. Pollera, 1935, S. 192. Vgl. auch „Ethnisch-historischer Überblick“, S. 41.

denen sich später Einwanderer mit gleichem Wirtschaftstyp hinzugesellten, und machte diese Bevölkerungsmehrheit in einem Ausmaß hörig, tribut- und dienstleistungspflichtig, daß das Zaga jeweils zu einer Art Residenz der Herrenschicht wurde, dessen Produktionskapazität gegenüber den viel beweglicheren Az Aha-Betrieben der Vasallen bald nur noch ergänzenden Charakter trug. Die zumeist getrennte Siedelweise von Adel und Hörigen (Tigre) in großen Zaga und kleinen Az Aha,[172] die ständige Suche der Tigre nach Rinderweide,[173] während sich die Kamelzüchter der höheren Kaste nur zweimal im Jahre, in einigen Fällen überhaupt nicht mehr, verlagern,[174] das Verbot für die Tigre, Kamele zu züchten und das Tabu der Oberschicht, Rinder zu melken, die Endogamie beider Bevölkerungsteile, die laufende Tributleistung der Hörigen an ihre Herren – das alles verdeutlicht die wirtschaftlichen und politischen Unterschiede. Um sich Herrschaft und Interessenvertretung in den oftmals weit entfernten Rinderzuchtbetrieben der Tigre zu sichern, schuf der Adel die Institution eines Lagerherrn („ba'ala 'ad" bei PAUL, „b'al fer'a", Platzherr, bei MUNZINGER),[175] bei den Beni Amer war es in der Regel ein Adliger (Nabtabi), doch manchmal auch ein hierzu ernannter oder gewählter Vasalle.

Im Gegensatz zu den Beni Amer und Habab erfolgt bei den Turkana[176] aus rein wirtschaftlichen Gründen eine Abspaltung in Kamel-Ziegen- sowie in Rinder-Schaf-Lager (beides sind Familienkrale). Die laubäsenden Kamele und Ziegen werden in der Ebene gehalten, während man die beschränkte Grasweide im Bergland und an den Ufern von Regenflüssen den Rindern überläßt. Je nach der Härte der Trockenzeit werden die Ziegen, seltener auch die Kamele, ins Bergland verlagert. Die Kamelbetriebe gelten als Hauptlager, hier wohnt das Familienoberhaupt, hier ist der kulturelle, soziale und religiöse Mittelpunkt der Großfamilie; die Führung des Nebenlagers mit den Rindern und Schafen wird zumeist dem ältesten (verheirateten) Sohn des Viehbesitzers anvertraut.[177] Nur wenige arme Turkana-Familien sind nicht in der Lage – zum Nachteil ihres Viehs – diese Zweiteilung vorzunehmen.[178] Bei einzelnen besonders vieh- und arbeitskräftereichen Großfamilien erfolgt sogar eine Mehrfachteilung in drei oder vier Betriebe (so vor allem in Betriebe mit fast ausschließlichem Ziegen- oder Schafbestand). Zwar könnten beide Vieharten und mithin beide Siedlungseinheiten im Bergland existieren, wo es Gras wie auch Laubweide

[172] MUNZINGER, 1864, S. 330. HEUGLIN, 1868, S. 97f. HANDWÖRTERBUCH DER ZOOLOGIE ETC., 1880, Bd. 1, S. 97.

[173] Bogos, Takwe, Mensa, Bedschuk: MUNZINGER, 1859, S. 77. CIPRIANI, 1940, S. 61.

[174] Feste Residenzen wurden z. B. Gamarota und Taggat. Die Ortschaft Zaga bei Massaua wurde ein Handelsplatz. „Der Name ist alt; Zaga im Samhar, Tsade Zaga in Hamasen ist dasselbe Wort; es bedeutet einen festen Hauptsitz. Das große Zaga par excellence ist die Residenz des Stammesfürsten; dagegen hat jeder einzelne Tribus sein Zaga und sein Az Aha." (MUNZINGER, 1864, S. 329; 139). POLLERA, 1935, S. 201. JENSEN, 1947, 785.

[175] PAUL, 1950, S. 230. MUNZINGER, 1864, S. 312.

[176] GULLIVER, 1955, S. 47f., 40f., 27f., 125f., 147ff. EMLEY, 1927, S. 172, 186.

[177] GULLIVER, 1953, S. 67; ders., 1955, S. 40f., 137f. EMLEY, 1927, S. 186.

[178] GULLIVER, 1953, S. 64.

gibt, doch solch ein engräumiges Wirtschaften wäre wegen des Mangels an Bergweiden nur für einen Bruchteil der Bevölkerung möglich, abgesehen davon, daß umfangreiche Weiden in der Ebene ungenutzt blieben. Nur in guten Regenjahren können sich beide Betriebe in der Ebene, wo dann Gras emporschießt, vereinigen.

Bei den Rufaa el Hoi werden offenbar temporäre Kamel-Kleinvieh-Betriebe gebildet. Bei Einsetzen der Sommerregen werden zuerst Kundschafter mit den Kamelen und dem Kleinvieh vorausgeschickt, die die beste Weide ausfindig machen. Später folgen dann die Familien mit dem Rindviehbestand nach.[179]

Rinder-Betriebe bzw. *Rinder-Kleinvieh-Betriebe* stehen semipermanenten Bodenbauer-Dörfern (komplexwirtschaftliches Viehpostensystem, s. S. 21), relativ schwerfälligen Familienkralen mit Rindern, oder auch Abteilungen, die während der Saison Bodenbau treiben, gegenüber. Auch Städter[180] (so in Berber, Mogadischu, Zeila, Lugh, Gosdjereb, Kissimaju u. a.) legen manchmal ihren Rinderbesitz zusammen und lassen ihn von Lohnhirten oder von nomadischen Verwandten in Rinderlagern betreuen. Bei Hamitoniloten wie den Jie, Karamojong, Nandi, Kipsiki und Dodoth werden die Rinder in speziellen Lagern fernab von den Feldflächen gehalten; die Hirten sind Knaben und unverheiratete Männer, die oft nur ein Viertel der Gesamtbevölkerung repräsentieren.[181] Die Daseinsbedingungen in diesen hochmobilen Rinder-Betrieben sind denen in den Kamellagern (s. S. 121 ff.) vergleichbar, nur etwas weniger hart. Die Rinder-Betriebe der Beni Amer, Habab, Bogos und anderer Nomaden in Eritrea ebenso wie die der Turkana wurden bereits besprochen. Im folgenden sollen uns Rinderlager interessieren, die sich im Hinblick auf eine bessere Weideausnutzung (als „Mast-“ oder „Produktionslager“)[182] vorübergehend von dem Gros einer nomadischen Bevölkerung („Konsumtionslager“) abspalten.

Beispiele: Jeder Ferig bei den Humr-Baggara[183] gliedert sich – arbeitsorganisatorisch gesehen – für längere oder kürzere Zeit im Jahr in zwei Sektionen – in die Azzaba (von „azab“, Junggeselle) und in die Tegeliya (von „tagil“, schwer). Die Azzaba

> „is a group which at certain occasions goes away from the houses of the ferig with cattle in order to give even greater freedom of movement.“ (CUNNISON)

179 DAVIES, 1966, S. 196.

180 BURCKHARDT, 1820, S. 294 (Gosdjereb), S. 90 (Berber). FERRANDI, 1903, S. 245f. (Lugh). TRUST TERRITORY, 1952, S. 125 (Kissimaju u. a.).

181 s. Anmerkung 29, S. 21, über komplexwirtschaftliches Viehpostensystem, hamitonilotische Stämme.

182 SPENCER (1965, S. 7f.) über die hochmobilen Rinder-Lager der Samburu: „The advantages of this arrangement are that . . . the whole unit is mobile; in wet periods they can migrate to an area where a shower has just fallen and in dry periods they can put up with considerable hardship in order that the cattle shall benefit. It is inevitable in the rougher parts of the country farther away from the water points that good grazing is available for anyone willing to live there, and it takes the more energetic young men to exploit these undergrazed areas.“

183 CUNNISON, 1954, S. 56f.; ders., 1966, S. 67.

Die Tegeliya hingegen stellt das (zeitweise vieharme) Familienlager mit Lastochsen, Hütten und Hausrat dar. Das Leben der jungen Männer in den Azzaba erinnert in vielem an die hochmobilen Kamellager und auch an die Rinderlager des komplexwirtschaftlichen Viehpostensystems: sie schlafen im Freien, ernähren sich fast ausschließlich von Milch (wenn nicht zufällig eine weibliche Person im Kamp weilt und kocht), sie tragen nur wenig Gerätschaft mit sich herum, verlagern sich oft usw. Ein älterer Mann oder mehrere derartige Personen leben als Kontrollorgane in den Azzaba (vgl. oben, Platzherr der Beni Amer). Die Tegeliya bearbeitet bei den Humr während der Regenzeit die Gärten und Felder (Durra, Baumwolle). Beide Ferig-Abteilungen vereinigen sich in jährlich modifizierter Weise für kurze Zeit in der Muglad (zentrales Stammesland mit Feldern und Speichern), für längere Zeit in der Babanusa (im Norden) und in der Bahr (im Süden). Ähnlich wie in Dar Humr verlagern sich die Nomadenbetriebe von Fellata-Gruppen in Darfur.[184]

Bei semipermanenten Galla-Stämmen in Südäthiopien, die den Bodenbau nicht kennen (Borana, Gudschi und Alabdu), stehen den schwerfälligen Familienkralen, die sich nur jedes halbe Jahr oder erst nach Jahren verlagern, hochmobile Viehposten (fora) der jungen Männer gegenüber, denen sich teilweise auch jüngere Frauen anschließen.[185] Sie betreuen den größten Teil des Rindviehbestandes auf angemessener Weide. In der Nähe der Familiensiedlungen werden nur die Kühe zur Milchversorgung der Haushalte sowie alte, gebrechliche oder behinderte Tiere gehalten.

Spezielle Rinderlager dieses Typs finden sich auch bei den Datoga und Samburu.[186]

Kleinvieh-Betriebe. Wo das Rind nicht mehr gedeiht, stellen Ziegen und Schafe den Grundstock der in Familienkralen ganzjährig gehaltenen Herden dar. Kleinvieh kann sogar zum wichtigsten Viehbestand überhaupt werden[187] (so Ziegen bei den Kurbab-Amarar, den Labat-, Libis-, Sogeit- und Hadoibogoyab-Beni Amer, bei den Debeni- und Woema-Afar, bei der Habra Aual-Sektion der Esa Mussa-Somal und bei den Midschurtin; desgleichen Schafe, z. B. bei den Aliab-Amarar, den Nefidab-, Scheketiab- und Schantirab-Bischarin, bei den Labat-Beni Amer, den Aulad Ukba und Aulad On Kababisch, bei Issa-Sektionen; daneben Stämme mit Übergewicht an Ziegen und Schafen zusammen). – Wir wollen hier einige wirtschaftliche und soziale Grundzüge typischer Familienkrale aufzeigen und nehmen das Beispiel der nördlichen Somal:[188] durchschnittliche Hüttenzahl 2,6 (nahezu identisch mit der Zahl der

[184] Lampen, 1933, S. 101.

[185] Haberland, 1963, S. 32f., 68f., 286, 348, 359, 372, 421. Biasutti, 1905, S. 158. Vgl. Zavattari, 1940, 485 und Schulz-Weidner, 1961, S. 323. Auch in Kenia: Brenner, 1868, S. 464f.; vgl. Gwynn, 1911, S. 124.

[186] Datoga: Jaeger, 1911, S. 105 und Wilson, 1952, S. 44, 46f. Samburu: Kenya Land Commission, 1934, S. 1640, vgl. S. 1210, 1502, 1474; Spencer, 1965, S. 7f., 99f., 141.

[187] Vgl. Tabelle 9 in der Beilage.

[188] Lewis, 1961, S. 56–63, 88, 81ff., 32, 40, 47; ders., 1955, S. 67. Vgl. Mares, 1954, S. 420f. und Cruttenden, 1844, S. 328f.

Kleinfamilien unterschiedlichen Verwandtschaftsgrades in einer solchen Siedlung sowie mit der Zahl der getrennt gehüteten Kleinviehherden); die Hütten werden innerhalb eines kreisförmigen Dornenwalls angeordnet; hier leben die meisten Nord-Somal, jedoch nicht die männlichen Personen zwischen dem siebenten und zwanzigsten Lebensjahr; den einzelnen Kleinfamilien sind zur ergänzenden Milchversorgung für die längste Zeit des Jahres milchliefernde Kamelstuten beigegeben, außerdem Transporttiere; die Herden werden im Zentrum der Siedlung in Verschlägen untergebracht, die nach Besitzerstatus getrennt sind; das gemeinsame Tränkgeschäft der Siedlung wiederholt sich in der Trockenzeit nach wenigen Tagen. – Betriebe dieses Typs finden sich auch bei den Rendile in Kenia[189] und – weniger klar nachweisbar – bei den Nomadenstämmen Nord-Kordofans und des nördlichen Darfur (s. S. 122). – Reine Ziegen-Betriebe als Familienkral entstehen bei den Midschurtin in der Regenzeit; in diesen halten sich die Frauen und Kinder auf, während die Männer Aromata sammeln und regelmäßig auf Lastkamelen Trinkwasser heranschaffen.[190]

Bei den Kenana im mittleren Ostsudan wird in der Regenzeit ein Teil der Schafe und Ziegen von den Rindern getrennt;[191] die so entstehenden Kleinvieh-Betriebe unternehmen längere Wanderungen als die Rindvieh-Betriebe und erreichen eine Gegend, die rund 100 Kilometer weiter im Norden liegt als der nördlichste Aufenthaltsort der Rinder. Im System der Transhumanz der westlichen Arussi wurden in der Regenzeit Ziegen und Esel unter der Aufsicht eines halberwachsenen Sohnes oder einer Ehefrau des Viehbesitzers im Mittelland gehalten, während auf Grund von Weide und Klima die meisten Pferde und Schafe auf den Hochlandweiden verblieben und der größte Teil der Rinder in das Tiefland gebracht wurde.[192] Weitere Kleinviehbetriebe ließen sich belegen bei tigresprechenden Nomaden in Eritrea (bei den Beduan im Küstenland die Ziegen-Lager der Az Atal),[193] bei Kababisch (wo nicht nur Kamelherden, sondern auch Schafe die winterliche Gizzu-Weide ausnützen),[194] bei wohlhabenden Jie,[195] Turkana,[196] Karamojong[197] und Samburu.[198] Spezielle Schafhirten[199] sind bei den Kababisch, bei den Humr und bei den Issa (hier „adschijira" genannt) zu belegen. Grzimek[200] berichtet uns von rinderlosen Schaf-Betrieben bei den Masai in Tansania: auf einem großen, kahlen, mit Schafmist fußhoch bedeckten Platz in der Steppe, ohne Dornenwall, wurde am Abend eine ca. 600 Stück umfassende Kleinviehherde, die zum allergrößten Teil aus Schafen bestand, zusammen-

189 Spencer, 1965, S. 292.
190 Balsan, 1964/65, S. 129.
191 Davies, 1966, S. 194 (Karte), 196.
192 Haberland, 1963, S. 431.
193 Munzinger, 1864, S. 139.
194 Barbour, 1961, S. 151, nach Harrison.
195 Gulliver, 1955, S. 74.
196 Gulliver, 1955, S. 28. Emley, 1927, S. 172.
197 Gulliver, 1954, Blood, S. 195.
198 Spencer, 1965, S. 7.
199 Seligman, 1918, S. 115. Cunnison, 1966, S. 33. Paulitschke, 1888, S. 118.
200 1959, S. 273f.

getrieben. Die Hirten nächtigten unter Windschirmen, die aus Knüppeln gefertigt waren. In der Nacht wurden nur die Lämmer in kastenartigen Knüppelverhauen untergebracht, die sich in der Mitte des Lagerplatzes befanden.

Sogar *Esel-Betriebe* lassen sich, allerdings als eine seltene Erscheinung, nachweisen. Weil die Esel nicht zum nahrungsliefernden Herdenbestand gehören, werden sie als Transporttiere nur in kleineren Gruppen gehalten, und sie weiden zumeist gemeinsam mit anderem Vieh. Bei den Turkana jedoch, die besonders reich an Eseln sind (jede Ehefrau hat ca. 5 Stück!), wird der Eselbestand von 5–6 Kralen oftmals gemeinschaftlich gehütet.[201] Voraussetzung hierfür ist der Kontakt von Lokalgruppen im Rahmen einer Nachbarschaft. Auch die Achmed-Orab-Bischarin lassen ihre (Jung-)Esel in homogenen Herden auf besonders geeigneten Weidegründen grasen.[202]

5. *Erkundung der Weiden, Orientierungsvermögen und Aufspüren von Vieh*

Angesichts der Unberechenbarkeit der Niederschläge[203] nach Menge, Zeitpunkt und Lokalität im größten Teil des Untersuchungsgebietes entscheidet die *Auswahl neuer Weideplätze* in hohem Grade über den Produktionserfolg. Die Gewohnheit, schon während eines jeden Aufenthaltes Kundschafter auszusenden, ist so fest verwurzelt, daß die Viehbesitzer auch bei günstigen lokalen Weideverhältnissen über das Weideland im Umkreis von einigen Tagesmärschen informiert sind.[204] Außerdem ist es gute Tradition bei Nomaden, daß Durchreisende das neueste über die ökonomischen und politischen Verhältnisse der

[201] Gulliver, 1953, S. 60.

[202] Bent, 1896, S. 350.

[203] Bei Bischarin: „The rainfall ... is so uncertain that it is impossible to rely on finding grazing at any particular place if it has been found there in previous years." (Gleichen, 1905, S. 88, vgl. Paul, 1954, S. 14). Bei den Baggara (zu Beginn der Regenzeit): „Since the distribution of rain is very irregular at this stage, careful scouting is required to ensure that grazing is always available." (Barbour, 1961, S. 166). Bei den Somal: The rains are very local and at one place may be good and at another a few miles off none at all ..." (Stafford, 1931, S. 104). Bei den Karamojong: „Storms are capricious. Rains may repeatedly drench one area during the dry season, leaving the rest of the plains dry." (Dyson-Hudson, 1960, S. 53, vgl. O'Connor, 1966, S. 229). Siehe auch Tabelle 8 in der Beilage, Rubrik „Verläßlichkeit der Niederschläge".

[204] Bischarin: Sandars, 1933, S. 144. Beni Amer: Paul, 1950, S. 236. Arabische Kamelzüchter: Reid, 1930, S. 166; Davies, 1957, S. 58; Born, 1965, S. 206; Barbour, 1961, S. 166; Davies, 1966, S. 196f. Somal: Mares, 1954, S. 414; Lewis, 1955, S. 91; Trust Territory, 1952, S. 124; Zöhrer, 1964/65, S. 151: „Even if nomads stay on a very good pasture they will never be satisfied but look for a still better one." Masai: Merker, 1910, S. 176; Maerz, 1941, S. 121; Fischer, 1884/85, S. 65: „Der Wandertrieb ist so mächtig, dass auch ohne Gras- und Wassermangel die Lagerplätze immer verändert werden." Siehe auch die folgenden Anmerkungen und den Abschnitt „Ursachen und Ziele der Verlagerungen," S. 263–267.

weiteren Umgebung mitteilen.[205] Was nach außen nur wie stundenlanges müßiges Geschwätz anmutet, ist in Wirklichkeit auch Ökonomie – man erfährt Neuigkeiten über Weiden und Tränken, über grassierende Viehseuchen, über Raubüberfälle durch feindliche Nachbarn, über Heuschreckenschwärme usw. und organisiert die Wanderviehzucht dementsprechend. Auch Teilnehmer an Kriegszügen und militärischen Übungen, an Gerichtsverhandlungen, an Ritualien, Jagdexpeditionen, Stammesfesten u. ä. lassen ihren Familienoberhäuptern wirtschaftliche Informationen zukommen. In ausgeprägten Trockengebieten (z. B. bei Bischarin, Turkana)[206] kann sich eine Fehlentscheidung in bezug auf die Verlagerung zu neuen Weidegründen auf Monate und Jahre hinaus verhängnisvoll auswirken. Wird nämlich nicht für später ein reibungsloser Rückzug oder Übergang in neue Weidegebiete einkalkuliert, so kann der Viehbesitzer nach Erschöpfung oder Austrocknung der gewählten lokalen Hilfsquellen sein ganzes Vieh verlieren, wenn die nächste Etappe ausreichender Tränke und Weide jenseits einer Strecke liegt, die die Herden nach der letzten Tränkung oder Nahrungsaufnahme maximal zurücklegen können (physiologische Tränkungs-Weide-Distanz, s. S. 152f.). Bestenfalls ist er dazu verdammt, längere Zeit in einem beschränkten, isolierten Wirtschaftsraum mehr schlecht als recht zu operieren, bis ein regenreiches Jahr den Anschluß an das ursprünglich genutzte größere Weideterritorium wiederherstellt.

Landbesitzende Einheiten sind gewöhnlich große, blutsverwandte Nomadengemeinschaften (Stämme, Sektionen, Klane, aber auch Stammesbünde), die weit über den Rahmen einer Großfamilie hinausgehen.[207] Diese Besitzverhältnisse ergeben sich aus der Unzuverlässigkeit der Wasserausstattung und somit auch der Vegetation: einzelne Landschaften leiden jahrelang unter Dürren, um dann in einer bestimmten Saison vorzügliche Weiden abzugeben (vgl. Tabelle 8 in der Beilage). Wären solche Weidegründe im Besitz einzelner Großfamilien, so könnte deren Vieh in den Dürrejahren nicht ernährt werden, in einem regenreichen Jahr hingegen bliebe viel Weidefutter ungenutzt. Innerhalb der gro-

205 Somal: HAGGENMACHER, 1876, S. 38; MARES, 1954, S. 413; COLLINS, 1960, S. 154. Karamojong: DYSON-HUDSON, 1960, S. 54. Afar: VIGNÉRAS, 1900, S. 25.

206 Turkana: GULLIVER, 1953, S. 64f. Bischarin: SANDARS, 1933, S. 144.

207 Landrecht in der Hand des Stammes z. B. bei: Kababisch (SELIGMAN, 1918, S. 117), Humr (LLOYD, 1907, S. 16; CUNNISON, 1966, S. 25, 20), Somal (LEWIS, 1961, S. 51ff.; MARES, 1954, S. 414; PAULITSCHKE, 1888, Harar, S. 130f.; ders., 1889, S. 3; BERTARELLI, 1929, S. 730; FERRANDI, 1903, S. 246; COZZI, 1965, Allevamento, S. 126), Borana und Alabdu (HABERLAND, 1963, S. 32 bzw. S. 286), Turkana, Jie, Suk (KENYA LAND COMMISSION, 1934, S. 1743), Jie (GULLIVER, 1955, S. 33; ders., 1955, S. 32), Turkana (GULLIVER, 1955, S. 32ff.; ders., 1953, S. 64), Samburu (SPENCER, 1965, S. 5f.). Unterstämme oder Stammessektionen als landbesitzende Einheiten: Bischarin (SELIGMAN, 1915, S. 81; vgl. dens., 1913, S. 599), Masai (HUNTINGFORD, 1953, S. 108), Datoga (WILSON, 1953, S. 38). – In der Hand von Klanen: Toposa und Didinga (SELIGMAN, 1932, S. 364 bzw. S. 362), Turkana (RAYNE, 1918, S. 184, im Gegensatz zu GULLIVER). Bei den Gudschi und Arussi in Südäthiopien herrschte Klanbesitz im Hochland, Stammesbesitz im Tiefland (HABERLAND, 1963, S. 70, 359, 430). – Vgl. S. 9, Anmerkung 1.

ßen landbesitzenden Einheiten herrscht für die einzelnen Betriebe gewöhnlich Freizügigkeit, wenn wir von öffentlich kontrollierten Systemen der Notzeitweide-Reservation absehen (s. S. 155, 157f.). Die individuell ausgesandten Kundschafter bemühen sich in der jeweiligen Saison für ihre Leute die beste Weide zu sichern (Recht des Erstkommenden), so z. B. bei Somal, Humr und Borana.[208] Bei den Hadendoa, Humr, Somal, Borana, Alabdu, Turkana, Jie, Vieh-Suk, Barabaig-Datoga und vielen anderen Nomadenstämmen können sich die Viehbesitzer mit einer beliebig großen Viehzahl über die gesamte Nutzfläche des Stammes bzw. der Stammessektion oder des Klanes ausbreiten, und jeder Viehbesitzer darf sich jedem anderen der gleichen landbesitzenden Einheit anschließen und mit ihm gemeinsam wirtschaften. Freilich sind einer solchen Vermischung praktische (wenn auch nicht juristische) Grenzen gesetzt. Die Nomaden wollen nämlich nicht isoliert von der Mehrzahl ihrer Verwandten leben.[209] Und warum sollte man bestimmte Wirtschaftsräume und Verlagerungsrouten, die man gut kennt, nicht vorzugsweise wiederbenutzen? Bei einer gewissen Zuverlässigkeit der Weide (insbesondere bei Hochweiden) besteht die Tendenz, daß alljährlich die gleichen Betriebe dieselben Gegenden aufsuchen. Die blutsverwandten Einheiten, die unterhalb der landbesitzenden Einheiten liegen (z. B. die Stammessektionen im Rahmen der Stämme), neigen ebenfalls dazu, ihre Verlagerungen auf bestimmte Landschaften zu begrenzen. Aus dieser Gewohnheit entsteht aber kein Besitzanspruch,[210] und bei Futter- und Tränkwassermangel in größerem Maßstab verfügen alle Mitglieder der landbesitzenden Einheit über alle noch verfügbaren Ressourcen.

Die viehbesitzenden Familienväter als die verantwortlichen Betriebsleiter beauftragen ihre Söhne oder Abhängigen mit der Weideerkundung,[211] kümmern sich aber auch in vielen Fällen persönlich um diese höchst wichtige Angelegen-

[208] Somal: Lewis, 1955, S. 91f. und Paulitschke, 1889, S. 3. Borana: Haberland, 1963, S. 70. Humr: Cunnison, 1954, S. 61.

[209] Die Uraga, Mati und Hoku beispielsweise (Unterstämme der südlichen Gudschi-Galla) konnten zwar ihr Domizil aufschlagen wo immer es ihnen beliebte (innerhalb des südlichen Gudschi-Landes), doch das hatte u. U. Nachteile, weil sie verpflichtet waren, an bestimmten heiligen Plätzen der Familien und Klane im Rahmen des Gada-Systems zu opfern (Haberland, 1963, S. 349). Wenn ein Turkana seinen gewohnten Wirtschaftsraum verlassen will, bittet er aus rein praktischen Gründen einen Verwandten oder Bundesfreund, ihn in die neue Umgebung (innerhalb des Stammeslandes) einzuführen (Gulliver, 1953, S. 65). – Siehe auch Cunnison (1966, S. 25f.) über die Humr und Spencer (1965, S. 7, 15f. 20) über die Samburu.

[210] Araber Nord-Kordofans: Reid, 1935, S. 119; ders., 1930, S. 166; MacMichael, 1912, S. 193f. Humr: Cunnison, 1954, S. 59, 61f.; ders., 1966, S. 20, 25); Born, 1965, S. 216. Beni Amer: Paul, 1950, S. 236; Munzinger, 1872, S. 204; Heuglin, 1877, S. 68. Mensa: Jensen, 1947, S. 785. Somal: Trust Territory, 1952, S. 62, 121; Ferrandi, 1903, S. 246; Lewis, 1955, S. 92; Paulitschke, 1888, Beiträge, S. 17 (Issa). Alabdu: Haberland, 1963, S. 286. Turkana und Jie: Gulliver, 1953, S. 64f., 11 bzw. 1955, S. 33.

[211] Baggara: Lampen, 1933, S. 109. Somal: Zöhrer, 1964/65, S. 144. Masai: Fosbrooke, 1948, S. 46.

heit.[212] In lokalen Betrieben (mit mehreren Familien-Kleinbetrieben) organisieren die Siedlungsführer (s. S. 108) die Weideerkundung. Bei den Somal und Humr-Baggara[213] finden sich gelegentlich auch Kundschafter, die im Auftrage eines ganzen Siedlungsverbandes (einige Dutzend Krale) handeln. Auch bei sudanarabischen Kamelzüchtern wie den Kababisch schickt der Scheich einer ganzen Sektion Weideerkunder aus.[214] Bei manchen Somalistämmen[215] halten besondere Reiter fortwährend Ausschau nach fetter Kamelweide.

Eine Sonderform der Kundschafter sind die militärischen Aufklärer, wie sie bei Stämmen, die in Blutfehden und nichtendenwollende Raub- und Vernichtungskriege verwickelt sind, für die Sicherheit der Hirtenbevölkerung notwendig werden; typisch hierfür sind die Afar und Issa-Somal, die sich in großen nomadischen Zügen verlagern müssen.[216] Das ganze Gelände wird von zahlreireichen, aufeinander abgestimmten, gut bewaffneten Kriegern auf das sorgfältigste durchkämmt, ehe der Zug oder die weidenden Herden folgen können.

Neben einer hervorragenden Begabung für *Raumorientierung* kennen manche Nomaden auch künstliche Hilfsmittel, um sich zurechtzufinden. Bischarin und andere Bedscha veranschaulichen sich Wege und Topographie ihrer Landschaften durch eine primitive Form der Kartographie – sie zeichnen mit ihren Handstöcken Kartenskizzen in den Sand; auch ritzen sie, um bei der Wanderung nachfolgenden Gruppen den Anschluß an den Treck zu erleichtern, ihr Wasm (Stammeszeichen) in den Boden.[217] Die Somal kennen eine differenzierte Symbolik von Familien- und Stammeszeichen,[218] die einerseits den Tieren eingebrannt und an Brunnen angebracht werden, andererseits als Eigentumszeichen an Geräten zu finden sind; weiterhin dienen sie an Bäumen und Felswänden als Wegweiser bei Umzügen.[219] HAGGENMACHER sah bei den Habr Junis-Somal im Margo-Gebirge einen mächtig hervorragenden Feigenbaum, in dessen Stamm Kennmarken verschiedener Stammesgruppen eingeschnitten waren; seine Somalibegleiter musterten die Zeichen und konnten je nach der Richtung das Ziel bestimmen, wohin sich die eine oder andere Verlagerungseinheit gewandt hatte.

[212] Baggara: LAMPEN, 1933, S. 102. Humr: CUNNISON, 1954, S. 56. Somal: BUCHHOLZER, 1959, S. 71. Gudschi: SCHULZ-WEIDNER, 1961, S. 286. Masai: LE ROY, 1886, S. 416; FOSBROOKE, 1948, S. 46.

[213] Somal: LEWIS, 1961, S. 39. Humr: CUNNISON, 1954, S. 59.

[214] SELIGMAN, 1918, S. 117.

[215] PAULITSCHKE, 1896, S. 288, nach SWAYNE.

[216] LIPPMANN, 1953, S. 63, 117, 137, 178. BURTON, 1861, S. 281. – Vgl. auch BUCHHOLZER, 1959, S. 75f. (westliche Somal) und HABERLAND, 1963, S. 431 (Tiefland-Arussi).

[217] ESCH, 1941, S. 53, 91.

[218] ZÖHRER, 1959, S. 53; ders., 1964/65, S. 151. BURTON, 1861, 281. CERULLI, 1959, Somalia, S. 72. LEWIS, 1961, S. 49, 83. FERRANDI, 1903, S. 313. BERTARELLI, 1929, S. 730. PAULITSCHKE, 1896, S. 281.

[219] HAGGENMACHER, 1876, S. 3, 26, 34, 38. PAULITSCHKE, 1893, S. 248.

Bei Somal[220] und Masai[221] lassen sich akustische Signalinstrumente aus Antilopenhorn (auf dem Osthorn auch aus einer großen Meermuschel und aus Holz) nachweisen, die nicht nur im Kriegsfalle und vor Zusammenkünften geblasen werden, sondern auch bei den nomadischen Umzügen die Gruppen beieinanderhalten. Wenn die Kamelzüchter Kordofans[222] oder der Butana[223] in großen Verlagerungseinheiten umziehen, die oftmals mehrere Hundert Menschen umfassen, dann gibt ein besonderer Schlagrhythmus ihrer Trommeln (nuggāra) das Zeichen zum Aufbruch, zur Einrichtung des Lagers usw. Bei den Kababisch z. B. werden die Trommeln auf den Kamelen der Scheichs der Stammessektionen (khasm beyt) transportiert,[224] vor Sonnenuntergang ertönt das „a'adîa" mit vier deutlich vernehmbaren Schlägen, dann müssen alle Hausstände das linear angeordnete Transitlager für die Nacht einrichten, und am nächsten Morgen wird das Kamp mit dem „dîb" geweckt, das ist ein einziger Trommelschlag, der sich in wenigen Minuten wiederholt. Bei den südlich benachbarten Humr-Baggara hat die Lagertrommel, die in der Siedlung an einem Baum hängt und beim Umzug auf einem Bullen transportiert wird, folgende Aufgaben:[225]

1. durch besondere Trommelsignale jeweils Kennzeichen einer Lineage (surra) zu sein;
2. den Umzug am Vorabend anzukündigen,
3. abgeirrten Mitgliedern der Siedlung beim Umzug oder in der Nähe des neuen Siedlungsplatzes den Anschluß zu ermöglichen,
4. Hirten, die sich in Busch- oder Waldland verlaufen haben, herbeizurufen,
5. Gesang und Tanz zu begleiten.

Nach Paulitschke[226] haben die Somal eine Zeichensprache entwickelt,

> „deren man sich im nomadischen Leben beim Wechseln der Weideplätze, im Felde und beim Handel bedient . . ."

Diese Nomaden können sozusagen im Dunkeln sehen und sind nach seiner Ansicht ausgezeichnete Wächter an Lagerfeuern.[227] Cuny schreibt, nicht nur die Ortskenntnis der Sudanaraber sei hervorragend – selbst ihre Kamele gewöhnten sich an bestimmte Routen.[228] Pallme[229] rühmt die Gabe der Kababisch, bei Tag und Nacht „auf das genaueste die Entfernung von dem Punkte, wo sie sich befinden zu jedem anderen Ort" angeben zu können. In Ober-Danakil

220 Ferrandi, 1903, S. 273ff. Vgl. Proshogin, 1963, Abb.

221 Hildebrandt, 1878, S. 391. Fuchs, 1910, S. 126. Johnston, 1902, S. 812. Merker (1910, S. 124) erwähnt die Verwendung von Antilopenhörnern lediglich bei Einberufungen von Gerichtsverhandlungen u. ä.

222 Reid, 1930, S. 166; ders., 1935, S. 119. Seligman, 1918, S. 117.

223 Crowfoot, 1920, S. 86.

224 Seligman, 1918, S. 117.

225 Cunnison, 1966, S. 100f., 66, 72, 204.

226 1896, S. 81 u. S. 5.

227 Paulitschke, 1896, S. 4. Vgl. Merker, 1910, S. 124 (Masai).

228 1863, S. 69, 150.

229 1843, S. 82.

hingegen soll es nach NESBITT[230] eine Kümmerform der Viehhaltung geben, die an einige wenige Landschaftszonen gebunden ist, wo etwas Bodenfeuchtigkeit eine karge Weide entstehen läßt. Die dort lebenden Afar verlassen diese isolierten, gegen Fremde argwöhnisch gehüteten Zonen kaum (vielleicht einmal in zehn Jahren), und ihre Ortskenntnis ist daher außerordentlich schwach entwickelt. Die übrigen Afar, die ja durch Kriege, Räuberei, Karawanenbetrieb und Transhumanz viel im Lande herumkommen, haben wie alle Nomaden einen guten Ortssinn. – Durch den Weidebetrieb und die Verlagerungen wissen die Masai und Humr schon als kindliche Hirten mancherlei über die Topographie des umliegenden Landes.[231] Als Erwachsene besitzen die Masai dann „eine bewundernswerte Kenntniss von der Geographie enormer Flächen."[232] Sie haben[233]

> „eine sehr ausgedehnte Bezeichnung für die kleinste Differenzierung der Bodenverhältnisse und geben oft ein und demselben Objekte mehrere Namen." (FISCHER).

Den Afar und Issa sind geographische Sammelbezeichnungen (z. B. Gebirge) weitgehend fremd,[234] doch kennen sie eine Vielzahl von Detailbezeichnungen für die einzelnen Erscheinungsformen der Landschaft (z. B. Abschnitte von Wadis). Jede Wasserstelle der Humr hat einen eigenen Namen, mit dem auch die in der Nähe aufgeschlagene Siedlung bezeichnet wird.[235]

Die Möglichkeit, verschiedenerlei *Spuren zu identifizieren*, ist besonders bei entsprechenden Bodenverhältnissen und bei Vegetationsarmut gegeben (Ababde, Bischarin, nördliche Sudanaraber, Afar, Issa und andere Somal). Bei den Ababde[236] fehlt in der Trockenwüste zumeist der Flugsand, und eine Spur hält sich daher lange im Boden. Den Ogaden-Somal wird die Verfolgung von Löwen dadurch erleichtert, daß in der Haud-Weidelandschaft das hohe Gras in Büscheln wächst, zwischen denen Sandflächen freibleiben.[237]

Spurenkenntnisse sind in folgender Hinsicht wertvoll:

1. beim Aufspüren von verirrtem Vieh,
2. bei der Verfolgung von Viehräubern und Feinden,
3. bei der Arbeitsorganisation der Viehzucht (Abschätzung der Größe und Zusammensetzung von Wandergruppen, Feststellung ihres Viehbestandes, ihres Vorsprungs, ihrer Stammeszugehörigkeit, Lokalisation),
4. bei der Jagd.

Wird bei den Beni Amer[238] ein Rind vermißt, so vergewissert sich der Hirt über die Spur, holt sich bei Verdacht des Raubes Gruppenangehörige als

[230] 1929, S. 533.

[231] Masai: THOMSON, 1885, S. 376; vgl. WEISS, 1910, S. 359. Humr: CUNNISON, 1966, S. 40.

[232] THOMSON, 1885, S. 299.

[233] 1884/85, S. 190.

[234] AUBERT DE LA RUE, 1939, S. 94.

[235] CUNNISON, 1966, S. 195.

[236] KLUNZINGER, 1877, S. 257f.

[237] HOYOS, 1895, S. 171.

[238] MUNZINGER, 1864, S. 335.

Begleitschutz, verfolgt dann die Fährte mit großer Sicherheit und verliert sie nicht, selbst wenn sie über Steine und Berge führt, es sei denn, daß Herden oder Reisende sie kreuzen. Wenn die Eindrücke im Boden verloren gehen, richten sie sich nach dem Geruch des Tieres, der an Steinen und Bäumen haften bleibt (nach MUNZINGER). Die Stammeszugehörigkeit eines Viehdiebs wird hier, wie auch bei Afar und Issa,[239] durch den Zuschnitt der Sandalen ermittelt. Werden Viehräuber gestellt, dann entspinnt sich meist ein blutiger Kampf um die Beute.

Nord-Bedscha und Sudanaraber können in den Spuren regelrecht lesen und erstaunlich differenzierte Angaben über wandernde Gruppen machen. So stellte ein erfahrener Kamelführer der Bischarin[240] angesichts einer bestimmten Spur folgende Diagnose, die später in Wirklichkeit bestätigt wurde: neun gute, kräftige Kamele, darunter drei Jungtiere, werden von vier Ababde geführt, der Vorsprung beträgt ein bis zwei Tage. – Den Zeitraum, der verstrichen ist, seitdem eine Spur angelegt wurde, kann der Nomade abschätzen aus dem Grad der Reinheit, der Frische und Verwehung der Eindrücke sowie aus dem Grad der Austrocknung von tierischem Mist; bei der Abschätzung der Entfernung derjenigen, die die Spur hinterließen, berücksichtigt er Erfahrungswerte der Transportgeschwindigkeit in einem bestimmten Landschaftstyp und unter den entsprechenden natürlichen Bedingungen; aus der Tiefe der Eindrücke im Boden ersieht der Hirt die ungefähre Belastung von Transporttieren eines bestimmten Typs; sind die Spuren leicht und verschieden groß, so schließt er auf Weidegang einer Herde, und aus ihrer Form und dem Abstand kann er Alter und Geschlecht der Tiere entnehmen; fehlen die Fußabdrücke von Frauen und Kindern und sind noch andere Kennzeichen gegeben, so handelt es sich um einen Raubzug usw.[241]

Im folgenden wollen wir das *Aufspüren von abgeirrtem Vieh* näher betrachten. Besonders beim Hüten in Busch- oder Waldland sowie bei Mangel an Weidefutter und nach ungenügender Tränke besteht die Gefahr,[242] daß Herdentiere abstreunen und verlorengehen.

Die Nomaden brauchen ihre Herden nicht unbedingt durchzuzählen, um ein Tier zu vermissen, sondern es genügen ihnen wenige Blicke, um die Vollzähligkeit abzuschätzen. Nach BURTON[243] wird das Vieh der Issa-Somal frühmorgens und abends gezählt, doch REIN[244] streitet dies entschieden ab. Die nördlichen Somal[245] mustern und zählen ihre Kamele am Abend in den Pferchen (nach LEWIS), die Galla,[246] Masai[247] und Samburu[248] hingegen vermeiden ängstlich

239 LIPPMANN, 1953, S. 60.

240 ESCH, 1941, S. 54f., 65, 71; 64, 68, 70, 77, 113, 123f., 196, 262ff.

241 LAUTURE, 1855, S. 287. MASIUS, um 1885, S. 100. THOMAS, 1965, S. 233, 216 (Dodoth und Turkana).

242 CUNNISON, 1966, S. 37. SPENCER, 1965, S. 9f.

243 1861, S. 291. 244 1936, S. 113.

245 1961, S. 74f., 56.

246 HABERLAND, 1963, S. 59f.

247 MERKER, 1910, S. 156.

248 SPENCER, 1965, S. 61, vgl. S. 317, 323. Die genaue Größe wird geheimgehalten, wer eine Herde zählt, wird als Zauberer angesehen.

das Zählen von Vieh, da es das Anwachsen der Herden verzögere und ihnen schweren Schaden zufüge; auch die Humr zählen sie nicht.[249]

Verirrte Tiere können besonders in der Dunkelheit durch Viehglocken oder -klappern leichter aufgefunden werden.[250] Die eingebrannten oder eingeschnittenen Eigentumszeichen auf verlorengegangenem Vieh erleichtern die rechtliche Identifizierung (vgl. S. **173**).[251]

Manche entlegenen, unfruchtbaren Täler suchen die Ababde nur auf, um verlorengegangene Kamele wieder einzufangen.[252] Auch die Humr-Baggara und die Somalinomaden sind manchmal viele Tage lang im fernsten Busch auf der Suche nach einem abgeirrten Rind oder Kamel.[253] Unter den Nomaden des Osthorns soll es besondere Fährtensucher geben, die sich aus den untergeordneten Stämmen der Sab-Gruppe rekrutieren.[254] Ein wirtschaftlicher Wert des Pferdes liegt bei den Hassanie[255] darin, ausgebrochene oder abgestreunte Rinder schnell einzuholen. Wenn Baggara-Nomaden in Darfur Rinder kaufen, so achten sie u. a. darauf, daß sie keine Tiere erwerben, die sich gewohnheitsgemäß von der Herde absondern und somit leichter von Löwen gerissen werden.[256] Ein Hütejunge der Turkana, der tagsüber eine Kuh verlor, weil er die Aufsicht über seine Rinderherde vernachlässigte, wird von seinem Vater nicht selten ganz allein in die abendliche Wildnis zurückgeschickt;[257] öfters jedoch macht sich ein Suchtrupp auf den Weg.[258] Die gesellschaftliche Norm der Samburu verlangt, daß ein Viehbesitzer, der sich am Abend an irgendeinen Krieger (moran) mit der Bitte wendet, sein verlorengegangenes Vieh suchen zu helfen,

249 Cunnison, 1966, S. 69.

250 Somal: Buchholzer, 1959, S. 56; Hildebrandt, 1875, S. 12; Paulitschke, 1893, S. 224. Masai: Boettger, 1958, S. 68. – Weitere Belege für Viehglocken und -klappern auf S. 172f. vorliegender Arbeit.

251 Nord-Bedscha: Clark, 1938, S. 21 und Seligman, 1915, S. 83. Arabische Kamelzüchter: Davies, 1957, S. 109. Humr: Cunnison, 1966, S. 100 (um verlorengegangenes Vieh leichter wiederfinden zu können, ist dieser Stamm auch an der Farbgebung und Musterung des Felles der Rinder interessiert, w. o., S. 38). Beni Amer: Paul, 1950, S. 242, 228. Somal: Cerulli, 1959, Somalia, S. 72. Galla: Schulz-Weidner, 1961, S. 321 und Werner, 1914, S. 130. Suk: Beech, 1911, S. 9 und Schneider, 1957, S. 279. Masai: Merker, 1910, S. 168 und Huppertz, 1959, S. 952.

252 Schweinfurth, 1922, S. 260.

253 Somal: Pellegrini, 1961, S. 37; Silberman, 1959, S. 597. Humr: Cunnison, 1966, S. 37.

254 Zöhrer, 1959, S. 25.

255 Petherick, 1861, S. 150.

256 Lampen, 1933, S. 100. – Die Humr-Baggara in Kordofan verkaufen vorzugsweise die Rinder, die zum Streunen neigen (daneben 2–3 Jahre alte Bullenkälber, alte oder unfruchtbare Tiere) (Cunnison, 1966, S. 36).

257 Rayne, 1918, S. 259. – Ein Dodoth-Vater schilt seinen Sohn, wenn er tagsüber eine Ziege oder ein Schaf verlor, schlägt ihn wohl auch einmal; gewöhnlich machen sich dann Vater und Sohn gemeinsam auf die Suche (Thomas, 1965, S. 17).

258 Gulliver, 1953, S. 61.

nicht abgewiesen wird, selbst wenn der Krieger übermüdet ist und den Viehbesitzer gar nicht persönlich kennt.[259] Seitdem die Krieger der Masai ihrer Hauptaufgabe entbunden wurden, treten einstige Nebenpflichten ihres Standes immer mehr in den Vordergrund. Sie suchen nun häufig nach abhandengekommenen Tieren,[260] besorgen den Aus- und Eintrieb des Viehs u. ä. Wenn bei diesem Stamm vermißte Schafe und Rinder bis zur Dunkelheit nicht eingeholt werden konnten, ruft man in aller Eile Spezialisten herbei (sie werden nicht bezahlt und brauchen auch keine Zauberer zu sein), die eine besondere Zeremonie durchführen.[261]

Kann trotz aller Bemühungen vermißtes Vieh nicht aufgebracht werden, so kommt es bisweilen in die Hände eines fremden Viehbesitzers. Bei den Somal[262] wird es, bei freundlichem Einvernehmen der beiden betroffenen Gruppen, gegen eine kleine Ablösung zurückerstattet, wenn der Besitzer seine Ansprüche anmeldet. Die Gudschi-Viehbesitzer[263] dürfen sich ihre entlaufenen Kälber noch nach Jahren von fremden Nomaden zurückholen; wenn solche Tiere in der Zwischenzeit selbst Kälber geboren haben, sollen auch diese dem Verlierer des Muttertieres übereignet werden.

6. Die Weidepflanzen

Die nomadische Weidewirtschaft beschränkt sich, von geringfügigen Ausnahmen abgesehen (Weiden auf Stoppel- und Brachland), auf die Verwertung von *Naturweide.*[264] Futterbau und Weidedüngung (von künstlichen Grasbränden abgesehen) wie auch die Bereitung von Heu oder ähnlichen Futterkonserven für größere Viehmengen sind den Nomaden Ost- und Nordostafrikas so gut wie unbekannt. Diese Tatsache der bloßen Aneignung des unzuverlässig anfallenden natürlichen Weidefutters hat für die Nomaden weitreichende Konsequenzen.[265]

Die wichtigsten Gegenmaßnahmen der Nomaden gegen die zwangsläufigen Rückschläge in der Futterbasis sind daher: 1. die laufende Erkundung der sporadisch entstehenden Weiden und eine hohe Beweglichkeit, die ein rasches Aufsuchen dieser Weidegründe gestattet,[266] und 2., bei weniger schwankenden Weideverhältnissen, die Weidefutterkonservierung.[267] Oftmals können aber

259 Spencer, 1965, S. 133f.

260 Fosbrooke, 1948, S. 31.

261 Leakey, 1930, S. 207.

262 Paulitschke, 1896, S. 146.

263 Schulz-Weidner, 1961, S. 321.

264 Die Beschränkung auf Naturweide betonen unter anderen: Deshler, 1963, S. 54 (für Afrika); ders., 1965, S. 160 (für Ostafrika und speziell Dodoth); Tarantino, 1930, S. 71f. ebenso wie Bozzi, 1960, S. 403 und Cozzi, 1965, Allevamento, S. 124 (Somaliland).

265 Vgl. S. 96.

266 s. Abschnitt „Erkundung der Weiden ..." (S. 128–131) und Übersicht 2 „Beweglichkeit und Transportleistung" (im Anhang, S. 295–299.

267 s. Abschnitt „Der jährliche Wirtschaftszyklus und die Notzeitweiden" (S. 151–165).

beide Methoden die Futterversorgung des Viehs nur unzureichend gewährleisten. Dann wird die natürliche Vegetation, d. h. nicht nur die Grasnarbe, sondern auch die Blätter, Wurzeln, Zweige und die Rinde, rücksichtslos ausgebeutet. Bei Erschöpfung[268] der weidewirtschaftlich genutzten Pflanzenwelt versuchen die Nomaden, sich um jeden Preis Zugang in neue, auch stammesfremde Gebiete zu verschaffen. Die maximale Viehzahl, d. h. die dem natürlichen Milieu schädlichste Viehmenge, ist für die Nomaden am rationellsten, denn sie hat die höchste Überlebensquote (vgl. S. **239**). Dadurch schreitet die Erosion voran – bestenfalls werden wertvolle Futtergräser durch Unkraut und Dorngestrüpp ersetzt, die Pro-Kopf-Zahl an Vieh[269] nimmt ab, die Bevölkerungsdichte im Nomadenraum verringert sich (Abwanderung in die Städte, Vernichtung feindlicher Nachbarstämme, zögernder, doch zwangsläufiger Rückzug in Bodenbaugebiete); man wendet sich anspruchsloseren Herdentierarten zu (Ziegen und Kamele), diese vernichten nach und nach die widerstandsfähigste Vegetation (Dornensträucher), der Grundwasserspiegel sinkt (wie das besonders im Sudan und in Somaliland zu verfolgen ist),[270] Denudierung tritt ein, die Niederschläge vermindern sich stark, und der Circulus vitiosus endet schließlich mit der völligen Preisgabe großer Teile der Ökumene (Wüstenbildung, „man-made deserts").

Am meisten leidet die Vegetation in der Umgebung der wenigen trockenzeitlich nutzbaren Brunnen,[271] ferner an häufig aufgesuchten Salzlecken;[272] ebenso bietet das nächtliche Einkralen Ansatzpunkte zur Erosion, weil der Graswuchs um die Dornenwälle und entlang der Viehpisten oft vollkommen vernichtet wird.[273] Bei Stämmen mit komplexwirtschaftlichem Viehpostensystem wird die Pflanzendecke außerdem in der Umgebung der semipermanenten Niederlassungen durch das dort für lange Zeit des Jahres gehaltene Versorgungsvieh stark in Mitleidenschaft gezogen.

Im allgemeinen ist der *Nährwert der Naturweide*, vor allem bei mehrjährigen Gräsern und bei Stauden, starken jahreszeitlichen Schwankungen unterworfen.

268 Allgemein hierüber Robinson, 1935, Desiccation or destruction. Über Schädigung der Vegetation im Ostsudan durch Viehzucht und Brandrodung s. Chipp, 1930, S. 132; in Kenia: Kenya Land Commission, 1934. Somal: Zöhrer, 1964/65, S. 152. Samburu: McKay, 1957, S. 274f. Masai: James, 1939, S. 50–59; für Gillman (1936, S. 13) ist die Masaisteppe eine „man-made desert", in der früher Bodenbauer saßen.

269 Mares, 1954, S. 470 (Nord-Somaliland).

270 Afrika, allg.: Hailey, 1938, S. 1061f., 1059. Hamar: MacMichael, 1912, S. 159f. Somal: Zöhrer (1964/65, S. 153) betont, daß die „permanently increasing depopulation of the northern provinces, especially of Migiurtinia seems to become by and by a real danger. A number of nomads, who have lost all possibilities of subsistence in the north and north-east, emigrate to the far away south of the country, like hundredthousands of their ancestors have already done centuries ago, because they cannot be absorbed any more by the population of the center between the two rivers . . ."; weiterhin Buchholzer, 1959, S. 49 und Somali Republic, 1961, S. 160. – Vgl. auch S. 32f. vorliegender Arbeit.

271 Näheres hierüber S. 154.

272 Spencer, 1965, S. 6 (Samburu).

273 Hailey, 1938, S. 1067.

Bei diesen Pflanzen erfolgt eine von Art zu Art unterschiedlich ausgeprägte Rückwanderung der Nähr- und Mineralstoffe (Eiweiße, Phosphorverbindungen) in die Wurzeln und Rhizome.[274] Das oberirdisch zurückbleibende „Heu auf dem Halme", wie SCHICKELE es nennt, ist bei den einzelnen Weidepflanzen, in den verschiedenen Gegenden sowie innerhalb des Jahreszyklus von unterschiedlichem Nährwert, und zwar in umgekehrtem Verhältnis zum Anteil der Rohfaser.[275] Weil bei den sogenannten Ephemeren, die ihren Vegetationszyklus zwischen Anfang der Regenzeit und Beginn der Trockenzeit haben, diese Rückbildung unterbleibt, sind sie – neben Bäumen, Sträuchern und Sukkulenten – für die trockenzeitliche Ernährung der Herdentiere besonders wertvoll.

Normale Weide hält sich etwa einen Monat lang nach Aufhören der letzten Regenfälle frisch.[276] Einzelne Pflanzenarten sind der Trockenheit so gut angepaßt, daß sie noch für längere Zeit grün oder sukkulent bleiben.[277] Mit zunehmender Höhenlage verbessert sich die Wasserausstattung allgemein, und somit sind die dort wachsenden Weidepflanzen im Jahreszyklus länger nutzbar. Begünstigt sind auch Gegenden mit starker Tau- und Nebelbildung, die den Regen mehr oder minder ersetzt (so bei Bischarin, Beni Amer, Habab, Afar, Masai).[278] Ebenso wächst in Gegenden mit günstiger Bodenfeuchte (besondere Talsenken, Geländemulden, periodisch austrocknende Randgebiete von Binnen-

[274] SCHICKELE, 1931, S. 11, dgl. COZZI, 1965, Allevamento, S. 125. Vgl. BETTINI, 1944, S. 118 und HAILEY, 1938, S. 972.

[275] Diese Feststellung SCHICKELES (1931, S. 12) kann für das Untersuchungsgebiet bestätigt werden. GULLIVER (1955, S. 18) charakterisiert die beschränkten Weidemöglichkeiten während der Trockenzeit in Jieland wie folgt: Das Weidegras „is much depreciated by the long dry season when this grass is dried out and becomes useless for pasturage." Ähnlich die KENYA LAND COMMISSION (1934, S. 1660) über die Weide in der Northern Frontier Province; wie auch DAVIES (1966, S. 197) über die Gräser der Lehmebenen im nördlichen Stammesland der Rufaa el Hoi. Nach BERRY (1928, S. 282) hingegen behalten die Gräser in Dar Kababisch „most of their nutriment even after they have become quite dried up"; ebenso, nach CUNNISON (1966, S. 20), das „Heu auf dem Halme" in der Bahr-Zone von Dar Humr. Das austrocknende, ca. 30 cm hohe Sere-Gras im unteren Masailand behält auch in der Trockenzeit einen guten Weidewert, desgleichen kann das einen Meter und noch höhere Gras des Oberlandes, obwohl es ausgedörrt und braun aussieht, in der Trockenzeit noch gut abgeweidet werden (DARYLL FORDE, 1963, S. 291 f.).

[276] COZZI, 1965, Allevamento, S. 126.

[277] Vgl. S. 31 f.

[278] Bischarin: GLEICHEN 1905, S. 87 und SANDARS, 1933, S. 120. Beni Amer: PAUL, 1950, S. 241. Habab und Nachbarn: BERTARELLI, 1929, S. 546. Masai: JOHNSTON, 1886, S. 396 im Vgl. mit SCHREIBER, 1962, S. 80. – AUBERT DE LA RUE (1939, S. 110, 74, ferner S. 142, 148) berichtet aus verschiedenen Gegenden des ehemal. Französisch-Somaliland, infolge des Nebels sei alles mit Feuchtigkeit durchtränkt, wie nach einem Platzregen, so daß die Pflanzen und Bäume auch ohne die spärlichen Regen gedeihen könnten, und der teilweise reichliche Tau gestattete, daß sich die Dornensträucher begrünen und in solchen Gegenden durch das bessere Weidefutter die Nomaden dichter siedelten.

gewässern, Wadis) in der Trockenzeit Weidefutter.[279] So kann beispielsweise bei den Humr das sukkulente Birdi-Gras (Echinochloa sp.), das in den Trockenbetten der Flüsse der Bahr-Zone im Süden gedeiht, in einer Trockenzeit zweimal abgeweidet werden.[280]

Um überleben zu können, passen sich die Herdentiere den jahreszeitlichen Schwankungen der Futterbasis physiologisch an.[281] Die Wachstumsrate der Jungtiere, ohnehin schon sehr langsam, verringert sich oder stagniert faktisch,[282] desgleichen der sexuelle Reifungsprozeß; Fortpflanzungsfähigkeit, Eierstocktätigkeit[283] und Brunst treten zurück. Auch die Geburtsrate sinkt. Das Körpergewicht, z. B. bei den Zeburindern in Tansania, nimmt nicht selten um ein Viertel ab.[284] Der Milchfluß wird eingeschränkt oder hört ganz auf. So vermindert sich, nach Untersuchungen von ROSSETTI und CONGIUS (1955) die Milcherzeugung bei vier Rinderschlägen der Somal um 49,3–66,7%: der Durchschnittswert der Regenzeit beträgt 3,1–3,7 Liter pro Tag, der der Trockenzeit 1,4–1,6 Liter pro Tag.[285] Die jungen und die tragenden Tiere, die am meisten unter dem Weide- und Tränkwassermangel leiden, weisen in der Trockenzeit die größte Sterblichkeit auf. In den Rinderherden der Dodoth sterben in manchen Jahren 10–15% der Tiere an Unterernährung, in Somaliland 20%.[286] – Eine regelmäßige Salzversorgung hebt die Widerstandskraft der Herdentiere[287] (s. S. 185–190).

Die vielseitigen *Kenntnisse* der Nomaden *über die Weidepflanzen*, d. h. über ihre Verwertbarkeit, Bekömmlichkeit, Physiologie, Resistenz, Giftigkeit, Verbreitung usw. beeinflussen den Produktionserfolg weitgehend. So halten beispielsweise die Somalinomaden ihre milchliefernden Tiere von Weiden fern, deren Futterkräuter die Milch vergällen,[288] und die Suk heben sich termitensichere Grasweiden für dementsprechende Notzeiten auf.[289] Die nördlichen Bedscha gewöhnen ihre Kamele, um die Weiden der Gwineb (Küstenhinterland des Roten Meeres) nutzen zu können, systematisch an die dort zahlreich wachsenden Bittergräser.[290] Im Ostsudan soll bereits der Genuß bestimmter

279 s. hierzu speziell Ausführungen über: Notzeitweide in periodisch austrocknenden Überschwemmungsgebieten, S. 159f.

280 CUNNISON, 1966, S. 19f.

281 BETTINI, 1944, S. 118. COZZI, 1965, Allevamento, S. 125. KENYA LAND COMMISSION, 1934, S. 1660.

282 DESHLER, 1965, S. 160.

283 COZZI, 1965, Allevamento, S. 132.

284 SAVILE, 1950, S. 240. Nach DESHLER (1965, S. 160) beträgt die durchschnittliche Gewichtsverminderung der Dodoth-Rinder in der Trockenzeit 10–15%. Vgl. auch ALIM, 1962, S. 750 (Kenana und Butana) und SOMALI REPUBLIC, 1961, S. 292 (Somaliland).

285 Bei COZZI, 1965, Zebu, S. 72f. Auch nach HAGGENMACHER (1876, S. 34) schwankt der Milchertrag im Jahreszyklus um mehr als die Hälfte.

286 DESHLER, 1965, S. 160; ders., 1963, S. 55. FAVILLA, 1960, S. 368.

287 BETTINI, 1944, S. 118.

288 MARES, 1954, S. 416.

289 SCHNEIDER, 1959, S. 155.

290 SANDARS, 1933, S. 120. Vgl. dens., 1935, S. 197.

Weidepflanzen die den Kamelen anhaftenden Zecken töten![291] – Die Nomaden vergeuden keine kostbare, d. h. die für anspruchsvolles Vieh geeignete Weide; deshalb halten sie Herdentiere von ihr fern, die mit schlechteren Futterpflanzen vorlieb nehmen; oder sie lassen ein Terrain zuerst von den anspruchsvolleren Tieren abweiden (z. B. Rinder), die dann für genügsamere den verschmähten Rest übrig lassen (z. B. Ziegen).[292] Im Verlauf des Jahreszyklus werden die einzelnen Arten der Weidepflanzen von der geringeren zur größeren Resistenz gegen Dürre abgeweidet,[293] ebenso nutzt man die Weide in Gegenden mit Oberflächenwasser eher als die um permanente Brunnen.[294] Die Hirten führen ihr Vieh nur dann auf eine Weide mit salzhaltigen Pflanzen, wenn genügend Tränkwasser vorhanden ist, und sie sorgen dafür, daß sich die Tiere nicht überfressen.[295] In Notzeiten wägen sie das Risiko ab zwischen dem Nährwert einer Weide und ihrer Gefährdung durch Tsetsefliegen, tierische Parasiten, Feinde usw. (irreguläre Notzeitweide, s. S. **164f.**).

Jede Viehart und jede Herdentierkategorie benötigt für ihr optimales Gedeihen bestimmte, *spezifische Weidepflanzen.*[296] Eine Hauptmaßnahme der Nomaden zur ganzjährigen Sicherung der Futterbasis ist die Reservierung von besonders resistenten, sukkulenten und anspruchslosen Pflanzenarten für die zweite Hälfte der Trockenzeit. Wir können dieses Vorgehen als *vegetatives Aufsparen von Notzeitweide* bezeichnen (vgl. S. **152–156**, lokatives Aufsparen derartiger Weide). Dies geschieht, indem die Hirten erst während der Dürre ihrem Vieh die Verwertung von Weidefutter in Form von Laub, Knospen, Zweigen und Früchten höherer Bäume gestatten (mit Hilfe langer Hirtenstäbe, näheres s. S. **147f.**), oder indem die Nutzung ein und desselben Weidetraktes im Jahreszyklus so geregelt wird, daß die Herdentierkategorie der ersten Weidephase auf Grund ihrer Physis und ihrer Nahrungsgewohnheiten Notzeitweide für das Vieh der zweiten Weidephase unangetastet läßt (z. B. Ziegen nach Rindern, Kamele nach Ziegen).

Auch an die Notzeitweide stellen die einzelnen Arten und Kategorien des Viehs verschiedene Ansprüche, zumindest ist der Grad der Nutzung einer bestimmten, trockenzeitlich verfügbaren Weidepflanze bei ihnen verschieden. So genügt z. B. in Turkanaland[297] für die Ziegen die Aufsparung von Akaziengebüsch in einer trockenen Ebene, während man die Rinder in die Berge auf gutes Grasland führen muß. Die Kamele wiederum haben in der Notzeit gegenüber den Ziegen eine viel größere Weidefläche um die Brunnen zur Verfügung

[291] ACLAND, 1932, S. 131.

[292] GULLIVER, 1953, S. 64 (Turkana). HABERLAND, 1963, S. 80 (Borana in Südäthiopien)

[293] Ostsudan: BARBOUR, 1961, S. 169. Bischarin: SELIGMAN, 1915, S. 81. Issa-Somal: PAULITSCHKE, 1888, Beiträge, S. 17. Samburu: KENYA LAND COMMISSION, 1934, S. 1499.

[294] Über lokatives Aufsparen von Notzeitweide s. S. 152–156.

[295] BUCHHOLZER, 1959, S. 75 (Somal).

[296] Zusammenstellungen spezifischer Weidepflanzen bringen MERKER (1910, S. 178, 352ff.) und HABERLAND (1963, S. 763–771) für Masai bzw. Galla.

[297] Nach GULLIVER, 1955, S. 29, 64f.

(vgl. S. 153) und können außerdem auch die am höchsten über dem Erdboden wachsende Vegetation in der Nahzone der Brunnen erreichen. – Tiere mit der breitesten Futterskala, mit dem am längsten aussetzenden Tränkbedürfnis und mit der größten Beweglichkeit können die umfangreichste Notzeitweide verwerten und brauchen zuletzt aus austrocknenden Gebieten abgezogen zu werden. So kehren z. B. bei den Nord-Somal die kleinviehbetreuenden Bewohner der Familienkrale bei Nachlassen der Regenfälle viel eher aus dem Weideland der Haud an die permanenten Brunnen in der Ogo zurück als die männliche Jungmannschaft mit den Kamelen.[298]

Ein Kamel braucht zu seiner Ernährung ballaststoffreiches, nicht nasses, bei Wassermangel auch sukkulentes Futter (v. a. Laub und junge, selbst dornige Zweige der Akazien und anderer Bäume und Sträucher). Anatomisch an Baumäsung besonders angepaßt, frißt es jedoch auch Gras. Nach einer gewissen Zeit verlangt es aber wieder Laubfutter.[299] Auch bittere Pflanzen werden verwertet. Die Futteraufnahme beträgt im Jahr durchschnittlich 15–20 Tonnen.[300] – Für die Kamele Nubiens ist Schusch (Panicum turgidum)[301] wichtiges Notzeitweidefutter, es handelt sich um hohes Büschelgras mit holzigem Halm, das den Hauptbestand in den Wadis ausmacht. In der Butana[302] ist Hantut (ein Gras) sowie Siha, in der Bajuda[303] der Marakh genannte Kameldornbusch gute Kamelweide. Für das Küstenhinterland des Roten Meeres, die Gwineb, gibt Darling[304] an: Samr, Sayāl,[305] Kittir, Tisanu und in Khors Marakh und Arak (alles Bäume und Sträucher), daneben Singit und Gafeirab (Stauden) sowie Tumam, Gharaza und Heleuk (Gräser). Das sukkulente Gizzu-Gras,[306] das in den nordwestlichen Grenzgebieten Kordofans und in Nord-Darfur in der ersten Hälfte der Trockenzeit (Oktober-November bis Januar-Februar) gedeiht, erspart den Kamelen und Schafen in dieser Zeit eine Tränkung; die Notzeitweide um die permanenten Brunnen braucht so erst ab Februar beansprucht zu werden. Bei den Somal[307] ist das hohe, starke, saftige Gras der Haud-Landschaft bis hinein in die zweite Hälfte der Trockenzeit eine ähnlich wertvolle Kamelweide. Für die Turkana ist ein Nessegonn genannter

298 British Somaliland, 1945, S. 3. Lewis, 1961, S. 40.

299 Mares, 1954, S. 416. Acland (1932, S. 130) bezeichnet jedoch das Kamel in der Südzone seines Vorkommens im Sudan als Grasfresser, das der Nordzone als Laubäser.

300 Silberman, 1959, S. 596.

301 Schweinfurth, 1922, S. 13; ders., 1874, S. 58.

302 Gleichen, 1905, S. 103.

303 Gleichen, 1905, S. 208.

304 1938, S. 190.

305 Nach Keimer (1954, Bd. 35, S. 481) sind diese beiden Pflanzen Acacia spirocarpa und A. tortilis.

306 Unter diese Sammelbezeichnung fallen vor allem Indigofera bracteolata, I. arenaria und Neurada procumbens (Barbour, 1961, S. 151). – Reid, 1935, S. 116, 120. Davies, 1957, S. 109. MacMichael, 1912, S. 192. Darling, 1938, S. 192ff. Born, 1965, S. 207.

307 Lewis, 1961, S. 35. Stafford, 1931, S. 104.

Busch mit lederartigen Blättern, der vor allem in den ariden Einöden am unteren Sogota wächst, wichtige trockenzeitliche Kamel-, Esel- und Ziegenweide.[308]

Die Schafe bevorzugen vor allem Gräser,[309] die Ziegen auch die nahrhaften Leguminosen. Kleinvieh kann schneller und leichter eine Grasnarbe abweiden als Kamele. Bei Erschöpfung von Grasweide wenden sich vor allem die Ziegen Laubfutter zu, und sie klettern sogar auf Büsche und Bäume.[310] Die Schafe ernähren sich bei Nahrungsmangel auch von Graswurzeln, die sie sich durch Aufkratzen des Bodens mit den Vorderfüßen verschaffen.[311] Die Masai Kenias[312] reservieren für die letzte Phase der Trockenzeit und für außergewöhnliche Dürren die Blätter des Kampfer-Baumes (ol-leleshwa) als Schafäsung. Bei diesen Nomaden gelten „en abolana“ (Eragrostis tenuifolia Hoch), „en gelen gele“ (Sesbania punctata D. D.) und Casia mimosoides L. als gute Futtergräser für Schafe, die den Fettansatz sehr fördern.[313] Bei den Habab[314] ist das Laub eines Baumes, der an Flußufern häufig vorkommt und dem Ölbaum ähnlich sieht, die fast ausschließliche Nahrung der Ziegen bei Dürre. In der Bajuda-Steppe kommen die Ziegen vor allem durch den Verzehr der jungen Schößlinge und saftigen Blätter des Marakh- und Tundub-Strauches über die Trockenheit.[315] Bei den Galla gilt das Laub des Savannenstrauches „ṭaṭésa“ (Rhus nataliensis) als sprichwörtlich gutes Ziegenfutter.[316] In Nubien frißt das Kleinvieh in der Trockenzeit das strohartige Kraut der Zilla-Büsche, die die Wadis umsäumen.[317]

Wie alle Rinder bevorzugt auch der Zebu des Untersuchungsgebietes Gras (insbesondere die Kälber).[318] Als besondere Anpassung kann dieses Rind auch Laub, Rinde und Schoten (der Akazien) verwerten.[319] Gegen nasses Futter ist es nicht besonders empfindlich.[320] – Untersuchungen in Karamoja (Uganda) haben ergeben, daß das Laubfutter, das die dortigen Rinder in der Trockenzeit in größerer Menge zu sich nehmen, einen hohen Nährwert hat (bis zu 30% Protein-Anteil und 16% Asche-Anteil), bei geringem Fasergehalt; diese Eigenschaften bleiben während der ganzen Trockenzeit erhalten.[321] Unter den Bäumen

308 Dundas, 1910, S. 67. Vgl. Rayne, 1918, S. 189.

309 Die Baggara der White Nile Province geben Baghil, Saha, Firsh, Sha'ir und Tabr als vorzügliche Schafgräser an (Reid, 1930, S. 197).

310 Schweinfurth, 1874, S. 36. Brehm, 1855, S. 54; ders., 1927, Bd. 7, S. 136. Zöhrer, 1959, S. 50. Aubert de la Rue, 1939, S. 97.

311 Mares, 1954, S. 421 (Somaliland).

312 Stigand, 1913, S. 363.

313 Merker, 1910, S. 252, 363.

314 Reil, 1869, S. 372.

315 Gleichen, 1905, S. 208.

316 Haberland, 1963, S. 770.

317 Tregenza, 1955, S. 48.

318 Müller, 1903, S. 3. Cunnison, 1966, S. 20 (Kälber). – Gemäß seinem Bedarf an Grasweide findet sich das Somali-Rind vorzugsweise auf dem Harar-Plateau, im nördlichen Bergland, in der Zeila-Ebene, in Ain und am Nogal (Lewis, 1955, S. 68f., nach Hunt und Swayne).

319 Turkana: Emley, 1927, S. 184. Samburu: McKay, 1957, S. 273.

320 Mickel, 1912, S. 132 (Masai).

321 Wilson, 1963, S. 208.

und Sträuchern sind hier wichtige Notzeitweidepflanzen für Rinder: Boscia patens Sprague et M. L. Green, Cadaba farinosa Forsk, Cordia gharaf (Forsk) Ehrenb. ex Anschers, Kleinia sp. und Rhus natalensis Bernh. ex Krause.[322] Bei ganzjährig verfügbarer Grasweide gedeihen die Rinder jedoch am besten, und Erhebungen in Masailand wiesen eine dreimal so hohe Rinderzahl pro Kopf der Bevölkerung bei Grasweide gegenüber Laubweide nach[323] (15 Rinder pro Kopf gegenüber 5; vgl. S. 57f.).

Als Weidefutter für Esel (bei den Masai) sei das trockenzeitliche Reservefutter Sphaeranthus suavolens D. C. (ol gebere l e gema l ol sirgin) genannt.[324]

Besonders sorgfältig muß der Hirt seine Tiere vor *schädlichen Pflanzen* bewahren, die erstens durch Verzehr, und zweitens durch äußere (mechanische und chemische) Einwirkungen das Vieh gefährden. Der toxische Effekt der *Giftpflanzen* variiert bei den einzelnen Herdentierarten. –

In Kordofan ist die Zone südlich von El Obeid nicht nur durch das Vorhandensein von Krankheitsherden für das Kamel lebensgefährlich, sondern auch durch die dort zahlreichen dem Kamele giftigen Pflanzen, die wiederum einen bestimmten (Schwarzerde-)Boden bevorzugen;[325] und in den östlichen Nachbarländern des äthiopischen Hochlandes ist eine „anda“ genannte, den Capparideen zugehörige Pflanze dem Kamele giftig.[326] Kamele der Beni Amer fressen bei mangelnder Beaufsichtigung begierig eine saftig grüne, parasitäre, „hikabeet“ genannte Pflanze,[327] die für viele den Tod bringt oder die Kamele arbeitsunfähig macht (als Lasttiere). Bei den Somal kommt stellenweise ein „'în“ (oder 'înki) genannter, dornenloser Strauch in großen Beständen vor, dessen Beweidung die Kamele zugrunde richtet,[328] wenn man ihnen nicht eine Art Fettbrühe als Gegenmittel eingibt. Die Kamelhirten in den Weidekamps des nördlichen Osthorn[329] lernen nicht selten schon ab dem siebenten Lebensjahr die einzelnen als Kamelweide geeigneten Pflanzenarten kennen und von den giftigen oder unbekömmlichen wohl zu unterscheiden.

Wie für Kamele gibt es auch für Rinder Schadpflanzen. Bei den Masai beispielsweise ruft Cadaba farinosa Forsk (ol jani l ol sirgon)[330] Verstopfung hervor, sogar den Eseln ist sie schädlich,[331] und ganze Landstriche der Masaisteppe bleiben wegen derartiger Pflanzen ungenutzt liegen.[332] Protalaria Zimmermannii Bak. f. (ol airashavash)[333] und Crotalaria laburnifolia (ol airascharasch)[334]

322 Wilson, 1963, S. 204f.
323 O'Connor, 1966, S. 113.
324 Merker, 1910, S. 363.
325 Lloyd, 1910, S. 266.
326 Hildebrandt, 1874, S. 336.
327 James, 1884, S. 119.
328 Berghold, 1899, S. 52.
329 Lewis, 1961, S. 75.
330 Bally, 1938, S. 25.
331 Merker, 1910, S. 173, 367.
332 Merker, 1910, S. 176. „En jarú“ (Pennisetum ciliare) läßt bei Kälbern Lymphdrüsen stark anschwellen (Merker, 1910, S. 169).
333 Bally, 1938, S. 42. Merker, 1910, S. 352, 355, 271.
334 Merker, 1910, S. 172.

haben nach ihrem Verzehr ein abnormes Wachstum der Hufe bei Rindern und Eseln sowie eine Versteifung der Beine zur Folge. Die Masai kennen ein regelrechtes Warnsystem für Giftpflanzen[335] – wenn z. B. auf einer Weide ein tulpenähnliches, im Trockenzustand für Rinder giftiges Gewächs vorgefunden wird, hängt derjenige, der diese Pflanzen zuerst bemerkt, Blätter davon an einen auffälligen Baum, um alle nach ihm Kommenden zu warnen.

Obwohl die Ziege im allgemeinen besonders widerstandsfähig gegen giftige und unbekömmliche Pflanzen ist, berichtet doch SCHWEINFURTH,[336] daß das Laubfutter des nubischen Drachenbaumes (Dracaena, bei Hadendoa und Bischarin „to-omba" oder „t'ombet") den Kamelen ganz ausgezeichnet bekommt, während es für Ziegen giftig ist. Ziegen der Masai fressen zu ihrem Schaden die Giftpflanze „ol dule", während sie die Rinder von vorneherein verschmähen.[337] Im Mittelsudan wird das Laub eines Baumes (Asclepias gigantea) wegen seiner Giftigkeit von den meisten Tieren gemieden – nur die Ziegen fressen es ohne Schaden und mit Begierde.[338] Kamele und Ziegen der Issa verschmähen eine „haousdemmer" genannte Pflanze, die den Eseln wiederum ausgezeichnet bekommt.[339]

Auch rein äußerlich schädigen manche Pflanzen, die u. U. ohne Nachteil gefressen werden können, die Herdentiere. In Eritrea wächst, besonders häufig zwischen Cheren und Agordat, die strauchartige Callotropis procida, Trivialname Gindah,[340] deren große, graugrüne Blätter weißen, schleimigen Saft absondern; kommen die Tiere mit diesem in Berührung, ist Erblindung und Haarausfall die Folge. Von der bereits erwähnten Asclepias gigantea[341] im Mittelsudan gehen ähnliche Gefahren für Mensch und Tier aus. Bei den Masai sind es Andropogon contortus (Hyänenpfeil, em baa ol godjinne) und Pluchea dioscoridis (ol dessegon),[342] deren scharfe Grannen die Augen des Viehs verletzen.

Als indirekte Gefährdung des Viehs spielen in Ost- und Nordostafrika *Heuschreckeneinfälle* eine Rolle. Irgendwelche Bekämpfungsmaßnahmen durch Nomaden ließen sich nicht nachweisen. Von den drei Arten der afrikanischen Wanderheuschrecke kommen im Untersuchungsgebiet die Heuschrecke des Roten Meeres (Nomadacris septemfasciata Serv.) und noch häufiger die Wüstenheuschrecke (Schistocerca gregaria Forsk) vor.[343] Die letztgenannte fällt in Eritrea, Somaliland, Äthiopien und in Teile Kenias ein; auch im Ostsudan ist sie zu finden, und ihr Verbreitungsgebiet ist etwa mit dem des einhöckrigen Kameles identisch. Wohl verschonen Heuschrecken für längere Zeit ein Gebiet, suchen es dann aber nicht selten mehrere Jahre hintereinander heim.[343]

Folgende Beispiele sollen den Schadeffekt der Heuschrecken auf die Futterbasis von Nomadenvieh umreißen. Die sich in den Bergen Nubiens und Ober-

[335] STIGAND, 1913, S. 214f.
[336] 1874, S. 24.
[337] STIGAND, 1913, S. 214f.
[338] BAKER, 1868, S. 28f.
[339] AUBERT DE LA RUE, 1939, S. 48.
[340] SCHOENFELD, 1904, S. 38.
[341] BAKER, 1868, S. 28f.
[342] MERKER, 1910, S. 179.
[343] DARLING, 1936, S. 168f.

ägyptens ausbreitenden Heuschrecken verzehren nach BURCKHARDT[344] jedes grüne Blatt, „wodurch das Vieh der Beduinen mitunter in die größte Noth geräth." Ähnliche Verheerungen treten während der Sommerregen in Kordofan auf[345], ebenso in den Stammesländern der Bischarin[346] und Beni Amer[347] und bei den Afar am Hawasch.[348] Auf dem afrikanischen Osthorn richten Wanderheuschrecken weniger Schaden an; „gewöhnlich sind es heftige Südstürme, von denen ihre Schaaren willenlos herbeigetrieben werden."[349] Bei den Hamitoniloten im Süden des Untersuchungsgebietes (Suk, Samburu, Masai u. a.) sind Heuschrecken wiederum zeitweise eine wahre Geißel. Bei den Samburu[350] lassen sich besondere Heuschrecken-Kundschafter nachweisen. Um 1930 wurden die Suk[351] und Masai[352] von dieser Plage schwer heimgesucht. Rund hundert Jahre früher hatte ein Heuschreckenschwarm bei den Kuafi-Masai die Vegetation dermaßen verheert, daß ihr Vieh in großen Mengen starb und die mit ihnen im Kriegszustande befindlichen Kisongo-Masai durch einen Rachefeldzug das Vernichtungswerk schnell vollenden konnten.[353]

Es gibt einige unbedeutende Ansätze eines (indirekten) *Futteranbaus*. So wird gegebenenfalls Stoppel- und Brachlandweide genutzt (s. S. 161f.); im Ostsudan verfüttert man gelegentlich selbstangebaute Durra an Luxus-Reittiere (Pferde oder Kamele, s. S. 150f.); und einige Stämme in Kordofan und Darfur bauen Wassermelonen an, deren Flüssigkeit als Tränkwassersurrogat in der Trockenzeit dient.[354] Ein echter, direkter Futteranbau für Herdentiere ließ sich lediglich bei einer Sektion der Turkana nachweisen. Der Name dieser Sektion, Nyethetou

> „is derived from the words nyethe (white) and ng'itou (testicle or seed). The people owe their name to the habit of planting the seed of a small white flower for goat food."[355]

Unbewußt stellen die Nomaden Nord-Kordofans ihrem Vieh Weidefutter zur Verfügung, wenn Felder, auf denen die von ihnen ausgesäte Durra nicht zur Reife gelangt ist, als Viehweide benutzt werden.[356]

Verfütterung von Pflanzen. Wird von Nomaden eingesammeltes Futter an Herdentiere verfüttert oder zunächst zu Heu verarbeitet, oder tritt der seltene Fall ein, daß eingehandelte Futtermittel oder Überschüsse aus der eigenen

[344] 1820, S. 20. Vgl. HAGGENMACHER, 1876, S. 20.
[345] HEUGLIN, 1869, S. 35.
[346] BENT, 1896, S. 338.
[347] HEUGLIN, 1877, S. 59.
[348] HARRIS, 1845, S. 210.
[349] HAGGENMACHER, 1876, S. 20f. Auch in der Nordregion Somalilands Heuschrekkeneinfälle (PAULI, 1947, S. 883; vgl. BUCHHOLZER, 1959, S. 29).
[350] KENYA LAND COMMISSION, 1934, S. 1637.
[351] KENYA LAND COMMISSION, 1934, S. 1731.
[352] JAMES, 1939, S. 57. HOLLIS, 1939, S. 649.
[353] THOMSON, 1885, S. 369.
[354] PALLME, 1843, S. 89. – Vgl. S. 212 vorliegender Arbeit.
[355] EMLEY, 1927, S. 163.
[356] BORN, 1965, S. 147.

Feldbestellung[357] Herdentieren gegeben werden, so geschieht dies nur für besondere Zwecke und für einige wenige Tiere – niemals hat es die Bedeutung, die große Masse des Herdenviehs über die Trockenzeit zu bringen.[358] SCHICKELE bringt folgende vorzügliche Erklärung für das Fehlen künstlicher Futtervorräte:[359]

„Die künstliche Bereitung von größeren Futtervorräten müßte auf den Notzeitweideplätzen während der Regenzeit erfolgen. Während der Regenzeit aber ziehen die Nomaden im Inneren der Steppen umher, um hier das frische Futter zu verwerten. Abgesehen davon würde in den meisten Fällen die Regenmenge auch gar nicht ausreichen, um durch Heugewinnung wirklich mehr Futter zu bekommen, als wenn man es selbst wachsen und auf dem Halm trocknen ließe. Ein Futterbau auf bewässertem Ackerland ist aber, selbst bei verarmten Nomaden, die ein wenig Ackerbau treiben, völlig unbekannt. Er würde auch bald die Wanderungen mit den Herden überflüssig machen und damit das Nomadentum auflösen. Aus diesen Gründen ist es erklärlich, daß die Nomaden keine künstlichen Futtervorräte kennen. Einerseits hindern die Wanderungen sie an der Bereitung von Heuvorräten, andererseits überheben diese Wanderungen sie aber auch der Notwendigkeit, solche anzulegen."

Gesammeltes Futter dient der Ernährung von kranken Tieren, von Jungvieh und von Reittieren; wenn es entsprechende Eigenschaften besitzt auch zur Steigerung des Milchertrages bei Muttertieren, oder als Tränkwassersurrogat. Nomaden in der Umgebung von Städten und Siedlungszentren verkaufen Sammelfutter an seßhafte Viehbesitzer (Ababde im Niltal, Sudanaraber in Omdurman, Somal u. a.).[360] Da die Somalinomaden[361] in der Regel nicht über Kraftfutter verfügen, verfüttern sie gesammeltes Weidefutter an Lastkamele, wenn diese vegetationslose Dürregebiete zu durchqueren haben; kranken Tieren reichen sie abgeschnittenes langes, trockenes Gras. Die Arbeitskamele der Ababde[362] fressen während des langsamen Vorwärtsschreitens fortwährend die wenig nahrhafte Naturweide; am Abend streut der Viehbesitzer seinem Tier manchmal einen Sack voll Zilla-Stengel hin, die er im Laufe des Tages gesammelt hat. In Nubien und Kordofan[363] richten die Karawanenleute, die oftmals zugleich auch Nomaden sind, schon anderthalb Stunden vor Sonnenuntergang das Lager ein; wenig später machen sie sich mit Sicheln und Hackmessern auf den Weg, um in der Umgebung Zweige, Laub und Kraut für ihre Kamele zu beschaffen. Die Araber des Mittelsudan (Rufaa, Agalin, Dubaina u. a.)[364] können an der Südgrenze der Kamelverbreitung dieses Tier nur dadurch über

357 Über Kraftfutter s. S. 150f.

358 Äthiopien und die östlich angrenzenden Länder: HILDEBRANDT, 1874, S. 331. Somaliland: COZZI, 1965, Allevamento, S. 124; TARANTINO, 1930, S. 72f. Boran-Galla: HABERLAND, 1963, S. 71. Nandi: HOLLIS, 1909, S. 21. Masai: MAERZ, 1941, S. 120.

359 1931, S. 43.

360 KLUNZINGER, 1877, S. 251 (Niltal). DARLING, 1938, S. 193 (Omdurman). HEUN, 1963, S. 42 (Somal).

361 MARES, 1954, S. 416.

362 KLUNZINGER, 1877, S. 255.

363 CUNY, 1863, S. 14.

364 MARNO, 1873, S. 247.

die Regenzeit bringen, daß sie es in Strohhütten einsperren, einräuchern und ihm soviel wie möglich trockenes Futter verabreichen. Um die Milchleistung zu steigern, geben südliche Somal ihren Kühen von der Acbo-Pflanze (Acacia simmur); diese Pflanze ist bei den nördlichen Somal unter dem Namen „gurah", bei Rahanwin unter „agab" und bei einigen Arabern als „ibilla" bekannt.[365] Die Masai verfüttern das Kraut der „ol marigireni" oder „os sinoni" genannten Pflanzen an ihre Kühe, weil es als Laktikum sehr geschätzt wird.[366]

Bei einigen Stämmen gibt man den Tieren stark wasserhaltige Pflanzen: Kordofanaraber wie z. B. die Hamar[367] verabreichen Wassermelonen, Habr Junis- und Aidagalla-Somal aufgeschnittene Wurzeln der saftigen Entada-Arten (Trivialname „fara dera", d. h. lange Finger),[368] die Galla Kenias „obe"[369] eine sukkulente, tubusförmige Pflanze. Bei diesen Galla,[370] den südlichen Bischarin[371] und den Hadendoa[372] ist auch die Verfütterung von Dumpalmkernen (Hyphaene thebaica) an Rinder bzw. Ziegen nachweisbar.

Besondere hölzerne, mit Haken und Gabelung versehene *Hirtenstäbe*, die dazu dienen, durch Herunterbiegen oder -schütteln von Zweigen, Laub und Früchten die Weide vorzugsweise der Ziegen und Kamele zu erleichtern, finden sich im Norden und im zentralen Teil des Untersuchungsgebietes (vor allem bei den Bedscha, ferner bei Sudanarabern, Habab,[373] Somal,[374] Afar und Galla).

Typen der heute bei den Bedscha benutzten Hirtenstäbe (maharakt)[375] – sie sind zwei bis drei, manchmal auch sechs Meter lang! – lassen sich schon in Altägypten nachweisen. Bei Bischarin[376] und anderen Bedscha ist die Laubweide der Akazien in der Trockenzeit so wertvoll, daß es nur den Sektionen des betreffenden Distriktes gestattet ist, die Herden mit Hilfe der Maharakt zu füttern, während doch sonst freizügige Weidenutzung innerhalb des Stammeslandes herrscht.[376] Mit dieser Futterreserve halten die Bedscha sehr sorgfältig haus, und bei den Bischarin beansprucht man sie nur alle vierzehn Tage.[377] Kleine schafhütende Kababisch-Mädchen[378] schütteln mit gekrümmten Stäben heftig die oberen Zweige von Akazien, damit die Schafe die Samenhülsen fressen können; dasselbe praktizieren Hütejungen der Bischarin[379] für ihre

365 FERRANDI, 1903, S. 245.

366 BALLY, 1938, S. 68, nach WATT und BREYER BRANDWIJK.

367 PALLME, 1843, S. 89. – Näheres S. 212 vorlieg. Arbeit.

368 MARES, 1954, S. 417 (an Kamele). S. 421 (Wurzeln an Ziegen verfüttert).

369 WERNER, 1914, S. 134.

370 HOBLEY, 1894, S. 107.

371 BAKER, 1868, S. 31.

372 OWEN, 1937, S. 206.

373 CIPRIANI, 1940, S. 58.

374 BURTON (1861, S. 277) sah ca. 1,80 m lange Hirtenstäbe bei nordwestlichen Somal.

375 SELIGMAN, 1915, S. 81. KEIMER, 1954, Bd. 35, S. 481. MURRAY, 1923, S. 421. JAMES, 1884, S. 184.

376 SELIGMAN, 1915, S. 81.

377 KEIMER, 1954, Bd. 35, S. 481. SELIGMAN, 1915, S. 81.

378 DAVIES, 1957, S. 111.

379 BAKER, 1868, S. 34.

harrende Ziegenherde. Frauen der Afar und Issa sammeln die beim Schütteln herabfallenden kleinen Blätter der Akazien und sogar die Dornen auf ausgelegten Matten auf und geben dieses Futter den Jungziegen.[380] BRUCE,[381] der in diesem Falle sicher übertreibt, behauptet, das Vieh der Araber in Sennar nähre sich nur vom Laub der Bäume und fresse kein Gras – was aber doch für die dort häufig praktizierte Baumweide spricht. Die Borana und Tiefland-Arussi Südäthiopiens benutzen zum Herunterziehen von Laubfutter den gleichen Stock (kabalu),[382] der ihnen auch zum Heranschleifen des Dornengestrüpps für die Befestigung der Siedlung dient.

MARNO[383] weist auf die Rücksichtslosigkeit hin, mit der die Rufaa der Gezira als typische Nomaden weite Waldstrecken verwüsten; Stämme und Zweige bestimmter Bäume (talha und suffarah) hauen sie ab, um ihren Kamelen die Trockenzeitweide zu erleichtern; faktisch aber vermodern die meisten Bäume sinnlos. Dieses Abschlagen von Zweigen ist weitverbreitet (Ostsudan,[384] Somal,[385] Afar,[386] Turkana, Samburu[387] u. a.). AUBERT DE LA RUE schildert, wie Afar-Nomaden für ihre Kamele Laubfutter von den Bäumen eines Waldes dicht am Meer beschafften.[388] Der Boden war verschlammt und daher für die Kamele unpassierbar. Die Nomaden schlugen die Zweige ab und stapelten sie auf große, sichelförmige Haufen, in deren Windschutz die Kamele das Laubfutter fraßen.

Das Anlegen von *Grasbränden.* Das Abbrennen der ausgetrockneten Grasfluren am Ende der Trockenzeit kann in Hochgrassteppen zu einer wirtschaftlichen Notwendigkeit werden (Beseitigung von gut brennbaren Strohbestandteilen und Unkräutern, die als Weidefutter unverwertbar sind, dadurch wird Platz für nachwachsende natürliche Futterpflanzen geschaffen;[389] Düngung; bessere Passierbarkeit der Landschaft; Bekämpfung von Insekten)[390] – es birgt aber die Gefahr einer Beförderung der Erosion in sich.[391] Das Grasbrennen der Nomaden ist als einer der seltenen produktiven Eingriffe in das Naturmilieu zur Aufbesserung der Futterbasis anzusehen.

380 AUBERT DE LA RUE, 1939, S. 97.
381 1791, S. 340.
382 HABERLAND, 1963, S. 71 und 423.
383 1874, S. 221.
384 CHIPP, 1930, S. 132.
385 STAFFORD, 1931, S. 104, 120. MARES, 1954, S. 421. BALSAN, 1964/65, S. 129.
386 Zartes Futter für Kamelstuten und -junge (AUBERT DE LA RUE, 1939, S. 90, 97).
387 KENYA LAND COMMISSION, 1934, S. 1451, 1453; S. 1758 (Turkana). MCKAY, 1957, S. 273 (Samburu).
388 1939, S. 92.
389 Durch Anlage von Buschbränden verhindern die Nandi in Kenia erfolgreich das Überhandnehmen von Dickicht auf Kosten der hohen Futtergräser Hyparrhenia spp. und Cymbopogon spp. (JOSHI, 1957, S. 239). Ostafrika: O'CONNOR, 1966, S. 234.
390 BUSSE, 1908, S. 135f. SCHICKELE, 1931, S. 43f. HAILEY, 1938, S. 1068. MCKAY, 1957, S. 279. TARANTINO, 1930, S. 72.
391 HAILEY, 1938, S. 1066f., 1059. MCKAY, 1957, S. 274 (Samburu). DAVIES, 1966, S. 197 (zentraler Ostsudan).

Die Hadendoa von Taka[392] brennen das hohe Gras ab, um den Boden zu düngen und Weideplätze zu schaffen; als Sekundärvegetation entstehen aber auch kleine Gehölze. Die Kenana, Kawachla, Rufaa esh Sharq, Agalin und andere Nomaden am Weißen und Blauen Nil,[393] ebenso wie die Humr in Kordofan,[394] brennen im November und Dezember (d. h. in der ersten Hälfte der Trockenzeit), nach BRUCE[395] jedoch im März und April (das sind die letzten Monate der Trockenzeit), das ausgedörrte, bis zu drei Meter hohe Gras auf weiten Flächen nieder. Verkrüpplungen und schwere Schädigung der Baumvegetation sind Begleiterscheinungen. Auch auf dem afrikanischen Osthorn sind Grasbrände in der Trockenzeit eine alltägliche Erscheinung.[396] Die Dschiddu-Somal am Webi Schebeli brennen bei fortgeschrittener Dürre das Röhricht in der Umgebung des Flusses nieder und veranlassen so ein durch die Bodenfeuchte begünstigtes Nachwachsen des Weidefutters für ihre Rinder.[397] – Manchmal werden auch Brände angelegt, um wilde Tiere zu verscheuchen oder zu vernichten (Somal, Afar).[398]

Die Borana[399] verschaffen sich in Notzeiten eine gewisse Menge Viehfutter, indem sie ausgedörrtes Gras abbrennen: auch ohne Regen kommen dann neue Grastriebe hervor. Fromme Galla sehen aber das Anlegen von Grasbränden nicht gern (heiliges Gras!);[400] ebenso brannten auch die Kuafi-Masai nach HILDEBRANDT[401] das „hochverehrte Gras" nicht ab, ja sie sollen sogar Karawanen mit Krieg überzogen haben, die es aus Unvorsichtigkeit taten. Im transhumantischen System der westlichen Arussi[402] war das Anzünden lediglich im Mittelland und im Tiefland frei, während dem Anlegen von Grasbränden im beengten Hochland eingehende Beratungen der Klanoberhäupter vorausgingen. Bei den hamitonilotischen Nomaden Ostafrikas (Masai, Nandi, Suk, Samburu u. a.)[403] wird diese schädliche Praxis trotz Verbot durch die Administration noch in großem Stil geübt. Die Masai[404] versuchen durch das Anlegen von Bränden in den höher gelegenen Landschaftszonen die Waldgrenze nach oben zu verschieben und argumentieren, daß durch diese Feuer die Ausbreitung der Tsetse verhindert, die Weide verbessert und in vielen Fällen überhaupt erst nutzbar würde,[405] auch blieben sonst die Regen aus.[406 und 407]

392 WERNE, 1851, S. 85.
393 GLEICHEN, 1905, S. 113. INDIGENOUS CATTLE, 1957, S. 49.
394 CUNNISON, 1966, S. 17, 20.
395 1791, S. 340, ferner S. 351, 414.
396 TRUST TERRITORY, 1952, S. 122, 131. TARANTINO, 1930, S. 72.
397 GATTI, 1960, S. 280.
398 PAULITSCHKE, 1893, S. 121 (Somal). AUBERT DE LA RUE, 1939, S. 109 (Afar).
399 HABERLAND, 1963, S. 70f.; vgl. auch S. 287 (Alabdu).
400 HABERLAND, 1963, S. 71.
401 1878, S. 383f.
402 HABERLAND, 1963, S. 431.
403 WAGNER, 1947, S. 303. SCHNEIDER, 1959, S. 156. KENYA LAND COMMISSION, 1934, S. 1733. DARYLL FORDE, 1963, S. 292. ULLRICH, 1959, S. 122. HUNTINGFORD, 1953, S. 20.
404 PAGES-JONES, 1948, S. 53.
405 KENYA LAND COMMISSION, 1934, S. 1203f. (Siria-Masai von Trans-Mara).
406 und 407 ULLRICH, 1959, S. 122.

An dieser Stelle sei auch noch die *Mästung* von nomadischem Vieh bzw. die Darreichung von *Kraftfutter* kurz behandelt.

Milch verfüttern an Pferde die Beni Amer, Humr und andere Baggara, Hassanie, Kababisch, Afar und Somal.[408] Die Hassanie tränken ihre edelsten Pferde und Kamele bis ins 3. Lebensjahr in der Regenzeit mit Milch.[409] Manche Sudanaraber geben im Krankheitsfalle ihren Kamelen Kuhmilch.[410] Verdünnte Kamelmilch ist ein Kräftigungsmittel für überanstrengte Pferde bei den Somal.[411] Im Norden des Osthorn reiten die Somal Ponys beim Hüten der Kamele in der wasserlosen Haud; das Tränkwasser für diese Reittiere wird mit Lastkamelen herbeigeschafft und mit Kamelmilch versetzt.[412] Einer solchen Verwässerung der Milch stünden bei den Hamitoniloten ernste rituelle Bedenken gegenüber! – Araber in Kordofan erhielten den größten Teil einer Schafherde am Leben, die 13 Tage lang nicht getränkt werden konnte; man gab den Tieren die eigene Milch zum Saufen.[413]

Die Viehzüchter im Ostsudan[414] geben ihren Pferden und Arbeitskamelen des öfteren Getreide, was auf dem afrikanischen Osthorn wenig üblich ist.[415] Die Karawanenleute der Ababde zwingen ihre Kamele vor der Abreise, die dreifache Menge der sonst üblichen Durraportion neben Merissa und Klee aufzunehmen; die Tiere kauen das Getreide noch tagelang auf der Reise; später bekommen sie alle zwei bis drei Tage zwölf Pfund Hirse.[416] Die Schukrija und Rufaa verfügen über ein reichhaltiges Sortiment an Durrafutter für ihre Arbeitskamele,[417] die Hadendoa reichen ihren Pferden täglich zweimal Durra,[418] ebenso erhalten die Hochleistungspferde der Baggara Darfurs in der Zeit der Giraffenjagd nur Durrafutter.[419] Die Hassanie geben diese Hirse ihren Pferden täglich eine Stunde vor Sonnenuntergang;[420] die Schankab-Baggara verfüttern an ein Pferd im Jahr etwa 950 Kilogramm

[408] Hassanie: PETHERICK, 1861, S. 150. Baggara, Kababisch: HEUGLIN, 1869, S. 34; PALLME, 1843, S. 75; CUNNISON, 1958, S. 51. Afar: THESIGER, 1935, S. 4.

[409] KOTSCHY, 1839, S. 5. Vgl. PETHERICK, 1861, S. 149.

[410] ACLAND, 1932, S. 140.

[411] PAULITSCHKE, 1896, S. 289, nach SWAYNE.

[412] LEWIS, 1955, S. 70, 67.

[413] CUNY, 1863, S. 100.

[414] Sudanaraber allgemein: DAVIES, 1957, S. 56; ACLAND, 1932, S. 129ff.; MARNO, 1874, S. 207; MACMICHAEL, 1912, S. 191; BREHM, 1927, Bd. 7, S. 147. Humr: CUNNISON, 1958, S. 51. Hamar: RÜPPELL, 1829, S. 146. Beni Amer: HEUGLIN, 1877, S. 29 und MUNZINGER, 1864, S. 330.

[415] CLIFFORD, 1928, S. 438. PAULITSCHKE, 1893, S. 224; ders., 1896, S. 288, nach SWAYNE; HAGGENMACHER, 1876, S. 34. REIN, 1920, S. 375 (Getreideverfütterung um Harrar).

[416] BURCKHARDT, 1820, S. 20, 61. Vgl.: BELTRAME, 1893, S. 271; LAUTURE, 1855, S. 296; HARTMANN, 1869, S. 247.

[417] HARTMANN, 1869, S. 234.

[418] WERNE, 1851, S. 205.

[419] LAMPEN, 1930, S. 102.

[420] PETHERICK, 1861, S. 149.

Durra.[421] Südliche Somal reichen geschwächten Rindern zerstampfte oder gekochte Durra (badbadla).[422] Die Hassanie verfüttern die vegetabilischen Rückstände der Merissabereitung an Milchkühe, Ochsen und Mastschafe.[423] Myrrhe, in das Tränkwasser versetzt, befördert bei den Midschurtin-Somal die Ziegenmast.[424] (Über mästendes Schaffutter der Masai s. S. 142).

Die wichtigsten Arbeitstiere im Süden, die Esel, erhalten kein Kraftfutter. Somal in Kenia sollen vor Kriegszügen ihre verschnittenen Pferde einen Monat lang mit dem Schwanzfett der Schafe mästen, um sie schnell und leistungsstark zu machen.[425]

7. *Der jährliche Wirtschaftszyklus und die Notzeitweiden*

Der Schlüssel zum Verständnis des jährlichen Wirtschaftszyklus von Nomaden ist die *Sicherung der Trocken- oder Notzeitweide.* Diese kann, in Abhängigkeit von Klima, Wasserhaushalt, Vegetation, Bodenart, Orographie und Wirtschaftstyp,[426] auf folgende Weise beschafft werden:

1. durch Aufsparen geeigneter Weide (a – vegetativ,[427] d. h. durch Reservierung spezifischer Weidepflanzen mit großer Sukkulenz oder Widerstandsfähigkeit gegen Dürre, und b – lokativ, d. h. durch die Schonung der Weide um die beschränkte Zahl der permanenten Brunnen);
2. durch das Aufsuchen von Höhenlagen („Transhumanz" im weitesten Sinne);
3. durch das Abweiden periodisch austrocknender Überschwemmungsgebiete (Weideland in der Umgebung von Flüssen, Sümpfen, Seen und Teichen, das in der trockenen Jahreszeit durch Grundwasser gespeist wird);
4. durch Stoppel- und Brachlandweide (v. a. bei teilnomadischen Stämmen);
5. durch allmähliche Horizontalverlagerung in Gebiete mit höheren Niederschlägen und besserer Weideausstattung (in Klimazonen mit starkem Gefälle der Isohyeten, v. a. im Ostsudan);
6. durch den trockenzeitlichen Wechsel der Klimazone (nomadische Oszillation zwischen Gebieten mit Sommer- und solchen mit Winterregen, so bei Nomaden am Roten Meer und am Golf von Aden);
7. durch irreguläre Maßnahmen (Treiben in Tsetsebusch bei großen Dürren, Weiden auf Nachbarterritorien).

Der wirtschaftliche Wert dieser Trocken- oder Notzeitweide-Kategorien, ihr Umfang und ihre Verbreitung sind in Ost- und Nordostafrika recht unterschiedlich. Als Resultat der Umwelt treten gewöhnlich zwei oder mehrere miteinander kombiniert auf, nur selten kann man von der ausschließlichen Nutzung einer

421 Paul, 1935, S. 141.
422 Ferrandi, 1903, S. 245.
423 Petherick, 1861, S. 159.
424 Balsan, 1964/65, S. 127.
425 Stigand, 1913, S. 286.
426 Vgl. Tabelle in der Beilage.
427 s. vorigen Abschnitt, S. 140ff.

einzigen Kategorie sprechen. So ist beispielsweise im Untersuchungsgebiet der jahreszeitliche Wechsel der Klimazone verbunden mit einer Art Transhumanz (v. a. in Eritrea), Horizontalverlagerungen zur Sicherung der Futterbasis können mit Stoppel- und Brachlandweide verknüpft sein (Humr-Baggara), das lokative Aufsparen von Weide um permanente Brunnen erfolgt oftmals in Höhenlagen (Ogo-Gebirge der nördlichen Somal) usw. Je knapper eine Notzeitweide anfällt, desto ausgeprägter wird sie nach dem Motto verwertet: „so spät wie möglich“ (im Jahreszyklus) und „mit so wenig Vieh wie möglich.“

Die Nutzung der Not- und Trockenzeitweide erfolgt entweder im Rahmen freizügiger nomadischer Einzelbetriebe, oder sie wird von den Oberhäuptern der Stämme, Stammessektionen oder Klane organisiert. Diese legen dann Zeitpunkt, Häufigkeit und Ausmaß der Umzüge fest und verhängen bei Nichtbeachtung der Weidevorschriften harte Strafen (Konfiskation von Vieh).[428] Die Tendenz zur Kontrolle der Notzeitweide durch den Stamm besteht besonders dort, wo sie in einem geschlossenen Gebiet anfällt und knapp ist, wo es jahreszeitlich zu größeren Bevölkerungskonzentrationen kommt, wo ein Teil des Stammes Bodenbau betreibt und wo die Stammesautorität Recht erzwingen kann (z. B. bei Arussi- und Gudschi-Galla im Gegensatz zu Borana, nördlichen Somal, Bedscha, Humr-Baggara, Turkana u. a.; weiterhin bei den Kamelarabern, Karamojong, Suk u. a.). Rechtsfragen der Weidenutzung werden bei Erörterung der einzelnen Kategorien der Notzeitweide mit berührt. – Wir wollen nun bildhafte Einzelbeispiele der Nutzung jeder dieser Kategorien vorführen.

1. Unter *lokativem Aufsparen von Weideland* versteht der Verfasser die Reservierung von Weide im Bereich der permanenten Brunnen für die Trockenzeit des laufenden Jahres. Dort, wo Nomaden, bei engräumigen Verlagerungen, von Jahr zu Jahr den Wirtschaftsraum wechseln, wird Weideland auch im Rahmen eines mehrjährigen Rotationszyklus lokativ aufgespart (z. B. bei Gruppen der Barabaig-Datoga, der Karamojong, Masai und Samburu).[429]

Mit dem Terminus *physiologische Tränkungs-Weide-Distanz* bezeichnet der Verfasser die Hälfte der Strecke, die eine Viehart oder Herdentierkategorie gemäß ihrer Beweglichkeit und entsprechend der Passierbarkeit des Terrains[430] zwischen zwei Tränkungen am gleichen Brunnen maximal bewältigen kann, und zwar unter Berücksichtigung des notwendigen Weidegangs.[431] Tränkwasser,

[428] Einem Übeltäter, der die Weidesperrbezirke (kàlo) der Alabdu-Galla im Hoch- und Mittelland verletzte, wurde als besonders abschreckende Strafe eine trächtige Kuh getötet (HABERLAND, 1963, S. 286, 430).

[429] Barabaig-Datoga: HUNTINGFORD, 1953, S. 93 und WILSON, 1952, S. 47. Karamojong: KENYA LAND COMMISSION, 1934, S. 1769. Masai: LEYS, 1926, S. 115 und HUPPERTZ, 1959, S. 945. Samburu: HENNINGS, 1961, S. 192 (auf dem Leroki-Plateau); KENYA LAND COMMISSION, 1934, S. 1688.

[430] Wo der Boden schlecht passierbar ist (so z. B. in Bergland) verkürzt sich die physiologische Tränkungs-Weide-Distanz (nach SPENCER, 1965, S. 20, bei den Samburu).

[431] Vgl. S. 213f.

das von Weideland weiter als die physiologische Tränkungs-Weide-Distanz entfernt liegt, und Futterpflanzen, die von Brunnen in größerer Entfernung als diese Strecke wachsen, sind für das Herdenvieh völlig nutzlos.[432] Nicht nur von Herdentier zu Herdentier, sondern auch innerhalb des Jahreszyklus ist das Tränkbedürfnis und teilweise auch die Beweglichkeit großen Schwankungen unterworfen. Da in der Regenzeit Tränkwasser an zahlreichen Stellen vorkommt und durch den Wassergehalt des Weidefutters sich die Tränkungen vermindern oder erübrigen, kann praktisch das gesamte Weideland verwertet werden – die etwa kreisförmigen Nutzbarkeitsflächen um die Tränkstellen, deren Radien die physiologischen Tränkungs-Weide-Distanzen darstellen, überschneiden sich sehr oft. In dieser Jahreszeit braucht man die Weide um die nur für Wochen oder einige wenige Monate benutzten oberflächigen Wasservorkommen nicht zu schonen. So siedeln z. B. die Kababisch in der ersten Phase der Regenzeit unmittelbar in der Nähe der mit Wasser aufgefüllten Bodensenken (fula).[433]

In der Trockenzeit hingegen sind erstens die von den Brunnen ausgehenden Radien der physiologischen Tränkungs-Weide-Distanz kürzer, mithin ist die Weidefläche um eine Wasserstelle kleiner, zweitens gibt es nur so viele solcher Weideflächen, wie es permanente Brunnen gibt, also eine sehr beschränkte Zahl, die wie Inseln im Stammesland liegen. Um ein beliebiges Beispiel herauszugreifen: im Zweistromland des afrikanischen Osthorn kann das Vieh in der Trockenzeit nur auf weniger als 20% der Gesamtfläche geweidet werden.[434] Diese Zonen der Weidenutzbarkeit sind jedoch für die einzelnen Vieharten und Herdentierkategorien entsprechend der unterschiedlichen Tränkungs-Weide-Distanz verschieden groß.[435] So hat z. B. das Samburu-Zebu in der Trockenzeit eine solche Distanz von ca. 25 Kilometern,[436] das Kamel Kordofans[437] von 100, das der nördlichen Somal hingegen von 200–300 Kilometern.[438] Die Aussparung der Weiden um die permanenten Brunnen in der Regenzeit wird deshalb zu einer wirtschaftliche Notwendigkeit.[439] Je weniger permanente Brun-

432 Im Süden Somalilands z. B. gibt es zahlreiche Landstriche von 1300–2500 qkm Weideland, das durch Fehlen permanenter Wasservorkommen nur kurzfristig ausgenutzt werden kann (Trust Territory, 1952, S. 135; vgl. Somali Republic, 1961, S. 153, 155, 171). Turkanaland: Gulliver, 1953, S. 59 und Emley, 1927, S. 160. Suk und Karamojong: Kenya Land Commission, 1934, S. 1747. Ostsudan: Barbour, 1961, S. 271. Afrika: Hailey, 1938, S. 1067.

433 Davies, 1957, S. 58.

434 Somali Republic, 1961, S. 171.

435 Vgl. Bettini, 1944, S. 120. Cozzi, 1965, Allevamento, S. 126f.

436 Kenya Land Commission, 1934, S. 1672. – Bei Somali-Rindern maximal 30 km: Somali Republic, 1961, S. 292.

437 Born, 1965, S. 207.

438 Mares, 1954, S. 417. Lewis, 1961, S. 76. Vgl. Spencer, 1965, S. 292 (Kamele der Rendile in Kenia). – Siehe auch die Angaben über die Häufigkeit des Tränkens bei Kamelen, S. 208f.

439 Butana: Gleichen, 1905, S. 103. Somal: British Somaliland, 1945, S. 3; Cozzi, 1965, Allevamento, S. 126f. Turkana: Gulliver, 1955, S. 29. Karamojong: Ingrams, 1960, S. 290. Suk: Schneider, 1959, S. 155; Kenya Land Commission, 1934, S. 1733. Samburu: Kenya Land Commission, 1934, S. 1499. Masai:

nen in einem Stammesgebiet vorhanden sind, d. h. je knapper die Notzeitweide ist, desto dringlicher muß sie geschützt werden. Leider läßt sich aber ein solches System der Reservierung nur in „normalen" Jahren aufrecht erhalten, die ja nicht allzu häufig sind (siehe Tabelle 8, über Verläßlichkeit der Niederschläge), deshalb werden solche Weiden oft verfrüht benutzt und überbeansprucht: die Gefahr der Erosion und Denudierung ist hier am größten.[440] So ist z. B. in Gorrahej[441] in Ogaden ein zehn Kilometer breiter Wüstengürtel entstanden. Solche Tendenzen werden auch in El Wak[442] (Nordost-Kenia) sichtbar, wo in der Trockenzeit bis zu 30000 Rinder am Tage getränkt werden; die Weidevegetation in Brunnennähe hat hier schon so gelitten, daß die Rinder zwischen den Tränkungen oftmals 30–45 Kilometer zurücklegen müssen, um ausreichend Weidefutter zu finden.[443] Auch Übergriffe fremder Stämme auf Reserveweiden (z. B. durch Guban-Stämme auf die Ogo-Notzeitweiden Nordsomalilands)[444] können die Denudierung befördern, weil sich die Grasnarbe nicht regenerieren kann. Die nördlichen Somal erklärten sich zu einem von der Administration vorgeschlagenen System der Weidereservation nur dann enthusiastisch bereit, wenn die eigenen Weideflächen geschont und die der Nachbarn ausgeklammert wurden.[445]

Eine nur bei angemessener Bestockung spürbare Schonung des Weidelands um die Brunnen erreichen die Nomaden, indem sie die Siedlung jeweils zwischen die Brunnen und die brunnenfernste Nutzweide aufschlagen.[446] In der Regel hängen mehrere Siedlungen von einem trockenzeitlichen Wasservorkommen ab.

Einige siedlungsgeographische Skizzen mögen die Schonung der Notzeitweide bzw. der näheren Umgebung der permanenten Brunnen belegen und illustrieren.

Die Masai siedeln nach Pages-Jones[447] ca. 8 Kilometer von ihren Wasserstellen entfernt, wobei jeweils zwei bis drei Dörfer auf einen Brunnen angewiesen sind. Am ersten Tag werden die Rinder zur Tränke geführt, am nächsten, da

Rapley, 1960, S. 13; Pages-Jones, 1948, S. 51; Huntingford, 1953, 107. Verschiedene Nomaden Kenias: Hennings, 1961, S. 192.

440 Nördl. Somal: Lewis, 1961, S. 59. Südl. Somal: Trust Territory, 1952, S. 137; Somali Republic, 1961, S. 162 („Areas thirteen to sixteen kilometers surrounding each of these permanent waterings are heavily overgrazed during the dry season . . ."). Samburu: McKay, 1957, S. 54; Spencer, 1965, S. 6.

441 Bettini, 1944, S. 121.

442 Bettini, 1944, S. 121.

443 Gwynn, 1911, S. 120. Bettini, 1944, S. 121.

444 Mares, 1954, S. 415. British Somaliland, 1945, S. 3. Nach Hailey (1938, S. 1067) verteidigen die Somal des ehemal. Britisch-Somaliland ihre Trockenzeitweiden mit Waffengewalt. Vgl. Lewis, 1955, S. 92; ders., 1961, S. 88.

445 Lewis, 1961, S. 51.

446 Butana: Barbour, 1961, S. 217; Stein, 1960, S. 48. Kordofan: Pfund, 1878, S. 222; Seligman, 1918, S. 119; Davies, 1957, S. 77; Reid, 1930, S. 166. Ostsudan, Eritrea: Heuglin, 1877, S. 72. Somal: Hoyos, 1895, S. 31. Jie: Wayland, 1931, S. 224 – u. v. a. m.

447 1948, S. 51, ähnlich Jacobs, 1958, S. 1. Huntingford, 1953, S. 107. Fosbrooke, 1948, S. 43.

sie einen zweitägigen Tränkzyklus haben, in umgekehrter Richtung auf die brunnenferne Weide. Wenn wir bei SELIGMAN[448] über die Nurab-Kababisch lesen „tracts from all directions converged towards the wells ..." und bei GULLIVER[449] über die Turkana „The secondary neighbourhood is a collection of two or three ... groups of homesteads, often based on a common water point ...",[450] so haben wir ein ganz ähnliches Siedlungs- und Weide-Tränk-Schema anzunehmen, das die Pflanzendecke in Brunnennähe schont. Selbst wenn bei den Turkana mehrere Siedlungen das Tränkwasser einem Fluß entnehmen, also die Wasservorkommen zahlreicher sind, schont man die Weide um die Ufer, indem man die Siedlungen dem Flußlauf etwa parallel anlegt, d. h. unter Umständen in einer Zickzacklinie bis zu 25 Kilometer von ihm entfernt.[451]

Wenn die Kamelaraber Kordofans zu Beginn der Regenzeit in großen, parallel vorrückenden Verbänden nach Nordwesten ausziehen, dann sorgt die strikte Autorität der Scheichs der Sektionen oder Stämme dafür, daß für den Rückweg der eigenen wie auch der Nachbar-Sektionen in der ersten Hälfte der Trockenzeit genügend Weide aufgespart wird (Beschränkung der Aufenthaltsdauer, Einhaltung einer bestimmten Weideroute).[452] So spät wie möglich, das heißt nach Versiegen aller anderen Wasservorkommen, beziehen sie ihre Trockenzeitquartiere (damar) in der Nähe des Weißen Nil oder an permanenten Brunnen.[453] Die Familienkrale werden etwa ab Januar ca. 5 Kilometer von den Brunnen bzw. Flußtränken entfernt lokalisiert. Die Kamele kommen in der Nacht nach der Tränkung, d. h. einmal wöchentlich, in die Damar, wo sie gemolken werden. Um die Notzeitweiden in der direkten Umgebung der Siedlung und der Tränkstellen dem übrigen Vieh zu überlassen, ziehen sich die Kamelherden bis zum nächsten Tränktag so schnell wie möglich in ein bis zu 75 Kilometer entferntes Weideland zurück. In ähnlicher Weise werden auf dem afrikanischen Osthorn in der Regenzeit die Notzeitweiden um die Brunnen in der Guban (Küstenebene), in den Betten der Regenströme Darror, Nogal und Mudug, in der Ogo sowie an den beiden permanenten Strömen[454] durch das gesamte Vieh ausgespart, und in der Trockenzeit hält man die Kamele von der näheren Umgebung der Brunnen fern (die Tränkzeiten ausgenommen).

Ein solches Verhalten der Nomaden läßt sich jedoch nicht in allen Fällen belegen, und wenn sie in unmittelbarer Nähe ihrer permanenten Brunnen siedeln, ist es schwierig, aus der Literatur heraus ein arbeitsorganisatorisches Motiv hierfür zu finden. So hielten nach BAKER[455] die Bischarin am Atbara

[448] 1918, S. 119. Vgl. BREHM, 1927, Bd. 9, S. 96f. (Brunnen von Melbeß in Kordofan) und REIN-STEINHARDT, 1936, S. 113 sowie HARRIS, 1845, S. 149 (Brunnen im Wadi Kilulu, bei Afar und Issa).

[449] und [450] 1955, S. 11.

[451] RAYNE, 1918, S. 185.

[452] DAVIES, 1957, S. 69. REID, 1935, S. 119; 1930, S. 165f. BERRY. 1928, S. 282. SELIGMAN, 1918, S. 117.

[453] REID, 1930, S. 166; ders; 1935, S. 119. – DAVIES, 1966, S. 197. BORN, 1965, S. 205f.

[454] BRITISH SOMALILAND, 1945, S. 3.

[455] 1868, S. 31. Vgl. SANDARS, 1933, S. 148. – Eine ähnliche Bemerkung bei MAC-LAREN (1927, S. 235) über die Araber Nord-Kordofans, deren Zelte „perhaps

„die Ufer in Zwischenräumen von anderthalb bis zwei Stunden besetzt, wo nur an einer tiefen Flußkrümmung ein Wasserpfuhl eine Anziehung ausübte. An solchen Stellen befanden sich arabische (Bischarin, H.-G. Sch.) Dörfer und Lager . . .“

Möglicherweise gestatten hier reichliche Weide in Flußnähe, die durch die Längsorientierung und die große Zahl der Wasservorkommen bedingte Verteilung der Siedlungsgruppen, sowie die Anpassung der Bischarin-Rinder, die bis zu vier Tagen auf flußferne wasserlose Weiden abgezogen werden können, diese bequeme Disposition.

Eine Lokalgruppe der nördlichen Hadendoa von achtzehn erwachsenen Personen schlug in der Trockenzeit ihr Lager nur wenige Meter von einem alten Tiefbrunnen entfernt auf; die ganz in der Nähe befindlichen Viehhürden wurden wie in jedem Jahr von den Männern ausgebessert.[456] Hier wie bei anderen Bedscha vermindert wahrscheinlich die extrem dünne Volks- und Viehdichte (d. h. der Kreis der Benutzer eines Brunnens ist nicht groß) die Schädigung der Vegetation um die Brunnen.

2. Das *Aufsuchen von Höhenlagen* in allen möglichen Abstufungen ist eine der häufigsten und zuverlässigsten Maßnahmen zur Weidegewinnung in der Trockenzeit, da, wie schon ausführlich erörtert, orographische Hindernisse die Luftschichten zum Abregnen zwingen und die Nebelbildung befördern.[457] Transhumanzartige Verlagerungen größeren Stils erfolgen im Hinterland des Roten Meeres, in Eritrea, Nord-Somaliland und in Südäthiopien. Praktisch in allen Gegenden des Untersuchungsgebiets, wo die Landschaft nur einigermaßen Relief aufweist, orientieren die Nomaden ihren jährlichen Wirtschaftszyklus an der unterschiedlichen Weideausstattung der Hoch- und Tieflagen. Zu unterscheiden sind Nomaden, die vom Hochland aus, ihrem eigentlichen Stammgebiet, in das Tiefland ausrücken (in der Regenzeit), von solchen, die als Tieflandbewohner trockenzeitliche Exkursionen auf beschränkte Berglandweiden unternehmen. – Wir wollen hierzu einige charakteristische Beispiele anführen.

Die binnenländischen Amarar pendeln zwischen dem Hügelland der Red Sea Hills und den Weiden der Atmur-Ebenen östlich des Nil in südwestlich-nordöstlicher Richtung hin und her: aus den Ebenen, die sie im November aufgeben, ziehen sie sich ins Vorland des Gebirges zurück, und mit zunehmender Austrocknung suchen sie bis zum Mai immer höhere Lagen der Gebirge auf.[458] Auch die Ababde müssen um so höher und weiter in die Gebirge vordringen und um so dünner siedeln, je trockener ein Jahr ausfällt.[459] Ein weidewirtschaftliches Gunstgebiet der Bischarin sind die Hänge des Berges Elba, wo viele Herden notfalls zu allen Jahreszeiten Weide finden können;[460] ähnlich wichtig sind die Hochweiden im Erkowit-Gebirge und im Wadi Amet, wo die Bischarin sogar

lining for miles some great wadi, in which large numbers of Arabs are gathered together for water in the dry season.“

456 Bernatzik, 1942, S. 158f.

457 S. 29; hier auch: Motive für Berg-Tal-Verlagerungen, die nicht mit der Sicherung von Weide und Wasser zusammenhängen.

458 Sandars, 1935, S. 215f.

459 Klunzinger, 1877, S. 254. Petherick, 1961, S. 90.

460 Bent, 1896, S. 352.

primitive Steinhäuser errichtet haben.[461] Die westlichen Beni Amer transhumieren zwischen der nördlichen Rore-Plateaulandschaft und den Ebenen westlich des Barka.[462]

Eine Anzahl Stämme in der Nordregion Somalilands (Aidagalla, Habr Junis, Dulbahante u. a.) führen alljährlich ein Verlagerungssystem zwischen dem Ogo-Hochland und der Haud (südliche Abdachung der Somalischolle) durch[463] (s. Tabelle 5a mit dem jährlichen Wirtschaftszyklus der nördlichen Inland-Somal, in der Beilage). Die Ogo ist als das in der Trockenzeit bewohnte Kernland der Stämme anzusehen; hier befinden sich die den Lineages oder Klanen gehörenden permanenten Tiefbrunnen. Die tiefergelegene Haud im Süden wird in der Hauptregenzeit (Gu - April-Mai bis Mitte Juli) beweidet, doch hängt der Zeitpunkt der möglichst späten Rückkehr aus diesem Weidegebiet ohne Trockenzeit-Brunnen von den Niederschlägen im jeweiligen Jahr, vom Tempo der Verdunstung des Oberflächenwassers, von der Bedrohung durch Feinde und von ähnlichen Faktoren ab. In sehr guten Regenjahren kann man sogar die sich der Gu anschließende Hagaa-Trockenzeit (Mitte Juli bis Mitte Oktober) in der Haud verbringen, und dann natürlich auch die sich anschließende Zeit der kleinen Regenfälle (Dair – Mitte Oktober bis Mitte Dezember), in welchem Zeitraum sich die beschränkte Notzeitweide um die Brunnen im Ogo-Gebirge erholen kann. Diese Weide wird aber spätestens ab Januar, wenn die große Trockenzeit (Jilaal) eingesetzt hat, beansprucht.

Die westlichen Arussi[464] demonstrierten in ihrem bis um 1900 intakten transhumantischen System, in welchem Ausmaß bei Nomaden die Größe der landbesitzenden Einheiten und die Notwendigkeit der Weidereservation von der Weidemenge und -güte abhängen. In ihrem Hochland (über 2300 m), wo sich die festen Wohnsitze innerhalb der einzelnen, deutlich abgegrenzten Klangebiete befanden, lagen auch die Felder und Trockenzeitweiden der Klane. Im Klanterritorium herrschte Freizügigkeit für Klanmitglieder, jedoch nicht in der Phase der alljährlichen Transhumanz, die vor Beginn der Hauptregenzeit im Mai einsetzte und etwa im November endete.[465] In dieser Jahreszeit wurde das ganze Hochland zum Weidesperrgebiet – bestimmte Zeremonien erklärten die Weiden für sakrosankt und unantastbar, welcher Zustand erst wieder durch die Gada-Würdenträger aufgehoben werden konnte. Die im Hochland verbliebenen Milchkühe, Hochland-Schafe und Pferde wurden davon ausgenommen, doch mußte diese beschränkte Viehzahl vorwiegend in der Nähe der Gehöfte ihrer Eigentümer geweidet werden. Im Mittelland (1800 bis 2300 m Höhe) gab es nur traditionell beweidete Gebiete der Klane, ohne Ausschließlichkeits-

461 Schweinfurth, 1874, S. 36.

462 Bertarelli, 1929, S. 569. Vgl. Heuglin, 1877, S. 48.

463 Lewis, 1961, S. 38; ders., 1955, S. 92, nach Hunt und Swayne. Mares, 1954, S. 414. British Somaliland, 1945, S. 2ff.

464 Haberland, 1963, S. 7, 70, 372, 431. – Auch die benachbarten Gudschi-Galla hatten einst im Hochland genau begrenzte Klangebiete zur Feldbestellung und Beweidung, desgleichen Weide-Sperrbezirke, und schickten zu Beginn der Regenzeit das meiste Vieh ins Tiefland (Haberland, 1963, S. 70).

465 Haberland, 1963, S. 431.

anspruch; im Gegensatz zum Hochland waren hier Weide-, Nachbar- und Kralgemeinschaften der Angehörigen verschiedener Klane üblich. Im Tiefland schließlich herrschte völlige Freizügigkeit und das Prinzip der Priorität der Weidenutzung. Hier und im Mittelland konnte das Gras von wem auch immer und egal wann angezündet werden, während im Hochland eingehende Beratungen der einzelnen Klane vorausgingen, die das Gras nach einem genauen Plan niederbrannten.[466] – Auch andere Gallastämme in Südäthiopien (Alabdu, Uraga, Hoku, Mati), die ihr Vieh in der Regenzeit ins Tiefland schicken, haben ihre Trockenzeitquartiere im Oberland.[467]

Die nördlichen Turkana, die ihr Vieh in Kamel-Ziegen-Kralen (in der Ebene) und in Rindvieh-Schaf-Kralen (im Bergland) betreuen, können ihre Rinder und Schafe nur in guten Regenjahren für 3–4 Monate in die begrünte Ebene bringen, während der grasfressende Herdenbestand sonst nur innerhalb des Berglandes verlagert wird; die laub- und strauchäsenden Kamele und Ziegen hingegen verbringen gewöhnlich auch die Trockenzeit innerhalb oder am Rande der Ebene, und nur in ausgesprochenen Dürrejahren rücken sie ins Bergland nach.[468]

Die Viehlager der Karamojong verlagern sich in der Trockenzeit einerseits nach Westen, in das Vorland der Labwor-Berge, zum anderen nach Südosten, auf das Suk-Gebirgsland zu, wo auch in der heißen Zeit hohes Gras gedeiht und sich Feuchtigkeit im Boden hält.[469] Die KENYA LAND COMMISSION[470] schreibt über dieses Verlagerungssystem, das durch Übergriffe von Nachbarstämmen allerdings empfindlich gestört wird:

„Such movement is strictly controlled by the chiefs and elders of the tribe themselves. The dry-weather grazing grounds are for the most part to be found along the Suk boundary, and were therefore the first areas to be attacked by the marauding Suk in their search for grazing. It was in fact largely due to the continuous use of their dry-weather grazing grounds by the Suk which created such enmity in the minds of the Karamojong, who, when they themselves had in due course reached these reservations, found that they had been denuded by the Suk, and nearly precipitated a state of open hostilities such as actually occured in 1928."

Als letztes Beispiel der Sicherung von Trockenzeitweide durch das Aufsuchen von Hochlagen seien die Masai angeführt. Zuverlässige Weiden dieser Art finden sich auf den mehr oder minder hohen Hängen des Kilimandscharo, Meru, Ndapduk, Gelei, Kisongo, Doenje-Engai, Doenje-Erok, Mondul, Kitumbene und Loliondo, desgleichen haben Hochweiden die Aberdare-Kette (bis über 2000 m), das Kapte-Hochland und das Mau-Plateau (ca. 2500 m).[471]

[466] HABERLAND, 1963, S. 431.
[467] HABERLAND, 1963, S. 286, 372, 7, 68f., 277.
[468] GULLIVER, 1955, S. 27ff., 45; ders., 1953, S. 64f.
[469] GULLIVER, 1953, S. 50. INGRAMS, 1960, S. 290.
[470] 1934, S. 1754f., 1769.
[471] PAGES-JONES, 1948, S. 52f. THOMSON, 1885, S. 252, 257, 376. DARYLL FORDE, 1963, S. 292. – Ferner: JOHNSTON, 1886, S. 396. ROSS, 1927, S. 130. HUPPERTZ, 1959, S. 945. SWYNNERTON, 1954, S. 47. HUNTINGFORD, 1953, S. 106. RAPLEY, 1960, S. 13.

3. *Weideland* in *periodisch austrocknenden Überschwemmungsgebieten.* In zahlreichen Fällen sind bestimmte Landstriche in der Umgebung von Binnengewässern während der Regenzeit dermaßen überschwemmt, verschlammt oder versumpft, daß sie als Weideland nicht oder nur schlecht genutzt werden können. Im Verlaufe des Austrocknungsprozesses in der heißen Jahreszeit werden sie aber um so bessere Notzeitweiden.[472] Hierfür einige Beispiele.

Hadendoa und Halenga suchen in der Trockenzeit die Gegend von der Mündung des Gasch-Flusses bei Kassala bis zu den Orten Sujeleb und Gosdjereb am Atbara auf. BAKER[473] schreibt:

„Statt der dürren, von Pflanzen entblößten Ebene sahen wir eine Gegend, bedeckt mit Schilfdickichten ... während ungeheure Grasflächen ... nicht nur die Fruchtbarkeit des Bodens, sondern auch das Vorhandensein von Nässe bewiesen."

In der Regenzeit wird dieses Land zwischen Kassala und dem Atbara

„zu einem ungangbaren, mit Gras und Schilf bewachsenen Schlammloche."

Zahlreiche Süd-Bedscha (Beni Amer, Süd-Gruppen der Hadendoa und Bischarin) lassen während der Trockenzeit ihr Vieh an den gras- und krautreichen Ufern des Gasch und Atbara weiden,[474] verschiedene Somalistämme im weiten Trockenbett des Nogal-Flusses und am unteren Dschuba.[475]

Schaikija-Nomaden in der weiteren Umgebung Meroes nomadisieren zwischen der Bajuda-Steppe und dem linken Nil-Ufer, wo sie trockenzeitliche Weide- und Tränkmöglichkeiten vorfinden.[476]

Die Hassanie (und in ähnlicher Weise auch die Taaischa) verbringen die Trockenzeit am Weißen Nil, wo ihre umfangreichen Herden das kurze Gras der schlammigen Flußufer abweiden. In der Regenzeit ziehen sie sich in Ost-West-Richtung auf ein bis zwei Tagereisen entfernte Anhöhen zurück.[477] In bei-

[472] Beni Amer am Barka: MUNZINGER, 1964, S. 276f. Binnenland-Amarar kommen bei Dürre bis an den Atbara (SANDARS, 1935, S. 215). Rufaa el Hoi lassen ihr Vieh auf „echinochla toich" weiden, das im austrocknenden Marschland im Süden vortrefflich gedeiht (DAVIES, 1966, S. 197). Masai: JOHNSTON, 1886, S. 396 und LEYS, 1926, S. 115. – Siehe auch bei BARBOUR (1961, S. 150, 182, 217) Kartenskizzen mit Verlagerungszyklen, die in der Trockenzeit auf Binnengewässer ausgerichtet sind (im Ostsudan).

[473] 1868, S. 57f., 60f.

[474] BURCKHARDT, 1820, S. 278. OWEN, 1937, S. 205. STEIN, 1958/59, S. 147. SANDARS, 1933, S. 148. FLEMING, 1922, S. 76. GLEICHEN, 1905, S. 99. BARBOUR, 1961, S. 217 (Kartenskizze).

[475] ZÖHRER, 1964/65, S. 133ff. Ferner: ONOR, 1925, S. 13. BERTARELLI, 1929, S. 737, 760. HEUN, 1963, S. 42. RAIT, 1961, S. 488. PAULITSCHKE, 1893, S. 210. LEWIS, 1955, S. 93.

[476] BARBOUR, 1961, S. 139; S. 270: „... the good grazing areas on either side of the Nile have for hundreds of years been the territory of numerous Arab tribes ..." – Vgl. REID, 1930, S. 196 (Baggara-Schafzucht am Weißen Nil), weiterhin Ausführungen über die Rinderweide einiger Sektionen der Humr im Überschwemmungsgebiet des Jurf, S. 163 vorliegender Arbeit.

[477] PETHERICK, 1861, S. 135. HARTMANN, 1879, S. 201. REID, 1930, S. 150. BARBOUR, 1961, S. 182 (Kartenskizze). BREHM, 1855, S. 284. – Ähnlich DAVIES (1966,

den Wirtschaftsgebieten betreiben die Hassanie eine verhältnismäßig intensive Feldbestellung.

Diese trockenzeitliche Weidenutzung in der Umgebung von Flüssen führt zu einer Art Transhumanz mit umgekehrtem Vorzeichen, denn hier wird das Oberland in der Regenzeit aufgesucht. Auf dem afrikanischen Osthorn halten sich beispielsweise die Karanle-Somal, ein Unterstamm der Bah-Arbera-Hawija, während der Trockenzeit im fruchtbaren Tal des oberen Webi Schebeli auf, wo sie auch die Uferzonen bebauen – in der Regenzeit ziehen sie sich auf das neu begrünte Weideland der umliegenden Berge zurück.[478] (Vgl. unten den Weidezyklus von Datoga-Stämmen.)

Die sumpfigen Niederungen am Galana- bzw. Gidabofluß in Südäthiopien, die in der Regenzeit wegen kilometerweiter Überschwemmungen unpassierbar sind, verwandeln sich in der Trockenzeit in ganz vorzügliches Notzeitweideland der Alabdu-Galla, deren Viehposten hier mit den Färsen und Jungstieren verbleiben können, während das übrige, sonnendurchglühte Tiefland ausgedörrt daliegt und Bäume und Stäucher eine graugelbe Farbe annehmen.[479]

Mit dem Worte „chafa“ bezeichnen die Galla in Kenia einen Landstrich, der in der Regenzeit unter Wasser liegt, also vorwiegend Flußufer. Wenn die Dornbuschsteppe westlich des Tana verdorrt, ziehen Galla-Gruppen in die Kurawa-Ebene, so heißt eine Chafa-Landschaft per excellence, die dann gutes Weideland abgibt.[480]

Die Turkana vorwiegend des zentralen und südwestlichen Stammeslandes lassen ihre Rinder in der Trockenzeit in der Randzone der dortigen Flüsse weiden.[481] Ebenso treiben verschiedene Sektionen der Toposa ihre Herden an die Flüsse Lokalyan und Singaita,[482] Didingagruppen an den Lokido oder Kidepo.[483]

Bei den Kwafi-Masai zwischen Viktoria- und Baringo-See gab es eine auf Kiswahili Mtángayíko („Platz des Zusammentreffens“) genannte Sumpflandschaft. Alljährlich in der Trockenzeit kamen aus verschiedenen Himmelsrichtungen Nomaden mehrerer Kwafi-Sektionen in diese Gegend, um ihren Rindern die reichlich sprießende Grasweide zukommen zu lassen.[484]

Bei den Datoga beweiden die Unterstämme Buradik, Bajut, Bianjit und Dragwajek, im Gegensatz zu den Barabaig und anderen Gruppen, die Bergzone in der Regenzeit und vollziehen dann eine langsame Wanderung in Richtung auf das austrocknende Marschland in der Sibiti- bzw. Wembere-Ebene, das sie in der Trockenzeit (Oktober) als brauchbare Notzeitweide vorfinden.[485]

S. 198) über die Taaischa, die er als typische „short distance nomadic Arabs“ einstuft.

478 Lewis, 1955, S. 28.

479 Haberland, 1963, S. 274f., 286.

480 Werner, 1914, S. 135. Vgl. Kenya Land Commission, 1934, S. 1560 (Nutzung der Weiden in der Randzone des Tana durch Galla und Ogaden-Somal rechtlich genau festgelegt) und Brenner, 1868, S. 367.

481 Gulliver, 1953, S. 64; ders., 1955, S. 27, 29.

482 Seligman, 1932, S. 364.

483 Seligman, 1932, S. 362f.

484 Wakefield, 1870, S. 322.

485 Wilson, 1952, S. 47.

4. Das Abweiden von *Stoppel- und Brachland*, in manchen Fällen auch von Hirsefeldern, die nicht zur Reife gelangt sind, bedeutet die Verwertung von nicht bloß okkupierter Weide, sondern von „Anbaufutter“. Eine regelmäßige Nutzung dieser beschränkten Notzeitweide durch Nomaden ließ sich im Ostsudan[486] und bei einigen Somal nachweisen. Sofern nicht Weideabkommen zwischen Nomaden und Seßhaften abgeschlossen werden, wird diese Weidekategorie, deren Bedeutung insgesamt gesehen natürlich recht beschränkt ist, von denjenigen Wanderhirten genutzt, deren Angehörige im Rahmen des komplexwirtschaftlichen Viehpostensystems den Boden bebauen. Da die Arbeit der Feldbestellung von kleinen Menschengruppen geleistet wird, besteht die Tendenz zur Privatisierung dieser Art von Weideland. Die Eigentümer haben auch ein Interesse an der Düngung ihrer Nutzflächen.

Die Hadendoa, Schukrija und Süd-Bischarin lassen ihr Vieh, während sie am Atbara und Gasch Durra anbauen, in flußfernen Gegenden weiden und bringen es erst nach abgeschlossener Durra-Ernte auf die Stoppelfelder zurück (Januar bis März).[487] Ebenso schicken die Hassanie am Weißen Nil und die Humr-Baggara in Südkordofan ihr Vieh nach der Ernte auf die Hirsefelder, was bei den Humr auch nach Beginn der Regenzeit in der Absicht geschieht, die Felder der Viehbesitzer zu düngen.[488]

Die Nomaden der Butana treiben heutzutage ihre Herden, wenn in der heißen Jahreszeit akuter Weidemangel herrscht, auf die abgeernteten Felder der Gezira, wo sie sich von Hirsehalmen und anderen Abfallprodukten des Bodenbaus ernähren.[489]

Die Bewohner Berbers, die Mireifab, ließen ihr Vieh (zumindest noch zu Burckhardts[490] Zeit) von Lohnhirten in hochmobilen Weidekamps betreuen, die sich in der Regenzeit in den Gebirgen der Bischarin aufhielten; doch in den Wochen vor Einsetzen der Sommerregen lebte ihr Vieh „von den wilden Kräutern, die zwischen den Dhourra-Stoppeln so dicht wachsen wie Gras auf einer Wiese“.

Kawachla, Schenabla, Gimma und andere Anlieger des Kheiran genannten Brunnen- und Bodenbauzentrums in Kordofan benutzen die unbestellte Hälfte der Nutzfläche regelmäßig als Brachlandweide und zahlen eine Entschädigung an die Eigentümer (Ferachna-Dar Hamid).[491]

In Somaliland ist vor allem im Zweistromland sowie im Nordwesten und Südosten der Nordregion die Stoppel- und Brachlandweide auf den Sorghum- und Maisfeldern in den trockenen Wintermonaten eine wertvolle Reserve.[492]

486 Joshi, 1957, S. 63. Alim, 1962, S. 751.

487 Munzinger, 1864, S. 561. Sandars, 1933, S. 121 (Bischarin).

488 Hassanie: Petherick, 1861, S. 172f., 148 und Munzinger, 1864, S. 561. Humr: Cunnison, 1954, S. 54; ders., 1966, S. 22.

489 Barbour, 1961, S. 216.

490 1820, S. 90.

491 MacMichael, 1920, S. 238.

492 Nordsomaliland: Lewis, 1961, S. 103, 106; Mares, 1954, S. 422. Südsomaliland: Bertarelli, 1929, S. 730; Trust Territory, 1952, S. 63; Pankhurst, 1951, S. 189 (Brachlandweide); Bozzi, 1960, S. 403 (Stoppelweide). Vgl. Tarantino, 1930, S. 72 (in der Trockenzeit Mais- und Durrastengel an Milchvieh verfüttert).

Bei den Tunni wird in der längsten Zeit des Jahres das gesamte Weideland des Stammes für Angehörige aller Sektionen freigegeben; in der großen Trockenzeit aber (jilaal) wird die Weide um die Siedlungen und Nutzflächen der Viehbesitzer privat genutzt.[493]

5. Dort, wo sich die Isohyeten eines Klimagebietes auf engem Raum ablösen, ohne daß die Landschaft größere Höhenunterschiede aufweist (Sennar, Gezira, Butana, Kordofan, Darfur), kann die geschmälerte Futter- und Tränkwasserbasis in der Trockenzeit durch eine *Horizontalverlagerung in Gebiete mit höheren Niederschlägen und besserer Weideausstattung* ausgeglichen werden.[494] Diese Kategorie von Trockenzeitweiden nutzen die meisten sudanarabischen Stämme im Ostsudan, sofern sie einen nord-südlichen Verlagerungszyklus durchführen. Nomadenstämme wie die Hawawir, Kababisch, Dar Hamid, Rizeigat, Humr, Schukrija, die Rufaa[495] legen alljährlich ca. 250 bis 450 Kilometer zwischen ihren nördlichsten und südlichsten Siedlungspunkten zurück. Im nördlichen Stammesland der Kababisch (Kamelzüchter) fallen nur 50 mm Jahresniederschlag, im südlichen über 300 mm, und bei den südlich benachbarten Humr (Rinderzüchter) beträgt der Jahresniederschlag 350 mm im Norden und 800–1000 mm im Süden. Da die südlichen Stämme dieser Gruppe, vor allem die Baggara, an der humiden Peripherie des Nomadismus und der Großviehzucht überhaupt leben, können sie zwar in der Trockenzeit von der besonders guten Wasser- und Weideausstattung dieser Klimazone profitieren, leiden aber in der feuchten Jahreszeit um so mehr an exzessiven Regenfällen und an deren Begleiterscheinungen (Fliegen, Zecken, Hornissen, Mücken, Milben usw., Verschlammung, Unterkühlung der Tiere usw.), die zum Hauptmotiv der fluchtartigen, großräumigen Verlagerungen nach Norden werden.

Typische Stämme dieser Gruppe sind die Humr-Baggara und die Rufaa el Hoi (oder Abu Rof).

Während ihrer alljährlichen Nord-Süd-Verlagerung passieren die Humr allein vier bzw. fünf Landschaftsgürtel, die die enge Abfolge der Isohyeten sowie unterschiedliche Bodenverhältnisse in ihrem Stammesland widerspiegeln (Babanusa, Muglad, Goz, Bahr; tlw. Sahali – außerhalb der Stammesgrenzen.)[496] In der Regenzeit (bis Oktober – November) befinden sich die Humr in ihrer nördlichsten Position, in der Babanusa. Aus dieser Weidezone, die niemals verschlammt ist, nur wenige Fliegen hat und überreichliche Mengen einer „liseyg" genannten Weidepflanze aufweist, müssen sich die Humr infolge Aus-

[493] LEWIS, 1955, S. 93, nach COLUCCI.

[494] Tabelle 8 in der Beilage bringt ausführliches Material über die Abstufung der Jahresniederschläge und der Vegetation im Ostsudan.

[495] BARBOUR, 1961, S. 165f., 261, auf S. 166 und 182 Kartenskizzen der Verlagerungszyklen ostsudanischer Nomaden. LEBEUF, 1947, S. 431–438. MARNO, 1873, S. 247. Arabische Kamelzüchter: REID, 1930 und 1935. Baggara: LAMPEN, 1935, S. 130ff.; CUNNISON, 1954 und 1960. Schukrija: HEUGLIN, 1868, S. 439; BAKER, 1868, S. 102; MARNO, 1874, S. 260. Kenana, Kawachla, Agalin, Rufaa: GLEICHEN, 1905, S. 109.

[496] CUNNISON, 1954, S. 51–54; ders., 1966, S. 15–22, 24. Vgl. BARBOUR, 1966, S. 261 (Baggara allgemein).

trocknung und Salzmangel nach Süden in die Muglad zurückziehen. Diese Zone ist als Bodenbau- und Stammeszentrum anzusehen, hier befinden sich die einzigen permanenten Behausungen und die Kornspeicher, auch werden Märkte abgehalten; die Rinder fressen das kurze, saftige Gras der Naga'a-Ebenen und die Hirserückstände auf den Feldern. Die sich im Süden anschließende Goz muß dann (im Dezember) so schnell wie möglich, ehe die Wasservorkommen dieser Zone ausgetrocknet sind, durchquert werden. In der Bahr ganz im Süden verbringen die Humr die Trockenzeit, in der Nähe von Flußbetten, Teichen, später von Brunnen. Einige Sektionen (Aulad Kamil, Mazaghna, Aulad 'Omran) nomadisieren sogar bis in die Provinz Oberer Nil, wo ihr Vieh in der Sahali das hohe grobe Gras auf den ausgetrockneten Lehmflächen der Überschwemmungszone des Jurf abweidet (vgl. S. 160f).

Die Rufaa el Hoi verbrachten um 1870 die Regenzeit im Norden der Gezira (zwischen Khartoum und Wad Medani), bei Nachlassen der Niederschläge zogen sie südlicher, gegen Sennar, mit fortschreitender Dürre nach Sero, dann errichteten sie bei Haqra periodische Lager und hielten Markt ab, schließlich erreichten sie weiter südlich über die Steppe der Dschebel Dea und Abel den Dschebel Masmum und das Khor e'Deleb, von wo aus sie Überfälle in die Gebiete der Dinka, Burum und anderer Nilotenstämme unternahmen.[497]

6. Auf die nomadenwirtschaftliche Bedeutung eines *trockenzeitlichen Wechsels der Klimazone*, der im Hinterland des Roten Meeres und des Golfs von Aden möglich ist, wurde in dieser Arbeit schon verwiesen (S. 29, über den Gang der Jahreszeiten). Wir wollen hier einige Beispiele derartiger Verlagerungszyklen anführen.

Bei den Küsten-Amarar[498] bewirkt die Tatsache, daß sie sich im Grenzgebiet zweier Jahreszeitengänge befinden, zwei Hauptverlagerungen in ost-westlicher Richtung. Wenn im November oder Dezember, nach dem Abklingen der kontinentalen Regenzeit (Charief) Weidemangel im Hügelland eintritt, steigen sie in die nur ca. vierzig Kilometer entfernte Küstenebene (Gwineb) hinab, wo nach normalen Winterregen frisches Gras emporschießt; im März kehren sie in ihr Ausgangsgebiet zurück und suchen dann im April und Mai die ausgetrockneten Flußtäler (Khors) im Bergland auf, wo sie ihr Vieh vorzugsweise mit Akazienschoten über die letzte Phase der Trockenzeit bringen.

Interessante Anpassungen an die Variabilität der Niederschläge lassen sich bei den Diglel-Beni Amer nachweisen. Diese Sektion überwintert im Normalfall im Küstenhinterland des Roten Meeres und sichert sich somit eine gute Trockenzeitweide durch Überwechselung in eine jahreszeitlich ergänzende Niederschlagszone, doch wenn die Winterregen ungenügend fallen, ziehen sich diese Nomaden in umgekehrter Verlagerungstendenz auf die hohen Gebirge Eritreas zurück,

497 Marno, 1874, S. 258f., 161. Vgl. Hartmann, 1879, S. 200; Ganzenmüller, 1884, S. 154; Gleichen, 1905, S. 109. Eine Schilderung des modifizierten Wanderweges der Rufaa el Hoi bringt Davies, 1966, S. 196f. (mit Kartenskizze, eine solche auch bei Barbour, 1961, S. 182).

498 Sandars, 1935, S. 215. Davies, 1966, S. 193 (Amarar). Barbour, 1961, S. 217 (Kartenskizze). – Nord-Bedscha: Paul, 1954, S. 13f.

wo Tau und Nebel Weidevegetation auch im Winter grünen lassen, stützen sich also dann auf eine andere Kategorie von Notzeitweide.[499]

Die Az Hibtes-Nomaden der Bet Asgede haben in der Zeit der binnenländischen Sommerregen auf dem Hochland von Naqfa derartig gute Weide, daß sie ihre dornenumwallten Strohhütten-Dörfer für 5–6 Monate in den einzelnen Tälern und Talkesseln aufbauen können; die im Spätherbst eintretende Trockenheit veranlaßt sie dann zur Transhumanz in das durch Winterregen begrünte Küstentiefland (Sahel).[500]

Einige Stämme des nördlichen Somaliland (Issa, Gadabursi, Habr Aual, Habr tol Djala, u. a.) haben ihre Trockenzeitquartiere in der Küstenebene (Gwineb), das heißt während der großen binnenländischen Trockenzeit (jilaal) fallen hier Winterregen. In der übrigen Zeit des Jahres steigen sie je nach dem Grade der Austrocknung in das sich südlich anschließende Vorland des Ogo-Gebirges, wo bereits die Klimazone des Landesinneren mit doppelter Regenzeit beginnt. Während der kleinen binnenländischen Trockenzeit (hagaa) beziehen sie ihre höchsten Siedlungsplätze (im Ogo-Gebirge).[501] Verschiedene Warsangeli-Gruppen hingegen haben ihr Stammeszentrum im waldigen Bergland Nordost-somalilands, wo sie als Rinderzüchter in ziemlich stabilen Hütten (arisch) in kleinen Dörfern zu zwei bis drei Familien leben. Hier wird das Vieh an permanenten Brunnen unweit von ausgetrockneten Flußbetten getränkt und auf Weideland in den Lichtungen der Wälder getrieben, wenn es sich nicht gerade im Landesinneren oder auf den Winterweiden der Küstenebene befindet.[502]

7. *Irreguläre Maßnahmen zur Sicherung der Notzeitweide* ergreifen die Nomaden bei Erschöpfung aller anderen Möglichkeiten, ihr Vieh über die Trockenzeit zu bringen: das Treiben des Viehs auf verseuchte oder anderweitig gefährdete Weiden, Übergriffe auf fremdes Weideland, aber auch Nutzung fremder Weiden nach friedlicher Übereinkunft.

Wenn sich in Monaten der Dürre beispielsweise ein Viehbesitzer der Masai, nachdem sich keine Möglichkeit gefunden hat, das knappe Weideland seiner Nachbarn mitzubenutzen und er überall nur üble Aufnahme finden würde, dazu entschließt, seine Herden auf Weiden mit Tsetsefliegen, Zecken und anderen Krankheitsüberträgern zu bringen, dann ist dies vielleicht die einzige Chance, sein Vieh vor dem sicheren Hungertod zu bewahren.[503] Er erhofft sich aus dem unterschiedlichen Grade der Resistenz bzw. der Immunität der einzelnen Herdentierarten, Altersstufen, Geschlechter und Körperbautypen ein Überleben der widerstandsfähigsten Tiere. Samburu, deren Vieh nach Heuschreckeneinfällen oder bei Dürre nicht ernährt werden kann, schicken es schweren Herzens

499 Paul, 1950, S. 241; ders., 1954, S. 17. Vgl. Heuglin, 1877, S. 48.

500 Heuglin, 1877, S. 108.

501 Lewis, 1961, S. 38; ders., 1955, S. 92. Mares, 1954, S. 414. British Somaliland, 1945, S. 3.

502 Newbould, 1958, S. 36.

503 Pages-Jones, 1948, S. 52. – Die Masai der Athi-Ebenen in Kenia nutzen einen ca. 180 qkm großen, reichlich bewässerten Landstrich mit Gras-, Busch- und Waldvegetation nur in Zeiten exzessiver Dürre (Kenya Land Commission, 1934, S. 1263f.).

in Landstriche mit Giftpflanzen (en bene), oder in tsetseverseuchte Gebiete.[504] Auch die Suk verlieren große Mengen ihrer Rinder (durch Ostküstenfieber oder Pleuropneumonie), wenn sie sich infolge Trockenheit veranlaßt sehen, ihre Herden in die Gefahrenzone des Berglands zu treiben.[505]

Zahllose Beispiele der Nichtachtung fremden Weideterritoriums könnte man anführen. Übergriffe der Rufaa auf das Weideland der Agalin und anderer Nachbarn waren um 1870 eine häufige Ursache kriegerischer Auseinandersetzung.[506] Die Hassanie am Weißen Nil, durch den Getreidehandel in regelmäßigen Handelsbeziehungen mit den Kababisch stehend, mußten es sich gefallen lassen, wenn diese militärisch überlegenen Kamelzüchter in mageren Jahren ihre Weidegründe heimsuchten (um 1850).[507]

Die sudanarabischen Nomaden haben beispielsweise gegenüber den Wüstenstämmen der Nedsch in Arabien den großen Vorteil, daß sie durch Weideabkommen mit seßhaften Gruppen selbst in ausgesprochenen Dürrejahren ihr Vieh vor dem Schlimmsten bewahren können.[508] Die Scherab-Sektion der Hadendoa im Erkowit-Gebirge konnte 1911, als das Wetter außerordentlich kalt war, ihr Heimatland verlassen und in die stammesfremde Küstenebene hinabsteigen; umgekehrt kommen Nachbarsektionen, wenn sich das Gras in ihren Landschaften erschöpft, in das Erkowit-Gebirge, ohne daß die Scherab Einwände machen.[509] Die Somal im Süden des Osthorn überqueren bei ihren Wanderungen oftmals zahlreiche stammesfremde Weidegründe; z. B. passieren die Galgail, deren Stammesland sich südlich von Bulo Burti befindet, mit ihren Kamelen nicht selten die Territorien der Elai, Eile, Tunni und Bimal und gelangen dann im Dezember oder Januar bis in die Umgebung Kissimajus.[510]

8. Der tägliche Wirtschaftszyklus

Entweder einmal oder auch zweimal am Tage werden die Herden auf die Weide gelassen, wobei der Weidegang den Zeitpunkt des Melkens bestimmt. Wenn wir von den gelegentlichen Milchimbissen der Hirten auf der Weide oder dem Melken von Milchtieren der Karawanen absehen, wird in der Regel zweimal täglich in der Siedlung (meist innerhalb der Viehhürden) gemolken. Die Turkana jedoch melken ihre Kamele vier- bis siebenmal am Tage.[511]

Erstens besteht die Möglichkeit, die Herdentiere bereits vor dem ersten Melken das erste Mal auf die Weide zu schicken (Fall A). Dieser erste Weidegang

504 Kenya Land Commission, 1934, S. 1453, 1478; S. 1452 (Ausbruch von Trypanosomiasis infolge Nutzung verseuchter Weide); McKay, 1957, S. 274 („. . .there is no choice between the certainty of death of the stock from starvation and the chance of trypanosomiasis."), S. 272, und S. 317 (Somal in Kenia).

505 Kenya Land Commission, 1934, S. 1733.

506 Marno, 1874, S. 258f., 204. Hartmann, 1879, S. 200.

507 Kotschy, 1839, S. 5.

508 Barbour, 1961, S. 169.

509 Seligman, 1913, S. 597.

510 Trust Territory, 1952, S. 124.

511 Gulliver, 1953, S. 60.

ist bei Masaigruppen[512] beispielsweise um 8 Uhr, bei Suk-Nomaden[513] aber erst um die Mittagsstunde beendet; die Tiere werden dann abgemolken und zum zweiten Mal auf die Weide getrieben. Ein ähnlicher Tageszyklus ließ sich bei Baggara[514] bei Nomaden Eritreas,[515] bei den Boran-Galla Südäthiopiens,[516] bei Turkana (s. u.) und bei den Nandi[517] nachweisen.

Die häufiger geübte Praxis (Fall B) ist jedoch ein ganztägiger Austrieb der Herden mit vorhergehendem und sich anschließendem Melken (z. B. bei Galgail-,[518] Issa-[519] und anderen Somal;[520] bei Galla[521] und anderen Nomaden in Kenia;[522] bei Didinga, Nandi, wiederum Masai,[523] Karamojong[524]). Die Borana in Südäthiopien kombinieren beide Formen des täglichen Aus- und Eintriebes, indem sie (in den Familienkralen) bereits vor 9 Uhr, wenn das Melken erfolgt, einen Teil der Tiere austreiben und wieder zurückbringen, dem sich nach dem Melken der große Austrieb des gesamten Viehs anschließt.[525]

Das zweite Melken erfolgt frühestens um die Abenddämmerung herum, zumeist erst Stunden später, und zieht sich manchmal bis in die Nachtstunden hin (Somal,[526] Afar, Galla in Kenia,[527] Borana, Kababisch,[528] in Eritrea, Masai u. a.); so haben die Herdentiere nach dem anstrengenden täglichen Weidegang noch eine Ruhepause vor dem Melken. Diese arbeitsorganisatorische Maßnahme haben manche Autoren zu einem nicht vorhandenen Melktabu bei Tageslicht verallgemeinert (z. B. bei den Masai).[529]

Sicher ist der Tageszyklus des Abweidens, Melkens und Einkralens nicht ein starres, tribal festgelegtes Schema, sondern er hängt ab vom täglichen Temperaturgang,[530] vom Nährwert der Weide, vom Regenerationsbedürfnis der Herden, davon, ob die Nomaden auf der Durchreise sind oder ein Standlager

512 Stigand, 1913, S. 213f.
513 Beech, 1911, S. 9.
514 Lampen, 1933, S. 102. Cunnison, 1966, S. 102 (Humr).
515 Hildebrandt, 1874, S. 331.
516 Haberland, 1963, S. 80.
517 Hollis, 1909, S. 21. Huntingford, 1953, S. 80f.
518 Collins, 1960, S. 62.
519 Burton, 1861, S. 291.
520 Lewis, 1961, S. 56, 74. Ferrandi, 1903, S. 245. Cozzi, 1965, Allevamento, S. 133.
521 Werner, 1914, S. 129.
522 Kenya Land Commission, 1934, S. 1657.
523 Masai: Daryll Forde, 1963, S. 295. Nandi: Huntingford, 1953, S. 21. Didinga: Driberg, 1922, S. 215f.
524 Dyson-Hudson, 1960, S. 45.
525 Haberland, 1963, S. 80.
526 Mares, 1954, S. 419, 421. Buchholzer, 1959, S. 43. Lewis, 1961, S. 74. Paulitschke, 1893, S. 224.
527 Werner, 1914, S. 129.
528 Petherick, 1861, S. 328.
529 Masai: Thomson, 1885, S. 397; Baumann, 1894, S. 160. – Somal, bei Schafmelkung: Paulitschke, 1896, S. 289, nach Swayne.
530 Kalte Witterung kann Verzögerung des Austriebs bewirken, so bei Masai (Thomson, 1885, S. 346f.) und Dodoth (Thomas, 1965, S. 186).

beziehen, von der Arbeitsorganisation des Tränkens,[531] vom Nahrungsbedürfnis der Menschen, von der Insektenbelästigung[532] und von anderen Faktoren mehr. Mit zunehmender Seßhaftigkeit und wachsender Bedeutung anderer ökonomischer Komponenten verzögert sich möglicherweise allgemein der Weidegang des Viehs, weil andere Beschäftigungen, vor allem die Feldarbeit, die Menschen am Vormittag in Anspruch nehmen (z. B. bei den Teso).[533]

Der Austrieb kann sehr früh beginnen und geschieht manchmal (im Falle A) schon nachts (Baggara). Er erfolgt, wie der Eintrieb, durch spezielle Kraltore der einzelnen Viehbesitzer, wie ja auch das Vieh streng nach Besitz getrennt in den Pferchen untergebracht wird. Am häufigsten geschieht der Austrieb im Untersuchungsgebiet ein bis zwei Stunden nach Sonnenaufgang, nach dem ersten Melken (Fall B). Die Masai-Frauen pflegen bereits um 4 Uhr morgens die jüngsten Kälber zu ihren Kühen zu bringen, damit sie sich bis zum Austrieb ihrer Muttertiere ausreichend mit Milch versorgen können.[534] Der Zeitpunkt des Austriebs kann für die einzelnen Tierarten unterschiedlich festliegen. Von Masaigruppen z. B. ist bekannt, daß die Rinder das erste Mal gegen 8 Uhr von der Weide zurückkehren und gemolken werden (Fall A), während das Kleinvieh nicht vor 8–9 Uhr den Kral verläßt (Fall B).[535] Während bei den Turkana des Kolosia-Distriktes Rinder, Ziegen und Esel bereits um 5 Uhr morgens auf die Weide geschickt werden und drei Stunden später zurückkehren, sind die Kamele hier alltäglich die letzten auf der Weide, die sie kurz vor Anbruch der Dunkelheit wieder verlassen.[536] Während die Turkana (ebenso wie Nandi[537] und Masai) den Morgentau als sehr förderlich für das Gedeihen der Rinder ansehen, ist man bei Ziegen vorsichtig, denn ihre Klauen quellen und platzen, wenn sie über taufrisches Gelände getrieben werden.[538] Die Turkana des Kolosia-Distriktes führen ihre Rinder und Esel am späten Vormittag beim Grasen langsam einem Wasserloch zu, das um die Mittagsstunde erreicht wird; nach dem Tränken weiden sie bis 5 Uhr.[539]

Um die Mittagsstunde liegt die unproduktivste Weidephase des Tages – Hauptweidezeit ist der Nachmittag.[540] Die Rinder ruhen in den heißen Tagesstunden (ab 10–11 Uhr) aus und suchen nach Möglichkeit unter Bäumen vor der Hitze und Insektenplage Schutz. Das sudanische Kamel nimmt täglich etwa sechs Stunden lang Weidefutter auf; bei Getreidefütterung verkürzt sich diese Zeit beträchtlich.[541] Mit Ausnahme besonders kühler, regnerischer Tage nimmt

531 Gulliver, 1953, S. 60 (Turkana). – Vgl. auch S. 221 f. vorliegender Arbeit.

532 Dyson-Hudson, 1960, S. 45 (Karamojong).

533 Lawrance, 1957, S. 145.

534 Merker, 1910, S. 32.

535 Stigand, 1913, S. 213f.

536 Emley, 1927, S. 184.

537 Hollis, 1909, S. 21.

538 Emley, 1927, S. 184.

539 Emley, 1927, S. 184.

540 Bettini: 1944, S. 126. – Somal: Paulitschke, 1888, Beiträge, S. 32; Cozzi, 1965, Allevamento, S. 132. Boran-Galla: Haberland, 1963, S. 71. Karamojong: Joshi, 1957, S. 222.

541 Acland, 1932, S. 129. – Somaliland: Lewis, 1961, S. 74; Pellegrini, 1961, S. 37.

es von 10–14 Uhr kein Weidefutter auf – andererseits kann sich die Ruhepause bei extremer Hitze auch noch länger in den Nachmittag hinziehen.[541] BETTINI und COZZI weisen mit Recht auf einen großen Nachteil der nomadischen Weidewirtschaft hin: daß nämlich gerade die weidegünstigsten Phasen des Tages zum Treiben benötigt werden.[542]

Auch der abendliche Eintrieb ist wohlorganisiert. Die Inspektion der zurückkehrenden Herden ist das Hauptvergnügen der Viehbesitzer.[543] Bei den Borana Südäthiopiens werden zuerst die größeren, noch nicht entwöhnten Kälber in ihren Hürden untergebracht, dann folgen Schafe und Ziegen nach; zuletzt, meist nach Sonnenuntergang, kommt die Rinderherde, die bei voller Dunkelheit abgemolken wird.[544] – Nachts werden die Tore der umwallten Siedlung verschlossen.

Nachtweide. Ist bei den Baggara die Umgebung der Siedlung ohne Löwen, dann werden Rinder[545] wie auch Schafe[546] in der Nacht oder am frühen Morgen auf die Weide getrieben (das diesbezügliche Verb heißt: el bar 'amajan).[545] Die Nachtweide, die am späten Abend nach dem Melken beginnt, wird von den Baggara allgemein als sehr gedeihlich, für ihre Rinder betrachtet, und eine Herde, die häufiger nachts weidet als üblich, wird als „serrāb" bezeichnet.[547] Ein angepflockter Herdenbulle dient als Wachtier – wenn Raubtiere sich der Herde nähern, fängt er an zu brüllen, und der schlafende Hirt kann Gegenmaßnahmen ergreifen.[547] Eine ähnliche Funktion erfüllt bei manchen Somal der Esel,[548] den man über die Nacht außerhalb der Zariba (Dornenumwallung) weiden läßt und der den Kral bei Bedrohung durch Raubtiere ebenfalls durch Schreien alarmiert.

Bei den Hassanie werden die Rinder nach der Duchnernte auf die Stoppelweide geschickt, wo sie wohl auch in der Nacht gelassen werden.[549] Auf den Weiden in der Umgebung der Masai-Kriegerkrale lösen sich nachts die Hirtenjungen und die Mütter der Krieger in der Bewachung der Herden ab.[550] Wohl kennen die Somal die Nachtweide von Pferden[551] und Kleinvieh,[552] doch wird sie hier anscheinend durch das Vorkommen von Giftschlangen und Skorpionen eingeschränkt.[553]

Ein Weiden in den frühen Nachtstunden oder in der Zeit vor Sonnenaufgang ist auch bei Tieren von Handelskarawanen üblich sowie im Falle, daß eine

542 BETTINI, 1944, S. 128. COZZI, 1965, Allevamento, S. 132.

543 Humr: CUNNISON, 1966, S. 32. Dodoth: THOMAS, 1965, S. 6. Borana: HABERLAND, 1963, S. 80f., 33.

544 HABERLAND, 1963, S. 81.

545 LAMPEN, 1933, S. 102. – JOSHI, 1957, S. 63 (Kosti-Distr.).

546 REID, 1930, S. 197.

547 REID, 1930, S. 195. CUNNISON, 1966, S. 64, 69 (Humr).

548 LEWIS, 1955, S. 70, nach DRAKE-BROCKMAN, 1912.

549 PETHERICK, 1861, S. 172f. („. . . cattle . . . are no longer confined at night within the narrow limits of their pens.").

550 MERKER, 1910, S. 84.

551 BERGHOLD, 1899, S. 50.

552 STAFFORD, 1931, S. 124.

553 PAULITSCHKE, 1896, S. 26.

nomadische Lokalgruppe nur ein Transitlager bezieht. So schicken Somal und Afar, wenn sie unterwegs sind, ihr Kamele Stunden vor Tagesanbruch auf die Weide und hängen ihnen Holzklappern an den Hals, damit sie sich nicht verlieren; dasselbe geschieht am späten Abend vor der Nachtruhe.[554] In Nubien und Kordofan lassen die Karawanen ihre Kamele nachts weiden.[555] Damit sich die Tiere nicht allzuweit vom Kamp entfernen können, bindet man den Unterschenkel eines Vorderbeins an den betreffenden Oberschenkel des Tieres (vgl. S. 229f.).

Der *Tageszyklus bei Verlagerungen.* Soll die Siedlung verlegt werden, dann packen die Nord-Somal[556] (wie auch die Masai[557] und andere Nomaden) noch in der Dunkelheit Hütte und Hausrat auf die Lasttiere; gegen 3 oder 4 Uhr morgens, also noch vor Sonnenaufgang, bricht man auf.[558] Diese Nomaden wandern dann bis 8 oder 9 Uhr, oder auch bis kurz vor Mittag. Mensch und Tier ruhen in den Mittagstunden, in der Zeit der größten Tageshitze. Will man rasch vorankommen, dann setzt man den Zug nachmittags ab 15 oder 16 Uhr fort (nach anderen Angaben schon ab 13 Uhr).[559] Die Somal legen, je nach den Umständen, 20–35 Kilometer pro Tag zurück.[560] – Die Kababisch brechen in aller Frühe auf und setzen ihren Marsch ohne Pause 10 Stunden lang fort, allerdings im sehr bemessenen Schritt schwerbeladener Kamele[561] (Vgl. Übersicht 2 im Anhang, über Beweglichkeit und Transportleistung, S. 295–299).

Wie der normale Tageszyklus in einer nomadischen Siedlung, so ist offenbar auch der Zyklus bei Verlagerungen kein starres Schema, sondern er wird je nach der Dringlichkeit der Verlagerung, nach dem Grade der Gefährdung, nach den Bodenverhältnissen, nach der Jahreszeit usw. abgewandelt. Die Wiederaufnahme des Trecks am Nachmittag hängt von der Eile ab, mit der man ein bestimmtes Fernziel (über Transitlager)[562] erreichen will. Wenn z. B. in der Zone am Blauen und Weißen Nil die Regen besonders reichlich ausfallen oder früher einsetzen, dann kann es für die Rufaa-Sudanaraber eine Existenzfrage sein, ob sie ihr Vieh rechtzeitig vor den todbringenden Fliegen über den 13. Breitengrad nach Norden in Sicherheit bringen können.[563] In solchen Fällen wird dem Vieh ab den Abendstunden nur die allernotwendigste Rast gegönnt und am frühen Morgen schon wieder aufgebrochen. Wenn die Nomaden Überfälle[564]

554 Paulitschke, 1893, S. 224.
555 Hartmann, 1869, S. 247. Cuny, 1863, S. 15.
556 Lewis, 1961, S. 62. Burton, 1861, S. 281. Proshogin, 1963, S. 142.
557 Merker, 1910, S. 176.
558 Mares, 1954, S. 420. Paulitschke, 1896, S. 288, nach Swayne.
559 Paulitschke, 1896, S. 288, nach Swayne.
560 Lewis, 1961, S. 62. Mares, 1954, S. 420.
561 Seligman, 1918, S. 117.
562 z. B. Masai: Merker, 1910, S. 177.
563 Marno, 1874, S. 285.
564 Lewis, 1961, S. 62. Burton (1861, S. 261) konnte im Kontaktgebiet kriegerischer Somalistämme nur nachts reisen: „Am gefährlichsten ist die Tageszeit bei Sonnenaufgang und vor Sonnenuntergang, weil die Beduinen ihre Pferde nicht gern der Sonnenhitze und sich selber nicht dem Abendthau aussetzen." Vgl. Lauture, 1855, S. 298.

befürchten müssen, oder wenn die Tageshitze unerträglich ist,[565] wandern sie nachts.[566]

9. *Beziehungen zwischen Hirt und Herde*

Alle Feldforscher und Beobachter der ost- und nordostafrikanischen Wanderviehzucht stimmen darin überein, daß es sich bei den dortigen Tieren um ein widerstandsfähiges, *gelehriges und fügsames Herdenmaterial* handelt,[567] bei dem nicht auf Kosten der Widerstandsfähigkeit gegen Krankheiten und klimatische Unbilden sowie auf Kosten der Feinheit der Sinnesorgane hochspezialisierte Zuchtleistungen (Milch, Wolle, Fleisch, Häute) wie beim europäischen Vieh erworben wurden. Trotz der Armut an Produktionsinstrumenten und speziellen viehzüchterischen Praktiken und Heilmethoden für das Vieh wachsen die Tiere der Nomaden von der Geburt an in sorgfältiger Pflege aller Mitglieder der Hirtengemeinschaft auf. Die Jungtiere sind die Spielgenossen der Kinder und teilen mit ihnen nicht selten Zelt oder Hütte; selbst große Tiere, Stiere und Kamele, lassen sich von kleinen Kindern willig leiten. Die Erwachsenen führen regelrechte Unterhaltungen mit ihren Herden. Das Verhältnis zwischen Mensch und Tier ist vertraulich, kameradschaftlich, betont emotionell.[568]

Mißhandlung oder Vernachlässigung von Vieh ist selten. Dennoch sah BURTON,[569] wie bei den Issa-Somal die Herden frühmorgens „von den Männern mit dem Speer, von den Frauen mit dem Stecken zur Weide getrieben“ wurden. Auf Zwangsmittel wie Nasenringe (bei Masai[570]), Führungsleinen im Nasen-

[565] z. B. Afar in der Assal-Ebene (AUBERT DE LA RUE, 1939, S. 114).

[566] KLUNZINGER, der Oberägypten und Nubien bereiste (1877, S. 221): „Die Kamele gehen in der kühleren Nachtluft rascher als bei Tag, und das unsichtbare Wegfutter zerstreut ihre Gedanken nicht.“

[567] Baggara: LLOYD, 1910, S. 266. Kenana, Rufaa, Schukrija, Batahin: INDIGENOUS CATTLE, 1957, S. 52f.; JOSHI, 1957, S. 68. Eritrea: MUNZINGER, 1864, S. 145. Afar: AUBERT DE LA RUE, 1939, S. 65, 117f. Somal: HAGGENMACHER, 1876, S. 34; PAULITSCHKE, 1893, S. 223. Dodoth: THOMAS, 1965, S. 6. Nandi: HOLLIS, 1909, S. 20; INDIGENOUS CATTLE, 1957, S. 17. Masai: JOHNSTON, 1902, S. 813f.; FISCHER, 1885/86, S. 71.

[568] Drei Bemerkungen HABERLANDS über das Rind bei den Galla Südäthiopiens mögen für viele sprechen: „Wenn Rinder an einem sitzenden Alabdu vorbeikommen, erhebt er sich und grüßt diese mit diesem alten Spruch: ... Horn und Holz, der Schwanz bewegt sich hin und her, o Vieh, wie geht es Dir?“ (1963, S. 288) – „Ich habe immer wieder bewundert, mit welcher Güte und Sanftmut die Borana noch mehr als mit dem ausgewachsenen Vieh mit den Kälbern umgingen, obwohl diese häufig genug in den Häusern Schaden anrichteten. Man drängt sie nur mit freundlichen Worten beiseite – ‘sie sind doch Kinder und verstehen wie diese auch noch nicht alles‘.“ (1963, S. 90). Die Arussi-Galla halten beim Tode besonders geliebter, überalterter Kühe, die eines natürlichen Todes sterben, regelrechte Totenklagen ab (1963, S. 428).

[569] 1861, S. 291.

[570] ULLRICH, 1959, S. 74.

septum der Stiere (Butana-Nomaden,[571] Mensa),[572] Fußfesseln für unruhige Milchkühe, Maulkörbe für brünstige Kamelhengste,[573] Prügelei und dergleichen greifen die Nomaden nicht oft zurück. Nach SWAYNE sollen störrische Somali-Kamele mit glühenden Eisen oder angebrannten Pflöcken gebändigt werden.[574] EMLEY,[575] ein langjähriger Beobachter der Turkana, betont im Gegensatz zu GULLIVER,[576] eine grausame Behandlung der Tiere sei hier nicht selten, obwohl er ihnen Liebe zum Vieh nicht abspricht. Er meint wahrscheinlich in erster Linie Mißhandlungen der Tiere durch halbwüchsige, entferntere Verwandte des Viehbesitzers, die zudem noch ein Interesse an einem nicht eingeplanten Schlachtfest haben (Todesfälle durch Knüppeln oder Steinigen des Viehs, Gleichgültigkeit gegenüber Raubtieren). Auch U. ULLRICH[577] spricht von ausgesprochen roher Behandlung von Jungvieh durch Masaiknaben. – In geschichteten Hirtengesellschaften wie bei den Mensa und Marea in Eritrea mußte das infolge schlechter Behandlung durch Tigre-Hirten krepierte Vieh zur Strafe dem adligen Herrn abgeliefert werden.[578]

Die Herdentiere des Untersuchungsgebietes können trotz oder gerade wegen ihrer feinen Sinnesorgane, die an diejenigen der Wildtiere erinnern, in einem gefahrvollen Wirtschaftsmilieu zur Grundlage menschlicher Existenz werden. Die Rinder der Dschiddu-Somal[579] und der Masai[580] beispielsweise oder die Ziegen des Ostsudan[581] können Raubtiere aus großer Entfernung wittern und daher die Nomaden zu Gegenmaßnahmen veranlassen. Von den als Wachtiere dienenden Baggara-Bullen und Somali-Eseln war früher schon die Rede (S. 168). Die Boran-Galla behaupten, das Vieh würde auch in der Dunkelheit seinen Herrn oder seine Herrin am Körpergeruch erkennen.[582] – Bemerkenswert ist auch die tierpsychologische Bindung des Einzeltieres an die eigene, ihm vertraute Herde, wie uns CUNNISON[583] von den Rindern der Humr-Baggara berichtet.

Im folgenden sollen einzelne Züge der Beziehungen zwischen Hirt und Herde wie: Leit- und Lieblingstiere, die Verwendung von Viehglocken, Hütehunde, Laut- und Pfeifsysteme, die Methode des Abweidens einer Flur und Nebenbeschäftigungen der Hirten beim Hüten behandelt werden.

Eine große Hilfe beim Hütegeschäft sind besonders dressierte und gepflegte, auch äußerlich gekennzeichnete *Leittiere* innerhalb des Herdenbestandes, Tiere

571 STEIN, 1960, S. 49.
572 HÖFNER, 1951, S. 744.
573 ACLAND, 1932, S. 141.
574 Bei PAULITSCHKE, 1896, S. 288.
575 1927, S. 184f.
576 1953, S. 61.
577 1959, S. 58.
578 Mensa: HÖFNER, 1951, S. 653. Marea: POLLERA, 1935, S. 182.
579 FERRANDI, 1903, S. 144.
580 MERKER, 1910, S. 91. WEISS, 1910, S. 391.
581 BREHM, 1927, Bd. 9, S. 32.
582 HABERLAND, 1963, S. 55, 91.
583 1966, S. 68f. Diese Nomaden vermeiden unnötiges Auswechseln der Tiere aus ihrer Herde, da es für einige Tage Unruhe in die Herde bringt und nicht selten zum Ausbrechen in die alte Herde führt.

beiderlei Geschlechts und keines bestimmten Alters, die sich durch besondere physiologische, morphologische und ästhetische Eigenschaften von der Herdenmasse unterscheiden, wahrscheinlich auch eng persönlich mit einzelnen Hirten verbunden sind (Lieblingstiere, persönliches Rind). Der Hirt verständigt sich mit Hilfe eines akustischen Signalsystems (s. u.) vor allem über die Herdenanführer mit seiner Herde.

Eine Rinderherde der Dodoth wurde in einem konkreten Falle von einer Kuh und dem Tochtertier angeführt.[584] Die schnellste und am besten aussehende Kuh (niemals ein Stier!) wird bei den Beni Amer[585] zum Leittier (w'at um matai); diese Anführerin trägt ein ledernes Halsband (matai), an dem oft eine *Viehglocke* (madawan) hängt. Auch die Baggara[586] machen Rinder mit besonders guter Körperform und Hörnerbildung zum Anführer (asi el bagar). Ob ihre Transportbullen[587] solche Leittiere sind, war nicht zu ermitteln, jedenfalls erinnern sie in ihrer äußeren Aufmachung (Dekoration mit gefärbten Lederstreifen, an denen Glöckchen befestigt sind, großer lederner Halskragen, gelāda, an dem eine größere Glocke hängt) an die Herdenanführer. Auch die Rinderherden der Somal dürften, da HILDEBRANDT allgemein Holzglocken für die Leittiere der Somaliherden[588] angibt und er Rinderzucht im Inneren ausdrücklich betont, derartige Leittiere haben. Hingegen fehlen bei den westlichen Somal Viehglocken.[589] Nach HABERLANDS Zeugnis ist auch bei den Galla die Verwendung von Rinderglocken (aus Eisen) ausgesprochen selten und bestenfalls auf das Vieh sozial Ausgezeichneter (Häuptlinge, Priester) beschränkt.[590] Bei den hamitonilotischen Rinderzüchtern hingegen ist das Vorkommen von Rinderglocken sowie Leittieren vielfach nachweisbar. Die Turkana[591] hängen an die geflochtenen Lederhalsbänder der betreffenden Rinder Eisenglocken. Die Dodoth verwenden Rinderglocken aus Schildkrott.[592] Bei den Jie[593] nennen einzelne Viehbesitzer bis zu zehn „bell-oxen“ mit deformierten Hörnern ihr eigen (welche Zahl wohl ein der Gesamtzahl der Rinder proportionaler Maßstab des Reichtums ist); ähnliches ist bei den Karamojong[594] der Fall. Die Masai hängen anführenden Kühen und besonders Ochsen, stellenweise auch großen Bullen, Holz-, Elfenbein- oder Eisenglocken um.[595]

Auch inwieweit die bei den meisten Hamitoniloten vorkommende Institution des persönlichen Rindes mit der der Leittiere übereinstimmt, bleibt unklar.

[584] THOMAS, 1965, S. 14.
[585] PAUL, 1950, S. 244.
[586] LAMPEN, 1933, S. 100. CUNNISON, 1966, S. 38 (Humr).
[587] REID, 1930, S. 196. [588] 1878, S. 376.
[589] PAULITSCHKE, 1888, Beiträge, S. 29.
[590] HABERLAND, 1963, S. 94f.
[591] WHITE, 1920, S. 221.
[592] THOMAS, 1965, S. 23.
[593] GULLIVER, 1952, African Abstracts, 1953, S. 131f.; ders., 1953, S. 54.
[594] INGRAMS, 1960, S. 289. DYSON-HUDSON, 1960, S. 56.
[595] BAUMANN, 1894, S. 26. MERKER, 1910, S. 173. BOETTGER, 1958, S. 68. MAERZ, 1941, S. 129. LEAKEY, 1930, S. 209. ULLRICH, 1959, S. 74. STIGAND, 1913, S. 214. FISCHER, 1885/86, S. 71. WEISS, 1910, S. 374.

Bei Jie, Karamojong, Turkana, Dodoth, Suk, Nandi, Barabaig-Datoga u. a.[596] bekommt der Sohn eines Viehbesitzers in früher Jugend einen Bullen oder auch ein Kuhkalb, die den Grundstock seiner künftigen Herde darstellen. Solche bei den Suk „kamar“ genannten Bullen werden mit Straußenfedern, Glocken und Lederanhängseln geschmückt, die Hörner werden deformiert, die Krieger umtanzen die Kamar, bestimmte Zeremonien werden um und für sie abgehalten, der Name des betreffenden Rindes überträgt sich auf den Besitzer.[597]

Gelegentlich kommen besonders geweihte Tiere vor, von denen nach der Vorstellung pars pro toto das Wohl der ganzen Hirtengemeinschaft und der Herden abhängt. Plowden[598] schreibt von den Habab:

> „In each small village there is kept a cow of one breed from generation to generation, on which the good fortune of the entire herd depends. This cow (or there may be two) is milked in peculiar vessels, and the milk must be drunk out of those vessels, as it would be sacrilege to drink it out of any other; these are of earthenware, whilst the other cows are milked into wicker-work vases.“

Wichtige Motive für die Anwendung von Viehglocken sind erleichterte Lokalisation des Leittieres in der Herdenmasse durch den Hirten und schnelleres Aufspürenv on abstreunendem oder verlorengegangenem Vieh (vgl. S. 135). Fokken[599] deutet die Funktion der Glocken des Masaiviehs:

> „Damit die Tiere sich mehr zusammenhalten und nicht so leicht verloren gehen, binden sie stets mehreren Tieren der Herde Glocken um den Hals. Wenn ein solches Tier geht, hört es seine eigene Glocke läuten, und man nimmt an, die Tiere liebten selbst das Glockengeläute.“

Merker[600] gibt ohne nähere Begründung das Tragen von Glocken bei Kühen, die ihr Kalb nicht dulden wollen, als Motiv an.

Leittiere anderer Herdentierarten tragen ebenfalls Glocken. Die Kamelherden der Somal werden von einem alten männlichen Tier mit einer Holzglocke (kor) angeführt,[601] oder mehrere Tiere der Herde sind damit versehen.[602] Diese Glocken geben einen dumpfen Klang von sich, den man nur in der Nähe hören kann. Auch Kamelklappern[603] sind bekannt. Wo das Kamel zu den Galla gelangte, haben sie von den Somal auch deren hölzerne Kamelglocken übernommen.[604] In manchen Fällen trägt das Kleinvieh der Galla „Glocken“

596 Jie: Gulliver, 1955, S. 59. Karamojong: Dyson-Hudson, 1960, S. 56. Dodoth: Thomas, 1965, S. 8f. Nandi: Huntingford,1953, S. 21. Barabaig: Wilson, 1953, S. 51. – Bei den Baggara fehlt die Institution des persönlichen Rindes (Cunnison, 1966, S. 38).

597 Beech, 1911, S. 8. Schneider, 1957, S. 280.

598 Bei Murray, 1927, S. 46, nach Plowden, Travels in Abyssinia, S. 14; ähnliches nach Murray auch bei den Ababde.

599 1914, S. 27.

600 1910, S. 173.

601 Burton, 1861, S. 276. Lewis, 1955, S. 67. – Hildebrandt, 1878, S. 376.

602 Pellegrini, 1961, Abb. S. 49.

603 Paulitschke, 1888, Beiträge, S. 29; ders., 1893, S. 224.

604 Haberland, 1963, S. 95; Tafel 35, Abb. 6.

aus Schneckenhäusern oder Schildkrott.[605] Die Schafe und Ziegen der Masai haben neben Glocken auch „Klöppel" aus Holz oder Schafhorn.[606] Die gemischt weidenden Kleinviehherden der Somal werden nach LEWIS[607] von einem alten Schafbock angeführt, nach SWAYNE[608] jedoch läuft stets eine Ziege als intelligentestes Tier Ostafrikas an der Spitze.

Wenn im Untersuchungsgebiet auch Jagdhunde[609] sowie Wachhunde[610] in den Siedlungen des öfteren vorkommen, und Paria-Hunde,[611] die mehr Schaden als Nutzen bringen, sogar häufig zu belegen sind, so ist doch der Nachweis eines tatsächlichen Einsatzes von *Hütehunden* nur vereinzelt zu erbringen.[612] Spezialisten der Haustierkunde wie HAHN[613] und BOETTGER[614] vertreten die Ansicht, daß die Verwendung von Hütehunden in Afrika und im Vorderen Orient eine junge Erscheinung ist, vermittelt durch fremde Kulturen, daß mithin das Hirtentum seit altersher in keiner Weise abhängig von ihnen war, zumal die halbdomestizierten Hunde der Wanderhirten nicht bellen sollen. Erst die durch Zucht und Pflege gehobenen Hunderassen erlernen das Bellen, verlieren aber bei Verwilderung sehr schnell wieder dieses Verständigungsmittel mit den Menschen.[615] Durch Intelligenz, Herdeninstinkt und hervorragende Dressur aller afrikanischen Herdentiere (vielleicht mit Ausnahme des Schafes) bestand kein kulturelles Bedürfnis für die Übernahme des Hirtenhundes. – Selbst dort, wo der Hund die Hirten auf die Weide begleitet, Raubtiere abwehrt und das Vieh wirklich zusammenhält, wird er zumeist geringgeschätzt, was im islamischen Bereich[616] durch die erklärte Unreinheit des Tieres noch befördert wird.

605 HABERLAND, 1963, S. 95; Tafel 27, Abb. 2.

606 MERKER, 1910, S. 173.

607 1955, S. 69.

608 Bei PAULITSCHKE, 1896, S. 289. Dgl. nach MÜLLER, 1903, S. 100, der wohl von PAULITSCHKE abgeschrieben hat.

609 Belege für Jagdhunde s. S. 94, Anmerkung 561.

610 BREHM, 1927, Bd. 3, S. 100, 27, 263f. (Ostsudan). HEUGLIN, 1869, S. 24 und TAYLOR, 1855, S. 330 (Hassanie). HILDEBRANDT, 1874, S. 339 (Habab, Bogos); ders., 1875, S. 14 (einige Somal des Inneren). HARRIS, 1845, S. 176 (Afar). WERNER, 1914, S. 131 und DENHARDT, 1881 (Kenia-Galla). RAYNE, 1918, S. 256 (Turkana). DYSON-HUDSON, 1960, S. 54 (Karamojong).

611 BREHM, 1927, Bd. 3, S. 234f., 265 (im Einflußbereich der Araber). SCHWEINFURTH, 1922, S. 206 (Nubien). STEIN, 1959/60, S. 152 (Butana). MUNZINGER, 1864, S. 330 (Beni Amer). HOYOS, 1895, S. 173f. und HILDEBRANDT, 1875, S. 14 (Somal). HABERLAND, 1963, S. 68 (Boran-Galla). JOHNSTON, 1902, S. 849 (Turkana und Suk). HOLLIS, 1905, S. 242 (Masai).

612 Das Fehlen von Hütehunden betonen AUBERT DE LA RUE (1939, S. 150 – bei Afar), BALSAN (1964/65, S. 128 – bei Midschurtin), HABERLAND (1963, S. 68 – bei Borana).

613 1896, S. 62f.

614 1958, S. 16, 14.

615 HAHN, 1896, S. 62. BOETTGER, 1958, S. 14. – Vgl. S. 94 und 238 vorliegender Arbeit.

616 Somaliland: HAGGENMACHER, 1876, S. 23; HILDEBRANDT, 1875, S. 14. Ostsudan: BREHM, 1927, Bd. 3, S. 234f.

Brehm[617] sah bei den Hassanie am Weißen Nil große Kamelherden von Hirten und einigen Hunden bewacht. Paulitschke berichtet bei den Issa-Somal[618] den Einsatz von „bellenden", „geschäftigen Spitzhunden" (êj) beim Hüten der Schafe, dem Hauptreichtum dieses Somali-Stammes; auch bei anderen westlichen Somal (Gadabursi, Habr Aual) gibt es Hütehunde.[619] Die Galla Kenias sollen zur „Bewachung ihrer Herden" Hunde einsetzen[620] – was Haberland bei den Boran-Galla in Südäthiopien ganz entschieden verneint.[621] Nach Reins vereinzelter Mitteilung lassen die Turkana ihre Herden „mit Hilfe von Hunden" weiden.[622] Grzimek[623] sah in einem speziellen Schafkamp der Masai magere „bläffende" Hunde, die abirrende Schafe solange kneifen, bis sie sich wieder der Herdenmasse anschließen. Nach Merker[624] sollen die Masai früher Hunde in größerer Zahl gehabt haben, doch mehr zum Wachen als zum Hüten – sie meldeten durch „Bellen" und Herbeilaufen zum Hirten das Nahen von Raubtieren.[625] Die jungen Hirten in den Viehlagern der Karamojong[626] haben jeweils einen Hütehund; er teilt Nahrung und Arbeit mit seinem Besitzer, wird auch mit Kräutern gefüttert „to make it fierce"; nachts ist er Wachhund.

Das wichtigste Medium der Lenkung der Herden durch die Hirten ist ein *akustisches Signalsystem*, wobei man die Namensgebung, das auf die Tiere Einreden, das Pfeifen und sonstige, vorwiegend gutturale Lautsignale unterscheiden kann.

Die weitverbreitete *Benamsung des Viehs* bringt manchen arbeitsorganisatorischen Vorteil mit sich, so z. B. wenn vor dem Melken, das oft bei Dunkelheit geschieht, eine bestimmte Kuh aus einer großen Herde herausgerufen werden kann (Baggara, Issa-Somal, Hassanie)[627] oder zumindest aus der Masse heraus brummend antwortet (Borana),[628] und dann, ihr Kalb leckend, sich willig melken läßt, oder wenn, wie in Kordofan belegt,[629] das mit Namen gerufene

617 1855, S. 288. Ebenso hüten die Bewohner um Melbeß in Kordofan ihre Herden mit Hunden (Brehm, 1927, Bd. 3, S. 263ff.).

618 1888, Harar, S. 119. Aubert de la Rue, 1939, S. 150.

619 Paulitschke, 1888, Beiträge, S. 30. Burton, 1861, S. 277 (erwähnt Hunde, „welche der Beduine wohl zu schätzen weiß, während der ansässige Somal sie verachtet und mißhandelt.").

620 Denhardt, 1881.

621 1963, S. 68.

622 1920, S. 380.

623 1959, S. 275f.

624 1910, S. 173. – Hildebrandt, 1878, S. 381. Johnston, 1902, S. 818. Johnston, 1886, S. 399. Handwörterbuch der Zoologie usw., 1888, Bd. 5, S. 330.

625 Daryll Forde, 1963, S. 296.

626 Dyson-Hudson, 1960, S. 53f.

627 Baggara: Reid, 1930, S. 195; vgl. Joshis Bemerkung über das Northern Sudan Shorthorn Zebu: „The cattle . . . are to a high degree responsive to voice signals from their owners." (1957, S. 68). Issa: Burton, 1861, S. 290. Hassanie u. a.: Petherick, 1861, S. 178.

628 Haberland, 1963, S. 82. Vgl. Kersten, 1871, S. 376 (Süd-Galla).

629 Berry, 1928, S. 283.

Rind aus der harrenden Herde hervorbricht und einen Tränktrog leert. Die Borana Südäthiopiens machen einem Kalb seinen Namen durch häufige Wiederholung spätestens nach einem Jahr begreiflich.[630] Oft bezeichnet man die Tiere nach farblichen und morphologischen Eigentümlichkeiten, aber auch Kose- und Spottnamen sind nicht selten.[631] Die Namensgebung ist geradezu ein Gradmesser der Wertschätzung und pfleglichen Behandlung der Herdentiere durch die Hirten – so haben die im Ostsudan kommerziell eingesetzten Kamele im Gegensatz zum Herdenvieh der Araber[632] zumeist keinen Namen. Die Besitzer kümmern sich nur ungenügend um eine weich sitzende Last, sie zwingen die Kamele durch Ergreifen der Nase oder Zerren am Halfter zum Niederlegen, treiben sie gewaltsam an – was mit Widerspenstigkeit und kläglichem Brüllen beantwortet wird.[633] Demgegenüber gehen die nomadischen Somali-Frauen, die das Verpacken von Hütte und Hausrat besorgen, sehr verständnisvoll und sanft mit ihren Lastkamelen um,[634] ebenso die Sudanaraber mit ihren Reitkamelen.[635]

Die Namen werden stellenweise von einer Kuh auf ihren Nachwuchs vererbt (z. B. bei Baggara).[636] Neben den Namen gibt es eine reiche betriebsökonomische Nomenklatur der Herdentiere nach Altersstufen, Geschlecht und Leistungskategorie. Die nördlichen Bedscha haben 13 Bezeichnungen für Altersstufen des Kamels.[637] Die Kababisch kennen differenzierte Termini für ein säugendes Kamelfüllen unter einem Jahr (madmun), für entwöhnte zweijährige Jungtiere (mafrud), für dreijährige (wad lebun oder bint lebun, Sohn oder Tochter der Milch, d. h. die Kamelmutter gibt bereits ihrem nächsten Fohlen Milch) und für in ihrem vierten Lebensjahr geschlechtsreif gewordene Kamele (higg oder higga).[638] Die Masai bezeichnen ein kleines Kalb im allgemeinen, das nahe am Kral bleibt, mit „ol gedari“, ein älteres, das weiter weg weidet, als „ol medimi“; ein noch älteres, das in der Nähe des Großviehs geweidet wird, heißt „ol aram“,[639] usw.

Lautsysteme. Marno[640] schildert das Tränken der Kamele der Rufaa am Nil als durch einen eigentümlichen Zuruf begleitet, mit dem die Besitzer ihre Tiere zum Trinken auffordern. In ähnlicher Weise ermuntern die Kababisch ihre

630 Haberland. 1963, S. 91.
631 Baggara: Reid, 1930, S. 195; Lampen, 1933, S. 100. Somal: Paulitschke. 1893, S. 223. Didinga: Driberg, 1922, S. 216.
632 Reid, 1935, S. 117 im Vergleich mit Davies, 1957, S. 96.
633 Davies, 1957, S. 96. Hartmann, 1869, S. 243, 239. Brehm, 1927, Bd. 7, S. 152. Beltrame, 1893, S. 267. Lauture, 1855, S. 125. Burton, 1861, S. 255 (Afar).
634 Paulitschke, 1896, S. 288, nach Swayne. Collins, 1960, S. 51.
635 Hartmann, 1869, S. 241f. Beltrame, 1893, S. 258. Masius, 1885, S. 92 (Araber, allg.). Davies, 1957, S. 102.
636 Reid, 1930, S. 195.
637 Clark, 1938, S. 21. Vgl. Esch, 1941, S. 74.
638 Davies, 1957, S. 106f. Vgl. Hartmann, 1869, S. 236f.
639 Merker, 1910, S. 175. – Haberland (1963, S. 63) bringt 17 Bezeichnungen für Rinder bei den Galla; diese Termini haben offenbar alle eigene Wortwurzeln.
640 1874, S. 286.

Kamele bei der Darreichung einer gemischten Salzlösung in einem Trog durch „gei-gei"-Rufe.[641] Eine kameltränkende Somali-Frau fiel COLLINS[642] auf, wie sie durch Summen auf ihre Tiere einwirkte. „Hirten schrieen auf allen Seiten ihren Kühen zu . . ." schreibt HARRIS[643] über die Tränkung einer Afar-Herde an einem Regentümpel. Die Ababde-Hirten führen einfache Zwiegespräche mit ihren Kleinviehherden, indem sie ein hohes „r-r-r-r-r-r", das weithin hörbar ist, mehrfach modulieren – die Tiere vermerken es aufmerksam und antworten durch Schreie.[644] Auch die Rinder der Galla in Kenia antworten den Zurufen der Hirten mit einem eigentümlichen Laut, sogar aus weiter Ferne.[645]

Die Masai rufen abstreunende Ziegen und Schafe mit dem Rufe „mboi" zurück.[646] Die Kamelhengste, die die Araber der Butana zum Wasserziehen an den Tiefbrunnen einsetzen, werden von Knaben, die auf ihnen reiten, mit der Kurbadj (Kamelpeitsche) sowie „mit eigenartigen Schlürflauten" dirigiert.[647] Hier im Ostsudan pflegen sich die Last- oder Reitkamele zum Beladen oder Abnehmen der Last bzw. zum Auf- und Absteigen hinzuknien, wenn Treiber oder Reiter einen bestimmten Kehllaut (etwa „khch") intonieren.[648] Nach LAUTURE[649] bedeutet „hhein" vorwärts, „rre" halt usw.; Gesang der Kamelleute hat auf die Lasttiere eine stimulierende Wirkung. Für Pferde ist wieder ein anderes Lautsystem üblich.[649]

Neben den eben angeführten Lautsignalen wird ein oft wiederholtes differenziertes *Pfeifen* in Schilderungen des Hütens, Tränkens und Verlagerns bei Nomaden erwähnt.[650] Einige Somal (Issa, Gadabursi) pfeifen auch auf einer Formio genannten Rohrflöte,[651] und die Kipsiki sollen nach PERISTIANY durch Flötenspiel sogar eine Kuh zur Milchabgabe an Menschen veranlassen können.[652] Die Masai kombinieren das Pfeifen manchmal mit Klopfzeichen auf einer Kalebasse.[653] BERGER[654] schildert, wie Masai-Hirten einer angeblichen mehr als 1000 Tiere zählenden Rinderherde in kritischen Momenten Herr der Situation bleiben:

> „Ganz sinnlos rannte die Herde über die Steppe hin, einem der in jenen Gegenden nicht seltenen tiefen Abstürze zu. Die Hirten merkten es, jagten mit einer geradezu

641 DAVIES, 1957, S. 111.
642 1960, S. 122.
643 1845, S. 121.
644 TREGENZA, 1955, S. 82.
645 BRENNER, 1868, S. 65.
646 MERKER, 1910, S. 60.
647 STEIN, 1958/59, S. 155.
648 BERNATZIK, 1942, S. 158. HEUGLIN, 1877, S. 28. BELTRAME, 1893, S. 267. HARTMANN, 1869, S. 243.
649 LAUTURE, 1855, S. 125. – BELTRAME, 1893, S. 267.
650 Kenana und Rufaa: INDIGENOUS CATTLE, 1957, S. 52. Nordwest-Somal: BURTON, 1861, S. 276. Galgail-Somal: COLLINS, 1960, S. 62. Nandi: HOLLIS, 1909, S. 20.
651 BURTON, 1861, S. 291.
652 Bei HUNTINGFORD, 1953, S. 41.
653 BAUMANN, 1894, S. 26.
654 BERGER, um 1930, S. 300. – Über Pfeifen gegenüber Herdenvieh bei den Masai s. auch: MERKER, 1910, S. 173 (neben Rufen); ULLRICH, 1959, S. 88, 26; ROSS, 1927, S. 130f.; WEISS, 1910, S. 374, 358.

unglaublichen Schnelligkeit an der Herde entlang. Einem von ihnen gelang es mit riesigen Sprüngen vor die Tiere zu kommen. Hier pflanzte er sich, Speer und Schild hochhebend, auf, stieß einen langen Pfiff aus, und ... plötzlich stand die Herde."

Im Ostsudan[655] wie auch auf dem afrikanischen Osthorn[656] machen nomadische Kamelführer bzw. -reiter ihre Tiere willig, indem sie in langen Sätzen schmeichelnd *auf die Tiere einreden.* Auch die Masai-Frauen, wenn sie bei Verlagerungen hinter bepackten Ochsen, selbst mit Lasten beschwert, einherziehen, „schmeicheln ihnen und sprechen ihnen Muth zu, rasch vorwärts zu gehen ..."[657] Zu dieser Einflußnahme von Nomaden auf ihre Tiere kann man auch den Gesang rechnen: Hollis[658] gibt die Masai-Geschichte von zwei Söhnen wieder, die jeder eine Lieblingskuh in ihren Herden hatten,

„and when they wanted to milk her they only had to sing ... She yields her milk though no calf is near ..."

(Vgl. S. 177, Gesang der Kamelleute). Bei den westlichen Arussi-Galla leiteten die Frauen die Tiere allein mit ihrer Stimme, wenn sie während der Transhumanz den Herden voranschritten.[659]

Umgekehrt deuten auch die Nomaden alle möglichen lautlichen und physiologischen Regungen ihrer Herde und reagieren dementsprechend. Die Gudschi-Galla können die einzelnen Tiere ihrer Herden an der Stimme unterscheiden.[660] Besonders den Hirten der Dschiddu-Somal sagt man nach, sie verstünden die Sprache der Tiere. Aus einer bestimmten Art des Brüllens der Rinder entnehmen sie, ob ein aufziehendes Unwetter die Herde bedroht, ob eine Kuh ihr Kalb vermißt oder ob die Tiere Hunger und Durst leiden usw.[661]

Zusammenfassend läßt sich sagen, daß die Nomaden durch die verschiedenen Medien des akustischen Signalsystems wohl in der Lage sind, den Tieren Befehle (wie: sich nicht vom Wege zu entfernen, zurückzukommen, stehenzubleiben, sich zu beeilen, zusammenzuströmen usw.) verständlich zu machen.

Recht selten sind Angaben darüber, wie sich das *Abweiden einer Flur* durch eine Herde abspielt. Ross[662] schildert den Weidegang einer Schafherde der Masai im großen Grabenbruch in Kenia:

„A Masai youth is whistling to his flock of sheep ..., sauntering in front of them, halting frequently – when he stands upon one leg ... The sheep cover upwards of half an acre, in a compact mass, strung out more or less in a crescent shape, with the main bunch in the middle. Occasionally our herd boy moves to one or another

655 Davies, 1957, S. 102.
656 Paulitschke, 1888, Beiträge, S. 32 (westl. Somal). Collins, 1960, S. 51.
657 Fischer, 1884/85, S. 71.
658 1905, S. 195.
659 Haberland, 1963, S. 431.
660 Schulz-Weidner, 1961, S. 321.
661 Ferrandi, 1903, S. 244.
662 Ross, 1927, S. 130f. Vgl. Thomson, 1885, S. 376. Diese „Nilotenstellung" auch bei Nandi sehr häufig (Huntingford, 1953, S. 39).

of the wings and corrects animals that are straying unduly. . . . He is having their portion of the valley floor cropped systematically."

Ein pflichtbewußter Samburu-Hirte geht seiner Herde von Zeit zu Zeit ein Stück voraus und hält nach guten Weideabschnitten sowie nach Raubtieren Ausschau.[663] Bei den Humr-Baggara[664] (und wohl auch bei den Nandi) erfolgt eine Arbeitsteilung von zwei Hirten für eine Rinderherde, „one to lead it and one to follow behind to see the stragglers". HABERLAND[665] weist bei den Borana Südäthiopiens darauf hin, daß die Rinderherden beim Grasen in ständiger Bewegung begriffen sind, da das Weidefutter in einer Landschaft nicht kontinuierlich anfällt, sondern zumeist nur auf bestimmte Flächen beschränkt ist. Als Ausnahmeerscheinung sei erwähnt, daß nördliche Somalihirten auf der wasserlosen Trockenzeitweide in der Haud-Landschaft des Osthorn sehr bewegliche Ponys als Reittiere einsetzen; ihr Tränkwasser wird mit Lastkamelen herbeigeschafft und mit Kamelmilch versetzt.[666] Höchst ungewöhnlich ist die Verwendung von Kamelen als Reittiere von Hirten in Nord-Somaliland, wie wir durch MARES[667] erfahren; das ist sicher erst eine Erscheinung aus neuerer Zeit (vgl. S. 74f.).

Manchmal verkürzen sich die Hirten die langen Stunden ihres Hütegeschäfts durch Anfertigung von Gebrauchsgegenständen. Bei den Issa und bei anderen Somal spinnen die Frauen und Kinder auf der Weide, auch drehen sie Seile aus den Fasern bodenrankender Pflanzen oder aus Rindenfasern.[668] Bei den Afar kann man oftmals Hirtinnen sehen, die Matten und schmale Bänder flechten, die später für mancherlei Zwecke zusammengenäht werden.[669] Auch schnitzen manche Somalihirten, ob jung oder alt, beim Hüten verschiedenerlei Gerätschaft (z. B. Löffel, Becher) aus Buchsbaum.[670]

Zuweilen stimmt man fröhliche Gesänge auf der Weide an.[671]

10. Bekämpfung von Raubwild

Der bewaffnete Schutz der Herden ist neben der Sicherung der Ernährungsbasis des Viehs und seiner geeigneten Unterbringung die eigentliche Aufgabe der Hirten. Jeder einzelnen Weidelandschaft sind Vor- und Nachteile zu eigen –

663 SPENCER, 1965, S. 10.

664 CUNNISON, 1954, S. 58. Vgl. HOLLIS, 1909, S. 20 (Nandi).

665 1963, S. 71. – Während des Austriebs auf die Weide oder auf dem Wege zur Tränke nimmt das Vieh u. U. Weidefutter zu sich (THOMAS, 1965, S. 14 – Dodoth; EMLEY, 1927, S. 184).

666 LEWIS, 1955, S. 67, 70.

667 1954, S. 420.

668 BURTON, 1861, S. 276, 291. LEWIS, 1955, S. 91; ders., 1961, S. 56. RAIT, 1961, S. 488.

669 HARRIS, 1845, S. 97. AUBERT DE LA RUE, 1939, S. 75, 130.

670 MARES, 1954, S. 472. HAGGENMACHER, 1876, S. 35.

671 West-Somal: PAULITSCHKE, 1888, Beiträge, S. 32. Beni Amer: PAUL, 1950, S. 244.

Gegenden mit knapper Futterbasis werden zumeist von Raubwild, Heuschreckenfraß, Tsetsefliegen, Zecken usw. verschont, hingegen fordern diese produktionsgefährdenden Faktoren in ökologisch bessergestellten Landschaften einen erheblichen Tribut. Die Turkana z. B. bewohnen das Bergland mit seinen Grasweiden, das der Rinderzucht vorbehalten ist, nur ungern, nicht zuletzt deshalb, weil es dort die meisten Raubtiere gibt, während sie sich in der dürren Ebene, die nur Kamel- und Ziegenzucht gestattet, lieber aufhalten.[672]

Sache der Kundschafter ist es, nicht nur den Nährwert der Weide und Tränkmöglichkeiten in neuen Wirtschaftsräumen zu untersuchen, sondern auch den Grad der Gefährdung durch Feinde und Raubtiere einzuschätzen. Von diesen Faktoren hängen nicht zuletzt die Siedlungsgröße[673] sowie die Ausrüstung des Hütepersonals ab, die vom einfachen Hirtenstab einsam hütender, oft noch kindlicher Hirten bis zum Geleitschutz von Dutzenden Kriegern oder (im Kriegsfall) von mehr als hundert Bewaffneten reicht.

Im menschenarmen Atbai-Gebiet, wo Großkatzen fehlen, sind die Hüteknaben der Bedscha-Nomaden,[674] wenn sie so alt sind, daß sie eine Kleinviehherde selbständig beaufsichtigen können, nur mit einem Dolchmesser versehen. Die Baggara pflegen, selbst in löwenreichen Gebieten, ihre Rinderherden noch ganz kindlichen, unbewaffneten, nur mit einer Trinkwasserkalebasse versehenen Hirten anzuvertrauen – trotzdem sind Verluste an Menschenleben nicht häufig.[675] Die jugendlichen Hirten der Nandi,[676] die den Weidegang des Viehs kontrollieren, haben nur einen Stecken, doch zahlreiche Krieger mit Speeren halten sich in der Nähe mehrerer Herden auf; auch die Masai[677] und Turkana[678] kennen eine ähnliche Arbeitsteilung zwischen dem Schutz und der Führung des weidenden Viehs. Kersten[679] nimmt eine funktionelle Dreiteilung der Masaikrieger vor: der erste Teil unternimmt Raubzüge, der zweite schützt als eine Art Landwehr Frauen, Kinder und ältere Männer und ein dritter Teil das Vieh auf der Weide. Die nördlichen Somal erwehren sich jeglicher Feinde durch die ständig mitgeführte Lanze, während man bei den südlichen Somal[680] hütende Männer oder Knaben oftmals mit Pfeil und Bogen antrifft. Wenn die Wachen der Midschurtin Raubtieralarm geben, sammeln sich die Männer zu Pferde zum Kampf gegen die verhaßten Schädlinge.[681] Bei den Tur-

672 Gulliver, 1955, S. 21.

673 Die Borana ebenso wie die Samburu schließen sich bei Raubtiergefahr zu größeren Siedlungen zusammen (Haberland, 1963, S. 31 bzw. Spencer, 1965, S. 20). Über dieselbe Erscheinung bei Kriegsgefahr s. S. 111 f. vorliegender Arbeit.

674 Clark, 1938, S. 8.

675 Lampen, 1933, S. 102.

676 Hollis, 1909, S. 20. – Die viehtränkenden Hirtenknaben der Dodoth erhalten Krieger als Geleitschutz (Thomas, 1965, S. 127).

677 Grzimek, 1959, S. 246. Merker, 1910, S. 83 u. a. – Nomaden Kenias: Wagner, 1947, S. 897.

678 Gulliver, 1955, S. 149.

676 1871, S. 24.

680 Zöhrer, 1964/65, S. 150f.; ders., 1959, S. 52.

681 Cruttenden, 1844, S. 329. Guillain, 1857, S. 451.

kana[682] übernehmen einzelne, gut bewaffnete Familienoberhäupter den Schutz mehrerer Kleinviehherden, die sie regelmäßig inspizieren; auch bei den Masai[683] hüten Knaben unter der Oberaufsicht älterer Männer.

Das pflanzenfressende Wild schadet dem Nomadenvieh nur wenig und indirekt, indem es die trockenzeitliche Futter- und Tränkwasserbasis[684] einschränkt, oder Viehkrankheiten überträgt.[685] Gewöhnlich aber sind es die Nomaden, die mit ihren überstockten Herden bei sich verknappender Weide die wildlebenden Pflanzenfresser in Lebensräume verdrängen, die nahrungsreicher und ungestörter sind. So geschehen z. B. auf dem afrikanischen Osthorn von Norden nach Süden in den letzten 100 Jahren.[686]

Durch ENGELLS[687] Untersuchungen können wir uns einen Überblick über die Verbreitung des *Löwen* im Untersuchungsgebiet verschaffen (Stand um 1910). In ganz Ägypten, in Nubien,[688] in der Butana, im nördlichen Kordofan, in den Nordzonen Takas und Sennars, also im Lebensraum der Ababde, Bischarin, Amarar, nördlichen Hadendoa, der Kamelzüchter wie Kababisch, Kawachla, Schukrija u. a. fehlt der Löwe gänzlich, ebenso im südlichen Eritrea und in der Danakilwüste; desgleichen in einem ca. 200 Kilometer breiten Streifen, der der Südostküste Somalilands bis Mogadischu parallel folgt; in einem ähnlich breiten Gürtel entlang der Nordküste des Osthorns wurde er in historischer Zeit ausgerottet. Löwen tauchen nach ENGELLS Einteilung „selten“ auf im südlichen Kordofan, in Darfur, in der Gezira, im südlichen Taka, desgleichen im Süden Sennars, in der Provinz Blauer Nil sowie im Restgebiet des Osthorn und im östlichen Kenia. „Häufig“ wird der Löwe erst im Verbreitungsgebiet des Rindernomadismus, also in der Südzone der Baggara, bei den Rufaa, Agalin, Hauasma, Beni Amer (d. i. südlich einer Linie Renk – Roseires – Gedaref – Cheren); im Süden bei Borana, Rendile, Turkana (was angesichts der Aridität zu bezweifeln ist), bei Jie, Karamojong und bei allen anderen Stämmen in Uganda. Im Kerngebiet der Masai und auch bei den südlichen Samburu schließlich erreicht der Löwe sein dichtestes geschlossenes Verbreitungsgebiet in Afrika.

Löwen sind Mensch und Vieh besonders dann gefährlich und eine wahre Geißel, wenn sie durch Alter, Krankheit oder Verletzung nicht mehr in der Lage sind, das schnellfüßige Steppenwild zu reißen, oder wenn sie sich, durch Erfolge ermuntert, an die Beraubung nomadischer Herden gewöhnt haben.[689] Solche trägen, auf Herdenvieh spezialisierten Löwen werden z. B. am Setit regelmäßig durch die großen Rinderherden der Beni Amer angezogen, wenn diese

682 GULLIVER, 1955, S. 149.

683 MERKER, 1910, S. 173.

684 Die Masai verjagen in der Trockenzeit Gazellen, Antilopen und anderes Wild von den offenen Tränkstellen.

685 Im zentralen Ostsudan: DAVIES, 1966, S. 197. – Die Afar sehen die Schakale als Überträger einer Kamelkrankheit an (AUBERT DE LA RUE, 1939, S. 38).

686 MARES, 1954, S. 470.

687 1911, Karte.

688 BREHM, 1927, Bd. 3, S. 24f.

689 BREHM, 1927, Bd. 3, S. 30, 25f. ULLRICH, 1959, S. 25.

sich im März auf den dortigen Trockenzeitweiden befinden;[690] und Hoyos bestätigt, daß bestimmte Löwen bei den Ogaden-Somal sich fast ausschließlich von Rindern, Schafen und Ziegen ernähren.[691] Auch Kamele werden unter Umständen vom Löwen angefallen (z. B. bei den Rufaa in der Süd-Gezira).[692]

Es ist klar, daß angesichts solcher Gefahren ein Herdenmaterial rassisch besonders wertvoll ist, wenn es beim Weiden dicht zusammenhält, und wenn es, wie viele Masaikühe, Kraft und Mut hat, die Angriffe des Löwen zu vereiteln.[693] Besonders den Rindern der Baggara sagt man nach, daß sie nicht herumstreunen;[694] die Typen der Nachzügler und Eigenbrödler unter dem Herdenvieh haben eigene Bezeichnungen; man sucht sie beim Kauf und wohl auch bei der Zucht als besonders existenzgefährdet auszuschalten (vgl. S. 243).[695]

Bei der Löwenjagd setzen die Hirten ohne zu zögern ihr Leben ein.[696] Selbst dort, wo die Jagd auf Pflanzenfresser (um Fleisch und Rohmaterial zu gewinnen) nur eine geringe oder gar keine Rolle spielt (so bei den Masai, den meisten Galla, bei den Rendile, bei Samburu, Suk und Nord-Somal u. a.) hat die präventive und defensive Jagd auf Raubtiere große wirtschaftliche Bedeutung. Bei den Barabaig-Datoga und Masai ist die Löwenjagd mit einem besonderen Ehrenkodex verbunden: erst die Töter von Löwen erlangen die Heiratsfähigkeit bzw. verbessern ihren sozialen Status.[697] Diese Jagd wird mit großer Energie und Ausdauer betrieben – einige wenige oder auch mehrere Dutzend Krieger fallen den Löwen auf offener Steppe mit Speeren an; Verstümmelungen, die man sich dabei zuzieht, werden stolz zur Schau getragen.[698] Ein befragter Familienältester der Masai im Alter von 45–50 Jahren wollte in seinem Leben selbst ca. dreißig Löwen getötet haben.[699] Trotz des derzeitigen Verbots der Löwenjagd gehört diese noch zum Alltag der Masai-Moran,[700] und bei den Barabaig-Datoga erhalten die Töter von Löwen (früher auch von Feinden) noch immer im Rahmen einer festverankerten Institution Vieh als Prämie (duk a

690 James, 1884, S. 181.

691 1895, S. 171. Noch heutzutage sind in Somaliland stellenweise die Löwen zahlreich (Somali Republic, 1961, S. 137).

692 Marno, 1874, S. 300ff.

693 Lersch-Eder, 1961, S. 248, nach Colonel Cowy, Leiter des Tierschutzes in Kenia: „Der Löwe wagt sich nur an einzelne schwache und zurückgebliebene Tiere, denn die Kühe sind stark, wild und wohl in der Lage, dem Räuber seine Vorliebe für Rindfleisch auszutreiben." – Von den Eseln der Turkana wird gesagt – mit welchem Wahrheitsgrad bleibt ungewiß – daß sie sich in Kreisen zusammentun und durch Ausschlagen den Löwen entmutigen (Stigand, 1913, S. 285).

694 Barbour, 1961, S. 166. Vgl. S. 78 vorliegender Arbeit.

695 Lampen, 1933, S. 100.

696 Baggara: Lampen, 1935, S. 134. Somal: Hoyos, 1895, S. 171; Silberman, 1959, S. 597.

697 Masai: Grzimek, 1959, S. 254.

698 Mallet, 1923, S. 187. Weiss, 1910, S. 391.

699 Pellegrini, 1961, S. 293.

700 Koenig, 1956, S. 86, 89. Shelford, 1910, S. 268. Ross, 1927, S. 42. Leys, 1926, S. 104.

geimart).[701] Die Verwandten des Töters ebenso wie die Anlieger der Weide, wo die Beute niedergestreckt wurde, sind zu dieser Zahlung verpflichtet; und für die bei der Erbschaft benachteiligten jüngeren Söhne ist diese Institution ein wichtiges Mittel, sich wirtschaftlich selbständig zu machen.

Viel schwieriger ist die Löwenbekämpfung innerhalb der Siedlung und während der Nacht, wenn Löwen die mehr oder minder hohe Dornenumwallung übersprungen haben, was immer wieder geschieht (Ostsudan, Somal, Turkana, Masai).[702]

Der *Leopard* ist oft noch mehr gefürchtet als der Löwe, weil er sich in der Regel nicht mit einem Beutetier zufriedengibt, sondern oftmals Dutzende auf einmal reißt, und – trotz seines Nachtlebens – die Herden auch bei Tage in außerordentlich kühnen Angriffen anfällt (v. a. bei Somal).[703] Im Ostsudan sind vortrefflich dressierte Windhunde in ihrer Masse wohl in der Lage, Leoparden wie auch Hyänen in die Flucht zu schlagen.[704] STAFFORD[705] berichtet einen Fall von den nördlichen Somal: ein Mann und zwei Frauen hüteten in der Nacht ihr Vieh, als es von einem Leoparden angefallen wurde; zu dritt bekämpften sie das Tier und erdrosselten es mit bloßen Händen, trugen aber entsetzliche Verletzungen davon, die nach Monaten jedoch gut ausgeheilt waren. Obwohl die Dulbahante-Somal der nördlichen Gebirge im Jahr manches Hundert Leoparden erlegen, schreibt MENGES,[706] vermindere sich ihre Zahl doch nicht spürbar. Die Somal können Leoparden und andere Raubtiere auf 20–30 Meter Entfernung mit dem Speer sicher treffen und töten.[707] Die Afar legen zur Bekämpfung des Leoparden Waldbrände an.[708]

Hyäne und *Schakal*[709] schließlich werden dem Kleinvieh und den Jungtieren gefährlich.[710] Trotz der Beseitigung des Aases richten die Hyänen mehr Schaden als Nutzen an. Bei den Masai[711] werden sie nicht als so drückend empfunden

701 WILSON, 1953, S. 44; ders., 1952, S. 39. HUNTINGFORD, 1953, S. 96.

702 BREHM, 1927, Bd. 3, S. 28f. (Ostsudan). FISCHER, 1885/86, S. 82 (Masai). Weitere Belege auf S. 238 vorliegender Arbeit.

703 PAULITSCHKE, 1893, S. 14. CRUTTENDEN, 1844, S. 329. HAGGENMACHER, 1876, S. 23. GUILLAIN, 1857, S. 451. MENGES, 1934, S. 231. HOYOS, 1895, S. 173. – BREHM, 1927, Bd. 3, S. 97 (Ostsudan) und ZAVATTARI, 1940, S. 500 (Borana).

704 BREHM, 1927, Bd. 3, S. 264, 27f.

705 1931, S. 124. – Ein Viehbesitzer der Dodoth tötete einen in der Nacht in die Siedlung eingedrungenen Leoparden nur mit einer Keule, ohne fremde Hilfe (THOMAS, 1965, S. 18).

706 1894, S. 231.

707 PAULITSCHKE, 1893, S. 116.

708 AUBERT DE LA RUE, 1939, S. 108f.

709 Schakale bedrohen die Jungziegen der Bet Asghede (CIPRIANI, 1940, S. 62). Von den Debeni-Afar werden sie mit Lanzen bekämpft (AUBERT DE LA RUE, 1939, S. 38).

710 Die Somal fürchten Hyänen (HOYOS, 1895, S. 175; MARES, 1954, S. 472); diese töten Kameljunge (BERGHOLD, 1899, S. 51). GRZIMEK (1959) schreibt als Kommentar zu einer Abbildung: „Den Tüpfelhyänen, nicht den Löwen fallen die meisten Jungen der Steppentiere zum Opfer“, und er meint sicher auch ein Gutteil Haustiere. – Vgl. auch BREHM, 1927, Bd. 3, S. 381f.

711 JOHNSTON, 1886, S. 399. JOHNSTON, 1902, S. 828.

wie anderswo: man verfolgt sie nur, wenn sie in die Siedlungen eindringen und Kinder rauben wollen. Die Frauen versuchen sie durch intensives Kreischen und Trillern vom Kral oder von der Weide zu vertreiben.[712] In Eritrea hingegen folgen die Hyänen den Verlagerungen der Herden und fallen sie in großen Scharen an.[713] Bei den Galla sollen besonders große Hyänen existieren, die auch lasttragende Esel töten.[714]

LAUTURE[715] und CUNY[716] erwähnen Giftschlangen bzw. Reptilien im Sudan, die durch ihren Biß Kamele töten und durch ihr bloßes Auftreten die Nomaden zum Umzug veranlassen. Auch Rinder können durch Schlangenbiß getötet werden (Masai).[717] Auf dem afrikanischen Osthorn beeinflussen Schlangen und Skorpione die Arbeitsorganisation wesentlich: weil diese Tiere in der Nacht besonders aktiv sind, reist man nur selten nachts bzw. hütet das Vieh ungern im Dunkeln.[718]

11. Aufsichtsloses Weiden

Die Möglichkeit, durch aufsichtlose Weide Arbeitskräfte zu sparen, ist dort gegeben, wo Raubtiere selten sind (also in ausgesprochenen Trockenzonen), wo man keinen Viehraub befürchten muß; wo Giftpflanzen, die von Herdentieren gefressen werden, fehlen, und wo instinktmäßige und wohl auch erworbene Eigenschaften (Dressur) Ortsbeständigkeit und Zusammenhalt der Herde sowie ihre Rückkehr in die Siedlung gewährleisten.

In der Literatur ließen sich Fälle unbeaufsichtigter Weide bei Kamelen,[719] Rindern, Ziegen[720] und Eseln belegen. CLARK[721] geht so weit, daß er bei den nördlichen Bedscha (im Atbai) das aufsichtslose Weiden als den Normalfall bezeichnet; auch GULLIVER[722] spricht bei den Turkana von einem unbeaufsichtigten Weidebetrieb in vielen Fällen. Bei manchen Stämmen werden die Felder von Bodenbauern durch streunende Herdentiere schwer geschädigt (Beni Amer,[723] Bischarin,[724] Raschaida),[725] was zu fortlaufenden Rechtsstreitigkeiten mit den Nomaden führt.

[712] FISCHER, 1885/86, S. 82. MERKER, 1910, S. 84.
[713] BERTARELLI, 1929, S. 549.
[714] PAULITSCHKE, 1896, S. 30.
[715] 1855, S. 141.
[716] 1863, S. 166 (sog. „dabi“).
[717] HOLLIS, 1905, S. 317.
[718] PAULITSCHKE, 1896, S. 30. HOYOS, 1895, S. 16. BERGHOLD (1899, S. 52) erwähnt eine dicke schwärzliche Giftschlange (manso), deren Biß ein Kamel in einer halben Stunde töten soll. Im Territorium Afar- und Issa-Küste sind Schlangen und Skorpione stellenweise häufig (AUBERT DE LA RUE, 1939, S. 73).
[719] Kamele der Afar: AUBERT DE LA RUE, 1939, S. 64.
[720] Bischarin: SCHWEINFURTH, 1922, S. 61.
[721] 1938, S. 19.
[722] 1953, S. 61.
[723] BARBOUR, 1961, S. 225.
[724] CLARK, 1938, S. 19. Vgl. auch PAUL, 1954, S. 7.
[725] POLLERA, 1935, S. 214.

Wenn sich ein Lager der Humr in der Nähe guter Weide befindet und Löwen fehlen, dann können sich die Rinder nachts selbständig auf die Weide begeben, und Einkralung oder Anpflockung entfällt.[726] Bei den Turkana[727] läßt man vor allem die (nicht streunenden) Rinder tagsüber allein auf die Weide; am Abend kehren sie selbständig in den Kral zurück, voran die milchliefernden Kühe. GULLIVER[728] macht hier Einschränkungen des unbeaufsichtigten Weidebetriebes bei Kamelen und Ziegen, weil sie angeblich dazu neigen, sich zu zerstreuen, doch VON HÖHNEL[729] und STIGAND[730] bezeugen selbständiges Grasen von Kamelen und Eseln bei diesem Stamm. Die Suk,[731] die den Esel erst in jüngerer Zeit von den Turkana übernahmen, praktizieren ebenfalls diese extensive Form des Weidegangs, die wohl auch bei Masai-Eseln hin und wieder vorkommt.[732] Das selbständige Weiden von Kamelen ist auch bei Bischarin,[733] Ababde und Hadendoa[734] häufig, gewöhnlich in Herden zu ca. 50 Tieren, manchmal auch in kleinen Gruppen zu 2–3 Stück; auch in der südlichen Butana ist es nachweisbar.[735] Die Viehbesitzer zwischen Berber und Wadi Halfa schicken ihre Kamele jeweils für 3–4 Tage zur Äsung in die Trockensteppe, von wo sie selbständig zurückkehren, um sich tränken zu lassen.[736] Die Hawawir in der Bajuda-Steppe gehen zuweilen noch weiter und überlassen während der Charief (Regenzeit) ihre Kamele monatelang sich selbst (was natürlich in der Trockenzeit völlig ausgeschlossen ist); die Tiere wählen sich nach eigenem Gutdünken ihre Weide und suchen sich auch Tränkwasser, falls sie nicht durch die taufeuchten Blätter und den Pflanzensaft genügend Flüssigkeit zu sich nehmen.[737] Auch bei den Issa-Somal war in einem Fall ein solcher Weidegang zu belegen.[738]

12. Die Salzversorgug

Die regelmäßige Versorgung der Wiederkäuer mit Kochsalz ist eine physiologische Notwendigkeit: sie brauchen es zum Ausgleich für die großen Kaliummengen, die sie mit dem Weidefutter aufnehmen (vgl. S. 64). Ist sie nicht gesichert, so treten zahlreiche Mangelerscheinungen auf, z. B. allgemeines Nachlassen der Kondition, verminderte Freßlust, große Empfänglichkeit für

[726] CUNNISON, 1966, S. 69, 64.
[727] GULLIVER, 1953, S. 61.
[728] 1953, S. 61.
[729] 1892, S. 716, 733.
[730] 1913, S. 285.
[731] BEECH, 1911, S. 9.
[732] HOLLIS, 1905, S. 178.
[733] SCHWEINFURTH, 1922, S. 61. CLARK, 1938, S. 19 (im Atbai).
[734] BURCKHARDT, 1820, S. 355.
[735] HEUGLIN, 1868, S. 434.
[736] JAMES, 1884, S. 236f.
[737] BREHM, 1855, S. 54; ders., 1927, Bd. 7, S. 147.
[738] PAULITSCHKE, 1885, S. 376.

Seuchen,[739] Einschränkung des Milchflusses,[740] gestörte Fortpflanzung usw. Daher ist eine ausreichende Menge Salz für das Wohlbefinden des Viehs noch wichtiger als nur gute Weide und reichlich Tränkwasser.[741] Salzgaben werden durch die damit verbundene Festigung der Widerstandskraft direkt als Heilmittel angesehen[742] (z. B. gegen Trypanosomiasis). Weiterhin spielt Salz bei der Mästung[743] eine Rolle, weil Salzgaben die Tiere außerordentlich freßlustig machen. Reichlich verfügbares Tränkwasser ist nach jeder Salzaufnahme Grundbedingung.

Die erforderliche Salzmenge kann den Herdentieren auf folgende Weise zugeführt werden:

1. indem man das Vieh an natürliche Salzlecken führt, die an Gewässern oder in Bodensenken durch Auslaugung entstehen,
2. durch Salzweide,
4. durch Verfüttern von Salz bzw. durch Beigabe von Salz in das Tränkwasser,
3. durch Brackwassertränke.

1. *Salzlecken.* Die Somal[744] führen ihre Kamele stellenweise an die Salzkrusten der Ufer jener austrocknenden Endseen, die nur periodisch oder episodisch von Regenflüssen (Tugs) gespeist werden. In ähnlicher Weise profitiert das Vieh der Boran-Galla unter anderem von dem Salzvorkommen an den Ufern der Kraterseen Sogida[745] und Dodda, das der Alabdu-, Uraga- und Mati-Galla von den Salzlecken am nordöstlichen Ufer des Margherita-Sees[746] (sofern man das Salz nicht in die Siedlungen transportiert), ebenso das der Tigre von den zahlreichen natürlichen Salzlecken der im Winter aufgesuchten Küstenlandschaft Samhar,[747] das der Beni Amer von den Natronschichten am Barka.[748] Die Masai und andere Nomaden im ostafrikanischen Seengebiet[749] führen ihre Herden

[739] Salzmangel fördert die Verbreitung von Rinderkrankheiten in Kordofan und Darfur (Pfund, 1878, S. 255), dgl. die Krätze (Werne, 1851, S. 239).

[740] Masai: Hollis, 1905, S. 121.

[741] So überstanden z. B. die auf der guten Weide des Leroki-Plateaus (Samburuland) gehaltenen Rinder die Dürre von 1959–1961 schlechter als die Rinder im Tiefland, wo die Weide viel knapper ist, das Vieh aber gut mit Salz versorgt werden kann (Spencer, 1965, S. 3, 6). Vgl. auch die Ausführungen über die Humr auf S. 187 u. 162f. vorliegender Arbeit.

[742] Sudan: Acland, 1932, S. 138f. Somal im südlichen Osthorn: Ferrandi, 1903, S. 245. Salzkuren in Nord-Kenia: Kenya Land Commission, 1934, S. 1660; McKay, 1957, S. 273. Turkana: Emley, 1927, S. 160.

[743] So gibt man im Ostsudan Lastkamelen vor Abreise der Karawane mit Salz versetztes Grünfutter und Getreide, was die Tiere zu verstärkter Aufnahme von Naturfutter anregt (Beltrame, 1893, S. 271). Daß Salzgaben der Mast förderlich sind, betonen weiterhin: Brehm, 1927, Bd. 7, S. 149 (Ostsudan); Kenya Land Commission, 1934, S. 1660 (Nord-Kenia); Wakefield, 1870, S. 322 (Kwafi-Masai).

[744] Springer, 1918, S. 173f.

[745] Haberland, 1963, S. 81.

[746] Haberland, 1963, S. 287.

[747] Hildebrandt, 1874, S. 319.

[748] Munzinger, 1864, S. 330.

[749] Springer, 1918, S. 175, 190f.

an geeignete Uferstellen des Baringo-, Abai-, Stefanie-, Suai-, Mangara-, Rudolf-, Natron-, Balangda-Sees usw., wo Soda, Kochsalz, Natron und andere Mineralien in der Trockenzeit auskristallisieren. Mitten in der Steppe entstehen Salzlecken, und zwar wenn in einer Bodenvertiefung das stehende Regenwasser den stark salzhaltigen Boden ausgelaugt hat und nach Verdunstung eine mehr oder minder starke Salzkruste hinterläßt.[750] Die Suk suchen ihre Salzlecken jeden Monat mit dem Erscheinen des Neumondes auf;[751] im gleichen Rhythmus werden die Rinder bei den Nandi und Kipsiki von den Männern zu den Lecken gebracht.[752] Für die rinderzüchtenden Baggara, die in den relativ humiden Landschaften des Untersuchungsgebietes leben, ist die Salzversorgung ein Hauptproblem. Wenn sie sich am Ende der Trockenzeit im südlich gelegenen Bahr-Gebiet aufhalten, gibt es neben Salzgras (ṭa'im) nur wenige Salzlecken (umm keddada);[753] und in dem sich nördlich anschließenden Landschaftsgürtel der Goz sind die Rinder so begierig auf Salz, daß sie bisweilen die Lagerfeuer austrampeln, um durch die Asche zu Salz zu kommen.[753] Im Herbst veranlaßt der mangelhafte Salzgehalt[754] der sonst sehr nahrhaften Gräser (masikh) der Babanusa-Weidezone im Norden schon nach kurzer Zeit eine Rückverlagerung auf die salzhaltigen Weiden des zentralen Stammeslandes (Muglad). Es kommt vor, daß Humr-Rinder vor lauter Salzhunger selbständig nach Süden ausbrechen. – Während Merker[755] den Mangel an Salzlecken (die im Bedarfsfall ein- bis zweimal im Monat aufgesucht werden) in bestimmten Gegenden der Masaisteppe als Siedlungshindernis kennzeichnet, können die Nomaden der Nordprovinz Kenias die ausgesprochene Salzarmut der dortigen Weidepflanzen durch Salzlecken oder salzhaltige Binnenseen (z. B. Lake Kisima) ausgleichen.[756] Mindestens zweimal im Jahr wird das Vieh hier an eine der großen Salzlecken getrieben. Häufig benutzte Salzlecken bieten Ansatzstellen für die Erosion.[757]

2. *Salzweide.* Nach Darlings[758] Untersuchungen sind ausgesprochene Salzpflanzen nur als physiologische Zugaben anzusehen, die eine salzärmere Weide nicht ersetzen können. Die wertvollsten Informationen über die Arbeitsorganisation der Salzweide verdanken wir Mares'[759] umfassenden Bericht über die Viehzucht der nördlichen Somal. Diese Nomaden bevorzugen das wohlbemessene Abweiden von Halophyten gegenüber den anderen Formen der Salzzufuhr. Im Norden des Osthorn werden die Kamele für 7–10 Tage im Jahr auf eine Salzweide (Som. darran) von Triantheme crystallina Vahl., Zygophyl-

750 Masailand: Merker, 1910, S. 176.

751 Beech, 1911, S. 9.

752 Huntingford, 1953, S. 20f. und 41.

753 Lampen, 1933, S. 101.

754 Barbour, 1961, S. 165. Cunnison, 1954, S. 54; ders., 1966, S. 16, 21.

755 1910, S. 176. Über Salzlecken der nördlichen Masai: Stigand, 1913, S. 214; Springer, 1918, S. 190, nach Eliot.

756 Kenya Land Commission, 1934, S. 1660. McKay, 1957, S. 269, 273. Spencer, 1965, S. 291 (Samburu).

757 Spencer, 1965, S. 6.

758 1938, S. 191.

759 1954, S. 416, 421.

lum album Linn., Suoedaarten u. ä. geschickt.[760] Weniger salzhaltige Pflanzen (Salsola foetida und Salsola crasse, Somali: gulan) decken bei zehntägiger Weide einen achtmonatigen Salzbedarf.[761] Weil frische grüne Weide oder reichlich Wasser (d. h. für tägliche Tränkungen)[762] nach dem Verzehr dieser Salzpflanzen vorhanden sein müssen, werden manche besonders salzangereicherte Pflanzen (z. B. Salvadora persica, Som. adi) seltener abgeweidet. Der Salzbedarf der Kamele des nördlichen Küstenlandes (Guban), das reichlich mit Trinkwasser ausgestattet ist, wird jedoch regelmäßig durch Salvadora persica, Suoeda fructiosa monoica (Som. haroun) befriedigt, was schließlich zur Herausbildung einer rassischen Lokalvariante des Somali-Kameles geführt hat, die im Bergland nur unter Schwierigkeiten gedeiht.[763] Ein überlanges Weiden auf der „haroun", meinen die Somal, rufe Zahnausfall bei Kamelen hervor, nach Ansicht der Afar[764] (Aderassul) Tod durch Blähungen;[765] außerdem sei die vormittägliche Weide vorzuziehen (Somal).[766] Ob es sich hierbei um abergläubische Vorstellungen oder um viehzüchterische Erfahrungswerte handelt, müßte durch naturwissenschaftliche Untersuchung geklärt werden.

3. *Verfüttern von Salz* oder *Salzgaben in Tränkwasser*. Hierbei kann es sich entweder um natürlich vorgefundenes Salz, um Salzerde, oder um aufbereitetes oder eingehandeltes Salz handeln. Das zur Verfütterung geeignete Mineral kann auf dreierlei Art gewonnen werden: durch Abbau natürlich auskristallisierten Salzes, durch Verdunstung von Meerwasser und durch Auskochen von Solen. Wenn das Salz von nahegelegenen, billigen Märkten oder natürlichen Salzvorkommen beschafft werden kann, ersparen sich die Nomaden, durch Verfütterung des Salzes in der Siedlung, eine aufwendigere Salzzufuhr (Treiben zu fernen Salzlecken, Salzweiden oder zu Brackwassertränken).

Die Somal,[767] wenn ihnen weder Steinsalz,[768] noch Salzerde (arro), noch irgend eines der sonstigen natürlichen Salzvorkommen zur Verfügung stehen, handeln in Zeila, Assab, Bender Alula, Rafun und in anderen Küstenplätzen Kochsalz

[760] Mares, 1954, S. 416. – Bei den Galla wird u. a. Cissus sp. (cóbi) als salzhaltige Pflanze vom Vieh gern gefressen (Haberland, 1963, S. 765). – „Thalhh" heißt ein nur auf Salzboden gedeihender Baum im Ostsudan, dessen Laub von den Kamelen begierig gefressen wird (Cuny, 1863, S. 12).

[761] Mares, 1954, S. 416.

[762] Lewis, 1955, S. 67. Silberman, 1959, S. 596.

[763] Mares, 1954, S. 416.

[764] Lippmann, 1953, S. 144.

[765] Ein regulierender Instinkt für die zuträgliche Aufnahme von Salzpflanzen ging den Kamelen offenbar verloren, wie ja auch Giftpflanzen oftmals gefressen werden.

[766] Mares, 1954, S. 416.

[767] Um 1945 waren in Zeila ständig ca. 200 Afrikaner in Salinen mit der Salzgewinnung aus Meerwasser beschäftigt; die Jahresproduktion betrug 10000 Tonnen (Pauli, 1947, S. 884). – Springer, 1918, S. 173f., 176. Mares, 1954, S. 416. Lewis, 1961, S. 40.

[768] Nach Springer (1918, S. 173f.) fehlen auf dem afrikanischen Osthorn Steinsalzlager mit Ausnahme einer Lagerstätte in Heldera (Ogaden), die den Somal die Arussi-Galla streitig machen.

für ihre Kamele in der jährlichen Dosis von einem Kilogramm pro Tier ein. Aus denselben Motiven heraus beschaffen sich die Bedscha aus Suakin[769] und anderen Küstenstädten, in jüngerer Zeit vor allem aus Port Sudan,[770] Kochsalz.

Einige Afar[771] (Adaimara, Debeni, Dahimela, Hasu, Bellessua u. a.) können als Spezialisten der Salzgewinnung gelten. Am Assalsee[772] in der Taltalebene wird das Salz, so wie es natürlich ansteht, in Riegeln (mollie) herausgehauen und mit Kamelen auf die Märkte gebracht. Solche Spezialisten geben die Viehzucht nicht ganz auf, sondern züchten noch eine gewisse Anzahl Milchkamele, Ziegen und Schafe. An den Kratern El Sod und Sogida graben die Borana[773] bitter-schwärzliches Salz aus, das sie auch verhandeln. – Ein weiteres Zentrum der industriellen Salzproduktion ist Nord-Kordofan und Dar Nuba;[774] hier wird das Salz zum Teil durch Auskochen gewonnen – entweder aus salzhaltigem Quellenwasser oder aus einer Sole, die man zuvor durch Auswaschen salzhaltiger Erde herstellt. Auch wird das Salz aus den Krusten an den Ufern kleiner Salzseen herausgehauen. Im Masailand war früher das an den Salzseen gewonnene, kochsalzarme Mangadi[775] wichtiges Handelsobjekt;[776] heute wird dagegen Kochsalz in großen Mengen eingehandelt.[777]

Die Schwierigkeit der Salzbeschaffung nimmt mit der Humidität einer Landschaft zu. So hatte in Harrar (im westlichen Grenzgebiet der Somalistämme) um 1880 Salz einen 38mal höheren Wert als an der Meeresküste um Zeila; die Issa-Somal waren damals mit jährlich ein bis zwei Transporten pro interessierten Kameleigentümer in den Salzhandel eingeschaltet.[778] In Äthiopien und in seinen relativ humiden Randgebieten (Taka, Süd-Gezira, Sennar, südliches Nachbargebiet Kassalas) wurde das hochbegehrte Mineral Geldsurrogat;[779] besondere Salzmärkte bildeten sich heraus (z. B. Gallabat, Taka,[780] Beni Schankul, Fadasi,[781] Ala[782] u. a.). James[783] berichtet, daß um 1880 Karawanen der Schukrija und Hamran in den Kornkammern des Ostsudan (am Gasch, Setit sowie in der Umgebung Gallabats und Gedarefs) Salz gegen Getreide einhandelten, das von der Regierung zu einem großen Teil aufgekauft wurde.

769 Springer, 1918, S. 165.
770 Davies, 1935, S. 298. Port Sudan konnte bereits 1930 den Bedarf großer Teile des Ostsudan, Westäthiopiens und des östlichen Kongo decken.
771 Pollera, 1935, S. 252. Rein-Steinhardt, 1936, S. 64f. Springer, 1918, S. 165. Jensen, 1947, S. 788. Lewis, 1955, S. 162. Murdock, 1959, S. 321.
772 Springer, 1918, S. 165f., 171, 176. Krapf, 1861, S. 505.
773 Haberland, 1963, S. 22. Springer, 1918, S. 174, nach Donaldson Smith.
774 Lloyd, 1910, S. 267, 250.
775 Mangadi ist die einheimische Bezeichnung für Soda.
776 Fischer, 1885/86, S. 76. Springer, 1918, S. 190.
777 Mallet, 1923, S. 279.
778 Muchtar, 1877, S. 318.
779 Jensen, 1947, S. 825.
780 Springer, 1918, S. 165.
781 Marno, 1874, S. 80.
782 Springer, 1918, S. 166, nach Munzinger.
783 1884, S. 52f. – Burckhardt berichtet schon 1813 von einem regen Handel zwischen Suakin und Taka bzw. zwischen Kassala und dem Setit auf der Basis Salz gegen Getreide (Springer, 1918, S. 165).

Die Somal verfüttern das Salz auf Tüchern oder Lederhäuten, die jeweils an vier Pfosten befestigt sind.[784] Im Norden Somalilands wird als die günstigste Zeit der Salzverfütterung die mittlere Trockenzeit angesehen, nachdem die Nomaden aus dem guten Weideland der Haud in die Nähe der permanenten Brunnen zurückgekehrt sind.[785] Während der „nushugh" (Nordwanderung der Kamelnomaden des Sudan in der Regenzeit)[786] erhalten die Kamele mindestens zweimal in irgendeiner Form Salz zugeführt, z. B. in Form von Salzerde oder indem man auf Zweige gelegte Salz- und Salpeterbrocken mit Tränkwasser überspült.[787] Die Hassanie[788] und Nomaden der Bajuda-Steppe[789] lösen in den bekannten, muldenartigen, mit Lehm umdämmten runden Tränkbecken die dort reichlich vorgefundene Salzerde auf; ebenso geben die Anlieger des großen Brunnenfeldes von Melbeß in Kordofan Salzerde in das Tränkwasser.[790] Die Nandi setzen nur der Tränke für die Kälber etwas Salz zu, während die großen Rinder zu den Salzlecken getrieben werden.[791] Die Gudschi-Galla verfüttern das Salz in einem leicht ausgehöhlten Baumstamm, der sich in der Mitte des Krals befindet.[792] Ihre Nachbarn, die Boran-Galla, geben es nur dem Kleinvieh in Holzmulden – für die Rinder legt man es auf hohe, breite Gestelle aus Pfählen und Faschinen; das Salz wird hier nur in der Regenzeit und einmal wöchentlich verfüttert.[793] Die Masai[794] legen das Salz für die Tiere auf einen Platz in Kralnähe aus. Die Kwafi-Masai an der Grenze zu Südsamburu gruben in tiefen Löchern nach Salzerde (bolyoi).[795]

4. *Brackwassertränke.* Die Herdentiere der hier behandelten Nomaden sind in vielen Fällen an das Brackwasser von Brunnen, Salzseen, ja sogar des Meeres gewöhnt.[796] So ist es bei den Turkana am Rudolf-See und bei den Bedscha[797] im Küstenland am Roten Meer für das Vieh Sache der Gewöhnung, das salzige Binnensee- oder Meereswasser zu genießen. Bei den Bischarin[798] sind die Brunnen zum Teil so salzhaltig, daß sich die Menschen aus entfernteren Süßwassergruben ihr Trinkwasser verschaffen müssen, während Schafe und Kamele mit einer Art Sole vorlieb nehmen. Bei manchen Nomaden hängt es vom Salzgehalt der einzelnen Wasservorkommen ab, inwieweit sie sich überhaupt um andere Formen der Salzzufuhr kümmern müssen (Masai, Datoga).[799]

784 Mares, 1954, S. 416.

785 Mares, 1954, S. 416.

786 Reid, 1935, S. 119; ders., 1930, S. 166.

787 Kababisch: Davies, 1957, S. 111.

788 Brehm, 1855, S. 288.

789 Gleichen, 1905, S. 209. – Allgemein im Ostsudan: Brehm, 1927, Bd. 7, S. 149.

790 Brehm, 1927, Bd. 9, S. 96.

791 Hollis, 1909, S. 21.

792 Schulz-Weidner, 1961, S. 323.

793 Haberland, 1963, S. 81 f.

794 Fokken, 1914, S. 17.

795 Wakefield, 1870, S. 322.

796 Vgl. hierzu den Abschnitt „Die Anpassungen des Viehs an die mangelhafte Wasserversorgung", S. 207–214.

797 Sandars, 1933, S. 145. Newbold, 1935, S. 146.

798 Schweinfurth, 1922, S. 52.

799 Masai: Stigand, 1913, S. 214. Datoga: Berger, 1947, S. 1004.

III. DIE WASSERVERSORGUNG UND DAS TRÄNKEN

1. Die Arbeitsteilung beim Tränken

Bei der Versorgung des Viehs mit Tränkwasser läßt sich eine personale und eine kommunale Arbeitsteilung unterscheiden. Die eine bezieht sich auf Individuen (Männer, Frauen, Kinder, Sklaven), die andere auf einen größeren Personenkreis, der sich als Kollektiv Tränkwasser verschafft.

Personale Arbeitsteilung. Wie das Hüten, so liegt auch das Tränken zumeist in der Hand der Knaben und unverheirateten jungen Männer. Es ist naheliegend, daß sie als Hirten die Herden nicht nur weiden lassen, sondern auch gleich zu den Brunnen führen und tränken. Bei anstrengender Tränkarbeit in der Trockenzeit ist es jedoch ratsam, daß nicht die durch das Hüten und Treiben erschöpften, oft sehr jugendlichen Hirten das Wasserschöpfen vornehmen, sondern erwachsene Männer, u. U. auch die viehbesitzenden Familienoberhäupter. Irgendwelche Tabus, die einen bestimmten Personenkreis vom Tränken ausschließen würden, verbieten sich angesichts verdurstender Herden von selbst, deshalb werden im Notfall alle irgend verfügbaren Arbeitskräfte einer Hirtenfamilie eingesetzt.[1] (Vgl. die Arbeitsteilung beim Hüten, S. 100f.).

Im allgemeinen sind die älteren, viehbesitzenden Familienoberhäupter, die ja die Oberaufsicht über die gesamte Haltung und Pflege des Viehs haben, auch die Organisatoren und Kontrolleure der Brunnenarbeit.[2] Die jüngeren *Männer*, die je nach dem Arbeitsanfall mit den Hirten identisch sind oder nicht, graben die Brunnen und reinigen sie, errichten die Tränktröge und füllen sie usw. An den 20 bis 60 Meter tiefen Ziehbrunnen in der Butana[3] z. B. lassen Männer die Wassersäcke hinab, besorgen das Ausschütten der vollen Gefäße, holen Seile, Steine oder Schöpfgefäße, die in den Brunnen gefallen sind, herauf, entfernen Schlamm usw. Im Prinzip ähnliches ließe sich von den meisten Nomaden des Untersuchungsgebietes sagen,[4] deshalb sollen uns jetzt Abwandlungen dieses Grundschemas der naturwüchsigen Arbeitsteilung interessieren.

Wenn die Männer beispielsweise der Datoga abwesend oder krank sind, zögern ihre Frauen nicht, das Tränken zu besorgen.[5] Bei den soeben erwähnten

[1] So schreibt Seligman (1918, S. 119) über das trockenzeitliche Tränken bei den Nurab-Kababisch: „. . . men and women, Arabs and slaves worked continually . . .". Ganz in diesem Sinne: Stein, 1960, S. 49; ders., 1958/59, S. 157.

[2] s. hierzu Spencer, 1965, S. 10 (Samburu).

[3] Stein, 1960, S. 49; ders., 1958/59, S. 157. Vgl. Schultze, 1965, S. 165 (Darfur).

[4] Vgl. Lewis, 1961, S. 59 (Nord-Somal).

[5] Huntingford, 1953, S. 96.

Butana-Nomaden sind nicht selten kräftige junge Mädchen und junge Frauen am Tränkgeschäft beteiligt, doch Frauen mit kleinen Kindern und die alten Leute verbleiben in der Siedlung.[6] Obwohl die Borana das Tränken den jungen Männern zuweisen, die in Altersgruppen kooperieren, und die Beteiligung von Ehemännern bei dieser Arbeit als entwürdigend gilt, sehen sich diese doch bei Kinderlosigkeit oder wirtschaftlicher Not dazu veranlaßt.[7] Wenn ein junger Mann der Tränkmannschaft verhindert ist, vertreten ihn hier u. U. Mädchen oder junge Frauen.[8] Bei den Kababisch ist es ein Zeichen von Armut (besonders an Sklaven), wenn Frauen das Tränkwasser aus den Brunnen ziehen müssen.[8] COLLINS[9] sah im Hinterland von Cap Guardafui eine Somalifrau eine kleinere Kamelherde tränken, während ihr Mann untätig danebenstand. An den Wasserlöchern von Śeki nordöstlich des Natronsees fiel VON HÖHNEL auf, wie Masaifrauen in wenigen Stunden zweitausend Rinder tränkten.[10]

Seit der Befriedung Ostafrikas kam es zu einer arbeitsteiligen Umorientierung der Masai-Kriegerklasse, die sich nun viel mehr als früher dem Tränkgeschäft zuwendet.[11]

Es gibt auch Belege dafür, daß *Frauen* vorzugsweise beim Viehtränken eingesetzt werden. So besorgen sie bei den Hadendoa von Taka nicht nur das für den Haushalt notwendige Trinkwasser, sondern sie füllen auch die Lehmtröge für das Vieh.[12] Wie das Kleinviehhüten, so ist auch das Tränken bei den Afar[13] häufig Sache der Frauen, während sich bei den nördlichen Somal die älteren Männer mit den Frauen die Tränke der Schafe und Ziegen teilen.[14] Bei den Turkana tragen die Frauen nicht selten die Hauptlast der Viehtränke.[15]

Auch die *kleinen Kinder* machen sich bei der Tränke nützlich. An den Tiefbrunnen der Butana reiten und lenken sie, oft noch sehr klein, die Stiere, Kamel- und Eselhengste, die das Wasser aus der Tiefe ziehen.[16] Bei den Beni Amer in Eritrea kann man beobachten, wie ein kleiner, rutenbewehrter Junge in der Tränkgrube steht und für Ordnung unter den trinkenden Rindern sorgt.[17] Auch bei den Masai ist es gar nicht selten, wenn jüngere Knaben Großvieh tränken,[18] wobei ein solcher Einsatz von der Zahl der zum Tränken verfügbaren älteren Arbeitskräfte abhängt.

[6] STEIN, 1960, S. 49; ders., 1958/59, 157.
[7] HABERLAND, 1963, S. 78.
[8] SELIGMAN, 1918, S. 130.
[9] 1960, S. 122. – Tränkende Mädchen in El Wak: CLIFFORD, 1928, S. 436f.
[10] 1892, S. 287.
[11] FOSBROOKE, 1948, S. 31. GRZIMEK, 1959, S. 256.
[12] WERNE, 1851, S. 89.
[13] HARRIS, 1845, S. 116. AUBERT DE LA RUE, 1939, S. 86, 97.
[14] LEWIS, 1961, S. 56. MARES, 1954, S. 421. AUBERT DE LA RUE, 1939, S. 149 (Issa). Vgl. HOYOS, 1895, S. 31 (Hilfsdienste der Somalifrauen, z. B. Zutreiben).
[15] WHITE, 1923, S. 221. RAYNE, 1918, S. 257. GULLIVER, 1955, S. 125, 149; ders., 1953, S. 56. BARTON, 1921, Turkana, S. 204.
[16] STEIN, 1960, S. 49; ders., 1958/59, S. 154f.
[17] SCHOENFELD, 1904, S. 41.
[18] THOMSON, 1885, S. 247.

Sklaven wurden bei den kamelbesitzenden Arabern des Ostsudan[19] und bei südlichen Somal[20] beim Tränken eingesetzt. Nach KIRK gehört das Graben und Reinigen von Brunnen sowie das Hochbefördern von Wasser zum Aufgabenbereich der untergeordneten Midgan-Kaste in Somaliland.[21] Im Sudan ebenso wie auf dem afrikanischen Osthorn ist es manchmal üblich, bezahlte Tränkleute zu beschäftigen.[22] Auch gibt es brunnenbetreuende seßhafte Spezialisten, die für die Abgabe von Wasser an Stammesfremde Entschädigung in Geld oder Waren verlangen.[23] Die Masai hatten 1938 eine beträchtliche Zahl von Dschagga-Brunnenbauern zur Reinigung und zum Brunnenneubau gegen eine Entschädigung von fünfhundert Rindern angestellt.[24]

Kommunale Arbeitsteilung. Nicht immer ist es rationell, wenn eine viehbesitzende oder viehbetreuende Einheit auch das Tränken für sich allein besorgt. Es ist klar, daß z. B. die als Kette arbeitende Tränkmannschaft, wie sie sich bei tiefen Brunnen oder schwierigem Zugang zur Brunnenöffnung empfiehlt, aus weitaus mehr Arbeitskräften besteht, als sie der Familien-Kleinbetrieb zur Verfügung stellen kann. Deshalb tränken, bei aufwendiger Wasserbeschaffung in der Trockenzeit, größere blutsverwandte Gemeinschaften oder Lokalgruppen (lokale oder sogar regionale Betriebe) die Herdenanteile der einzelnen Viehbesitzer gemeinsam, nach dem Prinzip wechselseitiger Unterstützung. Einerseits können (in der Regenzeit, bei reichlich Wasser) Gemeinschaftsherden von relativ wenigen Hirten getränkt werden, andererseits müssen (bei dem Wassermangel der Trockenzeit) die Einzelherden nacheinander von relativ großen Tränkmannschaften versorgt werden. Bei den Gemeinschaftsherden wäre es ganz unökonomisch, würde man zwar die Viehanteile der einzelnen Besitzer gemeinsam hüten, jedoch getrennt tränken, deshalb wird hier der Arbeitsaufwand der Tränkung der fremden Tiere durch den turnusmäßigen Wechsel des Hüte- und mithin Tränkpersonals oder durch Bezahlung in Viehnaturalien ausgeglichen. Im Rahmen der großen Tränkmannschaften gleicht sich der individuelle Arbeitsaufwand durch die Tränkung der Herden aller Beteiligten aus. Nach CERULLI[25] führt eine solche Kooperation bei den Somal zu enger Freundschaft und Solidarität der Beteiligten.

Bei großem Arbeitskräftebedarf tränken im nördlichen Somaliland nicht nur ein Mann und seine Frau das Kleinvieh, das nach Besitz der Kleinfamilien getrennt gehütet und untergebracht wird, sondern es beteiligen sich daran, im Rahmen des lokalen Betriebes, auch enge Verwandte wie Brüder, Frauen aus der

[19] DAVIES, 1957, S. 110, 130, REID, 1930, 165; ders., 1935, S. 117. SELIGMAN, 1918, S. 130.

[20] ZÖHRER, 1959, S. 25; ders., 1964/65, S. 141. CANIGLIA, 1921, S. 53.

[21] Bei PANKHURST, 1961, S. 39.

[22] Baggara: REID, 1930, S. 195. Somal: LEWIS, 1961, S. 35.

[23] Ababde östlich von Luxor: PETHERICK, 1861, S. 56f. Kababisch: BERRY, 1928, S. 281f.; vgl. MACMICHAEL, 1912, S. 194. Somal: PAULITSCHKE, 1896, S. 281; ders., 1888, Harar, S. 85; MARES, 1954, S. 417.

[24] BERGER, 1947, S. 1004.

[25] 1959, Somalia, S. 207.

gleichen polygynen Ehe usw. oder auch nur Mitglieder der gleichen Lokalgruppe.[26] Bei der trockenzeitlichen Kameltränke mit ihrem ungleich größeren Wasserbedarf arbeiten sogar die Männer zahlreicher Großfamilien an den Tiefbrunnen der Ogo,[27] u. U. auch die entfernter verwandten Mitglieder einer größeren Nachbarschaft zahlreicher Krale. In ganz ähnlicher Weise ergibt sich fast zwangsläufig eine kommunale Kooperation des Tränkgeschäfts bei den Jie, Turkana, Borana, Barabaig-Datoga und bei vielen anderen Nomaden des Untersuchungsgebietes.[28] Nur extrem reiche Viehbesitzer können aus ihrem eigenen Anhang (Söhne, Sklaven, Adoptierte, Lohnarbeiter) selbständige Arbeitsmannschaften gleicher Größenordnung auf die Beine stellen.

Es ist eindrucksvoll, wie in einem Urteilsspruch der Bischarin ein arbeitsökonomisches Gruppeninteresse befriedigt und zugleich der Grechtigkeit Genüge getan wurde. Hier verurteilte man einen jugendlichen Mörder dazu, von einem kleinen Brunnen drei Jahre lang Flugsand zu entfernen. Um nicht zu verdursten, entfaltete der Delinquent ein persönliches Interesse an dieser Arbeit, und der einzige Brunnen in weitem Umkreis wurde für Hirten und Karawanenleute gebrauchsfähig erhalten.[29]

2. *Teiche und Wasserbecken*

Die Nutzung von Oberflächenwasser aus Teichen und Wasserbecken ist die natürlichste und am wenigsten aufwendige Form der Wasserversorgung. Zu unterscheiden sind permanente Teiche (sie sind in der Trockenzeit am wichtigsten), periodisch oder episodisch, (d. h. in der Regenzeit) nutzbare Teiche, und künstlich errichtete Sammelbecken für Niederschläge (Zisternen).

Eine längere Nutzbarkeit von Tränkwasserteichen ist an eine Anzahl Bedingungen geknüpft:[30]

1. der Boden muß undurchlässig sein (Lehm, Ton, Fels);
2. die Oberflächenverdunstung muß durch Beschattung (Bäume, Felsen, Schluchten) oder eingeengte Oberfläche relativ gering sein; es sei denn, sie wird durch unterirdischen Zufluß oder reichliche Regenfälle ausgeglichen;
3. wilde Tiere, z. B. Wasservögel, Elefanten, Ratten und Mäuse sollen nicht Zugang haben;[31]
4. sie müssen innerhalb einer Weidezone liegen;
5. das Hineinwaten von Mensch und Tier muß verhindert oder eingeschränkt werden, damit sich nicht die Wasserqualität durch Ablage von Fäces, Auf-

26 LEWIS, 1961, S. 56, 62.

27 LEWIS, 1961, S. 34, 64, 89. Größere Tränkmannschaften bei Somal erwähnen HOYOS (1895, S. 32), ANONYMOUS (1948, S. 85), CLIFFORD (1928, S. 436f.), AYLMER (1911, S. 293) und COLLINS (1960, S. 155).

28 Jie und Turkana: GULLIVER, 1955, S. 58, 37 bzw. S. 127, 37. Borana: HABERLAND, 1963, S. 31. Barabaig-Datoga: WILSON, 1953, S. 42.

29 ESCH, 1941, S. 111.

30 Vgl. BORNS Ausführungen über die Fula-Tränkteiche in Kordofan (1965, S. 17).

31 AYLMER, 1911, S. 203. CUNNISON, 1954, S. 62. Vgl. BORN, 1965, S. 83.

wühlung des Grundes, Schwefelwasserstoffbildung und Algenbefall sehr bald verschlechtert;[32]

6. sie dürfen keine Krankheitsüberträger (z. B. Malariamücken) beherbergen.[33]

Eine besondere Art permanenter Naturtränke nutzen die nördlichen Bedscha, indem sie ihre Kamele an den Genuß von Meerwasser gewöhnt haben.[34]

Die südlich von Tokar lebenden Bedschastämme (Süd-Hadendoa und -Bischarin, Halenga, Aschraf, Artega, Beni Amer) profitieren von *permanenten Wasserbecken*, die zumeist durch Felsen geschützt werden.[35] Sie sind nicht groß, doch treten sie im Gegensatz zu Nord-Kordofan und dem Stammesland der Nord-Bedscha ziemlich häufig auf. Nur einige wenige Nomaden hängen jeweils von einem solchen Wasservorkommen ab.[36] Nord-Kordofan hat nur wenige derartige Wasserbecken in Granithügelland.[37] Hier in Kordofan sind die sogenannten Rahads wichtig, das sind Wasserauffüllungen in der ganzen Breite einer Khorniederung. Doch nur der größte Rahad – er liegt westlich der Stadt Er Rahad, ist 2 × 4,8 Kilometer lang und hat eine Oberfläche von 9,6 Quadratkilometern – ist ein ganzjährig nicht austrocknendes Wasservorkommen.[38] Im Süden Kordofans, so in dem Muglad genannten Kernland und Bodenbauerzentrum der rinderzüchtenden Humr, gibt es größere, permanente Tränkteiche (pl. bowat).[39] – Im Dakka-Gebirge des Issa-Landes liegen an einer Stelle mehrere große, in den Basalt eingelassene Talkessel, in denen sich das Regenwasser sammelt; 1939 waren sie, nach Auskunft der Nomaden, seit vierzig Jahren nicht ausgetrocknet.[40] Zu einem kleinen Siedlungszentrum rein viehzüchterischer Afar wurde die weidereiche Umgebung einer Marka genannten, etwa 180 Meter langen Wasserrinne mit Lehmuntergrund.[41] An den dunklen tiefen Tümpeln des Wadi Kilulu[42] südlich von Aussa treffen in der Zeit der Dürre aus verschiedenen Richtungen Debeni-, Woema- und andere Afar sowie Issa-Somal ein, die dann hier Tausende Tiere auf einmal tränken. Einzelne natürliche Wasserspeicher in Felshöhlungen des Dschubalandes fassen einige zehntausend Liter.[43] Die in Liedern und im Volksmund der südlichen Galla verherrlichten sogenannten „Seen“ zwischen Dschuba und Sabaki waren nach Einsichtnahme durch Brenner[44] nichts weiter als kleine, sumpfige, in der Trockenzeit nur selten

32 Paulitschke, 1896, S. 281. Clifford, 1928, S. 437. Collins, 1960, S. 152. Lippmann, 1953, S. 144. Stafford, 1931, S. 124. Haberland, 1963, S. 72. Harris, 1845, S. 182.

33 Masai: Merker, 1910, S. 179.

34 Sandars, 1933, S. 145. Newbold, 1935, S. 146.

35 Seligman, 1913, S. 596. – Munzinger, 1964, Itinerar, S. 22.

36 Seligman, 1913, S. 596. Vgl. Born, 1965, S. 206.

37 Barbour, 1961, S. 170.

38 Born, 1965, S. 18f.

39 Cunnison, 1954, S. 51.

40 Aubert de la Rue, 1939, S. 45, 268.

41 Nesbitt, 1930, S. 551f.

42 Harris, 1845, S. 148f. Rein-Steinhardt, 1936, S. 112.

43 aylmer, 1911, S. 293. – Einige wenige, von beschränkter Kapazität, bei den Afar: Aubert de la Rue, 1939, S. 41.

44 1868, S. 367. – Über den Tränkteich Jacle der Merille-Somal in Kenia bei Collins (1960, S. 152).

austrocknende Tümpel, von denen aber die Existenz ganzer Stammesgruppen in der letzten Phase der Trockenzeit (Februar bis März) abhing; andere Sektionen erwarteten die Regenzeit an den Ufern der genannten Flüsse. Die Wichtigkeit zweier sumpfartiger, schilfumwachsener Wasserlöcher (Gulola und Gama Gar) im Stammesgebiet der Maghabul-Somal in Ogaden betont DRACOPOLI;[45] sie haben etwa acht sowie achtzehn Kilometer Umfang und ermöglichen bei guten Regenfällen für mehrere tausend Rinder ein ganzjähriges Tränken. In Süd-Turkanaland sind nach PENLEY[46] die Nakapelimel und Kakujukwel genannten Plätze im Flußbett des Lomenyang'aparat in weitem Umkreis die einzigen oberflächigen Wasservorkommen, wenn sich das eine auch in der Trockenzeit auf eine Lache von nur ca. 35 × 9 Meter reduziert. In der Umgebung gibt es reiche Sammelgründe vegetabilischer Nahrung. Dieses Naturphänomen ist für die hier in ausgedörrter Steppenlandschaft lebenden Nomaden etwas so unerhörtes, daß sie ihre Medizinmänner für Wochen in dieses „Gebiet des Überflusses" schicken, von wo aus diese mit der Gottheit kommunizieren und auch „in das Jenseits eingehen"[47] – Züge aus dem religiösen Leben eines Nomadenvolkes, die erst durch ökologische Gegebenheiten ermöglicht werden.

Die Masai vertreiben bei Dürren die grasfressenden Wildtiere der Masaisteppe von den wenigen, nicht völlig austrocknenden Tümpeln, aus Furcht, daß dieses Wasser für ihr Herdenvieh nicht ausreicht.[48]

Einige wenige Tränkteiche verdanken ihre Existenz überwiegend unterirdischen Zuflüssen. So erwähnt STIGAND,[59] daß sich die El-Burrgu-Masai im Laikipia-Hochland in Kenia in der Trockenzeit unter anderem das Wasser der „sogota" genannten Tümpel nutzbar machen; das sind „small springs which crop up on the plains and form little swamps . . .." Für die Somali-Nomaden sind die sogenannten „falschen Quellen", wie sie in den Betten bestimmter Trockenflüsse (Nogal, Darror u. a.) entspringen und in kurzer Entfernung davon wieder verschwinden, als permanente, wenn auch nur beschränkte Süßwasserstellen wertvoll.[50]

Viel häufiger sind die *periodisch nutzbaren Teiche* und Lachen, die in der Regenzeit und einige Zeit danach eine Rolle spielen. Obwohl sie oft nur 4–8 Wochen nutzbar sind, haben sie doch für die Nomadenwirtschaft großen Wert, weil sich in der Zeit ihrer Nutzung die Weide in der Umgebung der Brunnen erholen kann. Für Seßhafte sind diese Wasserstellen praktisch ohne Bedeutung.

Nur an wenigen Stellen in Nord-Kordofan sickert der auftreffende Regen nicht gleich in den Boden, sondern sammelt sich in Becken (fula), die als Tränken dienen; in guten Regenjahren hält sich das Wasser zwei Monate.[51] Diese Fula-Tränkbecken lassen die Scheichs der Kababisch am Ende der

[45] 1913, S. 134.
[46] 1930, S. 139f.
[47] PENLEY, 1930, S. 139f.
[48] GRZIMEK, 1959, S. 245.
[49] 1913, S. 282. Ähnliches bei den Turkana: GULLIVER, 1953, S. 56.
[50] SOMALI REPUBLIC, 1961, S. 133. Derselbe Gewässertyp im ehemaligen Französisch-Somaliland: AUBERT DE LA RUE, 1939, S. 27.
[51] LLOYD, 1910, S. 250, 252. BARBOUR, 1961, S. 170. SELIGMAN, 1918. S. 117.

Regenzeit sehr sorgfältig erkunden.[52] Wasserreiche Fula sind von Nutznießern überlaufen. Das niederschlagsreiche Jahr 1916 war für die Kamelzüchter Kordofans besonders günstig. Einige dieser Fula füllten sich ganzjährig auf (in einem Falle wieder das erste Mal seit 30 Jahren) und die Nomaden konnten sich deshalb ein ganzes Jahr lang die Mühe des Tränkens an Ziehbrunnen ersparen.[53] Hier wie in der Butana müssen die Nomaden jährlich 8–9 Monate lang das Wasser aus der Tiefe ziehen, sofern sie ihr Vieh nicht an Flüssen tränken können.[54] Nach PAGES-JONES'[55] hydrographischen Untersuchungen in der Masaisteppe schwankt die Nutzbarkeitsdauer der Tränktümpel zwischen mehreren Monaten nach reichlichen Regen und einigen wenigen Wochen bei geringen. Die Regenwasserteiche der Samburu in den El Berta-Ebenen sind maximal 6 Wochen lang benutzbar.[56]

Sehr oft lassen sich nach der Austrocknung von Wasserrückständen in Bodensenken oder Flußbetten episodische Brunnen ergraben. So dienen den Baggara die „regeba" genannten Strombett-Tümpel in der im Süden gelegenen Bahr-Landschaft zu Beginn der Regenzeit, wenn sie sich nach Norden zurückziehen, als Tränkteiche, während man in der letzten Phase der Trockenzeit in den nun leeren Regeba je nach dem Grade der Dürre unterschiedlich tiefe Wasserlöcher gräbt.[57] Einen anderen Typus natürlicher Tränkteiche stellen die „kelage" dar (sing. kelgeya); die Humr-Baggara benutzen sie zu Beginn der Regenzeit, und die einzelnen Besitzer verbarrikadieren sie mit Dornen, um Verschmutzung durch Hineinwaten des Viehs zu verhindern – doch auch Wildgänse können das Wasser verderben.[58] Gruppen der nördlichen Somal nutzen ein jahreszeitlich überflutetes, Wudwud genanntes Becken in der Haud-Landschaft zuerst oberflächig für die Tränkung der Ziegen und Schafe, sodann durch Grabung von Wasserlöchern.[59]

Menschen und Tiere, die von den Wasserrückständen in austrocknenden Flußtälern profitieren, haben manchmal nicht mehr genug Zeit, um sich vor Überschwemmungen in Sicherheit zu bringen, die durch plötzliche wolkenbruchartige Regenfälle entstehen. PHILLIPS[60] gibt 50 bis 130 Millimeter als stündliche Niederschlagswerte bei solchen Katastrophen an. Gleichsam mit Viehknochen übersät liegen später die Ufer da, wie PAGES-JONES[61] im Masailand beobachten konnte. (Vgl. S. 27).

Künstliche Wasserspeicher sind im Untersuchungsgebiet selten. Ihre Kapazität im Rahmen der nomadischen Wasserversorgung ist angesichts der unzuverlässigen und geringen Niederschlagsmengen und der hohen Beweglichkeit der

[52] SELIGMAN, 1918, S. 117.
[53] DAVIES, 1957, S. 107.
[54] SELIGMAN, 1918, S. 117. CUNY, 1863, S. 64. STEIN, 1960, S. 47.
[55] 1948, S. 51.
[56] KENYA LAND COMMISSION, 1934, S. 1672.
[57] CUNNISON, 1954, S. 54, 62; ders., 1966, S. 21.
[58] CUNNISON, 1954, S. 62.
[59] LEWIS, 1961, S. 53.
[60] 1959, S. 290.
[61] 1948, S. 52.

Wanderhirten sowie bedingt durch das technische Ungeschick der Nomaden, die ja körperliche Arbeit geringschätzen, sehr beschränkt.[62] So haben beispielsweise die Masai gegenüber den Bemühungen der Administration, Dämme zur Sammlung des Regenwassers zu errichten, zumeist nur Desinteresse gezeigt – sie ließen sie verkommen und hinderten weidendes Vieh nicht daran, sie zu zerstören.[63] Leider läßt sich aus der Literatur heraus nicht immer die Frage beantworten, ob von Menschenhand errichtete Wasserspeicher tatsächlich von Nomaden und im Hinblick auf eine Versorgung von Herdenvieh gebaut wurden. Die vor allem aus dem Ostsudan bekannten Wasserspeicher in natürlichen oder künstlich erweiterten Höhlungen des Affenbrotbaumes (Adansonia digitata, Baobab, Tebeldi)[64] kommen wegen ihres geringen Fassungsvermögens (zwischen 30 und 100 Kamelladungen Wasser pro Baum) fast nur für die menschliche Trinkwasserversorgung in Frage, fallen also aus dem Rahmen dieser Untersuchung.

Wenn die lokalen Regen ungenügend ausfallen, füllen die Nordkordofaner manchmal Sammelbecken für Regenwasser (gumr) künstlich auf; das Wasser wird mit Lastkamelen herbeigeschafft.[65] Somal und Afar kennen neben Brunnen auch Zisternen;[66] die Rahanwin-Somal z. B. konstruieren sogenannte „uár", das sind einige Meter tiefe Becken mit erhöhtem Rand, von gepflanzten Hecken und Bäumen umgeben, wo sich das zur Viehtränke bestimmte Regenwasser sammeln kann.[67] Manche Uár messen 200–300 Meter im Durchmesser und sind einen Kilometer lang. Nördliche Somal[68] haben in der Haud, dem wichtigsten, jedoch in der Trockenzeit wasserlosen Weideland – im Rahmen der Einzelbetriebe oder sogar der Sippen, teilweise in Lohnarbeit oder mit Unterstützung der Administration – Tränkwasserbecken gegraben, die jeweils einige Zehntausend Liter Wasser enthalten und heutzutage manchmal durch Beton gestützt werden. Künstliche Becken bei den Somal am Mittellauf des Webi Schebeli und in Nordost-Kenia[69] werden den sagenhaften Wadenli (oder Madinle, Mädänle, Mathinle) zugeschrieben, die auch die Tiefbrunnen von Wajeir gegraben haben sollen (s. S. 137). Die Borana Südäthiopiens, die erst,

[62] Haberlandt, 1912, S. 31f.

[63] Hollis, 1939, S. 650. Leys, 1926, S. 133. – Samburu: Kenya Land Commission, 1934, S. 1547.

[64] Davies, 1957, S. 89f. Haberlandt, 1912, S. 32. Petherick, 1861, S. 316. Treatt, 1930, S. 15. Born, 1965, S. 80f.

[65] Cuny, 1863, S. 103.

[66] Paulitschke, 1896, S. 281. Cerulli, 1959, Somalia, S. 212. Andeutungsweise bei Afar: Lippmann, 1953, S. 144.

[67] Bertarelli, 1929, S. 732. – Trust Territory, 1952, S. 135.

[68] In jüngerer Zeit hat sich der Aktionsradius der Kleinviehzucht durch Motortransport vergrößert. Mit dem Wasser der künstlichen Zisternen „empty fortyfour galon petrol drums are filled and taken out to water the flocks in the pastures by motor transport. Water thus distributed by vehicles provide a lucrative income in the dry seasons ..." Lewis, 1961, S. 35, 28. Stafford, 1931, S. 124, nach MacFadyen.

[69] Haberland, 1963, S. 73. Clifford, 1928, S. 437. Aylmer, 1911, S. 293.

nachdem sie ins Tiefland hinabstiegen, reine Nomaden eines semipermanenten Typs wurden, bauen des öfteren, wo es das Terrain gestattet, einfache Stau- oder Regenteiche (harro).[70] Die benachbarten Gudschi-Galla, die teilweise Bodenbauer sind, haben mehr Geschick für derartige Konstruktionen; sie umgeben sie teilweise mit hohen Erdwällen.[71] Die transhumierenden westlichen Arussi konnten ihre Rinder durch solche Harro bis in die erste Hälfte der Trockenzeit im Tiefland lassen;[72] sie leiteten das Regenwasser in Gräben zu, nutzten beim Bau geschickt Geländetiefen aus und sicherten die Teiche durch Dornwälle oder sogar gepflanzte Euphorbienhecken gegen Vieh ab. Auch die großen Gruben, die die semipermanenten Datoga in Tansania in Gehöftnähe zur Sammlung der Niederschläge in der Regenzeit graben, sind als Wasserspeicher anzusehen.[73]

3. Das Tränken an Flüssen

Eine Anzahl Nomadenstämme in Ost- und Nordostafrika nutzen während einer mehr oder minder langen Zeit des Jahres Flußwasser oder Wasserrückstände in Flußbetten.

Hierzu gehören beispielsweise: die Ababde und Bischarin am nubischen Nil;[74] Humr, Rizeigat, Habbania, Fellata am Bahr el Arab;[75] Aulad Himeid, Selim, Dar Muharib, Ahamda, Hassanie, Husseinat, Kawachla und Teile der Kababisch am Weißen Nil;[76] Rufaa-Stämme und einzelne Kawachlagruppen am Blauen Nil;[76] Südgruppen der Bischarin und Hadendoa, außerdem Schukrija, Raschaida u. a. am Atbara;[77] die Beni Amer am Baraka, Anseba, Gasch und Setit, die Hadendoa am Gasch und Baraka;[77] Afargruppen am Hawasch;[78] zahlreiche Somalistämme am Webi Schebeli und Dschuba;[79] die Abd Wak-, Abdullah- und Tellemeggur-Somal sowie südliche Galla am Tana;[80] Samburu, Borana,

70 Haberland, 1963, S. 70, 72.

71 Haberland, 1963, S. 73.

72 Haberland, 1963, S. 432.

73 Berger, 1938, S. 181. – Andeutungen von Zisternen bei den Masai von Bartimoro: Höhnel, 1892, S. 284. Fosbrooke berichtet von massiven Erddämmen im Masai-Distrikt, „evidently built to create large ponds of surface water", doch seien diese „much more elaborate than anything attempted by the Masai themselves in historic times, and indicate the presence of a proto-historical people with a high level of technical skill in water control." (Bei Gray, 1963, S. 19).

74 Clark, 1938, S. 23. Burckhardt, 1820, S. 20. Purves, 1935, S. 166.

75 Barbour, 1961, S. 150, Fig. 58.

76 Barbour, 1961, S. 182, Fig. 67. – Munzinger, 1864, S. 329. Marno, 1874, S. 286. Taylor, 1855, S. 329. Reid, 1930, S. 165.

77 Barbour, 1961, S. 217.

78 Nesbitt, 1929, S. 532.

79 Elliot, 1913, S. 561. Anonymous, 1948, S. 85. Cerulli, 1959, Tribù. Zöhrer, 1964/65, S. 134.

80 Brenner, 1868, S. 367. Kenya Land Commission, 1934, S. 1560. Elliot, 1913, S. 561.

Sakuyu, Gurra, Aulihan, Adschuran, Digodia und Ogaden am Guaso Njiro in Kenia (insgesamt 15350 Personen mit ihren Herden);[81] die Turkana am Turkwell u. a. Flüssen.[82]

Die meisten der von Nomaden genutzten perennierenden Flüsse sind Fremdlingsströme, d. h. sie bringen ihre Wassermassen aus humiden Gebieten, so der Weiße Nil, der Blaue Nil im Unterlauf, der Atbara im Mittellauf, weiterhin Webi Schebeli, Dschuba, Tana, Sabaki, Pangani u. a. m. [83] An ihrer Wassermenge zehren Verdunstung und Grundwasser, dennoch gelangen sie bis an die Küste, an einen Endsee, oder bis in feuchtere Zonen. – Auch diejenigen ost- und nordostafrikanischen Nomaden, die in größerer Entfernung von Flüssen leben, können sich in Zeiten der Dürre durch Abkommen, durch Zahlung von Tributen oder auch mit Gewalt Zugang zu den dortigen Tränken verschaffen – ein Vorteil, den z. B. die „klassischen" Wüstennomaden der Nedsch in Arabien nicht haben.[84]

Die flußanliegenden Nomaden haben diese Wasservorkommen (Fluß-, Stand- und Grundwasser) fest in ihren jährlichen Wirtschaftszyklus einbezogen. Als Beispiel seien die Bischarin der Atbara-Omodija angeführt.[85] Von Oktober bis Februar, d. h. in der ersten Hälfte der Trockenzeit, weilen sie am Atbara, von Februar bis Mai (d. i. die zweite Phase der Trockenzeit) verlagern sie ihre Herden in Gegenden, die 8–30 Kilometer vom Fluß entfernt liegen – der Atbara wird jedoch bei jeder Tränkung aufgesucht. In der regenreichen Jahreszeit nutzt man flußferne Weiden und das dortige Oberflächenwasser. – Wenn die Baggara während der Trockenzeit im Süden am Bahr el Arab weilen, dann ziehen sie die Flußtränke wegen des geringen Arbeitsaufwandes jeder anderen Tränkung vor.[86] Auch die Nomaden der Nordprovinz Kenias bevorzugen das Tränkgeschäft an periodisch fließenden oder perennierenden Flüssen, doch wenn dies durch die Lage der Weide nicht möglich ist, bemühen sie sich, einer Brunnentränke nach jeweils 2–5 Tagen eine Flußtränke folgen zu lassen.[87] Tellemeggur-Somal und Galla am Tana haben genau festgelegte Tränkrechte.[88]

Einige Nomaden in der Nähe des Nil, so einzelne Stämme der Butana und Ababde-Gruppen, bevorzugen jedoch nicht die Flußtränke, und sie meiden wenn immer möglich das Niltal.[89] Wirtschaftliche und kulturelle Unterschiede zwischen Seßhaften und Nomaden, die Schwierigkeit des Zugangs über landwirtschaftliche Nutzflächen und die u. U. erhobenen Tribute mögen die Ursachen für diese Scheu sein. Die Somalistämme der Sab-Gruppe wie auch die Hawija schließen über das Wann, Wo und Wie des Zugangs zu den lebenswichtigen

81 Kenya Land Commission, 1934, S. 1518.

82 Emley, 1927, S. 158.

83 Rutz, 1962, S. 47.

84 Barbour, 1961, S. 217.

85 Sandars, 1933, S. 148.

86 Lampen, 1933, S. 101; ders., 1935, S. 133. Davies, 1957, S. 130.

87 Kenya Land Commission, 1934, S. 1659.

88 Kenya Land Commission, 1934, S. 1560. Vgl. Brenner, 1868, S. 367.

89 Butana: Barbour, 1961, S. 217. Ababde: Petherick, 1861, S. 90 und Klunzinger, 1877, S. 254.

Flußtränken am Webi Schebeli und Dschuba mit den bodenbautreibenden, wehrhaften Flußanliegern (Schidle, Goscha, bodenbautreibende Somal u. a.) exakte Verträge ab.[90] Kennzeichnend für diese Abkommen, die immer wieder feierlich-rituell bestätigt werden, sind wirtschaftliche Meistbegünstigung und darüber hinausgehende intertribal-soziale Bindungen (größtmögliche Schonung der Feldflächen, Wahl des günstigsten Zeitpunktes, Auswahl gefahrloser Flachufer und seichter Flußstellen zur Tränke, Viehnaturalien als Tribute der Nomaden an die Bodenbauer, Patronate, d. h. bewaffneter Schutz der Flußanlieger durch die betreffenden Nomadengruppen usw.).

Die Araber am Blauen Nil benutzen besondere „mischrah" genannte Wege und Stellen, die im Gegensatz zu den Steilufern ein bequemes Herabsteigen der Rinder- und Kamelherden zum Flußwasserspiegel gestatten.[91] Beim Tränken fesselt man hier den Kamelen die Füße kurz und fordert sie durch einen eigenartigen Zuruf zur Wasseraufnahme auf.[91] Die Hassanie tränken am Weißen Nil manchmal endlos anmutende Scharen von Rindern zur gleichen Zeit; die Hirten benutzen dabei auch Boote, von denen aus sie das Großvieh von einem Ufer zum anderen schwemmen.[92]

Das Vorkommen von Krokodilen kann die direkte Flußtränke riskant machen, so daß man lieber in sicherer Entfernung vom Ufer Tränktröge aus Lehm errichtet (Hassanie am Weißen Nil)[93] oder Wasserscharrgruben gräbt (Bischarin am Atbara).[94] Auch Steilufer veranlassen die Nomaden zu solchen Maßnahmen (z. B. die Dschiddu- und Garra-Somal am Webi Schebeli).[95] Die Afar am Hawasch verscheuchen die Krokodile aus der Nähe der im Wasser schwimmenden Rinder durch gellende Rufe.[96] Das Kamel ist wenig geneigt, seine Haut mit Wasser in Berührung zu bringen; viele Araber der Gezira und Sennars verhindern das auch aus Furcht vor den zahlreichen Krokodilen.[97]

Im Grenzgebiet der Tsetseausbreitung (bei Suk, Samburu, Masai, Süd-Somal u. a.)[98] ist es stellenweise unmöglich, Flußtränken, Bäche oder permanente Brunnen aufzusuchen, weil verseuchte Vegetationsgürtel den Zugang verwehren; höchstens greift man bei extremer Dürre, nicht ohne Viehverluste durch Infektion, auf solche Wasserreserven zurück. Einige Somal des südlichen Osthorn helfen sich, indem sie ihre Rinderherden nachts am Dschuba tränken, wenn die Tsetsefliegen nicht aktiv sind.[99]

90 Cerulli, 1959, Tribù, S. 13f.; ders., 1959, Somalia, S. 207. Lewis, 1955, S. 20, 93. Ferrandi, 1903, S. 20.
91 Marno, 1874, S. 156.
92 Schweinfurth, 1874, S. 58f.
93 Brehm, 1855, S. 288.
94 Baker, 1868, S. 36, 90. – Pellegrini erwähnt Krokodile am Dschuba (1961, S. 38).
95 Gatti, 1960, S. 276, 279.
96 Nesbitt, 1930, S. 304, 309.
97 Marno, 1864, S. 286. – Brehm, 1927, Bd. 7, S. 150.
98 Süd-Somal: Amadei, 1960, S. 380. Suk und Samburu: Kenya Land Commission, 1934, S. 1724 bzw. S. 1672. Masai: Pages-Jones, 1948, S. 53f.
99 Trust Territory, 1952, S. 127.

Kleine fließende Gewässer kommen an Gebirgsrändern vor; sie sind selten und wegen ihrer beschränkten Wassermenge zumeist nur von örtlicher Bedeutung (so bei den Afar, in Eritrea, bei den Turkana, den Borana, den Samburu und bei anderen mehr).[100]

4. Die Brunnen

Wie im Abschnitt über Teiche und Wasserbecken bereits erwähnt (S. 197), gehen die Tränkteiche im Verlaufe der jahreszeitlichen Austrocknung – typologisch gesehen – oftmals in Wasserscharrgruben, Brunnenlöcher und schließlich auch in tiefere *episodische Brunnen* über. Diese Bezeichnung soll die Kurzlebigkeit solcher Brunnen betonen, die nach den gewöhnlichen Überschwemmungen unbenutzbar werden oder eine sorgfältige Reinigung erfordern.[101] Die meisten Brunnen, die die Nomaden graben, stürzen im Verlauf weniger Jahre ein oder verschmutzen derart, daß eine neue Brunnenbohrung rationeller ist. Die Brunnen werden auf denkbar primitive Weise gegraben, nämlich zumeist mit den bloßen Händen oder mit Stöcken (Hadendoa, Beni Amer, Kababisch, Afar, Somal, Turkana u. a.).[102] Die nördlichen Bedscha verwenden hierzu auch Beile (ta farēq, arab. fāṣ oder tūriah).[103] Manche Galla Südäthiopiens errichten neue Schächte in der Nähe der prähistorischen Felsenbrunnen mit Hilfe von Grabstöcken, die mit Eisenspitzen versehen sind, sowie mit Tüllenhacken.[104] Neben den episodischen Brunnen gibt es auch einige wirklich *permanente Brunnen*, die aber alle, soweit sich überhaupt etwas über die Brunnengräber sagen läßt, von Vorbewohnern, Bodenbauern, Handelsleuten, Städtern oder von der Verwaltung angelegt wurden – das Nomadentum kennt keine großen technischen Leistungen. Bezeichnenderweise ließen sich noch im Jahre 1938 die Masai der inneren Masaisteppe von zahlreichen Dschagga-Spezialisten Brunnen graben und reinigen. Ihre Bereitschaft, den Dschagga dafür einen hohen Preis zu zahlen, nämlich 500 der hochgeschätzten Rinder,[105] zeigt, wie

[100] Afar und Issa: AUBERT DE LA RUE, 1939, S. 36, 104. Borana: HABERLAND, 1963, S. 72. Turkana: RAYNE, 1918, S. 188 und GULLIVER, 1953, S. 56. Samburu: KENYA LAND COMMISSION, 1934, S. 1451. Masai: THOMSON, 1885, S. 257 und PAGES-JONES, 1948, S. 56.

[101] Ostsudan: LLOYD, 1910, S. 252; BARBOUR, 1961, S. 170; GLEICHEN, 1905, S. 88; BORN, 1965, S. 78. Somaliland: TRUST TERRITORY, 1952, S. 135. Samburu: SPENCER, 1965, S. 6. – Die Humr-Baggara neigen im Süden ihres Stammesgebietes eher dazu, einen bereits benutzten Brunnen immer wieder neu zu reinigen, als einen anderen zu graben, dessen Wasserstand ungewiß ist (CUNNISON, 1966, S. 26).

[102] Hadendoa: BERNATZIK, 1942, S. 158. Beni Amer: JAMES, 1884, S. 183. Kababisch: CUNY, 1863, S. 133f. Somal: HOYOS, 1895, S. 31; ZÖHRER, 1964/65, S. 152; TRUST TERRITORY, 1952, S. 135; PAULITSCHKE, 1893, S. 132 (Somal und Afar). Turkana: GULLIVER, 1955, S. 37. – HABERLANDT, 1912, S. 25.

[103] KEIMER, 1954, Bd. 35, S. 482.

[104] HABERLAND, 1963, S. 77.

[105] BERGER, 1947, S. 1004.

sehr derartige Arbeitsleistungen der Mentalität und dem Geschick dieser Nomaden fremd sind.[106]

Von den Wasserscharrgruben und den Wasserlöchern abgesehen, lassen sich zwei *morphologische Brunnentypen* unterscheiden – Ziehbrunnen mit tiefen, senkrechten, parallellaufenden, abgestützten Schächten, aus denen man das Wasser in Ledergefäßen mit Hilfe von Seilen zieht, und Brunnen mit keilförmiger, abgestufter Öffnung, in massives Gestein getrieben, aus denen man das nahezu unerschöpfliche Wasser durch Tränkmannschaften, die sich die Gefäße in einer Kette zuwerfen, nach oben befördert. Beide Brunnentypen kommen nicht selten bei ein und demselben Stamm vor, doch unterscheiden sie sich außer in ihrer Morphologie in ihrer durchschnittlichen Tiefe, im Arbeitsaufwand bei ihrer Pflege und bei der Wassergewinnung, in ihrer Lebensdauer und in der Zahl der abhängigen Eigentümer oder Benutzer. Die nördlichen Somal[107] beispielsweise kennen einerseits sogenannte „Schlammbrunnen" (mud wells, 'eel ḍoobeed), deren Schächte durch Zweige und Holzklötze abgesichert sind und die oben durch Balken, in die die Seile im Verlaufe der Benutzung Furchen graben, abgeschlossen werden, und andererseits Tiefbrunnen mit breiter Öffnung ('eel wadaameed), wo man auf Seile verzichten muß. – Die Angaben in der Literatur sind oft zu allgemein, um irgendein Wasservorkommen eindeutig klassifizieren zu können.

Geeignete Gebiete zur Anlage episodischer Brunnen sind Überschwemmungszonen, die unterirdisch größere Wassermengen behalten, so die Wadis und Khors im Ostsudan und auf dem afrikanischen Osthorn (hier auch Tugs genannt) sowie die Raqabas (oder Regebas)[108] in Südkordofan und Darfur. Daneben sind Gegenden mit günstigen Grundwasserverhältnissen, ohne daß periodische Überschwemmungen stattfinden, zur Anlage von Brunnen geeignet, so z. B. die Kheiran[109] in Nordkordofan (ein Auffanggebiet zahlreicher Regenbäche, dessen Bodenoberschicht wasserdurchlässig ist) und die Guban[110] genannte Küstenebene Nordsomalilands. Auf welche Weise die sagenhaften Erbauer der in ganz verschiedene Gesteinsarten eingetriebenen, prähistorischen Brunnenanlagen in Somaliland,[111] Südäthiopien und Ostafrika die Grundwasserverhältnisse erkundeten, ist heute noch ein Rätsel (s. S. 205f.).

[106] 500 Rinder entsprechen in Ostafrika etwa 500 Jahreslöhnen ungelernter Arbeiter (nach WILSON, 1953, S. 35f.). Vgl. auch S. 105 vorliegender Arbeit, über Lohnhirten.

[107] LEWIS, 1961, S. 33f. – MARES, 1954, S. 418.

[108] Das sind periodisch austrocknende, mäandrierende Geländerinnen mit Lehmuntergrund. Vgl. CUNNISON, 1954, S. 62.

[109] Plural von Khor, eigentlich Wasserlauf, hier: Grundwasserbassin. MACMICHAEL, 1920, S. 231; LLOYD, 1910, S. 261; BARBOUR, 1961, S. 162.

[110] LEWIS, 1961, S. 33. Vgl. PAULITSCHKE, 1888, Harar, S. 85f., Brunnen von Warabot in der Guban.

[111] In Somaliland ist praktisch überall Grundwasser in 4–15 Meter Tiefe vorhanden (PROSHOGIN, 1963, S. 97). Die dortigen Nomaden sind aber nur bei sehr günstigen Bodenverhältnissen technisch dazu in der Lage, sich diese Wasserreserven zu erschließen.

Der Umfang unterirdischer Wassergründe und das Tränkbedürfnis der großen Nomadenherden bringen es mit sich, daß man in der Regel mehrere Brunnenlöcher nebeneinander gräbt. So konzentrieren sich beispielsweise die trockenzeitlichen Wasservorkommen der Nurab-Sektion der Kababisch bei Schowa in einer Gruppe zu 100 Brunnen,[112] in einem Wadi im ehemal. Französisch-Somaliland fanden sich 30 Brunnen auf 250 Meter,[113] in Afmadu im Südzipfel Somalilands befinden sich 130 Brunnen beeinander,[114] und das Brunnenfeld El Wak in Kenia ist maximal 30 Kilometer lang.[115] Bei den Humr-Baggara hat gewöhnlich jeder Ferig (Dornenkral und lokaler Betrieb) einen gegrabenen Brunnen ('idd), doch liegen in der Regel mehrere Brunnen nebeneinander und sind zum Schutz gegen herumstreunendes Vieh und vor Raubtieren, die nachts aktiv werden, mit einem großen Dornenwall umgeben.[116]

Die *Tiefe*[117] vornehmlich der episodischen Brunnen schwankt mit der Jahreszeit und der Niederschlagsmenge einer Saison. *Ergiebigkeit* und Zuverlässigkeit der Brunnen hängen nicht nur in der Regelmäßigkeit und Menge der Niederschläge ab, sondern auch von den Bodenverhältnissen, von der Oberflächengestalt, vom Einzugsbereich des Grundwassers, vom geologischen Untergrund und von anderem mehr. So sind nach MacMichael[118] die zahlreichen episodischen Tränkstellen der Kababisch in den nördlichen Wadis, über die diese Kamelzüchter neben etwa zwanzig permanenten Brunnen verfügen, ab Januar-Februar oft ganz ohne Wasser, was mit der Tatsache, daß in der Nordhälfte des Stammesgebietes die Regen stellenweise jahrelang aussetzen, gut übereinstimmt. Demgegenüber erklärt Dyson-Hudson[119] die im zentralen Stammesland der Karamojong gelegenen Sandbetten einiger größerer Flüsse als die zuverlässigsten Wasservorkommen, was auch von den Brunnen der Turkana am Turkwel, denen der Hadendoa am Gasch[120] sowie von den Brunnen der Süd-Bischarin am Atbara

112 Seligman, 1918, S. 119.

113 Aubert de la Rue, 1939, S. 86.

114 Zöhrer, 1959, S. 53. Nach Elliot, 1913, S. 559: 113 Brunnen.

115 Gwynn, 1911, S. 120.

116 Cunnison, 1954, S. 62.

117 Einige der von Autoren angegebenen Brunnentiefen seien hier zusammengestellt. – Bischarin im Elba-Gebirge: Gruben von maximal 8 m Tiefe (Schweinfurth, 1922, S. 52). Hadendoa in Taka: 6–9 m (Werne, 1851, S. 89). Beni Amer um Agordat: im Januar und Februar 2 m tiefe Brunnengruben im Regenstrombett des Carobel (Schoenfeld, 1904, S. 41). Diglel-Beni Amer: 2,5–3 m in Khors (Paul, 1950, S. 244). Anlieger des Atbara: in Dürrejahren bis zu 9 m tiefe Brunnen in Flußbett gegraben (Munzinger, 1864, S. 329). Anlieger der Kheiran in Kordofan (Dar Hamid, Schenabla, Kawachla u. a.): oft nur 1,5–3,5 m, selten tiefer als 6 m (MacMichael, 1920, S. 231). Hassanie: bis 18 m Tiefe (Kotschy, 1839, S. 11). Rufaa im Khor e' Deleb, Dar el Fungu: 1–2,5 m (Marno, 1874, S. 247). Somal allgemein: 5–15 m Tiefe (Zöhrer, 1964/65, S. 152). Ogaden-Somal: 2–2,5 m (Cruttenden, 1849, S. 65). Karamojong: bis 5 m Tiefe (Dyson-Hudson, 1960, S. 45). Jie: maximal 7–9 m (Gulliver, 1955, S. 37). Masai: Tiefe der Wasserlöcher von Seki 4–6 m, im Grunde 30 cm Wasser (Höhnel, 1892, S. 284). Datoga: 3 m und tiefer (Berger, 1947, S. 1003). – S. auch S. 226 vorliegender Arbeit, über arbeitsökonomische Grenzen der Brunnentiefe.

118 1912, S. 194.

119 1960, S. 44f.

120 Fleming, 1922, S. 76.

zu sagen ist; auch die in den Tälern der Trockenflüsse Darror, Nogal, Mudug, Fafan in Somaliland ergrabenen Wasservorkommen sind reichhaltig und verläßlich.[121] Die prähistorischen Tiefbrunnen (s. u.) sind in ihrer Kapazität nahezu unerschöpflich, da sie offenbar von unterirdischen Strömen gespeist werden.

Wieviel Herdentiere hängen von den einzelnen Brunnen oder Brunnenzentren ab? Wie groß ist ihr Einzugsbereich?

Die um einen Brunnen verwertbare Weidefläche hängt, wie wir schon erfahren haben (S. 152f.), von der physiologischen Tränkungs-Weide-Distanz der zu tränkenden Herdentiere ab. Entsprechend der Wasserkapazität der Brunnen und dem Nährwert der im Umkreis vorhandenen Naturweide kann eine bestimmte Viehzahl getränkt werden. Wichtige Brunnenzentren in Südsomaliland wie Hola Wajeir, Bad Adda, Goba, Lac Badana, Lac Anola, Ida und Mido versorgen in der Trockenzeit jeweils 6000–8000 Stück Vieh mit Tränkwasser.[122] An den Brunnen von Burao wurden in einem konkreten Falle innerhalb von 10 Tagen 23320 Kamele der Habr Junis-Somal getränkt.[123] In dem ca. 7800 qkm großen Stammesland der Dodoth existieren nach Angaben Deshlers[124] gegen Ende der Trockenzeit nur 15–20 Brunnen oder Wasserlöcher. 20000 Menschen und 70000 Rinder (das Kleinvieh unberücksichtigt) sind zu versorgen, das heißt, im Durchschnitt muß dann eine Wasserstelle für 1100 Personen und 3900 Rinder ausreichen.

Im komplexwirtschaftlichen Viehpostensystem kann das Versiegen sogenannter permanenter Brunnen in den Bodenbauerdörfern weitreichende Folgen haben. In den Fällen, wo die Brunnen inmitten der Bodenbauzentren die zuverlässigsten im ganzen Stammesgebiet sind, suchen bei fortgeschrittener Dürre die Hirten mit ihren Herden die stabilen Dörfer auf, trotz stärkster Überweidung ihrer Umgebung; doch wenn auch die dortigen Brunnen kein Wasser mehr liefern, machen sich Bodenbauer wie auch Viehzüchter der gleichen blutsverwandten Einheit auf den Weg nach neuen, oftmals weit entfernten Wasservorkommen (so in Süd-Somaliland).[125] Bei den Jie schließen sich bei Wassermangel die Dorfbewohner den Viehkamps an, die die Trockenzeit an zuverlässigen Brunnen auf den Notzeitweiden verbringen.[126]

Weitere technologische und morphologische Einzelheiten über die von Nomaden gegrabenen Brunnen sollen in nachfolgenden Abschnitten über den Tränkprozeß und über die Arbeitsleistung behandelt werden. Hier ist es am Platze, näher auf jene *alten Brunnen* einzugehen, die Nomaden zwar benutzen, höchstwahrscheinlich aber nicht errichtet haben. Wo man besonders tiefgehende, in den Felsen gesprengte oder durch Mauerwerk abgestützte, mit fester Rolle usw.

121 British Somaliland, 1945, S. 3. Paulitschke, 1893, S. 121.

122 Somali Republic, 1961, S. 162.

123 Silberman, 1959, S. 596. – Andere Zahlenangaben über die Arbeitsleistung beim Tränken und über getränkte Viehmengen s. S. 226f. vorliegender Arbeit.

124 1965, S. 154 u. 160.

125 Trust Territory, 1952, S. 125, 127. Somali Republic, 1961, S. 136 (im Jahre 1959 Aufgabe von Dörfern um Baidoa; Tausende Herdentiere verdursteten).

126 Gulliver, 1955, S. 18f.

versehene Brunnen vorfindet, muß man in erster Linie an das Wirken seßhafter, arbeitsteiliger, straff organisierter, technisch begabter, also nichtnomadischer Gruppen denken.

Schweinfurth[127] hebt hervor, daß im inneren Bischarinland, jenseits des Elbagebirges, zahlreiche (wenn auch mörtellos) gemauerte Brunnen durch Nomaden benutzt werden, ohne jedoch die Erbauer dieser Anlagen zu nennen. Im Küstenhinterland des Roten Meeres würden sich solche gemauerten Brunnen nicht lohnen, da nach einiger Zeit Salzwasser infiltriert und die Brunnen dadurch unbrauchbar werden. Bei Nord-Gruppen der Bischarin fiel von der Esch[128] ein tiefer, regenwassergespeister Quellenbrunnen auf, der offenbar mehrere hundert Jahre alt und mit gebrannten Ziegeln ausgemauert war; nach seiner ganz entschiedenen Meinung haben ihn keine Nomaden errichtet. Einen anderen, archaischen, mit Steinstufen versehenen Brunnen inmitten einer Felsenlandschaft sah Petherick[129] östlich von Luxor durch verarmte Ababde-Beduinen benutzt, die das Wasser auch an vorbeiziehende Pilgergruppen und Karawanen verkauften und selbst in schäbigen Zelten und in Höhlen hausten. Über die Wasserversorgung der Hadendoa sagt Bernatzik,[130] sie seien auf die wenigen Brunnen angewiesen, „die schon ihre Vorfahren anlegten“ und die Tagemärsche voneinander entfernt liegen. Ein von ihm besichtigter Brunnen war ca. zwanzig Meter tief und hatte einen zwischen anderthalb und zwei Meter breiten Schacht, der mit Lehm ausgekleidet und mit Holzknüppeln abgestützt war.

Die Tiefe des Wasserspiegels in den Ziehbrunnen der Butana-Nomaden (Schukrija, Batahin, Schaikija u. a.) beträgt 20–60 Meter.[131] Das Wasserschöpfgefäß aus Ziegenleder wird an einem langen Seil aus geflochtenem Leder, das über eine gußeiserne Rolle zwischen einer Astgabel läuft, in die Tiefe gelassen; nach der Auffüllung ziehen Kamelhengste, Esel oder Stiere die Gefäße hoch. Mit Ausnahme des 76 Meter tiefen Bir el Hukuma („Brunnen der Regierung“), der im Jahre 1904 durch die Administration angelegt wurde, ist über das offensichtlich hohe Alter dieser Ziehbrunnen und über das Verfahren ihrer Bohrungen nichts genaues bekannt, doch gibt es Nachrichten, daß Vorfahren der heutigen nomadischen Brunnenbenutzer (Schukrija) vor Jahrhunderten mit Autochthonen um die Brunnen kämpften.[132] Die Nomaden Kordofans gewinnen das Tränkwasser unter anderem aus Brunnen mit schmalen Schächten (Breite nur ca. 50 cm), die bis in Tiefen von 30–60 Metern in den festen Boden gebohrt wurden (z. B. der Brunnen von Um Dam) – ob von Nomaden bleibt wiederum ungeklärt. Solche Brunnen, die viele Jahre lang benutzbar sind, brauchen nicht abgestützt zu werden und sind weniger pflegebedürftig, doch viel seltener als die episodischen Brunnen in den Sandbetten.[133]

[127] 1922, S. 52.
[128] 1941, S. 105.
[129] 1861, S. 56f.
[130] 1942, S. 158.
[131] Stein, 1958/59, S. 154; ders., 1960, S. 47f. Vgl. Heuglin, 1868, S. 441 (Süd-Butana).
[132] Stein, 1958/59, S. 153. Auch die Erbauer des Wüstenbrunnens Masawwarât as-Sufra (Tiefe 45 m) sind unbekannt (Budge, 1907, S. 329). – Über Brunnenbohrungen der sudanesischen Regierung s. Born, 1965, S. 85f.
[133] Lloyd, 1910, S. 252. Berry, 1928, S. 282f.

Von den Somal sagt PAULITSCHKE,[134] sie kümmerten sich wenig um neue Wasserplätze, und die bestehenden seien uralt. Hier finden sich alte Felsenbrunnen, die in ganz ähnlicher Form auch für Südäthiopien, Kenia und Tansania zu belegen sind. Die Vorfahren der heutigen Adschuran-Somal sollen einen Teil dieser Brunnenanlagen gebaut haben.[135] Es handelt sich sowohl um Seilbrunnen als auch um jenen anderen Typus, dessen Schacht nach oben zu breiter wird und bei dem die Wasserbeförderung durch größere Tränkmannschaften erfolgt. Zu den Seilbrunnen gehören z. B. die 130 (nach ELLIOT 114) Brunnen von Afmadu im Südzipfel Somalilands, an denen in der Trockenzeit am Tage 30000 Stück Vieh getränkt werden können;[136] ebenso die Brunnen von Wajeir[137] in Nordost-Kenia mit Schächten von nur 60 cm Breite, bei 9 m Tiefe, die man den sagenhaften Wadenli (oder Madinle) zuschreibt – heutzutage werden sie von Borana, Garri, Adschuran, Ogaden und Rahanwin benutzt. Tiefe Felsenbrunnen mit nicht parallelem Schacht sind z. B. die von den Borana Südäthiopiens benutzten „éla" in der Landschaft Dirre; die „Warday" sollen sie errichtet haben.[138] Zwölf bis fünfzehn junge Männer sind damit beschäftigt, die mit Wasser gefüllten Ledereimer von Stufe zu Stufe aus der Tiefe des Schachtes nach oben zu werfen. Jeweils drei oder vier dieser Brunnenarbeiter füllen ein Zwischenbecken, die nächste gleichgroße Abteilung füllt, in einer Kette arbeitend, ein weiteres usw. Das oberste Becken stellt der Tränktrog dar, der sich noch etwa zehn Meter unter der Erdoberfläche befindet; die Rinder werden deshalb auf einer Rampe nach unten geführt. Im Prinzip ganz ähnliche Brunnen lassen sich bei den Masai (Ngasumet, Nabarera, Lolbene, Longijabe, Londergese, Makami und Ndedo),[139] Somal (El Wak,[140] Felsbrunnen der Ogo), Afar und in Eritrea nachweisen.[141]

5. Die Anpassungen des Viehs an die mangelhafte Wasserversorgung

Die wichtigste Anpassung der nomadischen Herdentiere an die Trockenheit ihres Lebensraumes ist ihre Fähigkeit, relativ lange *Durst zu ertragen*. Von der Anzahl der zwischen den Tränkungen verstreichenden Tage und der ebenfalls sehr wichtigen Beweglichkeit einer bestimmten Viehart oder Herdentierkategorie hängt nicht nur der Arbeitszeitaufwand des Tränkens ab, sondern auch der Umfang, in dem Weidegründe überhaupt aufgesucht und verwertet werden können (s. S. 152f., physiol. Tränkungs-Weide-Distanz).

134 1888, Harar, S. 85f.
135 JENSEN, 1947, S. 780. ANONYMOUS, 1948, S. 85. – PAULITSCHKE, 1893, S. 133.
136 ZÖHRER, 1959, S. 53. ELLIOT, 1913, S. 559.
137 WATSON, 1927, S. 50. AYLMER, 1911, S. 293. CLIFFORD, 1928, S. 437. Vgl. HABERLAND, 1963, S. 73.
138 HABERLAND, 1963, S. 73ff., 78. Vgl. WATSON, 1927, S. 50ff.
139 PELLEGRINI, 1961, S. 285ff. KOENIG, 1956, S. 151f., 27, 29. PAGES-JONES, 1948, S. 54. GRZIMEK, 1959, S. 256. GRAY, 1963, S. 19f.
140 COLLINS, 1960, S. 155. GWYNN, 1911, S. 120. CLIFFORD, 1928, S. 436f. ANONYMOUS, 1948, S. 85.
141 HABERLAND, 1963, S. 74.

Die erforderlichen Tränkwassermengen: ein Rind benötigt (in Kordofan) in den letzten Monaten der Trockenzeit täglich etwa 30 Liter, eine Ziege etwa 10 und ein Schaf etwa 6 Liter Wasser.[142] Ein Kamel (in Somaliland) nimmt – nach wochenlang aussetzender Tränkung! – 80–160 Liter Wasser auf einmal auf.[143] Das Nomadenvieh ist in der Lage, mehr oder weniger verunreinigtes Tränkwasser zu verwerten (s. S. 211f.).

Das *Kamel* zeichnet sich aus durch die Verwertung von Futterqualitäten, die anderen Herdentieren nicht mehr genügen sowie durch Erschließung von Weidequantitäten, die dem übrigen Vieh durch höhere Tränkansprüche und geringere Beweglichkeit verschlossen bleiben.

Die Häufigkeit der Tränkungen des Kamels läßt sich nicht pauschal festlegen, sondern sie wird beeinflußt von der Rasse, von der Arbeitsleistung, von der Lufttrockenheit,[144] vom Weidefutter (Wassergehalt!), vom Anteil des Kraftfutters,[145] von Witterung und Jahreszeit, vom Grade der Gewöhnung, von der Salzzufuhr (s. S. 188) und von der Verfügbarkeit von Tränkwasser. – In den Fällen, wo das Weidefutter nicht genügend saftig ist, um das Tränken überhaupt zu ersparen (s. u.), werden für die Kamele einzelner Stämme folgende tränkfreie Perioden in der feuchteren Jahreshälfte angegeben: Kamele der Hadendoa[146] 4–5 Tage, der Turkana[147] 3–4 Tage, der Hassanie[148] 2 Tage, durchschnittlich im Ostsudan[149] 8–10 Tage; Kamele der Somal[150] 10–35 Tage, doch ist zu beachten, daß überall mit zunehmendem Feuchtigkeitsgehalt des Weidefutters längere Perioden tränkfrei bleiben. Saftige Gräser wie die Gizzu Nordkordofans (s. S. 141), die Jazzin[151] im Küstenhinterland des Roten Meeres und die hohen kräftigen Gräser der Haud Somalilands erübrigen eine Tränkung der dortigen Kamele in der Regenzeit und u. U. bis zur ersten Hälfte der Trockenzeit, also für Monate. Die Araber Nordkordofans z. B.[152] brauchen ihre Kamele und Schafe nicht zu tränken, wenn sie zwischen Oktober-November und Februar auf der Gizzu im Nordwesten Kordofans weiden; dasselbe ist in guten Regenjahren mit den Kamelen der Somal zwischen April und Dezember der Fall.[153] In der Dürrephase des Jahres erreichen die einzelnen Schläge des Kamels folgende Leistungen im Durstertragen: Kamele der Bedscha und der Sudanaraber[154] – im Normalfall 4–5 Tage, am sechsten und siebenten Tag fühlen

142 Born, 1965, S. 83.
143 Silberman, 1959, S. 596.
144 Müller, 1903, S. 116.
145 Getreidegaben bringen häufigeres Tränken mit sich (Acland, 1932, S. 131).
146 Bernatzik, 1942, S. 159.
147 White, 1923, S. 221. Gulliver, 1953, S. 60. Emley, 1927, S. 184.
148 Brehm, 1855, S. 288.
149 Acland, 1932, S. 132. In Kordofan jeden 10. Tag: Born, 1965, S. 207.
150 Belege s. Anmerkung 158, S. 209.
151 Darling, 1938, S. 194.
152 Seligman, 1918, S. 119. MacMichael, 1912, S. 192. Darling, 1938, S. 194.
153 Mares, 1954, S. 414. Paulitschke, 1896, S. 288. Trust Territory, 1952, S. 120, nach Gilliland. Berghold, 1899, S. 50.
154 Acland, 1932, S. 132. Keimer, 1954, Bd. 35, S. 485. James, 1884, S. 237; ders., 1888, S. 33f. Seligman, 1918, S. 119.

sie sich schwach, am achten Tag sind sie völlig erschöpft, am neunten oder spätestens zehnten Tage sterben sie; 5 Tage können die Kamele der Turkana ohne Tränkung bleiben;[155] die Kamele der Rufaa[156] werden alle 4 Tage mit Nilwasser getränkt; die der Hamar[157] kamen ebenfalls alle 4 Tage zur Tränke und erhielten außerdem noch zweimal täglich Melonenschalen gefüttert. Das Maximum erreichen die Somalikamele, die in dieser Jahreszeit bei ganz trocknem Weidefutter 13 Tage auf Wasser verzichten können[158] – das ist eine tränkungsfreie Zeitspanne, die BREHM[159] beim ostsudanischen Kamel in der Trockenzeit für unmöglich erklärt.

Kamele auf Salzbuschweide verlangen täglich Tränkung.[160] Wenn die Kamele der Hadendoa öfters als alle 4–5 Tage getränkt werden, bekommen sie Durchfall.[161] Die Sudanaraber sehen eine unregelmäßige Tränkung als sehr schädlich an; wenn bei Arbeitskamelen die regulären Tränktage nicht eingehalten werden können, tränkt man sie, je nach der Verfügbarkeit von Wasser, schon vor dem theoretischen Tränktag, doch diesem Zeitpunkt so nahe wie möglich.[162] Lastkamele müssen häufiger getränkt werden als Herdentiere. Nach ACLAND[163] reduziert sich im Ostsudan die tränkfreie Zeit von Lastkamelen, die zu einem großen Teil mit Getreide gefüttert werden, in der Regenzeit auf 4 Tage, in der Trockenzeit auf 3 Tage (nach HARTMANN[164] auf 4 Tage). Für die Arbeitskamele Kordofans werden angegeben eine Woche in der Regenzeit, 4–5 Tage in der Trockenzeit.[165] Die Lastkamele der Somal müssen nur alle 7–10 Tage zum Brunnen.[166]

Nach VON DER ESCH[167] gewöhnen die Bischarin den Kamelen, die einen längeren anstrengenden Gebirgsmarsch ohne Tränkmöglichkeit vor sich haben, den normalen trockenzeitlichen Tränkrhythmus ab: innerhalb von 4 Wochen haben sie sich an eine tränkfreie Zeit von 10 Tagen angepaßt.

Das *Rind* als zweites wichtiges Großvieh des Untersuchungsgebietes hat unter allen Haustieren, die den Nomaden Milch und Fleisch liefern, das größte Tränkbedürfnis. Deshalb ist es nur in den weniger ariden Gebieten des Nomadismus lebensfähig, und im Gegensatz zu Kamel, Schaf und Ziege kann ihm keine

155 EMLEY, 1927, S. 184. GULLIVER, 1953, S. 60: ungetränkt „for three days and more".

156 MARNO, 1874, S. 156.

157 PALLME, 1843, S. 89.

158 TRUST TERRITORY, 1952, S. 120, nach GILLILAND. – PAULITSCHKE, 1893, S. 224. ZÖHRER, 1964/65, S. 150, 152. MARES, 1954, S. 417. LEWIS, 1961, S. 40. BUCHHOLZER, 1959, S. 41. SILBERMAN, 1959, S. 596. – Rendile in Kenia tränken ihre Kamele alle 10–14 Tage (SPENCER, 1965, S. 292).

159 1927, Bd. 7, S. 147.

160 LEWIS, 1955, S. 67.

161 BERNATZIK, 1942, S. 159.

162 ACLAND, 1932, S. 132.

163 1932, S. 132.

164 1869, S. 244.

165 SELIGMAN, 1918, S. 119. LLOYD, 1910, S. 266. PFUND, 1878, S. 239.

166 PAULITSCHKE, 1893, S. 224.

167 1941, S. 42.

noch so saftige Weide wochenlang das Tränkwasser ersetzen. Im Unterschied zum europäischen Hochleistungsvieh kann der afrikanische Zebu jedoch regelmäßig mehrere Tage lang Durst ertragen und benötigt auch eine geringere Menge Tränkwasser,[168] ist also an Trockengebiete gut angepaßt.

Die Nandi[169] in ihrem gut beregneten, grasreichen Bergland und die Rufaa[170] zwischen Weißem und Blauem Nil können es sich leisten, ihre Rinder täglich zweimal zu tränken – sonst ist im Untersuchungsgebiet in der feuchten Jahreszeit eine tägliche Tränkung üblich. In der Trockenzeit kann man einen zweitägigen Tränkrhythmus als Standard ansehen (Hassanie, Baggara, Rufaa, Somal, Boran-Galla, Turkana, Samburu, Masai, Datoga usw.). Drei Tage hintereinander aussetzende Tränkung wird berichtet von den Rindern der Baggara,[171] Kababisch,[172] Rufaa,[173] Somal[174] und Kenia-Galla,[175] und von den Rindern zwischen Atbara und Nil (Süd-Gruppen der Hadendoa und Bischarin) behauptet MUNZINGER[176] sogar, daß sie in der Trockenzeit regelmäßig nur alle vier Tage aus dem grasreichen Inneren zur Flußtränke kommen. Aus Kenia und Tansania berichtet man Überlebensleistungen der Rinder nach 4, 5, ja selbst 7 tränkfreien Tagen.[177] Parallellaufend mit dem größeren Tränkbedürfnis arbeitender Kamele werden die Lastochsen der Baggara[178] häufiger als das übrige Rindvieh getränkt (einmal täglich).

Schaf und *Ziege*. Auf saftiger Weide braucht das Kleinvieh für Wochen und Monate nicht getränkt zu werden.[179] Der Überlebensvorteil des sudanesischen Schafes durch seine gegenüber der dortigen Ziege größere Fähigkeit, Durst zu ertragen, wird durch deren Spezialisierung auf Laubäsung in gewisser Hinsicht ausgeglichen. So müssen die Ziegen der Bedscha in der heißen Zeit alle 2 Tage trinken, die Schafe jedoch nur alle 4.[180] Die Ziegen bzw. Schafe dieser Stämme

168 KENYA LAND COMMISSION, 1934, S. 1662, 1253. DESHLER, 1963, S. 54. BERRY, 1928, S. 283. MCKAY schätzt, daß das Samburu-Rind in Kenia zur Erzeugung einer Gallone Milch nur zwei Gallonen Wasser benötigt, während europäische Rinder vier Gallonen für eine Gallone Milch brauchen (1957, S. 274).

169 HUNTINGFORD, 1953, S. 20.

170 HARTMANN, 1863, S. 205.

171 GLEICHEN, 1905, S. 182. BORN (1965, S. 207) für die Rinder Kordofans. JOSHI (1957, S. 63) für den sog. Northern Sudan Shorthorn Zebu.

172 HERSKOVITS, 1926, S. 119, nach SELIGMAN.

173 MARNO, 1874, S. 156.

174 TRUST TERRITORY, 1952, S. 120, 127, nach GILLILAND 2–4 Tage. LEWIS, 1955, S. 68. COZZI, 1965, Allevamento, S. 127. ZÖHRER, 1964/65, S. 152.

175 BRENNER, 1868, S. 465.

176 1864, Ostafrikanische Studien, S. 329; ders., 1864, Itinerar, S. 23.

177 KENYA LAND COMMISSION, 1934, S. 1659. MCKAY, 1957, S. 274 (maximal 5 Tage). ULLRICH 1959, S. 74 (Masai).

178 LLOYD, 1910, S. 266.

179 Somali-Kleinvieh dann 2–3 Monate ohne Tränkung: TRUST TERRITORY, 1952, S. 120, nach GILLILAND; MARES, 1954, S. 421; LEWIS, 1955, S. 69; PAULITSCHKE, 1896, S. 289, nach SWAYNE. Schafe Kordofans: MACMICHAEL, 1912, S. 192. Bedscha-Kleinvieh: KEIMER, 1954, Bd. 35, S. 486.

180 KEIMER, 1954, Bd. 35, S. 485.

kommen nur mit Mühe über den dritten bzw. fünften tränkfreien Tag und sterben am vierten bzw. sechsten Tag. Ganz ähnlich müssen die Ziegen der Kababisch in der Trockenzeit jeden dritten, die Schafe jedoch nur jeden fünften Tag zur Tränke,[181] während hier in der Regenzeit bei Ziegen eine alltägliche, bei Schafen nur eine viertägige Wasseraufnahme üblich ist (relativ trockenes Weidefutter vorausgesetzt).

Cuny[182] berichtet, in Kordofan habe einmal eine Schafherde 13 tränkfreie Tage überlebt (mit Ausnahme von 5 Tieren); man hatte den Schafen die eigene Milch zu trinken gegeben.

Mares[183] hingegen behauptet von den Ziegen der nördlichen Somal eine größere Widerstandsfähigkeit bei Dürre – sie sollen, ungeachtet der Trockenheit, nicht öfter als einmal in der Woche zur Tränke kommen. Lewis,[184] Haggenmacher[185] und Zöhrer[186] wiederum sehen das Tränkbedürfnis der Somali-Schafe und -Ziegen als gleichgroß an: beide sollen in der Trockenzeit 4–8 Tage ohne Wasser leben können, nach Zöhrer sogar 14 Tage. Gilliland[187] schließlich gibt für das Kleinvieh des afrikanischen Osthorn 3–4 tränkfreie Tage in der trockenen Jahreszeit an. Diese Zeitspanne sollen auch die Boran-Schafe in Dürreperioden ohne großen Schaden überstehen können.[188]

Die *Esel* der Bedscha beanspruchen das ganze Jahr über täglich oder zumindest jeden zweiten Tag Wasser; am dritten tränkfreien Tag tritt der Tod ein.[189] Die Esel der Somal und Turkana hingegen brauchen im Normalfall nur alle 2–3 Tage zur Tränke.[190]

Die *Pferde* der Hadendoa in Taka sowie der Baggara und Kababisch in Kordofan, die der Gharbaui-Rasse angehören, tränken die Nomaden täglich, doch überstehen sie mehrere tränkfreie Tage.[191] Die Somalipferde brauchen selbst in der Trockenzeit nur alle 2 Tage Wasser.[192]

Die Herdentiere der Nomaden sind in der Lage, für den Menschen ungenießbares, mit verschiedenen Mineralien, Gasen und Bitterstoffen (Natrium, Calcium- und Magnesiumsalze, Sulfate und Karbonate, Schwefelwasserstoff u. a.) angereichertes *Tränkwasser* aufzunehmen, das nur zum Teil ihren physiologischen Bedürfnissen entspricht.[193] Bestimmte Landstriche ohne Süßwasser-

[181] Herskovits, 1926, S. 119, nach Seligman.

[182] 1863, S. 100.

[183] 1954, S. 421. Allgemein bei Ziegen: Boettger, 1958, S. 80.

[184] 1955, S. 69.

[185] 1876, S. 34.

[186] 1964/65, S. 152 (wohl aber nicht bei trocknem Weidefutter).

[187] In Trust Territory, 1952, S. 120. – Am Webi Schebeli tränkt man in der Trockenzeit alle 3 Tage (Gatti, 1960, S. 276).

[188] Haberland, 1963, S. 79.

[189] Keimer, 1954, Bd. 35, S. 486.

[190] Somal: Lewis, 1955, S. 70. Turkana: White, 1923, S. 221.

[191] Werne, 1851, S. 205. Lloyd, 1910, S. 266. Herskovits, 1926, S. 119, nach Seligman. Heuglin, 1869, S. 34.

[192] Paulitschke, 1893, S. 228; ders., 1896, S. 289, nach Swayne. Haggenmacher, 1876, S. 34. Hoyos, 1895, S. 176.

[193] Ababde: Petherick, 1861, S. 56. Bischarin: Schweinfurth, 1922, S. 52. Butana: Stein, 1960, S. 47. Somal: Stafford, 1931, S. 104; Aubert de la Rue,

stellen, in denen der Mensch nicht leben könnte, werden erst durch diese Fähigkeit des Nomadenviehs, das den Flüssigkeitsbedarf des Menschen durch Milch decken kann, bewohnbar.[194] Nach einem Bericht von MacFadyen hatte das Wasser von nur 22% der in Somaliland untersuchten Brunnen einen Gehalt an minderwertigen Mineralsalzen von weniger als 2%.[195] Oftmals ist die Fähigkeit der Absorption von Schmutzstoffen und anderen unbekömmlichen Bestandteilen im Trinkwasser nicht nur bei den Herdentieren, sondern auch bei den Nomaden[196] selbst, Sache der Gewöhnung. So bringen die Bedscha am Roten Meer ihre Kamele systematisch dazu, Meerwasser zu saufen.[197] (Näheres über Brackwassertränke auf S. 190). Chemisch reines Süßwasser kann sogar ein Nachteil sein, weil sich die Nomaden um andere Formen der Salzzufuhr kümmern müssen. Schlimmer als mineralische Verunreinigungen ist die Verseuchung des Tränkwassers mit Krankheitserregern und Parasiten;[198] so ist z. B. unter den Wasservorkommen der Nordprovinz Kenias das Brunnenzentrum von Marsabit verrufen wegen seines schweren Befalls mit Blut- und Leberegeln.

Von sukkulenten Gräsern und Kräutern, die das Tränken ersparen, war schon die Rede (S. 208, 210). Manche wasserspeichernden Pflanzen werden sogar angebaut bzw. gesammelt und verfüttert. – Die Wassermelone[199] als Tränkwassersurrogat wächst nicht nur wild, sondern wird auch von Hamar, Kababisch und anderen Sudanarabern Kordofans und Darfurs ausgesät und eingeerntet; nach Robert Müller[200] sollen die Rinder in Kordofan zwischen Abu Harras und Fodschia ihren Flüssigkeitsbedarf größtenteils durch Gurken decken. Die Galla in Kenia verfüttern manchmal eine große, sukkulente, tubusförmige Pflanze (obe),[201] die nördlichen Somal saftige Wurzeln (fara dera, Entada).[202]

Das Vermögen, die Nähe von Wasserstellen zu erwittern, ist besonders dem Kamele eigen.[203]

Von Höhnel[204] beobachtete Rinder und Esel der Turkana, wie sie sich während der Dürre im Trockenbett eines Flusses Grundwasser, das nicht sehr tief

1939, S. 86, 97 (und Afar); Aylmer, 1911, S. 294. Turkana: Gulliver, 1953, S. 56. Masai: Stigand, 1913, S. 214 und Ullrich, 1959, S. 74.

194 Gillman, 1936, S. 13.

195 Bei Silberman, 1959, S. 592.

196 Ababde: Klunzinger, 1877, S. 254; Petherick, 1861, S. 56f. Afar: Harris, 1845, S. 149. Turkana: Gulliver, 1953, S. 56. Somal: Trust Territory, 1952, S. 136.

197 Sandars, 1933, S. 145. Newbold, 1935, S. 146. Paul, 1954, S. 12.

198 Kenya Land Commission, 1934, S. 1659 (Marsabit); Aubert de la Rue, 1939, S. 104 (Egel in Wasserstellen des ehemal. Französ.-Somaliland). Krankheitsübertragung durch unsauberes Brunnenwasser: Phillips, 1959, S. 289 (Afrika) und Trust Territory, 1952, S. 138, 136 (Somaliland).

199 Petherick, 1861, S. 316. Kordofan und Darfur: Davies, 1957, S. 90. Hamar: Pallme, 1843, S. 89; Born, 1965, S. 81, 155. Kababisch: MacMichael, 1912, S. 192.

200 1903, S. 29.

201 Werner, 1914, S. 134.

202 Mares, 1954, S. 417.

203 Hartmann, 1869, S. 245. Buchholzer, 1959, S. 50.

204 1892, S. 730; ders., 1938, S. 220.

unter der Oberfläche vorhanden war, durch Kratzen und Graben mit den Hufen selbständig verschafften. – Sogar bei der Zuchtwahl berücksichtigen die nördlichen Somal Eigenschaften der Herdentiere, die das Tränkgeschäft erleichtern. Sie bevorzugen Kamele, die, ohne Schwierigkeiten zu machen, möglichst schnell an den Brunnen ihren Wasseranteil aufnehmen.[205]

Große *Beweglichkeit der Herdentiere* ist deshalb so wichtig, weil von ihr die um einen Brunnen verwertbare Weidequantität abhängt (s. S. 152f., physiologische Tränkungs-Weide-Distanz). MUNZINGER[206] betont, daß die Begeit genannte Rinderrasse im Ostsudan an Schnellmärsche von und zu den Flüssen (Atbara und Nil) gewöhnt ist, um die guten Weidegründe der flußfernen Gebiete ausnutzen zu können. Den Turkana-Rindern[207] wird in der Trockenzeit nicht selten ein Ab- und Anmarsch von und zu den Brunnen von jeweils 10–12 Kilometern abverlangt; das bedeutet, daß sie lediglich jeden zweiten Tag Weidefutter aufnehmen können, denn unterwegs ist das nicht möglich. Hier wie bei den meisten Nomaden gilt in der Trockenzeit der Satz: Je besser die Weide, desto länger der Weg zur Tränke. Wenn die Turkana ihre Rinder an einem bestimmten Tage im grasreichen Bergland weiden lassen, so müssen sie mit ihnen während der ganzen darauffolgenden Nacht zum Brunnen eilen; nach dem Tränken befinden sie sich während des ganzen nächsten Tages auf dem Rückweg zur Weide, der sich die Rinder erst am nachfolgenden Tage widmen können.[207] Die Datoga-Rinder[208] sind während dieser Jahreszeit nicht selten jeden zweiten Tag 10–14 Stunden unterwegs, und selbst am darauffolgenden Tag können sie erst nach 3–4 Stunden Anmarsch von der Siedlung Weidefutter in nennenswerter Menge aufnehmen. Sogar die Rinder der Humr-Baggara[209] müssen sich gegen Ende der Trockenzeit u. U. 15–18 Kilometer von den Brunnen entfernen, um angemessene Weide zu erhalten, die der Somal 10–30 Kilometer.[210] – Die Viehverluste, die solche Märsche mit sich bringen, sind mit die schwerwiegendsten.

Wenn man bedenkt, daß die Somalikamele ohne Last 40–60 Kilometer pro Tag zurücklegen können[211] und daß sie selbst in der Trockenzeit nur alle zwei bis drei Wochen zur Tränke müssen, gewinnt man eine Vorstellung, welche enormen wasserlosen Weideflächen diese Tiere ausnutzen können, selbst wenn wir die tägliche Weide- und Rastzeit reichlich bemessen. Während einer schweren Dürre in den Jahren 1950 und 1951 mußten diese Kamele über eine Woche lang durch ausgedörrtes, unfruchtbares, erodiertes Land marschieren, um von den

205 MARES, 1954, S. 418.

206 1864, S. 329.

207 GULLIVER, 1953, S. 59. – Auch die Samburu-Rinder sind in der fortgeschrittenen Trockenzeit „constantly on the move“ (MCKAY, 1957, S. 274).

208 BERGER, 1938, S. 180.

209 CUNNISON, 1954, S. 54. BARBOUR, 1961, S. 166. – Zu den wertvollsten Eigenschaften der Rinder der Humr gehören Schnelligkeit und die Fähigkeit, Anschluß mit der Herde zu halten (CUNNISON, 1966, S. 36).

210 SOMALI REPUBLIC, 1961, S. 292.

211 VAGELER, 1941, S. 157. PAULITSCHKE, 1893, S. 224.

Tiefbrunnen der Ogo auf angemessene Weiden zu gelangen; dort blieb ihnen nur eine Woche Zeit, und wieder mußte der Rückweg unter denselben harten Bedingungen angetreten werden; allein der monatliche Ab- und Anmarsch von und zu den Brunnen betrug 450 Kilometer![212]

6. Der Tränkprozeß

In Abhängigkeit von der jahreszeitlich und lokal verfügbaren Wassermenge ist die *Abfolge*, in der die Nomaden ihr Vieh zur Tränke führen, mehr oder weniger streng geregelt. Die Tränke an den permanenten Brunnen wird zumeist schon am Vortag oder in der vorhergehenden Nacht vorbereitet. Sie werden notfalls gereinigt, die Ausrüstung wird überprüft, die Tränktröge werden errichtet bzw. herbeigeschafft und gefüllt.

Die nomadischen Anlieger des Gasch (Hadendoa u. a.) schöpfen in der Nacht vor der Tränkung das Wasser aus der Tiefe des Trockenbettes und füllen es in die an Ort und Stelle errichteten Tränktröge aus Lehm, die jeweils ein Fassungsvermögen von etwa 4500 Litern haben.[213] Ebenso füllen die Baggara Darfurs, wenn am Ende der Trockenzeit die Brunnen wenig Wasser geben, die Tröge teilweise schon in der Nacht auf, damit sich im Verlauf des Tages das aufgebrauchte Sickerwasser im Brunnenloch für eine weitere Tränkung erneuern kann.[214] Die Einzelbetriebe der kamelzüchtenden Araber am Weißen Nil[215] haben alle ihren besonderen Tränktag (dimī), ganz gleich ob sie in der Trockenzeit ihren Wasserbedarf einem permanenten Brunnen oder dem Nil entnehmen; in der vorhergehenden Nacht füllen Söhne und Sklaven des Viehbesitzers die Tröge, damit sich am Morgen des „dimī" das Tränken reibungslos abwickeln kann. In der Trockenzeit machen sich die Datoga[216] schon um Mitternacht auf den Weg zum Brunnen. Die nördlichen Somal schicken einige Tage vor dem Tränktag einen Mann an den Brunnen, der die Tränkung gut vorbereitet und u. U. von den Verwandten oder befreundeten Gruppen, die in einem kleinen Dorf in der Nähe des Brunnens leben, die hinterlegten Seile und Ledereimer holt bzw. im Bedarfsfall borgt und sie um Hilfe bittet.[217] Der Vortag der Tränkung hat einen bestimmten Namen, und auch die Nacht nach der Tränke trägt eine besondere Bezeichnung. Am Vortage erreichen die Männer mit den zu tränkenden Kamelen den Brunnen; er gilt als der anstrengendste und arbeitsreichste Tag im Dasein dieser Nomaden.[217] Auch an den zahlreichen permanenten Brunnen von Afmadu und Südsomaliland ist die Tränkabfolge der zahlreichen Nomadenbetriebe, die die Brunnen besitzen oder nur mitbenutzen, genau geregelt, besonders, um die begrenzten Wasservorräte nicht zu erschöpfen –

[212] Mares, 1954, S. 417. Vgl. Lewis, 1961, S. 76.
[213] Fleming, 1922, S. 76f.
[214] Lampen, 1933, S. 110.
[215] Reid, 1930, S. 165; ders., 1935, S. 117. – Davies, 1957, S. 110. Seligman, 1918, S. 119.
[216] Berger, 1938, S. 181.
[217] Mares, 1954, S. 417. Vgl. Lewis, 1961, S. 62f.

nicht selten werden hier 30000 Stück Großvieh an einem einzigen Tage getränkt![218] Die tägliche Tränkabfolge der Dodothherden in der Trockenzeit ist offensichtlich nicht bis zur einzelnen Herde geregelt, denn manchmal sammeln sich bis zu fünfzehn Herden in 1,5 Kilometer langer Reihe vor einer Wasserstelle.[219] An stark benutzten Brunnen des Jie- und Turkanalandes spielt sich die Regelung ein, daß sich jeweils am ersten Tag die eine Gruppe von Rinderherden einfindet, am zweiten die andere.[220]

Bei weitem Anmarsch zum Brunnen ist es üblich, daß das Tränkpersonal in einfachen Hütten in der Nähe der Brunnen übernachtet (Kababisch, Borana).[221]

Bei den Borana in Südäthiopien regelt sich die Tränkabfolge entweder durch das Brunnen-Besitzrecht der Klane oder Privatpersonen oder, bei den wichtigeren öffentlichen Brunnen einzelner Landschaften oder Sektionen, durch ein genau festgelegtes System der Instandhaltung, Beaufsichtigung, Arbeitsteilung und Tränkordnung vieler Nomadenbetriebe, „in das sich ein Neuankömmling nicht ohne weiteres schieben kann.“[222] HABERLAND lobt die Arbeitsorganisation des Tränkens und die Pflege der alten Felsenbrunnen bei den Galla, während ihre Somalinachbarn sich damit wenig Mühe geben würden und die alten Anlagen verkommen ließen.[223] Nach SILBERMAN gibt es in Süd-Somaliland komplizierte genossenschaftliche Nutzungssysteme, mit einem hierarchischen System von Brunnenaufsehern, die bei Verletzung der Ordnung an den Brunnen materielle Bußen auferlegen.[224] Die wichtigsten Brunnen der Masai sind in Klanbesitz – der Klanälteste legt in Konsultation mit den einzelnen Familienoberhäuptern die Reihenfolge der Rindertränke an einem bestimmten Brunnen fest; durchreisenden Viehbesitzern wird jedoch, ebenso wie bei den Boran-Galla, ein Vorzugsrecht gewährt.[225]

Die bereits erwähnten *Tränktröge* aus Lehm, die an Ort und Stelle errichtet werden, sind nicht auf die Anlieger des Gasch beschränkt, sondern kommen auch bei anderen Bedscha, bei Sudanarabern, Tigre und anderen Nomaden häufig vor.[226] Ihre Anwendung scheint in erster Linie von der Verfügbarkeit des Materials abzuhängen. Damit fremdes Vieh und wilde Tiere nicht daraus trinken können, sichern die Besitzer die gefüllten Tröge durch Dornenzweige ab. Die Lehmtröge sind in der Regel mehrere Meter breit, kreisrund und ungefähr

[218] ZÖHRER, 1959, S. 53. CLIFFORD, 1928, S. 437. SILBERMAN, 1959, S. 596, nach MORGAN, 1958.
[219] THOMSON, 1965, S. 127.
[220] GULLIVER, 1955, S. 37.
[221] Kababisch: SELIGMAN, 1918, S. 119. Borana: ZAVATTARI, 1940, S. 345.
[222] HABERLAND, 1963, S. 70, 77f.
[223] 1963, S. 78.
[224] 1959, S. 596.
[225] Masai: HUNTINGFORD, 1953, S. 108; FOSBROOKE, 1948, S. 42; PAGES-JONES, 1948, S. 57. HUPPERTZ, 1959. Borana: HABERLAND, 1963, S. 79.
[226] Hadendoa: BERNATZIK, 1942, S. 159, Abb. 84–87. Baggara: CUNNISON, 1954, S. 62; TREATT, 1928, S. 235. Beni Amer: SCHOENFELD, 1904, S. 41; JAMES, 1884, S. 183. Hassanie: BREHM, 1855, S. 288. Somal: HOYOS, 1895, S. 32.

40 cm tief. Die Nomaden in der Butana benutzen bisweilen Zuleitungen zwischen Brunnenrand und Lehmtrog.[227]

Tränktröge aus Holz, zumeist aus Baumstämmen herausgehauen, finden sich bei den Arabern Kordofans, bei den Afar, Borana, Rendile, Turkana, Toposa, Samburu, Karamojong, Didinga u. a.[228] Sie haben den Nachteil, daß das Tränken mit ihnen sehr langwierig ist, weil man nur kleine Mengen des geschöpften Wassers vor dem Tränken speichern kann und gleichzeitig nur zwei Rinder in der Lage sind, aus einem Trog zu saufen;[229] auch sind sie schwierig zu transportieren. Ein Nomadenbetrieb der Turkana verfügt über eine ganze Anzahl dünner, leichter, beim Verpacken ineinanderpassender Baumstamm-Tröge; die kleineren benutzt man für Schafe und Ziegen.[230] Wenn sie zerbrechen, was bei dem leichten Material nicht selten geschieht, werden sie mit einer primitiven Ahle und roher Haut zusammengenäht.

Die nördlichen Somal fertigen bisweilen aus dem Material der Euphorbien Tränktröge (gabal),[231] die Afar aus enggeflochtenen Palmblättern.[232]

Afar und Somal, seltener die Samburu, improvisieren aus größeren Häuten Tränkbehältnisse (Som.: gendle oder uad), indem sie diese an vier Pflöcken aufhängen und mit Wasser füllen; teilweise haben sie Querleisten, damit das Vieh bequem trinken kann.[233]

Datoga, Kababisch und Nomaden in der südlichen Butana füllen das Tränkwasser in eine wannenartige Vertiefung des Bodens neben dem Brunnen.[234]

Von Höhnel[235] traf nordöstlich des Natronsees Masai an, die ihr Vieh in primitiven Trögen aus Schlamm und Steinen tränkten. Am Bir el Hukuma in der Butana benutzt man etwa dreieckige Tränkbecken aus anstehendem Sandstein, die teilweise vermauert sind.[236] Weiterhin sind in der Butana Tröge aus Baumstämmen oder Lehm üblich, und wenn die Herde nicht groß ist, tränkt man heutzutage das Vieh auch aus großen runden Blechnäpfen.[236]

Am häufigsten werden *Schöpfgefäße* aus Leder benutzt, vor allem aus der Haut des Kleinviehs[237] (Hadendoa, Bischarin, Beni Amer, Kababisch, Somal,

[227] Stein, 1960, S. 48; ders., 1958/59, S. 155f.

[228] Somal: Lewis, 1961, S. 59; Anonymous, 1948, S. 85; Hoyos, 1895, S. 32. Borana: Zavattari, 1940, S. 346. Karamojong: Dyson-Hudson, 1960, S. 49. Turkana: Kenya Land Commission, 1934, S. 1545. Samburu: McKay, 1957, S. 274. Didinga: Driberg, 1922, S. 216. Toposa: Joshi, 1957, S. 262. – Ein Gemeinschaftstrog an einer permanenten Wasserstelle in zwei bei Afar und Dodoth beobachteten Fällen: Aubert de la Rue, 1939, S. 106 bzw. Thomas, 1965, S. 127.

[229] Kenya Land Commission, 1934, S. 1545; S. 1659.

[230] Rayne, 1918, S. 257.

[231] Mares, 1954, S. 418.

[232] Aubert de la Rue, 1939, S. 86 und Tafel XV.

[233] Afar und Somal: Paulitschke, 1893, S. 230. Afar: Harris, 1845, S. 116; Aubert de la Rue, 1939, S. 86. Somal: Mares, 1954, S. 418. Samburu: McKay, 1957, S. 274.

[234] Kababisch: Seligman, 1918, S. 119. Süd-Butana: Heuglin, 1868, S. 441. Datoga: Berger, 1938, S. 181.

[235] 1892, S. 287.

[236] Stein, 1958/59, S. 155.

[237] Hadendoa: Bernatzik, 1942, S. 159. Kababisch: Seligman, 1918, S. 119 und

Turkana, Masai u. v. a.), gelegentlich auch aus Giraffenhaut[238] (Ogaden-, Marrehan- und Garre-Somal) oder aus geflochtenem Rindsleder (Butana).[239] Schöpfgefäße aus Kürbissen[240] fertigen Afar, Borana, Karamojong und andere, solche aus Holz die Turkana;[241] bei den Somal sind sie manchmal aus dem Material der Euphorbie oder aus vegetabilischem Flechtwerk.[242] Tongefäße werden für die Schöpfarbeit selten verwendet (z. B. bei Dschiddu- und Garre-Somal am Webi Schebeli).[243] – Die ledernen Schöpfgefäße hängen an einer Palmfaser- oder Lederschnur[244] und sind höchst ökonomisch – leicht und stabil, legt sich das Leder beim Auftreffen auf dem Wasserspiegel des Brunnens flach aus und füllt sich mit einer Wassermenge von ca 5 Litern;[245] auch geringe Mengen in austrocknenden Brunnen können so noch geborgen werden. Die Butana-Nomaden hingegen benutzen an den Tiefbrunnen, wo das Wasser durch die Zugkraft von Haustieren hochbefördert wird, ziegenlederne Schöpfgefäße (dellu) für ca. 40 Liter; gekreuzte Stäbe halten sie oben offen.[246]

An einem Brunnen arbeitet nur selten eine einzelne Person, viel häufiger sind *Arbeitsmannschaften*, deren Mitglieder bestimmte aufeinander abgestimmte Verrichtungen vollziehen (Schöpfen, Weiterreichen, Einfüllen, Zurückhalten des Viehs, Beaufsichtigung beim Tränken usw.). Gewöhnlich sind zum Tränken einer normalen Herde zumindest zwei Arbeitskräfte erforderlich, die das Kontrollieren des Viehs an den Trögen und das Wasserschöpfen vornehmen.[247] – Je nach dem Typus des Brunnens wird bei senkrechten, geraden Schächten das Schöpfgefäß mit einem Seil hochtransportiert (Ziehbrunnen) bei schrägen, nach oben zu breiter werdenden Schächten und schwierigem Zugang zum Brunnen ist die Beförderung durch das Weiterreichen oder -werfen der Gefäße von Stufe zu Stufe üblich.[248]

An der schmalen Öffnung eines senkrechten Brunnenschachtes können zwei Hirten gleichzeitig Wasser schöpfen, indem sie laufend je eine Lederhaut an Seilen in die Tiefe fallen lassen und gefüllt nach oben ziehen (Hadendoa, Beni

Davies, 1957, S. 110. Somal: Mares, 1954, S. 418; Collins, 1960, S. 101; Lewis, 1961, S. 33f. (neuerdings auch ersatzweise Teile von Autoreifen); Stafford, 1931, S. 124; Faillace, 1960, S. 321. Abb. 2 (ist wenig Wasser im Brunnen, schöpft man in der Migiurtinia das Wasser erst mit einem Teller in das Ledergefäß). Turkana: Barton, 1921, S. 204. Masai: Grzimek, 1959, S. 256.

238 Clifford, 1928, S. 437. Aylmer, 1911, S. 293.

239 Stein, 1960, S. 47.

240 Afar: Harris, 1845, S. 116. Borana: Zavattari, 1940, S. 345. Karamojong: Dyson-Hudson, 1960, S. 45. Dodoth: Thomas, 1965, S. 127.

241 White, 1923, S. 221.

242 Mares, 1954, S. 418.

243 Gatti, 1960, S. 276, 279.

244 Diese ist bei den Somal gemäß der Brunnentiefe zwischen 5 und 15 m lang (Zöhrer, 1964/65, S. 152).

245 Berry, 1928, S. 283.

246 Stein, 1960, S. 47; ders., 1958/59, S. 153f.

247 Samburu: Spencer, 1965, S. 10.

248 z. B. nördliche Somal: Mares, 1954, S. 418 und Stafford, 1931, S. 124.

Amer, Somal, Masai, Kordofan-Araber u. a.).[249] PETHERICK[250] beobachtete an einem 37 Meter tiefen permanenten Brunnen in Um Dam (Kordofan), wie sich zwei Männer, die sich gegenüberstanden, im Wechsel vornüberbeugten, mit beiden Händen nach ihren langen Seilen griffen und diese dann mit aller Kraft so hoch wie möglich zogen, so daß die Ledergefäße jedesmal ziemlich schnell oben anlangten. Die Nomaden der Butana nutzen zur Hochbeförderung des Wassers aus den etwa 20 bis 60 Meter tiefen Ziehbrunnen die Zugkraft ihrer Kamelhengste, Esel und Stiere.[251] Nachdem sich der Nomade durch wiederholtes Anrucken überzeugt hat, ob das Gefäß mit Wasser angefüllt ist, wird das Seil über Eisenrollen hochgezogen; Kinder leiten die Zugtiere durch Rufen, Pfeifen und Schlagen mit kleinen Stöcken. Dann nimmt man das lederne Schöpfgefäß aus der Schlinge, und das Wasser wird in einen Trog geschüttet. Sofort wird das Lederseil wieder in die Tiefe hinuntergelassen; der Nomade schützt seine Hände mit einem Leder, das am Handgelenk befestigt ist.[252] Am Bir el Hukuma, dem tiefsten Brunnen dieser Gegend (76 m), arbeiten in der Trockenzeit häufig 12 Hirten gleichzeitig an einer ebenso großen Zahl Eisenrollen.[253] Am Masawwarât as-Sufra fehlen Rollen, und die 50 m langen Seile kerben tiefe Rinnen in die Palmstämme, die die Brunnenöffnung umrahmen.[254]

Bei schwieriger Einfüllung und bei Wassermangel ist es üblich, am Boden von Ziehbrunnen eine Arbeitskraft zum Füllen abzustellen.[255] BREHM[256] sah, wie Frauen der Hawawir vor dem Wasserschöpfen ein ca. achtjähriges Mädchen an einem Seil in solch einen Brunnen hinabließen, wo es das Wasser aus einer Art Stollen in das Gefäß am Seil füllte. In ähnlicher Weise füllt bei fortgeschrittener Trockenzeit ein Hirt in der Tiefe eines Brunnenschachtes im Trockenbett des Atbara die Schläuche, die von seinen Kameraden hochgezogen werden.[255]

Das die Tränkenden sich die Wassergefäße zuwerfen, kommt z. B. bei den Beni Amer, Somal, in der südlichen Butana, bei den Borana, den Karamojong, den Turkana und im Masailand vor.[257] In wenig tiefen Brunnen wirft ein unten stehender Hirt seinem am Brunnenrand stehenden Mitarbeiter den vollen Schlauch zu. Bei den Turkana füllt ein im Brunnen stehendes Mädchen ein großes rundes Holzgefäß und gibt es an Frauen weiter.[258] In alten Felsenbrunnen mit nach

[249] Beni Amer: SCHOENFELD, 1904, S. 41. Hadendoa: BERNATZIK, 1942, S. 159. Somal: ZÖHRER, 1959, S. 54. Masai: HÖHNEL, 1892, S. 287.

[250] Bei BERRY, 1928, S. 283.

[251] STEIN, 1958/59, S. 154f.

[252] STEIN, 1958/59, S. 155.

[253] STEIN, 1960, S. 48; ders., 1958/59, S. 153.

[254] BUDGE, 1907, S. 329.

[255] Atbara-Anlieger: MUNZINGER, 1864, S. 330. Afar: AUBERT DE LA RUE, 1939, S. 87.

[256] 1855, S. 57.

[257] Beni Amer: PAUL, 1950, S. 241, 244. Süd-Butana: HEUGLIN, 1868, S. 441. Somal: HOYOS, 1895, S. 32; LEWIS, 1961, S. 34; MARES, 1954, S. 418. Borana: HABERLAND, 1963, S. 78. Karamojong: DYSON-HUDSON, 1960, S. 45. Masai: GRZIMEK, 1959, S. 256.

[258] WHITE, 1923, S. 221. Vgl. RAYNE, 1918, S. 257f.

oben zu divergierendem Schacht (Somal, Borana, Masai u. a.)[259] werfen oder reichen sich die Brunnenarbeiter, in Nischen stehend, und zwischen 10 und 20 an der Zahl, die vollen Gefäße zu. In El Wak (Kenia) gibt man mit der einen Hand die vollen Gefäße aus Giraffenleder nach oben weiter, während die leeren mit der anderen nach unten gereicht werden – Arbeitsgesänge halten den Takt (s. u.). Bisweilen stehen Brunnenarbeiter sogar auf den Schultern übereinander (Somal, Masai)[260] und reichen sich geschickt Kübel oder Ledergefäße.

Oft stimmen Bedscha-, Somal- und Gallahirten[261] *Arbeitsgesänge* an, die die monotone Arbeit an den Brunnen begleiten. Sie dienen nicht nur der Unterhaltung, sondern haben, weil sie das Schöpfen, Weiterreichen und Entleeren der Gefäße aufeinander abstimmen, auch arbeitsorganisatorische Bedeutung.

Die Bedscha[262] kennen Hunderte sehr rhythmische, häufig variierte Tränksongs für die verschiedenen Herdentiere; ein Vorsänger stimmt die Anfangsverse an und der Rest der Tränkenden singt den Refrain. Thematisch gesehen lobpreisen sie allgemein das Vieh oder auch einzelne Tiere aus der Herde, besonders das Leittier, daneben haben sie religiöse Motive.

Jene Somal, die aus den Felsenbrunnen von El Wak (Kenia) Wasser schöpfen, lassen die Kette der Tränkmannschaft oftmals mit dem hübschesten Mädchen beginnen; die jeweils unterhalb arbeitenden Mitglieder der Tränkkette verspotten die nachfolgenden in rhythmischen Gesängen wegen der angeblichen Langsamkeit ihrer Arbeit.[263] Die beiden Somali-Hirten, die oben die Tröge für die Kameltränke füllen, können in solchen Liedern die Vorsänger sein, während der Rest der Mannschaft aus der Tiefe des Felsenbrunnens einstimmt.[264] MARES[265] zeichnete bei den nördlichen Somal den Anfang eines beliebten Wechselgesanges bei der Kameltränke auf, dessen Melodie von Landschaft zu Landschaft variiert, während der Text etwa so lautet:

Vorsänger:	„Trinkt bei guter Gesundheit . . .“
Restmannschaft:	„. . . und ohne Schaden.“
V.:	„Oh, kommt langsam heran.“
R.:	„Sie gehören uns.“
V.:	„Trinkt wohlgemut . . .“
R.:	„ . . . und füllt den Bauch.“ usw.[266]

Bei der Tränkung von Kleinvieh wird weniger gesungen.[267]

259 Belege s. S. 207, Abschnitt „Die Brunnen“.

260 Somal: PAULITSCHKE, 1888, Harar, S. 86; ders., 1893, S. 133. Masai: GRZIMEK, 1959, S. 256.

261 HABERLAND, 1963, S. 78.

262 Nord-Bedscha im Atbai: CLARK, 1938, S. 23. Hadendoa: BERNATZIK, 1942, S. 159. Beni Amer: SCHOENFELD, 1904, S. 41; PAUL, 1950, S. 241, 244.

263 CLIFFORD, 1928, S. 436f.

264 COLLINS, 1960, S. 155. LEWIS, 1961, S. 34.

265 1954, S. 417. Tränklied aus dem Englischen übersetzt von H.-G. SCHINKEL. – Siehe auch LEWIS, 1961, S. 86f.

266 Über Tränklieder bei den Hawija-Somal, weiter im Süden: CERULLI, 1959, Somalia, S. 207.

267 MARES, 1954, S. 421.

Große Umsicht und Erfahrung gehören dazu, die durstige Herde vor den eigenen oder fremden Trögen in der *Kontrolle* zu behalten.[268] Bei den Dodoth warten manchmal 15 Rinderherden in 1,5 Kilometer langer Reihe vor einer Wasserstelle; sie rücken einzeln nach.[269] Durstige Tiere können die gefüllten Lehmtröge zertreten und somit die Arbeit vieler Stunden zunichte machen. Nur so viele Tiere, wie auch auf einmal Platz haben, werden durch das akustische Signalsystem[270] zu den Trögen gelassen: das sind z. B. an den in den Boden eingelassenen Trögen der Datoga 6 Rinder, an den runden Lehmtrögen eine etwas größere Zahl, an den Holztrögen der Turkana 2 Rinder. Wo diese Kommandos versagen, greift man auch einmal zu Zwangsmitteln; so werden bei den Kababisch[271] ausgedurstete Kamele, die sich galoppierend den Tränktrögen nähern, von den Eigentümern mit Nilpferdpeitschen zurückgehalten. Während bei den Borana in Südäthiopien 12–15 Mann aus der Tiefe des Felsenbrunnens das Wasser schöpfen, beaufsichtigt eine andere Gruppe den schubweisen Zu- und Abgang der Rinder über die Rampe und sorgt für Ordnung an den Trögen.[272] In dem runden Lehmbecken steht bisweilen ein kleiner Junge oder ein Mann mit einer Rute in der Hand, damit die Rinder einander beim Tränken nicht behindern oder den Trog zerstören.[273] Die Benutzer des Bir el Hukuma in der Butana[274] lassen das Tränkwasser vom Brunnen über 10–15 Meter lange Zuleitungen in die Wasserbecken laufen; diese sind jeweils durch bis zu 2 Meter hohe Knüppelzäune voneinander und vom Brunnen abgetrennt. Die Tiere, die noch nicht an der Reihe sind, werden außerhalb der Zäune zurückgehalten; hat das Vieh, innerhalb der Umzäunung, genug getrunken, so wird es durch eine Öffnung nach außen gelassen.[275]

An natürlichen Tränkteichen wird auf Trennung der Herden der einzelnen Viehbesitzer weniger geachtet als an den mühevoll gefüllten Tränktrögen. Die Hirten der Afar und Issa beispielsweise, die ihr Vieh an den Tümpeln des Wadi Kilulu saufen lassen, gruppieren auf dem Rückweg zur Weide die Tiere sehr schnell wieder in ihre Herden, wobei der Geruchssinn der Tiere mithilft.[276]

Besondere Sorgfalt erfordert das Tränken des Kamels – es soll bei jeder Tränkphase nicht zu viel trinken, während der ganzen Tränkung aber möglichst viel Wasser aufnehmen,[277] was man geradezu als einen Gradmesser seiner Gesund-

[268] Kababisch: Davies, 1957, S. 110. Am Gasch: Fleming, 1922, S. 76. Beni Amer: Schoenfeld, 1904, S. 41 und James, 1884, S. 183. Somal am Webi Schebeli: Gatti, 1960, S. 276. Borana: Haberland, 1963, S. 78. Samburu: Spencer, 1965, S. 10. Datoga: Berger, 1938, S. 180f.

[269] Thomas, 1965, S. 127.

[270] Vgl. S. 175ff.

[271] Davies, 1957, S. 110.

[272] Haberland, 1963, S. 78.

[273] Beni Amer: Schoenfeld, 1904, S. 41. Kababisch: Davies, 1957, S. 110 (Sklave).

[274] Stein, 1958/59, S. 155.

[275] Stein, 1958/59, S. 155.

[276] Rein-Steinhardt, 1936, S. 113. Vgl. Harris, 1845, S. 149.

[277] Acland, 1932, S. 132 (Ostsudan). Er schreibt: „The camel when watered, entirely fills his stomach and sometimes looks like a bloated water skin on four legs."

heit ansieht. Bei den Kababisch, Bischarin, Hadendoa und anderen Nomaden des Ostsudan besteht das Tränken ausgedursteter Kamele aus einer vorsichtigen, sich über viele Stunden hinziehenden Wasseraufnahme mit langen, eingeschobenen Pausen;[278] danach müssen Arbeitskamele für einige Stunden geschont werden. In einem Falle wurden Reitkamele der Bischarin während einer ganzen Nacht in mehr als drei Tränkphasen zu je einer Stunde getränkt.[279] Ein Kamel, das genug getrunken hat, jagt man mit lautem Ruf vom Tränktrog. Durstige Tiere vor den Trögen wollen sich losreißen, brüllen und schlagen u. U. auch gefährlich mit den Vorderbeinen aus. Die Karawanen des Ostsudan verlieren mit die meisten Kamele dadurch, daß ausgedurstete Tiere beim Tränken an abgelegenen Brunnen ungenügend kontrolliert werden.[280] Bei den nördlichen Somal werden die Milchkamele in der Trockenzeit vor der übrigen Herde getränkt, und zwar in drei Phasen.[281] Nach der ersten Tränkphase werden die Kamelstuten gemolken; sie kommen dann ein zweites, und wenn sie wollen auch ein drittes Mal an die Tröge; die Zeit zwischen den Tränkphasen beträgt 20 Minuten.[282] – Ein junger Somali-Hirt eines Kamellagers bat Lewis,[283] als eine große Dürre herrschte und viele Kamelstuten keine Milch mehr gaben, um Wasser, doch nicht um selbst diese langentbehrte Kostbarkeit zu genießen, sondern um es zwei jungen Kamelen zu geben, die in der Hitze große Not litten.

Bei den nördlichen Somal ist es üblich, wenn in der Trockenzeit der Treck in Richtung auf die Stammesbrunnen der Ogo durch größere wasserlose Landstriche führt, das Tränkwasser für das Kleinvieh mit Lastkamelen zu den Transitlagern zu bringen.[284]

Die Tränkung erfolgt – bei ausreichendem Tränkwasser – vorzugsweise um die *Mittagsstunde*,[285] obgleich die Verdunstung dann besonders groß ist. Die Tiere können aber so vorgewärmtes Wasser in vollen Zügen aufnehmen, und die Hirten erledigen die anstrengende Schöpfarbeit in den weniger heißen Tagesstunden. Diese Tränkzeit ergibt sich auch daraus, daß die Brunnen, wie wir früher erfahren haben (S. **154**f.), gewöhnlich zwischen 5 und 10 Kilometern von der Siedlung entfernt liegen. Die Datoga bemühen sich, das Tränkgeschäft bis zwei Uhr nachmittags abzuschließen, damit die Feuchtigkeit verdunsten kann und keine wilden Tiere angelockt werden, die bei dem Versuch, ans Wasser zu gelangen, den Brunnen zerstören würden.[286] Die Toposa hingegen tränken

278 Bischarin: Esch, 1941, S. 58f. Hadendoa: Bernatzik, 1942, S. 159. Kababisch: Davies, 1957, S. 110. Nördliche Sudanaraber: Acland, 1932, S. 132 und Reid, 1935, S. 117.

279 Esch, 1941, S. 55.

280 Burckhardt, 1820, S. 22.

281 Mares, 1954, S. 417. – Lewis, 1961, S. 73.

282 Mares, 1954, S. 417.

283 Lewis, 1961, S. 75.

284 Lewis, 1961, S. 62.

285 Turkana: Emley, 1927, S. 184. Dodoth: Thomas, 1965, S. 127. Kenia-Masai: Stigand, 1913, S. 213.

286 Berger, 1938, S. 181.

ihr Vieh gewöhnlich abends.[287] Für Afar-Nomaden werden die Morgenstunden als hauptsächliche Tränkzeit angegeben.[288]

Bisweilen wird das Vieh auch *nachts getränkt* (nördliche Bedscha, Kababisch und andere Nomaden Kordofans, in der Butana, bei Somal u. a.).[289] Somal des südlichen Osthorn, die auf die Flußtränke am Webi Schebeli angewiesen sind, führen ihre Tiere nachts an den Fluß, weil hier tagsüber die Tsetsefliege aktiv ist.[290] Besonders dann, wenn das Einzugsgebiet permanenter Brunnen sehr groß ist oder sich das Wasser in der Trockenzeit verknappt, hört das Tränken Tag und Nacht nicht auf. Die Butana-Nomaden am Bir el Hukuma beispielsweise arbeiten in der Trockenzeit im Schichtbetrieb, doch nachts werden nur junge Männer und vereinzelt junge Frauen eingesetzt.[291] Bei Wassermangel in der Trockenzeit bringen die Toposa[292] ihre Rinder nachts einzeln zum Brunnen, wo die Männer ununterbrochen schöpfen. Im Talkessel bei Melbeß in Kordofan, schreibt BREHM,[293] wo man Brunnen an Brunnen angelegt hat und täglich schätzungsweise 40000 Rinder sowie Kleinviehherden getränkt werden,

> „kann man vom frühen Morgen an bis zum späten Abend und während der ganzen Nacht ein kaum zu beschreibendes Gewühl von Menschen und Herdentieren bemerken ... Vom Nachmittag an, die ganze Nacht hindurch bis gegen Mittag hin, sind fast hundert Menschen eifrig beschäftigt, aus der Tiefe der Brunnen Wasser heraufzuheben und in ... Teiche zu schütten ... Gewöhnlich sind die Teiche noch nicht völlig gefüllt, wenn die Herden ankommen (das ist um die Mittagsstunde, H.-G. Sch.)."

Obwohl an den Felsenbrunnen der Borana in Südäthiopien die Tageszeit kaum ausreicht, um alle bedürftigen Herden zu tränken, konnte HABERLAND[294] nichts über eine Nachttränke ermitteln.

7. Der Arbeitsaufwand beim Tränken

Das Tränken der Herden ist die *bedeutendste körperliche Arbeitsleistung der Nomaden* in der Trockenzeit. Darunter sind nicht nur die Mühen des Wasserschöpfens zu verstehen, sondern auch Leistungen, die im weiteren Sinn das Tränken betreffen: so das Graben, Reinigen und Schützen der Brunnen, das Treiben des Viehs von der Weide zur Tränke und umgekehrt, das Kontrollieren der Herde an der Tränke,[295] das Tragen von Jungtieren zu entfernten Wasserlöchern in der Trockenzeit[296] u. a. m.

[287] JOSHI, 1957, S. 262. [288] AUBERT DE LA RUE, 1939, S. 36.

[289] Bedscha: CLARK, 1938, S. 23. Somal: PAULITSCHKE, 1893, S. 133 und GATTI, 1960, S. 279. Kababisch: BERRY, 1928, S. 283. Bischarin: ESCH, 1941, S. 55.

[290] TRUST TERRITORY, 1952, S. 127.

[291] STEIN, 1958/59, S. 157.

[292] JOSHI, 1957, S. 262.

[293] 1927, Bd. 9, S. 96.

[294] 1963, S. 79.

[295] Über das Treiben des Viehs s. auch S. 225, über die Kontrolle an den Brunnen S. 220f., 225.

[296] Masai: GRZIMEK, 1959, S. 252.

Im Abschnitt über die Brunnen war bereits von der mühevollen Technik des Brunnengrabens bei den Nomaden die Rede (S. 202), auch davon, daß die meisten Brunnen nur kurzfristig benutzt werden können. Immer wieder müssen Wasserstellen mit den bloßen Händen oder mit Stöcken neu gegraben, gereinigt und befestigt werden, besonders nach Überschwemmungen, Einstürzen und Verwehungen. So befinden sich beispielsweise die Wasserlöcher von Seki im Masailand nordöstlich des Natronsees in einem wüsten, schutterfüllten Flußbett.[297] Nach jeder Regenzeit sind die dort vorhandenen fünfzehn bis zwanzig Brunnenlöcher in einer Tiefe von 4–6 Metern mit Sand und Geröll angefüllt, so daß man sie nach und nach, mit dem sinkenden Wasserspiegel, wieder freilegen muß. In Nord-Kordofan gräbt man lieber nach 2–3 Jahren einen neuen Brunnen in den Sandboden, als daß man einen alten, der – bei einem Durchmesser von maximal 120 Zentimetern – nach dieser Zeit unweigerlich zusammenfällt, reinigt und neu abstützt.[298] In Darfur wird der Schlamm in 60 Meter Tiefe von zwei jungen Männern in Lederbeutel gefüllt, die dann am Seil hochgezogen werden.[299] Die Mehrzahl der permanenten Brunnen von El Wak und Wajeir in Nordost-Kenia, die die sagenhaften, technisch begabten Wadenli in den felsigen Boden getrieben haben sollen, werden heute nicht mehr benutzt, weil die Nomaden das Reinigen der nur 60 Zentimeter breiten, aber 9 Meter tiefen Schächte als zu mühevoll ansehen.[300] Wenn ein Brunnen längere Zeit nicht benutzt wurde und organische Substanz hineingelangen konnte – was besonders dann geschieht, wenn man aus Arbeitsersparnis das Vieh sehr nahe am Brunnen tränkt – ist die Bildung von Schwefelwasserstoff mitunter lebensgefährlich.[301] Brunnenaufsätze, die das vermindern können, sind selten, auch werden die Brunnen oft nur unvollkommen abgedeckt.[302] In El Wak schickt man zunächst ein Mädchen hinunter, um das Gas aufzurühren, bis die Konzentration auf ein Maß herabgesunken ist, um den sich offenbar „wertvoller“ dünkenden Männern ein ungefährliches Arbeiten an den Brunnen zu ermöglichen.[303] Als Hoyos[304] bei den Melengur-Somal weilte, wurde gerade ein junger Hirt aus einem Brunnenloch, das sich in einem ausgetrockneten Flußbett befand und längere Zeit nicht benutzt worden war, tot geborgen. Im Kriegsfalle werden bei Somal und Galla die Brunnen bisweilen regelrecht vergiftet, indem man tote Tiere hineinwirft.

297 Höhnel, 1892, S. 284, 287.

298 Lloyd, 1910, S. 252. Berry, 1928, S. 283.

299 Schultze, 1965, S. 52.

300 Clifford, 1928, S. 437. Aylmer, 1911, S. 293. Vgl. Watson, 1927, S. 50. Clifford entfernte aus einem Schacht der Wajeir-Brunnen eine 4,5 m hohe Schicht eines übelriechenden Unrats. – Haberland kritisiert die Vernachlässigung der Felsenbrunnen durch die Somal im Gegensatz zu den Galla (1963, S. 78).

301 Stafford, 1931, S. 124f., nach MacFadyen, in Somaliland „by no mean an unusual occurence“. Vgl. Aubert de la Rue, 1939, S. 248, 40 (ehemal. Französisch-Somaliland).

302 Kababisch: Seligman, 1918, S. 119. Somaliland: Trust Territory, 1952, S. 135.

303 Clifford, 1928, S. 437.

304 1895, S. 41.

Einmal vergifteten die von den Rahanwin-Somal besiegten Boran deren Brunnen, so daß die Somal in großer Zahl starben bzw. schwer erkrankten, weil dieses faulige Wasser das einzig verfügbare war.[305]

Bei den Bedscha, in Kordofan, Eritrea und Somaliland wählt man nicht selten den Platz für episodische Brunnenlöcher in Trockenbetten so geschickt, daß jäh auftretende Gießbäche sie nicht erreichen und somit auch nicht verschlammen können.[306] Die Brunnenöffnung wird in Süd-Kordofan manchmal an die 3 Meter künstlich überhöht (z. B. am Wadi el Ghalla), um Verschlammung zu verhüten,[307] das geschieht auch bei manchen Afar durch Errichtung eines kleinen kegelstumpfförmigen Bollwerkes aus Erde um die sehr schmale Brunnenöffnung (Durchmesser 40 cm),[308] und bei Bischarin-Nomaden im Atbai durch eine Umwallung aus Steinen um die Öffnung.[309] Ein enger Brunnendurchmesser, der ein leichteres Abdecken gestattet, gewährt einen gewissen Schutz gegen Verwehungen.[310]

Brunnenschächte von bis zu 18 Meter Tiefe, wie sie die Hassanie graben,[311] sind nur mit Mühe vor dem Einstürzen zu bewahren. Hier wie bei den Beni Amer, am Atbara, bei den Habab, den Kababisch, den Somal und bei zahlreichen anderen Nomaden versucht man bei zunehmender Brunnentiefe die Brunnenwand mit Tamariskenzweigen, Lehm, Palmblättern, Grasstricken, Mimosenwurzeln, Aëben-Zweigen und mit ähnlichen Materialien, die der Fäulnis möglichst lange widerstehen sollen, abzustützen.[312] Dennoch wird bisweilen ein Hirt, der in der Tiefe eines episodischen Brunnens die Schläuche füllt, von den einstürzenden Sandmassen verschüttet.[313] Selbst die von Vorbewohnern in felsiges Gestein gehauenen Brunnen fallen manchmal in sich zusammen, so daß Brunnenarbeiter lebendig begraben werden, wie HABERLAND[314] von den Borana berichtet. Diese Gefahr wird in Gegenden mit wenig kompaktem Boden durch unkontrolliertes Vieh befördert, das in der Nähe der Brunnenlöcher herumtrampelt.[315]

305 FERRANDI, 1903, S. 275.

306 Ost- und Nordostafrika: HABERLANDT, 1912, S. 26. Kordofan: BERRY, 1928, S. 282.

307 LLOYD, 1910, S. 256. Allgemein für Brunnen in Kordofan, die in Khorbetten liegen: BORN, 1965, S. 80.

308 AUBERT DE LA RUE, 1939, S. 86f.

309 GLEICHEN, 1905, S. 88.

310 HABERLANDT, 1912, S. 27.

311 KOTSCHY, 1839, S. 11. – Häufige Brunneneinstürze und oftmalige Reinigung, bei Afar: AUBERT DE LA RUE, 1939.

312 Sudanaraber: LLOYD, 1910, S. 252; BERRY, 1928, S. 283; CUNY, 1863, S. 99; SELIGMAN, 1918, S. 119. Beni Amer: SCHOENFELD, 1904, S. 41 und JAMES, 1884, S. 183. Afar: AUBERT DE LA RUE, 1939, S. 122. Somal: LEWIS, 1961, S. 34 und HABERLANDT, 1912, S. 28, 30f. Borana: HABERLAND, 1963, S. 77.

313 Nomaden am Atbara: MUNZINGER, 1864, S. 330. Afar: AUBERT DE LA RUE, 1939, S. 124.

314 1963, S. 77.

315 Turkana: GULLIVER, 1953, S. 56.

Um die Brunnenplätze vor Feinden zu verbergen und fremde Benutzung zu verhindern, machen sich Turkana,[316] Afar[317] und andere Nomaden die Mühe, die Löcher nachts sorgfältig abzudecken und alle Spuren zu verwischen. Aus Darfur wird berichtet, daß Brunnenbesitzer ihre Brunnen für Fremde unbenutzbar machen, indem sie Heglik-Äste hineinwerfen.[318]

Die Oberaufsicht über die Tränke hat der Viehbesitzer. Die Verhinderung der Zerstörung der Tröge und Brunnen durch durstiges Vieh ist nur eine seiner Aufgaben. Er muß die Rechte der anderen Nomaden am Brunnen respektieren und Konflikte vermeiden, er muß auf möglichst schnelle Abwicklung der Tränke dringen, damit keine kostbare Zeit zum Treiben und zum Weidegang verlorengeht, und das Vieh muß ausreichend zu trinken bekommen, da es sonst zum Abstreunen, zur ungenügenden Futteraufnahme und zur Verminderung der Milchsekretion neigt.[319]

Gegen Ende der Trockenzeit sind die Hirten gezwungen, ihre Herdentiere auf die im Umkreis der permanenten Brunnen gerade noch erreichbaren Weidegründe zu treiben (vgl. hierzu S. 152f.). Das Vieh wird dadurch sehr in Mitleidenschaft gezogen, findet wenig Zeit zum Fressen; die geringe Futtermenge kann den überdurchschnittlichen Bedarf an Energien nicht decken, daher ist es auf körperliche Reserven angewiesen, zumal die Weide besonders nährstoffarm ist; Viehverluste sind in dieser Jahreszeit besonders groß.[320] Doch nicht nur die Herden leiden, auch ihre Betreuer sind nun zum beweglichsten, entbehrungsreichsten und anstrengendsten Lebensstil des Nomadismus gezwungen. Sie verzichten zumeist auf Behausungen, da sie praktisch immer unterwegs sind: gerade angekommen an einem der beiden wasserlosen oder weidearmen Endpunkte ihres Hin- und Herpendelns, zwingt die Gefahr des Verdurstens oder Verhungerns der Tiere wieder zur Umkehr. Besonders die Kamelhirten vollbringen ganz erstaunliche Marschleistungen auf ausgedörrtem, staubigem Terrain. Die Kamele der nördlichen Somal, die nun alle drei Wochen getränkt werden, können nur eine Woche lang richtig weiden; in den verbleibenden vierzehn Tagen müssen die Hirten mit ihnen zweimal eine Strecke von nicht selten 150 Kilometern und mehr zwischen der eigentlichen Weide und den Brunnen zurücklegen, so daß in einer Saison Entfernungen von 1500 Kilometern in Fußmärschen bewältigt werden.[321] Die hochgewachsenen, grazilen Nomaden sind rassisch und konstitutionell prädestinierte Geher. Sie ziehen es vor, eine lange Strecke zu marschieren, um zu Fluß- oder Standwasser zu gelangen, als das Wasser aus einem Brunnen ganz in der Nähe zu schöpfen. Die Barabaig-Datoga beispielsweise führen ihre Rinder lieber zu einer Wasserlache, die 15 Kilometer entfernt liegt, als an einen Brunnen in 4 Kilometer Nähe.[322]

316 White, 1923, S. 222. Vgl. Rayne, 1918, S. 188.

317 Haberlandt, 1912, S. 31.

318 Pfund, 1878, S. 234.

319 Nach Informationen über die Samburu (Spencer, 1965, S. 10).

320 In Südsomaliland nicht selten 20% des Viehs (Favilla, 1960, S. 375).

321 Lewis, 1961, S. 76. Vgl. Mares, 1954, S. 417 und Zöhrer, 1964/65, S. 152. – Rendile: Spencer, 1965, S. 292 (im Normalfall 65 km zwischen Weide und Tränke). Siehe auch S. 213f. vorliegender Arbeit.

322 Wilson, 1952, S. 39.

Alle Beobachter des Nomadentums bescheinigen den ihre Herden tränkenden Hirten ein hohes Maß an Körperkraft, Ausdauer, Einsatzfreude und Gewandtheit.[323] So werfen sich z. B. fünfzehn bis sechzehn Jahre alte Beni Amer-Hirten die Wasserhäute, die in der Regel aus einem Kleinviehbalg gefertigt sind, stundenlang ca. 60 Zentimeter weit einander zu.[324] Gradmesser des Arbeitsaufwandes sind Tiefe des Brunnens[325] und seine Ergiebigkeit, wobei über ein bestimmtes Maß hinaus ein Tränken größerer Herden nicht mehr *rationell* ist. Bei den kamelzüchtenden Sudanarabern ist diese arbeitsökonomische Grenze eine Brunnentiefe von maximal 12 Metern.[326] Bei den Baggara Darfurs hingegen, die in einem Milieu relativen Wasserreichtums und der Rinderzucht leben, gilt die Arbeit an Brunnen, deren Wasserspiegel tiefer als 3,50 Meter liegt, als unrationell.[327] DAVIES[328] sieht in der schwierigen Tränkarbeit bei den kamelzüchtenden Sudanarabern das Hauptmoment für den Einsatz von Sklaven. Im Stammesland der Jie sind große Landstriche im Westen ab Oktober ohne Wasser, das heißt, es wird nur vorgefunden, wenn man tiefer als 9 Meter gräbt; das ist eine Brunnentiefe, die die Tränkung größerer Herden nicht gestattet.[329]

Die Schöpfdauer kann in der Zeit der Arbeitsspitze vor Ende der Trockenzeit an manchen Brunnen Tag und Nacht umfassen (z. B. bei den Kababisch, in Melbeß in Kordofan und bei den Butana-Nomaden, vgl. S. 222).[330] Rationelle Herdengrößen zu tränken ist dann eine Arbeit von vielen Stunden.[331] In einem Falle nahm das Tränken von 100 Schafen und Ziegen in der nördlichen Haud Somalilands 4 Tage in Anspruch![332] Die Männer mußten Tag und Nacht Wasserlöcher graben und immer tiefer gehen, um die nötige Wassermenge zu beschaffen, während die Frauen das Tränken an den Holztrögen überwachten. Bisweilen sind die Brunnen so ergiebig, ist die Arbeit so gut organisiert, daß an einem einzigen Brunnen täglich 4000 Rinder getränkt werden können (Felsenbrunnen von Ngassumat, Masailand).[333] An den fünfzehn bis zwanzig Wasser-

[323] MARES über die nördlichen Somal: „The actions of the water drawer are characteristic, stylish and rhythmical; they work away almost in a trance, vocal and happy, until the work is over.“ (1954, S. 418).

[324] PAUL, 1950, S. 241.

[325] Eine Zusammenstellung von Brunnentiefen in Anmerkung 117 auf S. 204.

[326] REID, 1935, S. 116.

[327] LAMPEN, 1933, S. 110. – Für die Tamad-Brunnen in den Khor-Flußbetten Zentralkordofans werden 4,50 m als gerade noch rentabel angesehen (BORN, 1965, S. 78).

[328] 1957, S. 130.

[329] GULLIVER, 1955, S. 18.

[330] BERRY (1928, S. 283) über die Kababisch: „One can hardly imagine a great deal of idleness among these people, especially since it is frequently necessary, if the herds are large or the wells few in number, to continue the watering by night as well by day.“ BREHM, 1927, Bd. 9, S. 96f. (Melbeß). Butana: STEIN, 1958/59, S. 157.

[331] Bei den Datoga dauert das Tränken einer normalen Rinderherde in der Trockenzeit 4 Stunden (BERGER, 1938, S. 180). Siehe auch RAYNE (1918, S. 257) und BARTON (1921, S. 204) über die Turkana.

[332] LEWIS, 1961, S. 59.

[333] KOENIG, 1956, S. 151.

gruben von Seki im nördlichen Masailand wurden bei einer Tiefe von 4–6 Metern und einer Wasserauffüllung von 30 Zentimetern in wenigen Stunden 2000 Rinder getränkt.[334] Wir erinnern an BREHMS[335] Schätzung, der an den Brunnen von Melbeß in Kordofan die tägliche Tränkung von 40000 Rindern und von 20000 Stück Kleinvieh beobachtete.

[334] HÖHNEL, 1892, S. 284, 287
[335] 1927, Bd. 9, S. 96f.

IV. DIE UNTERBRINGUNG DER HERDENTIERE

1. Freies Lagern, Anpflocken und Fesseln

Nicht in allen Fällen werden die Herdentiere nachts eingekralt; manchmal kann oder muß man sie *im Freien lagern* lassen. Eine Dornenumwallung und Pferche können dort wegfallen, wo Raubtiere fehlen[1] bzw. wo gegen sie ein ausreichender bewaffneter Schutz vorhanden ist, wo Blutfehden nicht an der Tagesordnung sind und wo die Tiere nicht dazu neigen, sich nachts zu zerstreuen (so nach reichlicher Futteraufnahme). Es ist verständlich, daß Nomadengruppen auf dem Umzug nicht in der Lage sind – wenn sie nicht gerade traditionelle Routen beschreiten –, ihre Transitlager mit einem wirksamen Dornenschutz zu umgeben; deshalb werden solche offenen Kamps nachts gut bewacht. Das freie Lagern schließt nicht aus, daß die Nomaden die Tiere teilweise anpflocken, anbinden oder ihre Bewegungsfreiheit durch Halbfesselung der Beine einschränken. (Über Nachtweide s. S. 168f.).

Die Herden in Somaliland werden nicht immer innerhalb von Dornverhauen untergebracht.[2] – Im Ostsudan ist z. B. die Gegend zwischen Berber und Goz am Atbara ohne reißende Tiere, so daß hier Esel und Ziegen im Freien schlafen.[3] Die Kamele einer Hadendoagruppe bei Suakin konnten nachts sich selbst überlassen bleiben, während das Kleinvieh in Hürden vor Hyänen und Schakalen geschützt werden mußte.[4] Nach der Duchn-Ernte lassen die Hassanie ihr Vieh über Nacht weidesatt auf den Stoppelfeldern lagern.[5] Das Vieh der Humr in Kordofan darf, wenn Löwen fehlen, in der unmittelbaren Umgebung einer guten Weide oder eines Tränkteiches frei lagern und kann nachts nach Belieben Futter oder Wasser aufnehmen.[6] Grzimek[7] stieß mitten in der Masaisteppe Tansanias, also in einem Gebiet, wo Löwen (aber auch wilde Pflanzenfresser) besonders zahlreich sind, auf ein offenbar schon monatelang benutztes Schafkamp der Masai. Auf einer fußhoch mit Schafmist bedeckten Fläche übernachteten etwa 600 Tiere ohne Zaun oder Dornverhau; die einzigen Bauten waren drei Knüppelhütten für die Hirten, die von der üblichen Hüttenform der Masai ganz abwichen, sowie einige Knüppelverschläge für die Lämmer.

[1] Brehm, 1927, Bd. 9, S. 96.
[2] Tarantino, 1930, S. 71.
[3] Munzinger, 1864, Itinerar, S. 22.
[4] Bernatzik, 1942, S. 159.
[5] Petherick, 1861, S. 173.
[6] Cunnison, 1966, S. 64, 50.
[7] 1959, S. 273.

Manchmal macht man sich nur die Mühe, die wertvolleren Tiere einzukralen,[8] während die anderen außerhalb des Krales weidend und schlafend die Nacht verbringen, wie das z. B. öfters mit den Eseln der Somal[9] und Turkana[10] geschieht. In anderen Fällen wird innerhalb einer dornumwallten Siedlung nur ein Teil der Tiere eingepfercht, während der andere frei lagert. So verbringen die wenigen Lastkamele in den Familienkralen der nördlichen Somal die Nacht in der Nähe der Hütten, während das Kleinvieh, bisweilen auch die Hauptherde der Kamele (in der Regenzeit), in den Viehhürden untergebracht wird;[11] ähnlich beweglich zwischen Dornenwand und Kleinviehpferchen lagern in manchen Fällen die Rinder (Turkana, Masai)[12] oder auch die Esel (Masai).[13]

Das *Fesseln* und Anpflocken ist natürlich kein Schutz gegen Raubtiere, hindert das Vieh aber daran, sich nachts zu zerstreuen (besonders nach ungenügender Futteraufnahme am Tage) und so verloren zu gehen.

An den Sätteln der Arbeitskamele der Bischarin und Ababde hängen deren Fußfesseln (Bischarin: andāt, arab.: ʻaqāl); ein Stein mit einem durchgehenden Loch in der Mitte ist an ihnen befestigt.[14] Die Steine sind Amulette zum Schutz dieser Tiere, die Fesseln selbst werden an den Fußgelenken befestigt, wenn die Kamelführer Rast machen. Die Kamele sind dadurch in ihren Schritten beengt und können sich nicht allzuweit vom Lager entfernen. Fußfesseln zum gleichen Zweck lassen sich auch im übrigen Ostsudan[15] und bei den Somal[16] nachweisen. Wenn die Rufaa ihre Kamele am Nil tränken, fesseln sie deren Vorderfüße;[17] bei den Somal erleichtern solche Fesseln auch das Melkgeschäft.[18] Bei Hassanie, Boran- und Arussi-Galla, Nandi, Masai und anderen Hirtenstämmen wird an den Hinterbeinen unruhiger Kühe eine enge Fessel aus Leder oder Bast angebracht, die ein Ausschlagen beim Melken verhindert.[19] Wenn auf dem afrikanischen Osthorn oder im Sudan Kamele ohne Hürden und Dornenwälle übernachten, bekommen sie Fußfesseln;[20] nach Paulitschke[21] verbringen die Kamele „in knieender Stellung“ die Nacht, geduldig und lautlos, brechen aber in wilde Flucht aus, wenn Raubtiere oder fremde Menschen das Lager bedrohen.

8 Rufaa: Hartmann, 1863, S. 204.

9 Lewis, 1955, S. 70, nach Drake-Brockman.

10 Stigand, 1913, S. 285.

11 Mares, 1954, S. 414. Kamelherde in Familienkral: Collins, 1960, S. 62 und Paulitschke, 1893, S. 131.

12 Turkana: Gulliver, 1953, S. 66, Skizze. Masai: Stigand, 1913, S. 221.

13 Johnston, 1902, S. 810.

14 Keimer, 1952, Bd. 33, S. 123.

15 Brehm, 1927, Bd. 3, S. 28. Synonyme für das „'aqāl“ Keimers sind: ogâl (bei Hartmann, 1869, S. 247), el-ôgôl (bei Cuny, 1863, S. 139).

16 Collins, 1960, S. 56. Buchholzer, 1959, S. 43. Cipriani, 1940, S. 67.

17 Marno, 1874, S. 286.

18 Buchholzer, 1959, S. 43.

19 Haberland, 1963, S. 38, 82f. (Borana), S. 429 (Arussi). Hassanie: Petherick, 1861, S. 178. Nandi: Hollis, 1909, S. 21 und Huntingford, 1953, S. 21. Masai: Ullrich, 1959, S. 88.

20 Buchholzer, 1959, S. 43.

21 1885, S. 376.

Als ein Sturm ein ganzes Hadendoa-Lager dem Erdboden gleichmachte, sah BURCKHARDT,[22] wie die Kamele ihre Stricke zerrissen und in Panik gerieten. Wenn Afar oder Somal Strauße halten, fesselt man auch diese Tiere nachts.[23] Zwischen den beiden Hüttenreihen einer Nomadensiedlung der Hassanie sah PETHERICK[24] eine Anzahl gut aussehender Pferde in eigenartiger Weise gefesselt: mit einem dicken, offenbar sehr knappen Strick war jeweils das linke Vorderbein an das linke Hinterbein gebunden, so daß die Pferde kaum richtig stehen konnten. Das Wohlbefinden der Tiere litt durch diese Zwangsmaßnahme nicht sonderlich, zumal man an jedem zweiten Tag die rechte Seite der Tiere fesselte.

Angepflockt bzw. *angebunden* werden z. B. Pferde, die schnell einsatzfähig sein müssen – Pferdebesitzer unter den Afar[25] und Somal[26] banden ihre bei Raubzügen eingesetzten Ponys mit einem Strick an die Mattenzelthütten. Die Humr, die ihr Kleinvieh und die Kälber entweder anpflocken oder einhürden, binden die für die Giraffenjagd ausgewählten Pferde im Jagdkamp an einen Baum oder Pfosten.[27] Die Baggara am Weißen Nil pflocken bei Nachtweide den Herdenbullen an – wenn Raubtiere nahen, weckt sein Gebrüll den schlafenden Hirten.[28] Die Masai nennen einen Monat der Regenzeit „le logunja airodjerod", d. h. „die angebundenen Stiere", weil es in diesem Jahresabschnitt reichlicher Weide notwendig ist, die brünstigen Stiere, die sonst fortwährend miteinander kämpfen würden, so in der Kontrolle zu behalten.[29]

In günstigen Fällen benutzen die Nomaden derart geschützte, vom Menschen kaum veränderte Plätze zum Lagern und Wohnen, daß man diese als eine Übergangsform zu Kral oder Stall ansehen kann. Ein Gelände, das durch den natürlichen Halbkreis eines dicken Dornbusches geschützt ist, bevorzugen die Somal als Lagerplatz.[30] Südlich des Erkowit-Gebirges ließen sich drei Nomadenfamilien der Beni Amer in der Bai eines Regenstromes nieder, wo sich am Uferrand drei Meter hohe Klippen gebildet hatten. Mit Matten, Holz und Dornen wurde dieser geschützte Platz für die ganze Trockenzeit ausgebaut; die anderen Mitglieder der Hirtengemeinschaft wohnten abseits, in Zelten.[31] Das engverflochtene, tief herabhängende Laubdach der Kamob-Bäume (Capparidaceen) dient den Achmed-Gorab-Bischarin nicht nur als Wohnung – der Innenraum solcher Dickichte „ist mit Ziegenkot manchmal wie ausgepolstert"[32]. Die Hadendoa in Taka hauen die unteren Zweige der Nebbek-Bäume an,[33]

[22] 1820, S. 298. Vgl. BREHM, 1927, Bd. 3, S. 28.
[23] SOTTIRO, 1884, S. 160. HARRIS, 1845, S. 160. PAULITSCHKE, 1893, S. 229.
[24] 1861, S. 148f. [25] THESIGER, 1935, S. 4.
[26] BURTON, 1861, S. 301. LEWIS, 1955, S. 92.
[27] CUNNISON, 1958, S. 51; ders., 1966, S. 65f., 69.
[28] REID, 1930, S. 195.
[29] MERKER, 1910, S. 160. HOLLIS, 1905, S. 334.
[30] BUCHHOLZER, 1959, S. 43.
[31] SELIGMAN, 1913, S. 597f.
[32] SCHWEINFURTH, 1922, S. 68. HARTMANN (1879, S. 103) bestätigt derartige Behausungen im Hinterland des Roten Meeres und belegt sie auch für die Bajuda-Steppe. – Manche Afar richten sich in Hyphaene-Gebüschen (Dum) Wohnungen ein (HILDEBRANDT, 1878, S. 368).

„so daß die Enden derselben zu Boden sinken und bis auf den Eingang, welcher durch einen dichten Dornbusch verschlossen wird, eine Umzäunung für die Herden bilden."[33]

2. Das Einpferchen, Einkralen und in Ställen Unterbringen

Eine *geschlossene Unterbringung* des Viehs geschieht aus folgenden Gründen:

1. um die Herden vor Raubtieren zu schützen,
2. um Viehraub vorzubeugen und zum Schutz vor Feinden,[34]
3. um das Vieh am nächtlichen Streunen zu hindern,
4. um die Herden, besonders die Jungtiere, vor schädlichen Einflüssen der natürlichen Umwelt zu schützen (Witterung, Insekten),
5. um das Vieh getrennt nach Besitz und nach Viehkategorien unterzubringen.

Andernfalls lagern die Tiere frei, halbgefesselt oder angebunden.

Das Einkralen ist nach PHILLIPS eine der Hauptursachen der relativen Vieharmut Afrikas[35].

Wenn wir von der Unterbringung der Jungtiere absehen, so kommen *Viehställe* im ganzen Untersuchungsgebiet nur in einigen hochgelegenen oder regenreichen Landschaften vor, weil sich in heißem Klima und bei geringer Luftfeuchtigkeit Ställe erübrigen.

Die teilnomadischen Gallastämme des äthiopischen Hochlandes (Alabdu, Sektionen der südlichen Gudschi, westliche Arussi),[36] die in der Regenzeit das meiste Vieh ins Tiefland schicken, um es dort von Viehposten betreuen zu lassen, bringen die im Hochland verbleibenden Milchkühe, Pferde und allgemein das alte und kränkliche Vieh in Ställen unter, um es vor der Nachtkälte und vor Krankheiten zu schützen. – Die Beni Amer der Diglel-Bedana haben einen großen Ziegenbestand, manche Sektionen, wie die Libis und die Hadoigoboyab, züchten nichts anderes als Ziegen. Diese Tiere gedeihen auf den höheren Bergweiden ganz vorzüglich, doch sind sie sehr empfindlich gegen Feuchtigkeit, so daß die Beni Amer sie jeden Abend und wenn Regen droht in stabile Ziegenhäuser treiben, die sich auf immer wieder benutzten Lagerplätzen befinden.[37] Es gibt mehrere Stalltypen für Ziegen (digé, resit, ba'at, dingat).[38] Digé ist eine bienenkorbartige Konstruktion aus Holz, der Boden ist mit Steinen ausgelegt. Ba'at sind Höhlungen, die man aus steilen Uferbänken geeigneter Trockenflußbetten ausgegraben hat und als Ziegenstallungen verwendet, indem die offenen Seiten mit Dornen verschlossen werden. Bei kaltem Wetter zünden die Hirten als

[33] WERNE, 1851, S. 91.

[34] Dieses Moment wird besonders betont bei Somal (PAULITSCHKE, 1896, S. 10; MENGES, 1884, S. 409) und Afar (LEWIS, 1955, S. 165).

[35] 1959, S. 72.

[36] HABERLAND, 1963, S. 35, 286, 357.

[37] PAUL, 1950, S. 242.

[38] PAUL, 1950, S. 242. Auch HEUGLIN (1877, S. 74) erwähnt bei den Bet Maala-Beni Amer Ziegenstallungen mit Außenmauern, die sich in Felsenklüften befinden.

zusätzlichen Schutz gegen Feuchtigkeit vor den Eingängen dieser Ställe große Feuer an.[39] – Unterirdische Viehställe ergraben manche Afar für ihre Jungziegen und Kälber, um sie besser gegen Kälte zu schützen.[40]

Bemerkenswert ist die Nutzung natürlicher Höhlen als Ställe, Wohnquartiere und zum Teil auch als Lagerräume (für Sammelprodukte)[41] in Eritrea, bei den Afar und im nördlichen Somaliland.[42]

In der Gezira und in Sennar gelingt es in den Gegenden um den 13. Breitengrad (hier der Grenzstreifen einer ganzjährigen Existenzmöglichkeit für das Kamel) nur unter großen Vorsichtsmaßregeln, das Kamel in der Regenzeit am Leben zu erhalten; hierzu gehört auch die Unterbringung in großen Strohhütten, in denen allabendlich qualmende Feuer brennen.[43] Durch Haltung des Viehs in Rauchhäusern ist es auch den Humr-Baggara möglich, in der südlichen Zone (Bahr) während der Regenzeit eine Anzahl Versorgungskühe für die hier mit Baumwollanbau Beschäftigten zu belassen.[44] Dieses Verfahren übernahmen die Humr von den südlich benachbarten Dinka.

Als eine Übergangsform zwischen Stall und Pferch sind Gehege aus Euphorbia-Stämmen für Kleinvieh oder Rinder anzusehen; man treibt das leichte Baumaterial in einem Halbkreis schräg in den Boden, so daß nicht nur eine Umzäunung, sondern auch eine Art Kuppel entsteht.[45]

Das Vieh wird gewöhnlich in *Pferchen* untergebracht, die ein Ausbrechen der Tiere verhindern und mehr oder weniger gegen Raubtiere schützen. In nächster Nähe der Pferche befinden sich die Behausungen, die je nach der Anlage der Siedlung kreisförmig, linear oder unregelmäßig[46] angeordnet sein können.

Eine Hadendoa-Lokalgruppe bei Suakin hürdete lediglich Kleinvieh ein, die Kamele konnten sich der Hyänen und Schakale erwehren und lagerten frei.[47] Die Humr-Baggara errichten nur dann einen kreisförmigen Pferch, wenn in der Umgebung Löwen und andere Raubtiere gemeldet sind oder Felder liegen, die durch nächtlich streunendes Vieh gefährdet werden könnten.[48] Ein Transitlager ziegenzüchtender Beni Amer besteht lediglich aus einem zentralen Pferch, um

[39] Paul, 1950, S. 242.

[40] Aubert de la Rue, 1939, S. 119.

[41] Bei den Midschurtin-Somal für gesammelte Aromata (Balsan, 1964/65, S. 127ff.).

[42] Ababde: Klunzinger, 1877, S. 252. Habab: Cipriani, 1940, S. 57f. Afar: Lewis, 1955, S. 165; Harris, 1845, S. 67; Cipriani, 1940, S. 58. Midschurtin: Newbould, 1958, S. 36; Balsan, 1964/65, S. 127ff. Saho und Somal: Pavari, 1936, S. 317. Turkana: Emley, 1927, S. 160.

[43] Marno, 1873, S. 247.

[44] Born, 1965, S. 216.

[45] Seligman, 1913, S. 597.

[46] Selten unregelmäßig, z. B. bei den semipermanenten Arussi (Haberland, 1963, S. 421).

[47] Bernatzik, 1942, S. 159.

[48] Cunnison, 1954, S. 55; ders., 1966, S. 66. – Auch Lampen (1933, S. 101) stellt fest, daß die Krale der Baggara Darfurs von Ort zu Ort, von Stamm zu Stamm und innerhalb des Jahreszyklus starken Schwankungen in Größe und Erscheinungsbild unterworfen sind.

den sich die Hütten kreisförmig gruppieren.[49] Die Rinderhürde (mwona) befindet sich bei Galla-Gruppen in Kenia jeweils vor der Hütte des Viehbesitzers;[50] eine Reihe solcher Hütten bildet eine unbefestigte Siedlung. In der Schilderung einer linear angeordneten Siedlung der Nurab-Kababisch werden von Seligman[51] lediglich Gehege für Pferde erwähnt, es ist deshalb anzunehmen, daß das Herdenvieh hier frei, halbgefesselt oder angepflockt lagert. Das ist auch aus einem Bericht über eine Hassanie-Siedlung zu schließen: sie bestand aus zwei langen, geradlinigen, parallelen Hüttenreihen – bei den einzelnen Hütten, die jeweils 12–15 Meter voneinander entfernt waren, befanden sich die Dornenverschläge für Kälber und Lämmer.[52] Die Kriegerkrale der Masai sind manchmal ohne Dornenwall, müssen dann aber sorgsam bewacht werden.[53]

In vielen Fällen errichten die Nomaden zur Erhöhung der Sicherheit um Pferche und Hütten einen gemeinsamen kreis- bis ovalförmigen Siedlungswall (*Kral*), dessen Eingänge nachts verschlossen werden (z. B. Rufaa, Habab, Afar, Somal, Rendile, Turkana, Samburu, Masai u. v. a.).[54]

Bei den Borana und anderen Galla Südäthiopiens treffen wir den Dornenkral modifiziert an: die Siedlung ist nicht kreisrund, sondern unregelmäßig langgestreckt, und die Pferche liegen nicht zentral, sondern verteilen sich auf die einzelnen abgezäunten Gehöftkomplexe der Viehbesitzer und ihrer Familien innerhalb der großen Dornenwand.[55]

Die Anordnung der Pferche ist für die einzelnen Viehkategorien traditionell geregelt; es bestehen offenbar Beziehungen zwischen der Anordnung der Pferche und dem Wert und Schutzbedürfnis der untergebrachten Tiere. Allgemeine Grundsätze lassen sich aus dem verfügbaren Material aber noch nicht ableiten.

Bei den Afar übernachten die Kamele gegenüber dem Eingang der kreisförmigen Kralsiedlung, während die Somal sie als wertvollsten Besitz ganz in der Mitte des Krales einhürden, umgeben von den Pferchen der Schafe und Ziegen.[56] Die Turkana wiederum bringen ihre Kamele (die sie erst seit

49 Paul, 1950, S. 242.

50 Werner, 1914, S. 129f.

51 1918, S. 118. – Linear angeordnete Siedlungen sind typisch für sudanarabische Kamelzüchter: Lauture, 1855, S. 139. Reid, 1930, S. 166; ders., 1935, S. 119; MacLaren, 1927, S. 235; Petherick, 1861, S. 327 (Kababisch); Crowfoot, 1920, S. 86 und Stein, 1958/59, S. 150 (Butana).

52 Petherick, 1861, S. 148.

53 Thomson, 1885, S. 385. Höhnel, 1892, S. 268. Storrs Fox, 1930, S. 451.

54 Rufaa: Hartmann, 1863, S. 204. Hadendoa von Taka: Werne, 1851, S. 87. Habab: Heuglin, 1877, S. 79; Pollera, 1935, S. 201. Somal: Lewis, 1955, S. 165 (wie auch Afar); Collins, 1960, S. 62; Burton, 1861, S. 300f. Rendile: Arkell-Hardwick, 1903, S. 238. Turkana: Gulliver, 1953, S. 65f.; ders., 1955, S. 125; Emley, 1927, S. 167; Rayne, 1918, S. 185. Samburu: Spencer, 1965, S. 18. Masai: Stigand, 1913, S. 221; Johnston, 1902, S. 810; Daryll Forde, 1963, S. 293f.; Merker, 1910.

55 Haberland, 1963, S. 33f. Vgl. Schulz-Weidner, 1961, S. 323 (Gudschi-Galla). Haberland bringt den Grundriß einer Siedlung (Tafel 2). – Shelford (1910, S. 268) erwähnt viereckige Masaikrale.

56 Lewis, 1955, S. 92, nach Drake-Brockman. Burton, 1861, S. 301.

einigen Generationen züchten) in Pferchen ganz in der Nähe der äußeren Dornenwand unter; die Ziegen, die den Überfällen der Leoparden und Hyänen besonders ausgesetzt sind, werden hier in der Mitte eingepfercht, von den Rindern benachbart.[57]

Die Herdentiere werden nach Besitz getrennt untergebracht. Jeder einzelne unabhängige Viehbesitzer ist Oberhaupt einer oder mehrerer Kleinfamilien und hat zumindest einen eigenen Pferch und ein eigenes Viehtor im Dornenwall. Diese beiden Dinge sind Symbole seines Besitzes, seiner Unabhängigkeit und Freizügigkeit.[58] Dementsprechend fallen in Gemeinschaftsbetrieben relativ zahlreiche Viehtore und separierte Viehverschläge auf. Macht sich beispielsweise bei den Barabaig-Datoga ein erwachsener Sohn selbständig, verbleibt aber im Krale seines Vaters, so wird eine zusätzliche Viehpforte (dosht) in den Dornenwall (gheida) ebenso wie in den neu abgeteilten Viehpferch (muhaleid) geschlagen;[59] in ähnlicher Weise bezieht bei den Borana der verheiratete Sohn eine eigene Gehöftabteilung des dornenumwallten Dorfes und richtet sich auch eigene Pferche ein.[60] Wenn sich bei den Humr-Baggara auf dem Zug nach Norden in die Babanusa 30 oder 40 Ferigs (Dornenkrale) um einen Sektionsscheich oder um einen besonders fähigen Erkunder von Weide und Wasser scharen, so wird auch dann stets auf eine getrennte Unterbringung des Viehs nicht nur jedes einzelnen Ferig, sondern auch jedes Viehbesitzers geachtet.[61] Von der getrennten Unterbringung des Viehs der Kleinfamilien in den Schaf- und Ziegenkralen der nördlichen Somal rückt man u. U. nur dann ab, wenn besonders enge Verwandtschaftgrade sowie freundliche Beziehungen vorliegen (gemeinsames Einpferchen des Kleinviehs von Frauen des gleichen Ehemannes, von Schwägerinnen, von verwitweten Müttern mit dem ihrer verheirateten Töchter).[62] Auch in dem parallellaufenden Betriebstyp der Kamel-Lager, in denen das Vieh von Brüdern, Cousins, von Vätern und Söhnen gemeinsam betreut wird, trennen Hürden nächtlich den Besitz.[63]

Bei einer Gegenüberstellung der vielgestaltigen *Unterkünfte der Jungtiere* mit den Pferchen des übrigen Viehs fällt auf, daß sie sorgfältiger gebaut sind und sich auch morphologisch unterscheiden: sie sind zumeist mit Stroh und Gras ausgepolstert, nicht selten überdacht; sie schützen den Herdennachwuchs

[57] Gulliver, 1953, S. 66f. Emley, 1927, S. 167.

[58] Humr: Cunnison, 1966, S. 69f. Somal: Mares, 1954, S. 414; Lewis, 1961, S. 73; Collins, 1960, S. 62. Turkana: Emley, 1927, S. 167 („... the stock of each family is kept quite separate."); Gulliver, 1953, S. 67. Samburu: Spencer, 1965, S. 12, 17f. (Skizze). Masai: Huntingford, 1953, S. 107 (das Wort für Viehpforte, kishomi, wurde zum Synonym für Familie, ol-marei); Jacobs, 1957, S. 3f. (in 7 Masaidörfern waren nur 42% der verheirateten Männer unabhängige Viehbesitzer mit eigenen Viehtoren, von denen heutzutage 5–7 auf einen Kral kommen), vgl. Merker, 1910, S. 32.

[59] Wilson, 1953, S. 37.

[60] Haberland, 1963, S. 34.

[61] Cunnison, 1954, S. 56.

[62] Lewis, 1961, S. 59. Vgl. S. 107f. vorl. Arbeit und Mares, 1954, S. 420, 414.

[63] Lewis, 1961, S. 73.

gegen Regen, Sonnenhitze, Feuchtigkeit, schädliche Insekten usw. Die getrennte Unterbringung der säugenden Jungtiere von den Muttertieren sichert die menschliche Milchversorgung.

In Hürden aus trockenem Dorngestrüpp sind Kälber und Lämmer beispielsweise bei Hassanie-, Baggara-, Karamojong-, Turkana- und Masainomaden[64] untergebracht. Bei den Baggara genügt im Falle, daß Löwen fehlen und keine Gärten in der Nähe liegen, ein nächtliches Anbinden der Kälber.[65] Aus Steinen hüttenartig gefertigt sind die Behausungen der Zickeln bei den Beni Amer[66] und bei Gruppen der Somal und Afar[67] (bei letzteren auch für Kälber).[68] Rohe Gebilde aus kegelförmig angeordneten Knüppeln, bedeckt mit Laub oder Steinen, stellen die Jungziegenhütten der Habab und verwandter Stämme in Eritrea dar.[69] Nomadische Galla in Südäthiopien bringen ihr Jungvieh in Stallhütten unter, die teilweise auf Pfählen stehen (Kälberstallungen der Gudschi,[70] Flechtwerkbehälter für die Zickeln der Borana).[71] Sie werden aus Reisig geflochten, sind oftmals mit Lehm verschmiert und schützen das Jungvieh vor Erdflöhen. In anderen Fällen übernachtet der Herdennachwuchs der Galla in Unterkünften, die mit großen Vogelnestern[72] verglichen werden oder 1,5 Meter hohe Zylinder[73] darstellen; die Wände sind aus Zweigen und Holzpflöcken gefertigt, werden mit Dung verschmiert, der Boden ist mit Gras oder Binsen ausgelegt. Aus geschnittenem Gras, vorzugsweise jedoch aus dem Heu richtiger Vogelnester fertigen die Turkana Unterkünfte für junge Tiere.[74] (Über unterirdische Kälber- und Jungziegenstallungen s. S. 232.)

Weitverbreitet ist die Unterbringung der jüngsten Herdentiere in den Hütten der Familien oder der Ehefrauen. Lämmer, Zickeln und Kälber beziehen solche Quartiere bei den Beni Amer, den Habab, in der Butana, bei den Somal, Boran-Galla, Nandi, Masai, Barabaig-Datoga u. a., gelegentlich auch Kamelfüllen in Nubien und Sennar.[75] Manchmal schließen sich besondere Verschläge direkt an die Hütten an (Masai, Jie).[76]

64 Hassanie: Petherick, 1861, S. 143. Baggara: Reid, 1930, S. 195. Karamojong: Dyson-Hudson, 1960, S. 54. Turkana: Rayne, 1918, S. 185. Masai: Merker 1910, S. 25f.

65 Humr: Cunnison, 1954, S. 55.

66 Paul, 1950, S. 242.

67 Afar: Aubert de la Rue, 1939, S. 42. Somal: Lewis, 1955, S. 165.

68 Aubert de la Rue, 1939, S. 118, Abb. Tafel 27.

69 Cipriani, 1940, S. 62.

70 Schulz-Weidner, 1961, S. 323.

71 Haberland, 1963, S. 34. – Kenia-Galla: Werner, 1914, S. 129.

72 Dracopoli, 1913, S. 138.

73 Haberland, 1963, S. 34.

74 Gulliver, 1953, S. 61.

75 Beni Amer: Müller, 1883, S. 427f. Butana: Stein, 1958/59, S. 150. Nubien: Hartmann, 1869, S. 238. Habab: Cipriani, 1940, S. 62. Somal: Burton, 1861, S. 301. Boran-Galla: Haberland, 1963, S. 34, 38, 90. Nandi: Hollis, 1909, S. 21. Masai: Merker, 1910, S. 25. Barabaig-Datoga: Wilson, 1952, S. 39.

76 Masai: Mallet, 1923, S. 172. Jie: Gulliver, 1955, S. 58.

Das *Reinigen* der Pferche und des Kralinneren von den Exkrementen des Viehs geschieht nur sehr unvollkommen und ist Sache der Frauen (Arussi, Borana, Masai u. a.).[77] Der Dung wird mit den Händen zusammengekratzt und auf minderwertigen Lederstücken aus der Siedlung geschleift;[78] trotzdem steigt er unentwegt an und erreicht manchmal in der Kralmitte die Höhe von 20 Zentimetern und mehr, während er am Rande bisweilen meterdick liegt. Dieser Umstand erschwert die Lebensbedingungen in der Siedlung, besonders nach Regenfällen, so daß der sich anhäufende Mist und Unrat zum Motiv für die Verlagerung der Siedlung werden kann.[79] Es geschieht in erster Linie aus hygienischen Gründen, wenn bei Somal und Masai verlassene Krale niedergebrannt und für lange Zeit nicht wieder als Wohnplatz benutzt werden.[80] Während die Masai früher oftmals alte Krale wieder aufsuchten, sehen sie sich seit Beginn unseres Jahrhunderts durch die Ausbreitung des Sandflohs und anderer Parasiten und Krankheitsüberträger zu dieser Maßnahme veranlaßt.[81] Nach GRZIMEK[82] ist bei ihnen der Verbrauch an Baumaterial für die laufende Neuerrichtung der Siedlungswälle und Pferche ganz enorm.

Diese *Siedlungswälle* fertigen die Nomaden in der Regel aus dem überall vorhandenen Dornengestrüpp sowie aus Ästen, Pfählen und Baumzweigen. Die Turkana beispielsweise bevorzugen Akazienstämme, deren Dornen sich ineinander fest verhaken.[83] Hadendoa, Aschraf und Artega verwenden stellenweise auch abgestorbene Euphorbienstämme.[84] Manche Masai plazieren ihre mannshohen Hütten der Länge nach so an der Peripherie der Siedlung, daß deren Rückwände einen Teil der äußeren Dornenwand ersetzen.[85] Siedlungswälle und Viehhürden aus Stein werden von Afar und Somal berichtet.[86] Auf dem Territorium Afar- und Issaküste kann man in steinigen Gegenden sowohl kreisrunde als auch sichelförmige Steinhürden in großer Zahl antreffen.[87] Sie bestehen aus aufeinander geschichteten Steinen und haben eine Höhe von ca. 120 cm.

[77] Arussi und Borana: HABERLAND, 1963, S. 421 bzw. S. 33. Masai: MERKER, 1910, S. 32 und ULLRICH, 1959, S. 93, dgl. HOLLIS, 1905, S. 255; THOMSON behauptet jedoch das Fehlen einer Reinigung der Viehpferche bei diesen Nomaden (1885, S. 372).

[78] Eselhaut bei Arussi: HABERLAND, 1963, S. 421. Dieses Stück Leder ist so wertlos, daß es die Masai oftmals gar nicht in die neue Siedlung mitnehmen (HOLLIS, 1905, S. 255).

[79] Siehe Abschnitt „Ursachen und Ziele der Verlagerungen", S. 263–267.

[80] Somal: BURTON, 1861, S. 301. Masai: KENYA LAND COMMISSION, 1934, S. 1225; GRZIMEK, 1959, S. 252; HUPPERTZ, 1959, S. 945, 948.

[81] MERKER, 1910, S. 177. Vgl. JOHNSTON, 1902, S. 810.

[82] 1959, S. 252, 245.

[83] EMLEY, 1927, S. 167.

[84] SELIGMAN, 1913, S. 597.

[85] STIGAND, 1913, S. 220.

[86] PAULITSCHKE, 1893, S. 230. Dieser bezeichnet die aus Stein roh gefertigten Viehhürden als „überall im Binnenlande" vorkommend und erwähnt nur beiläufig die Befestigung durch pflanzliches Material (w. o., S. 131).

[87] AUBERT DE LA RUE, 1939, S. 41f., 74, 95; ferner GAUDIO, 1957, S. 257. HARRIS (1845, S. 99) sah bei den Debeni-Afar Schafpferche aus Lavablöcken.

Die konvexe Seite der im Aufriß sichelförmigen Krale (gazo) ist – zum Schutze der Ziegen – gegen den von Nordosten kommenden Nachtwind (guidalta) gerichtet. Bei den südlich benachbarten Issa kommen ebenfalls Steinkrale (ligo) vor, doch in viel geringerer Zahl.[88] Als THOMSON[89] Gewährsleute nach der Bedeutung seltsamer kreisrunder Erdwälle mit Öffnungen nach verschiedenen Seiten befragte, die er unweit des Baringo-Sees entdeckte, sagte man ihm, es seien verlassene Masaikrale – es ließ sich jedoch kein weiterer Beleg für derartige Bauten bei den Masai erbringen.

Bei einigen Stämmen sind technische Hilfsmittel zur Errichtung der Dornenwälle und Hürden nachzuweisen. Rendile und Kenia-Somal kennen den Hangol, einen gabelartigen, mit Haken versehenen Stock, mit dessen Hilfe man eine Zeriba (Dornenumwallung) aufrichtet oder abbaut.[90] Dem dürfte eine hölzerne Hakengabel zum Ziehen, Stoßen und Verflechten des Baumaterials bei den Datoga entsprechen.[91] Auch bei den Galla Südäthiopiens (Boran, Gudschi und Arussi) dient ein ca. 1,50 bis 2,00 Meter langer Stock (kabālu) zum Herbeischaffen des Dornengestrüpps und zum Öffnen und Schließen der Kraltore[92] (durch die Männer). Die Boran-Galla in Südäthiopien benutzen zum Fällen von Bäumen und zur Beschaffung von Brennholz eine eingedornte Axt (kálta).[93] Denselben Zwecken dürfte eine ganz ähnliche Axt dienen, die die Schmiede der Masai herstellen.[94] Die Somal verwenden zum Holzfällen ein Gudimo genanntes Werkzeug, das eine relativ kleine axtförmige Klinge und einen langen Stiel aufweist; für starke Stämme ist es wenig geeignet, um so besser aber für Buschwerk.[95]

Die gemeinschaftliche Errichtung der Dornenwälle erfolgt bei den einen Nomaden durch die Männer[96] (Baggara, Hassanie, Somal, Boran-Galla, Karamojong u. a.), bei anderen durch die Frauen[97] (Humr, Gudschi-Galla, Turkana, Masai). Bei den Turkana gehört es zu den Pflichten der Hausfrauen, die Umwallungen auszubessern und den vertrocknenden Hüttenbelag aus Laub, Gras usw. zu erneuern.[98] Bei den Somal ist es allgemein üblich, daß die Männer einer Lokalgruppe nach Ankunft auf dem neuen Siedlungsplatz Dorngestrüpp schneiden und zu einem Wall oder zu Viehhürden formieren, oder sie bessern

[88] AUBERT DE LA RUE, 1939, S. 145.
[89] 1885, S. 420.
[90] STIGAND, 1913, S. 286f.
[91] JAEGER, 1911, S. 104f.
[92] HABERLAND, 1963, S. 33, 80, 423. SCHULZ-WEIDNER, 1961, S. 323.
[93] HABERLAND, 1963, S. 37, 80.
[94] MERKER, 1910, S. 39.
[95] STAFFORD, 1931, S. 105.
[96] Baggara: SMIRNOW, 1961, S. 307. Hassanie: PETHERICK, 1861, S. 169. Boran-Galla: HABERLAND, 1963, S. 33. Karamojong: DYSON-HUDSON, 1960, S. 53.
[97] Humr: CUNNISON, 1966, S. 71. Gudschi-Galla: HABERLAND, 1963, S. 33. Masai: HINDE, 1901, S. 67; MERKER, 1910, S. 177; DARYLL FORDE, 1963, S. 293; seitdem die Masai-Krieger ihrer Hauptaufgabe entledigt wurden, beteiligen sie sich mehr als früher an diesen Arbeiten (FOSBROOKE, 1948, S. 31).
[98] RAYNE, 1918, S. 258. GULLIVER, 1953, S. 66.

die alten Befestigungen aus, während die Frauen den Platz säubern und die Hütten aufbauen.[99] Die Errichtung der äußeren Wand ist am wichtigsten und wird von den Männern zuerst in Angriff genommen.[100]

Die Höhe und Stärke des Siedlungswalls hängen ab vom Grade der Gefährdung durch Raubtiere und Feinde,[101] von der Arbeitsinitiative der Lokalgruppe, von der Frequentiertheit des Siedlungsplatzes, vom Vorhandensein der erwähnten technischen Hilfsmittel (S. **237**), von der Verfügbarkeit und Qualität des Baumaterials und von anderen Faktoren. Einen Rekord stellen die semipermanenten Datoga-Nomaden in Tansania auf, die Wälle in der Höhe von 4–5 Metern und in einer Stärke von 2 Metern errichten; am Boden sind sie mit Lehm und Mist befestigt.[102] Nordwestliche Somal legen ca. 3 Meter hohe Sperren doppelt oder gar dreifach an, und auch bei Nomaden in Kenia ist die Siedlung nicht selten zweifach abgesichert.[103] Die Dornenwälle der hochmobilen Rinderlager der Jie hingegen sind gerade dazu geeignet, das Großvieh nachts beisammen zu halten.[104] Selbst hohe, kompakte Zäune sind kein hundertprozentiger Schutz gegen große Raubtiere, da diese die Hindernisse u. U. überspringen und auch auf dem gleichen Wege mit der Beute im Rachen umkehren.[105] Emley[106] und Haberland[107] kritisieren die Nachlässigkeit und Bequemlichkeit der Turkana bzw. Boran-Galla bei der Errichtung ihrer Befestigungen, so daß infolgedessen Einfälle von Raubtieren in die Krale an der Tagesordnung seien. Nach Jaeger[108] gibt es in Datoga-Kralen besondere Wächter, die von Wachhütten aus die Umgebung des Krales beobachten und Raubtiere, die sich der Siedlung nähern, durch Steinwürfe zu vertreiben suchen. Die Türen der Masai-Hütten sind (nach Stigand)[109] auf die Kraltore ausgerichtet, so daß die Frauen nachts, aus der Dunkelheit des Hütteninneren heraus, gut beobachten und bei verdächtiger Regung sofort die Krieger alarmieren können. Im Ostsudan und in Eritrea werden Wachhunde der Windhundrasse gehalten, so bei Hassanie, Rufaa, Bedscha, Habab, Bogos u. a.[110] Das Jaulen, das die Hunde der Galla Kenias, der Turkana, Karamojong und Masai[111] bei Gefahr anschlagen, ähnelt der Tonlage der Schakale außerhalb der Siedlung (vgl. auch S. **175** und **94**).

[99] Mares, 1954, S. 414. Lewis, 1955, S. 86, nach Cucinotta und Drake-Brockman. Kersten, 1871, S. 328. Guillain, 1857, S. 427. Collins, 1960, S. 62.

[100] Turkana: Emley, 1927, S. 167; Gulliver, 1953, S. 65. Karamojong: Dyson-Hudson, 1960, S. 53. Masai: Merker, 1910, S. 177 (durch Frauen).

[101] Turkana: Gulliver, 1953, S. 65.

[102] Jaeger, 1911, S. 104.

[103] Burton, 1861, S. 300. Menges, 1884, S. 409 (Isa Mussa). – Wagner, 1947, S. 898 (Kenia).

[104] Gulliver, 1953, S. 37.

[105] Brehm, 1927, Bd. 3, S. 27ff., 33. – Somal: Burton, 1861, S. 300. Masai: Fischer, 1885/86, S. 82; Weiss, 1910, S. 391. Datoga: Jaeger, 1911, S. 104.

[106] 1927, S. 185.

[107] 1963, S. 33.

[108] 1911, S. 104.

[109] 1913, S. 217.

[110] Ostsudan, allgemein: Brehm, 1927, Bd. 3, S. 27f. und S. 263f. Bedscha: Heichen, 1885, S. 218. Hassanie: Heuglin, 1869, S. 34 und Taylor, 1855, S. 330. Rufaa: Marno, 1874, S. 217. Habab und Bogos: Hildebrandt, 1874, S. 339.

[111] Galla Kenias: Werner, 1914, S. 131. Turkana: Rayne, 1918, S. 256. Karamojong: Dyson-Hudson, 1960, S. 53. Masai: Johnston, 1902, S. 818 und Daryll Forde, 1963, S. 296.

V. DIE ZUCHT VON HERDENTIEREN

Das allgemeine *Wirtschaftsziel* der Nomaden ist die größtmögliche Viehzahl ohne Rücksicht auf Menge und Qualität der Produktion von Nahrungsmitteln und Rohstoffen. Je mehr Herdentiere ein einzelner Viehbesitzer hat, desto weniger fallen – absolut gesehen – der ständigen harten natürlichen Auslese zum Opfer und desto größer ist somit seine *Existenzsicherheit*.[1] Die Fähigkeit der Herdentiere, trotz Not und Mangel alljährlich zu überleben, und ihre körperliche Beweglichkeit, die eine rasche Verlagerung zu neuen Weidegründen und Brunnen gestattet, sind die wichtigsten Eigenschaften. Leistungen an Milch, Fleisch, Leder usw.,[2] erwünschte morphologisch-ästhetische Eigentümlichkeiten, haben

[1] Ein Schlaglicht auf die Mentalität der Nomaden und auf das Ziel ihres Wirtschaftens wirft folgendes Interview, das sich in lakonischer Kürze zwischen britischen Administratoren und einem Samburu-Ältesten, NIBILEI, abwickelte (KENYA LAND COMMISSION, 1934, S. 1602):

„Mr. COLVILE: How many cattle have you got yourself?

NIBILEI: I think about 300 head.

Mr. COLVILE: Will you be prepared to sell any of your cattle?

NIBILEI: No; why should I sell? If I do, I shall die.

Mr. COLVILE: You want to keep your cattle indefinitely?

NIBILEI: I want to increase them, until they become a large number.

Capt. WILSON: If your cattle go on increasing and the grass gets finished, what will you do?

NIBILEI: I would still keep my cattle. I do not want to die. I want to look after them. They are our life. As the Government likes shillings, so we Samburu like cattle.

Capt. WILSON: Would you rather have 300 good cattle or 500 starving ones?

NIBILEI: I would rather have a thousand starving ones until God gives us grass, because if a man has a lot of cattle, and some die, he still has some left, but if a man has a few cattle and they die, he has none left."

Vgl. auch SPENCER, 1965, S. 4: Nichts hat die Beziehungen der Samburu zur britischen Kolonialverwaltung zwischen 1939 und 1961 so belastet, wie deren Bemühen, die Viehzahl pro Viehbesitzer zu beschränken und Weidereservationen in erosionsgefährdeten Gebieten einzurichten.

[2] Ein Bericht der International Cooperation Administration für Somaliland schätzt die dortigen Rinder so ein: „. . . slow to mature, poor milkers, low percentages on calf crop, high calf mortality, and short periods of lactation . . . the quality of meat is generally low by European or American standards. Milk production is very low, estimated at one to five litres daily, from the dry to the wet season." (SOMALI REPUBLIC, 1961, S. 90).

auf die Dauer nur bei einem Herdenmaterial Sinn, das *widerstandsfähig und beweglich* ist. Der geringe Ertrag, den ein einzelnes Herdentier an lebenswichtigen Produkten hervorbringt, wird durch eine große Viehzahl ausgeglichen.

Die Nomaden betreiben eine nur auf die Vatertiere[3] beschränkte, somit ganz unvollkommene *künstliche Zuchtwahl.* Eigenschaften weiblicher Tiere werden nur über das Medium männlicher Zuchttiere vererbt, indem die Nomaden z. B. Bullen bevorzugen, die von Kühen mit großen Milchleistungen abstammen. Ausnahmslos alle zur Fortpflanzung geeigneten weiblichen Tiere werden zur Paarung zugelassen. Eine künstliche Zuchtwahl bei männlichen und weiblichen Tieren unter den Bedingungen des Nomadismus würde bedeuten, daß die Herden nach biologischen und Leistungskategorien gruppiert werden müßten (z. B. Milchleistungsvieh, Mastvieh, tragende Tiere, Vatertiere, das ältere Jungvieh usw.) und daß die Nomaden, entsprechend der Ertragssteigerung, die weniger produktiven Tiere ausmerzen. Ansätze zu einer Aufteilung in derart homogene Herden haben wir schon an anderer Stelle der vorliegenden Arbeit behandelt (S. 119f.). Einer solchen Selektierung stehen entgegen: der Arbeitskräftemangel des einzelnen Viehbesitzers, da die Hüteeinheiten nun an Zahl zunehmen, jedoch unterbestockt sind; die niedrige Volks- und Viehdichte, die einen Zusammenschluß der Herden mehrerer Viehbesitzer unter biologisch-züchterischem Aspekt erschwert, weil das spezielle Vieh einer bestimmten Herde dann verschiedenen Nomaden gehört, die ein Mitspracherecht haben, doch eine Kontrolle der verstreuten Betriebsabteilungen nur schwer durchführen können. Das Haupthindernis aber ist die unsichere Ernährungslage des Viehs. Denn hätten die Nomaden trotz aller Schwierigkeiten durch Auswahl der geeigneten Vater- und Muttertiere Herdenvieh gezüchtet, das mehr Milch, Fleisch und andere Produkte liefert, dann würden solche Hochleistungstiere zwangsläufig höhere Ansprüche an die Ernährung stellen, die beim Fehlen des Futteranbaus auf die Dauer nicht befriedigt werden können; derartiges Zuchtvieh würde an Widerstandskraft und Beweglichkeit einbüßen und unter den harten Umweltbedingungen bald wieder zugrunde gehen.[4]

Der Anteil der *Vatertiere* und der noch nicht ausgewachsenen *Jungtiere* pro Herde liegt für europäische Maßstäbe ziemlich hoch.

Bei den Somal bilden die weiblichen Tiere mehr als 90% des Herdenbestandes (nach Bertarelli).[5] Die Rinderherden der Baggara hingegen bestehen gewöhnlich zu 35% aus Ochsen und Bullen (wovon 10% Zuchtbullen, 40% Last- und

[3] Mittlerer Ostsudan: Alim, 1962, S. 751. Somal: Tarantino, 1930, S. 73; Cozzi, 1965, Allevamento, S. 132. Dodoth: Thomas, 1965, S. 7f. Samburu: McKay, 1957, S. 271 – und viele andere Autoren.

[4] A. H. Savile, Senior Agricultural Officer im ehemal. Tanganyika, über das einheimische Vieh: „. . . animals with the higher yields are the first to succumb . . ." (1950, S. 240). – Die Dauara (oder Gerra) genannte Rinderrasse der Somal „are the best milch cows but they suffer more than any other breed . . ." (Lewis, 1955, S. 69; ferner Cozzi, 1965, Zebù, S. 68). Tarantino hebt die erhöhte Anfälligkeit gegen Infektionen bei Zebu-Kühen hervor, deren Milcherträge gesteigert wurden (1930, S. 74).

[5] 1929, S. 737.

Reittiere und 50% für den Verkauf bestimmte Rinder sind); die restlichen 65% sind Kühe.[6] Auch im Süden, bei den Hamitoniloten in Kenia, Uganda und Tansania, liegt der Anteil der männlichen Tiere bei 20–40% (s. u.).

Die arabischen Kamelnomaden des Ostsudan halten im allgemeinen zwei Hengste in einer Durchschnittsherde von 40–100 Kamelen.[7] Bei den weiter südlich lebenden Baggara-Arabern kommt ein Zuchtstier auf bis zu 100 Kühe; Gemeinschaftsherden mehrerer Viehbesitzer haben bis zu 6 Bullen.[8] Bei den nördlichen Somal haben die meisten Kamelherden – das sind jeweils 80 bis 100 Tiere – einen Hengst, manchmal auch mehrere.[9] In der Südregion Somalilands kommen auf 100 Kühe zwischen 2 und 5 Bullen;[10] das gleiche Zahlenverhältnis liegt hier vor zwischen Ziegen bzw. Mutterschafen und den Böcken.[11]

Bei den Suk (oder Pakot) in Kenia kommt bereits auf 4,5 Kühe ein männliches Rind, und das Zahlenverhältnis schwankt in den einzelnen Landschaften zwischen 3 und 6 Kühen pro Bulle oder Ochse.[12] Im Kälberstadium beträgt die Proportion zwischen den Geschlechtern noch 1 : 1. Auch bei den Samburu in Kenia kam (um 1930) auf 3 Kühe ein Bulle, und nach einer Aufnahme der Kenya Land Commission ergaben sich:[13]

Tabelle 6: Anteile verschiedener Viehkategorien in den Rinderherden von Samburu-Nomaden (Kenia)

Viehkategorie	Nord-Samburu		Süd-Samburu	
	%	Proportion	%	Proportion
Bullen und Ochsen	26	1,0	31	1,0
Kühe	58	zu 2,2	54	zu 1,7
Kälber	16	zu 0,7	15	zu 0,5

Bei den Nandi in Kenia werden sogar für 12–13 Kühe zwei Bullen und 15 sonstige Rinder (also Ochsen und Kälber) angegeben,[14] bei den Masai in Kenia und Tansania hingegen 50 Kühe für einen Bullen (nach Maerz).[15]

6 Born, 1965, S. 220 (nach Unterlagen des Animal Resources Department in El Obeid).

7 Reid, 1930, S. 165; ders., 1935, S. 118.

8 Reid, 1930, S. 194. Lampen, 1933, S. 100; ders., 1935, S. 135.

9 Lewis, 1961, S. 73.

10 Trust Territory, 1952, S. 119.

11 Trust Territory, 1952, S. 120.

12 Schneider, 1957, S. 287.

13 1934, S. 1673, 1474, Tabelle S. 1677. Prozent- und Proportionsangaben auf Tabelle 6 wurden vom Verfasser vorl. Arbeit nach absoluten Zahlen errechnet. – Nach McKay ist der Anteil der unkastrierten Rinder viel zu hoch (1957, S. 271); er bringt zwei beliebige Herdenbeispiele von Samburu-Rinderherden: die eine, aus 224 Tieren, bestand aus 20 Bullen, 128 Kühen, 51 Ochsen, 9 Färsenkälbern und 16 Bullenkälbern, eine andere, aus 76 Tieren, zählte 30 Kühe, 10 Bullen, 21 Ochsen und 15 Kälber (darunter 9 weibliche).

14 Huntingford, 1953, S. 21.

15 1941, S. 118.

Der hohe Anteil der jungen und männlichen Tiere und die mit der Ernährungsbasis schwankende Reproduktion und Laktation bewirken, daß z. B. bei den Dodoth nur 20% einer Rinderherde Milchkühe sind.[16] DESHLER[17] stellt in bezug auf die Altersstruktur gewisse Ähnlichkeiten bei Mensch und Herdentier fest. Eine Viehzählung 1953/56 bei den Dodoth ergab, daß 23% des Gesamtviehs Tiere waren, die noch nicht das erste Lebensjahr erreicht hatten. Geburts- und Sterblichkeitsquoten, insbesondere bei den jungen Altersstufen, sind hoch.

Ausschließliche Zuchtmethode ist die Auslesezüchtung, wobei die männlichen Zuchttiere in gewissem Grade nach ihrer äußeren Form, nach ihrer Abstammung und nach ihrer Leistung ausgewählt werden, weiterhin nach bestimmten physiologischen und psychischen Merkmalen. Eigenartigerweise erklären viele Nomaden bestimmte Äußerlichkeiten, die als schön angesehen werden (Farbe des Fells, Hörnerform, Schwanzlänge usw.), zu *Zuchtzielen*, die uns ganz *irrational* erscheinen, da sie offensichtlich in keiner Beziehung zur Produktion von Nahrungsmitteln und Rohstoffen stehen. Solche Merkmale werden aber niemals auf Kosten von Widerstandsfähigkeit und Beweglichkeit herausgezüchtet.

So teilen reiche Herdenbesitzer in Eritrea ihre Rinderherden nach dem Gesichtspunkt der Farbe auf; von den weißen Kühen, die man als besonders edel ansieht, kennt man sogar die Stammbäume.[18] Die Masai Tansanias züchten ihre Rinder auf Rot und Braun,[19] die Baggara im Ostsudan hingegen bevorzugen Bullen der Lieblingsfarben Weiß oder Grau, manchmal auch Rot, während man schwarze Fellfärbungen ablehnt.[20] Die Schankab-Baggara schätzen bei der Pferdezucht schwarze und besonders rotbraune Tiere.[21] Die Vorliebe für bestimmte Farben und andere äußerliche Merkmale des Zuchtviehs dürfte nicht ganz ohne wirtschaftliche Bedeutung sein. Bei den Masai gilt ein langer Schwanz der Bullen als gutes Milchzeichen (seiner weiblichen Nachkommenschaft),[22] und die Hassanie-Araber am Weißen Nil mögen das Braun ihrer Rinder nicht nur aus ästhetischen Gründen, sondern auch, weil braune Rinder ihrer Ansicht nach besonders widerstandsfähig sind; die weißen hingegen sollen mehr unter Fliegen leiden.[23] Die Masai in Kenia sollen gefleckte, ihre Stammesgenossen in Tansania braune oder weiße Zuchtbullen verwenden (nach MAERZ),[24] während der Fleischansatz der Stiere und die Milchleistung ihrer Mütter angeblich

[16] DESHLER, 1965, S. 161.

[17] 1965, S. 161. Ähnl. Angaben in: SOMALI REPUBLIC, 1961, S. 170, über die Rinderherden der Somal.

[18] Habab, Takwe, Marea, Bedschuk, Bogos und Mensa: HILDEBRANDT, 1874, S. 330. HÖFNER, 1951, S. 727 (Mensa). Vgl. MUNZINGER, 1859, S. 77.

[19] LICHTENHELD, 1913, S. 262.

[20] REID, 1930, S. 194. LAMPEN, 1933, S. 100. – CUNNISON teilt jedoch mit, daß die Humr kein züchterisches Interesse an der Farbgebung des Fells oder an der Hörnerform ihrer Rinder haben (1966, S. 38).

[21] PAUL, 1935, S. 138.

[22] MICKEL, 1912, S. 132.

[23] PETHERICK, 1861, S. 179.

[24] 1941, S. 118.

wenig berücksichtigt werden.[25] Als der Lengai-Vulkan in Tansania (der „Gottesberg“ der Masai) 1947 Lavaströme hervorstieß und Ascheregen auf die Masai-Herden fielen, sollen sich die dortigen Masai, als sie ihre Rinder so gescheckt sahen, entschlossen haben, fortan gescheckte Rinder zu züchten (nach Ullrich).[26] Die Hörnerform und den Kampfgeist der Bullen berücksichtigen die Baggara im Ostsudan und die Datoga in Tansania bei der Zucht.[27] Auch die Boran-Galla in Südäthiopien suchen sich, in Anlehnung an das Krieger- und Töterideal der Galla, nicht die fleischreichsten und friedfertigsten Stiere zur Zucht heraus, sondern lebhafte und streitsüchtige, selbst wenn sie nur klein und mager sind (negative Auslese!).[28] – Hellgetönt soll das Fell des Kamelhengstes bei den nördlichen Somal sein.[29]

Die Nomaden kennen aber auch *Zuchtziele*, die ganz in unserem Sinne *rational* sind, weil sie zur Steigerung der Erträge der Viehzucht führen. In vielen Fällen wählen die kamelzüchtenden Araber des Ostsudan die Vatertiere sorgfältig aus im Hinblick auf Körperkraft (zum Lastentransport), Wollproduktion sowie Milchleistung (ihrer Mütter).[30] Ebenso wie bei den rinderzüchtenden Baggara weiter südlich kauft man sie nicht selten auf entfernten Märkten und zahlt hohe Preise.[31] Die Baggara in Darfur achten beim Kauf einer Kuh darauf, daß das Tier nicht an den „vier Todsünden“ der Rinder krankt; es ist anzunehmen, daß ähnliche Gesichtspunkte auch bei Auswahl der Zuchtbullen eine Rolle spielen. Unerwünscht sind Kühe, die das Kalb verweigern (naffāra), solche, die wenig Milch geben (teruk), diejenigen, die bummeln und nicht Anschluß an die Herde halten (hammala) und schließlich solche, die auf der Weide abstreunen und so durch Löwen besonders gefährdet sind (ṭereifia).[32] Die Baggara in Kordofan bevorzugen Rinder, die schnell laufen und gut Milch liefern; die Bullen sollen einen breiten, zum Lastentransport besonders geeigneten Rücken haben.[33] Die Zuchtkamele im Ostsudan werden von jeder Transportarbeit befreit.[34] Die Rinderzüchter unter den Somal sollen stets auf kurzes oder ganz fehlendes Gehörn züchten und Bullen bevorzugen, die von milchreichen, widerstandsfähigen Kühen stammen,[35] nach anderen Berichten sind hingegen äußerliche

25 Lichtenheld, 1913, S. 262. Vgl. Hollis, 1939, S. 650.

26 1956, S. 27.

27 Baggara: Lampen, 1935, S. 135. Datoga (und Masai): Berger, 1947, S. 1003.

28 Haberland, 1963, S. 61, 83. – Huber (1958, S. 142) bemängelt das unruhige Temperament des unverbesserten Zebu, das sich ungünstig auf die Milchleistung auswirke.

29 Mares, 1954, S. 418.

30 Reid, 1935, S. 118; ders., 1930, S. 165. – Verkauf und Erwerb von Zuchttieren erwähnt auch Mares (1954, S. 471) bei den Nord-Somal.

31 Reid, 1930, S. 194.

32 Lampen, 1933, S. 100. – Vgl. das Idealbild der Humr-Rinder auf S. 78 vorliegender Arbeit.

33 Cunnison, 1966, S. 36f.

34 Cuny, 1863, S. 141. Davies, 1957, S. 104. Petherick, 1861, S. 313.

35 Keller, 1894, S. 184. – Cozzi, 1965, Allevamento, S. 132 (von milchreichen Kühen).

Merkmale entscheidend (Farbe, Form).[36] Interessanterweise wählen die nördlichen Somal besonders gern Kamelhengste zur Zucht aus, die an der Tränke ihren Wasseranteil schnell und ohne Schwierigkeiten zu sich nehmen.[37] Der Züchter weiß hier über Elternschaft und Familiengeschichte jedes einzelnen Zuchtkamels Bescheid und berücksichtigt diese Kenntnisse, wenn er entscheidet, ob ein junges männliches Kamel für die Zucht oder für Transportaufgaben oder zur Mast (Kastration) in Frage kommt.[38] Einzelne Kamelzüchter des Osthorn haben Schlachtkamele mit besonders großen Fetthöckern herausgezüchtet.[39] Auch bei den Masai wird ein großer Fetthöcker (bei Zebu) als wertvoll angesehen.[40] Neben unwesentlichen Eigenschaften sollen die Bullen und Böcke bei diesem Stamm leichte Gebärfähigkeit, gute Milchleistung und große Fruchtbarkeit ihrer Muttertiere auf den Herdennachwuchs übertragen.[41] Eine attraktive Fellfärbung, kombiniert mit allgemeinem Fettansatz und guter Milchleistung (des Muttertieres des Bullen) schätzen die Turkana.[42]

Im Ostsudan und zum Teil auch in Somaliland haben sich einzelne Nomadenstämme zu Züchtern hervorragender Reit- oder Lastkamele entwickelt, die auf Märkten verkauft werden. Die aride Umwelt förderte im Verlaufe einer langen Domestikation die Herausbildung von Kamelschlägen, die schon im Herdendurchschnitt eine hohe Beweglichkeit besitzen. Bedschastämme (Bischarin, Hadendoa, Amarar u. a.), Sudanaraber (Schukrija, Monassir u. a.) sowie einige Somal unterwerfen besonders geeignete Jungkamele (Plusvarianten) einer speziellen Dressur.[43] Wesentlich ist, daß diese Last- und Reittiere in biologischer Einheit mit dem übrigen Herdenvieh gezüchtet werden und nicht in besonderen Herdengemeinschaften.

Abgesehen von den kastrierten Tieren und von solchen, bei denen die Nomaden die *Paarung* durch mechanische Hilfsmittel ausschließen (s. u.), können sich alle Tiere einer Herde ungehindert paaren.[44] Die Vatertiere, die oft bis ins Alter hinein die Herden ständig begleiten, decken auch jüngere, noch nicht ausgewachsene weibliche Tiere, die soeben geschlechtsreif geworden sind, was zum vorzeitigen Abschluß des Wachstums führt und die spätere Leistungsfähigkeit herabsetzt.

36 Trust Territory, 1952, S. 119.

37 Mares, 1954, S. 418.

38 Mares, 1954, S. 418.

39 Vageler, 1941, S. 159.

40 Hollis, 1939, S. 650.

41 Maerz, 1941, S. 118. – Nord-Kenia: Kenya Land Commission, 1934, S. 1658.

42 Gulliver, 1953, S. 61.

43 Ostsudan: Hartmann, 1869, S. 237; Acland, 1932, S. 119f.; Heuglin, 1877, S. 29; ders., 1869, S. 34; Reid, 1935, S. 118; Bühler, 1957, S. 19; Purves, 1935, S. 169; Stein, 1960, S. 47; Munzinger, 1864, S. 572; Schweinfurth, 1922, S. 121; Seligman, 1918, S. 172. Somaliland: Bertarelli, 1929, S. 737.

44 Ostsudan: Brehm, 1927, Bd. 9, S. 96. Baggara: Lampen, 1933, S. 99f.; Reid, 1930, S. 194; Alim, 1962, S. 751. Somal: Tarantino, 1930, S. 73; Cozzi, 1965, Allevamento, S. 132. Boran-Galla: Haberland, 1963, S. 61. Karamoja und andere Verbreitungsgebiete des Bukedirindes: Joshi, 1957, S. 222. Nord-Kenia: Kenya Land Commission, 1934, S. 1658. Samburu: McKay, 1957, S. 271, 269.

Der Isolationismus der einzelnen Nomadenbetriebe, die ständige Verwendung der eigenen Bullen, Hengste und Böcke zur Zucht, das Verbot der Raubkriege, der niedrige Stand des Viehhandels und andere Faktoren haben in manchen Gegenden zu Inzucht geführt.[45] Im Normalfall jedoch werden solche Erscheinungen vermieden: man wechselt die Vatertiere einer Herde aus, man transferiert Vieh anläßlich von Heiraten als Brautpreis oder Mitgift in andere Lokalgruppen, oder man muß es im Rahmen der Rechtssprechung als Sühnepreis zahlen; man stellt wechselseitig Vieh bei Freunden in anderen Gegenden unter, um sich gegen Verlust zu sichern; man nimmt den rituellen Viehtausch vor; Reiche verschenken in manchen Fällen Vieh, um soziales Ansehen zu gewinnen; man hütet Vieh (unter den günstigen Bedingungen der Regenzeit) in Gemeinschaftsherden mehrerer Viehbesitzer u. a. m.

Die meisten der kamelzüchtenden Lokalgruppen der Somal verfügen über einen Kamelhengst; in den Fällen, wo die Nomaden zu arm sind, einen zu halten, leihen sie sich ein Zuchttier vom Nachbarkral oder benutzen ein unkastriertes Lastkamel.[46] Besitzer guter Kamelhengste gestatten Stammesgenossen die Deckung ihrer Kamelstuten unter der Bedingung, daß die Eigentümer der Stuten in die Siedlung des Hengstes kommen. Auch die Turkana borgen sich Vatertiere aus.[47] Besitzer von Pferdehengsten der Schankab-Baggara, die ihre Tiere zum Decken ausleihen, lassen sich dies mit einer Mukhlaya Korn bezahlen.[48]

Die Brunstzeiten der Kamele liegen so, daß die Füllen in der Regenzeit zur Welt kommen.[49] Die Rinder und Schafe paaren sich das ganze Jahr über, doch kommen ebenfalls in der Regenzeit die meisten Jungen zur Welt[50] (bei den Boran-Rindern der Samburu durchschnittlich nach 287 Tagen). Einesteils um einen günstigen Zeitpunkt für die Geburt festzulegen, andererseits um die Paarung mit dem weiblichen Vieh anderer Besitzer (im Fall der Gemeinschaftsweide) zu verhindern, schließlich um Zuchttiere ein und desselben Besitzers in Rotation einzusetzen, binden die Masai in Ostafrika und die nördlichen Somal den Schafböcken (die Masai auch den Bullen) Schürzen aus Leder um.[51] Bei den nördlichen Somal wird die Paarung auch dadurch verhindert, daß man den

[45] Nord-Kenia und Samburu: Kenya Land Commission, 1934, S. 1658; McKay, 1957, S. 271. Masai: Mickel, 1912, S. 134; Maerz, 1941, S. 118. – Inzucht bei Baggara-Pferden: Lloyd, 1910, S. 266.

[46] Mares, 1954, S. 418.

[47] Gulliver, 1953, S. 61. Emley, 1927, S. 184.

[48] Paul, 1935, S. 141.

[49] Hartmann, 1869, S. 249. – Ostsudan: Acland, 1932, S. 141; Barbour, 1961, S. 170; Brehm, 1927, S. 155f. Somaliland: Lewis, 1961, S. 58, 40; Paulitschke, 1893, S. 224, ders., 1896, S. 288, nach Swayne.

[50] Northern Sudan Shorthorn Zebu: Joshi, 1957, S. 69. Baggara: Reid, 1930, S. 194, 196. Somal: Mares, 1954, S. 422. Arussi-Galla: Haberland, 1963, S. 429 (in den milchreichsten Monaten September und April). Samburu: McKay, 1957, S. 270f.

[51] Masai: Baumann, 1894, S. 160; Merker, 1910, S. 163; Leakey, 1930, S. 207f.; Daryll Forde, 1963, S. 296. Somal: Mares, 1954, S. 421.

Schafbock zusammen mit den Lämmern weiden läßt.[52] Wenn in Nord-Somaliland die Hauptregen (Gu) besonders reichlich ausgefallen sind, werden die weniger guten Mutterschafe nicht lange nach dem Lammen ein zweites Mal im Jahr gedeckt, so daß die betreffenden Lämmer in der zweiten Regenzeit (Dair) zur Welt kommen.[53] Indem manche Baggara die Geschlechtsorgane der Schafböcke mit einem Strick (kunān) hoch binden, richten sie die Paarung so ein, daß die Lämmer zu Beginn der Regenfälle, also im Frühsommer, geboren werden.[54] Die Nord-Bedscha (in der VAR und in der Republik Sudan) hingegen lassen die Ziegen in der Trockenzeit zur Welt kommen, weil sie sich dann an den permanenten Brunnen aufhalten und sich kaum zu verlagern brauchen, was mit den Zickeln ein schwieriges, verlustreiches Unternehmen ist.[55]

Die Masai beseitigen Paarungshindernisse, indem sie jungen weiblichen Schafen die Fettschwänze kupieren.[56]

Ob in folgenden Verfahren oder in ähnlichen Zeremonien ein realer Gehalt steckt, eine objektive Einflußnahme auf die Regenerationsfähigkeit von Herdentieren, wäre durch Spezialisten zu untersuchen. In Eritrea geben die Mensa-Hirten den Kühen eine zerstampfte Substanz der Sahat-Rinde (Terminalia Brownei) in die Tränke, besprengen die Tiere damit und sagen segnend:[57]

> „Milch und Bespringen mögen dir werden und vermehre dich und das Unheil eines [Raub]heeres möge [Gott] dir fernhalten."

Die erfolgte Konzeption der Kamelstute können die Somal an dem charakteristischen Erheben des Schwanzes feststellen, wenn man sich dem Tiere nähert.[58] Gewöhnlich erfolgt die *Geburt* ohne äußere Mithilfe des Kameleigentümers; falls erforderlich, unterstützt er den Vorgang durch Ziehen; einige erfahrene ältere Viehzüchter können die Lage des Jungtieres während der Geburt korrigieren.[59] Auch die Bedscha-Nomaden im Norden des Untersuchungsgebietes und die Masai ganz im Süden leisten eine durch Erfahrung bewährte manuelle Hilfe bei der Geburt.[60] Die Boran-Galla in Südäthiopien und die Nandi in Kenia sollen jedoch bei der Geburtshilfe großes Ungeschick zeigen.[61] Über die Gebärfähigkeit der Zebuschläge liegen entgegengesetzte Aussagen vor: während Huber[62] das leichte Gebären und das Fehlen von Konzeptions- und Nachgeburtsschwierigkeiten hervorhebt, spricht Cozzi[63] von ziemlich häufigen Fehlgeburten (in Somaliland). Die schon so oft zitierten Masai in Ostafrika

[52] Mares, 1954, S. 421.
[53] Mares, 1954, S. 421. – Lewis, 1955, S. 36.
[54] Reid, 1930, S. 196.
[55] Clark, 1938, S. 22.
[56] Merker, 1910, S. 165.
[57] Höfner, 1951, S. 727.
[58] Mares, 1954, S. 418.
[59] Mares, 1954, S. 418.
[60] Bedscha: Hartmann, 1879, S. 144. Masai: Merker, 1910, S. 168.
[61] Haberland, 1963, S. 81 (Borana, die Information über die Nandi nach Huntingford, 1950), S. 90.
[62] 1958, S. 140.
[63] 1965, Allevamento, S. 132.

befördern die sich verzögernde Nachgeburt durch eine Blätterauskochung von „ol ogildia ạte" oder „ol ebitoro"-Rinde (Sesbania aegyptica).[64] – Die Afar waschen ihre neugeborenen Kamelfüllen am Brunnen.[65]

Nicht überall ist die *Kastration* nachzuweisen. In Nubien z. B. werden Schafböcke, Kamelhengste, Esel und Pferde fast nie verschnitten;[66] auch bei zahlreichen somalischen Rinderzüchtern ist die Verschneidung der Bullen, und bei den Borana in Südäthiopien die der Ziegenböcke, nicht üblich.[67]

Neben der Ausschaltung zuchtungeeigneter Tiere (im Sinne des Nomadismus) hat die Kastration der männlichen Herdentiere das Ziel, Schlachtvieh besonders fettreicher Qualität zu erzeugen sowie Last- und Reittiere gefügig zu machen.

Die Kastration[68] wird gewöhnlich durch Zerquetschung der Samenstränge oder durch Herausschneiden der Testikel mit einem Messer oder mit einem Speer vorgenommen, seltener ist die Zerschlagung der Testikel.

Häufig wird das (ausschließlich männliche) Vieh zu einem sehr späten Zeitpunkt kastriert, in anderen Fällen schon in den ersten Lebensmonaten. Diese Schwankungen werden durch die Ungewißheit verursacht, ob und inwieweit ein männliches Tier gute Zuchteigenschaften entwickelt. In der Zwischenzeit werden aber schon unvorteilhafte Merkmale auf einen Teil der Nachkommenschaft vererbt. Die Baggara kastrieren Bullen, die auf Märkten verkauft werden sollen, im Alter zwischen 3 und 5 Lebensjahren.[69] In Eritrea wächst das im 5. oder 6. Monat verschnittene Rind bis zum zweiten Lebensjahr zu einem fetten Masttier (Sanga) heran.[70] Die Süd-Somal kastrieren ihre Jungbullen nach einem Jahr,[71] nach anderen Berichten zwischen dem 3. Lebensmonat und dem 3. Lebensjahr.[72] Für Nord-Kenia und für das Masailand werden als diesbezügliche Termine angegeben: zwei Wochen nach der Geburt, der erste Monat, das zweite Lebensjahr.[73] Die Kastration von Mastkamelen (Gawl) ist bei den Somal üblich.[74] Im Norden des afrikanischen Osthorn werden 98% der männlichen Lämmer im 5. Lebensmonat kastriert; der Rest wird zur Zucht zugelassen, im 5. Lebensjahr dann auch verschnitten.[75] Bei den Midschurtin werden grund-

[64] MERKER, 1910, S. 371 bzw. S. 169, 373.

[65] AUBERT DE LA RUE, 1939, S. 135.

[66] SCHWEINFURTH, 1922, S. 56; KLUNZINGER, 1877, S. 202. – LAUTURE, 1855, S. 145 (Pferde der Sudanaraber).

[67] Somal: TARANTINO, 1930, S. 71, 73. Borana: HABERLAND, 1963, S. 65.

[68] MARES, 1954, S. 421, 423. LAMPEN, 1933, S. 100. HILDEBRANDT, 1874, S. 332. FERRANDI, 1903, S. 245. KENYA LAND COMMISSION, 1934, S. 1658. MCKAY, 1957, S. 271. MAERZ, 1941, S. 128.

[69] LAMPEN, 1935, S. 135; ders., 1933, S. 100.

[70] HILDEBRANDT, 1874, S. 332.

[71] FERRANDI, 1903, S. 245.

[72] TRUST TERRITORY, 1952, S. 119.

[73] KENYA LAND COMMISSION, 1934, S. 1658. Masai: MAERZ, 1941, S. 163; JOHNSTON, 1902, S. 814; MERKER, 1910, S. 163.

[74] LEWIS, 1955, S. 68; ders., 1961, S. 73 (speziell für Stammesfeste). PAULITSCHKE, 1896, S. 289 (gôl), nach SWAYNE.

[75] MARES, 1954, S. 421. Vgl. auch HAGGENMACHER, 1876, S. 34 und LEWIS, 1955, S. 69.

sätzlich alle für den Verzehr bestimmten Ziegenböcke kastriert.[76] In einer normalen Herde der Turkana werden nur 2 männliche Tiere von der Kastration ausgenommen.[77] Die Masai verschneiden Ziegen- und Schafböcke sowie Eselshengste immer erst im ausgewachsenen Alter.[78] Nach der Kastration von Schafböcken wenden diese Nomaden den ausgepreßten Saft der Phytolacca dodecandra l'Herit (Masai: ol adaba) zur Heilung an.[79]

Die *Reproduktionsrate* des Nomadenviehs. – Das Kamel des Ostsudan wie auch das des afrikanischen Osthorn bringen zum ersten Mal im 4.–5. Lebensjahr (nach einer Tragzeit von 11–13 Monaten) ein Füllen zur Welt. Das nächste Junge folgt nach 2–3 Jahren im Sudan, nach 1–2 Jahren in Somaliland.[80] Die Somalikamele bleiben bis ins 20. Lebensjahr gebärfähig und bringen etwa 8 Junge zur Welt, dann werden die Mutterkamele geschlachtet.[81] Die Kamelhengste gelangen auf dem afrikanischen Osthorn ab dem 4.–5. Jahr zum Einsatz.[82]

Das ostafrikanische Zebu-Rind kalbt unter günstigen Bedingungen jedes Jahr,[83] doch verstreichen unter normalen Verhältnissen zwischen 2 Geburten durchschnittlich in Nord-Kenia 18 Monate,[84] bei den Boran-Galla, den Baggara und in Süd-Somaliland zwei Jahre.[85] Auf mangelhafter Weide braucht eine Kuh 3 Jahre zur Erholung, bevor sie neu kalbt.

Die sexuelle Reifung der Färsen ist in Ostafrika mit 12–30 Monaten abgeschlossen, die der Jungbullen etwas später.[86] Voll ausgewachsen sind die Rinder im Untersuchungsgebiet wie auch in ganz Afrika erst im 5.–7. Lebensjahr![87] Folgende Angaben werden über den Zeitpunkt der Geburt des 1. Kalbes gemacht: bei Baggara-Kühen (im Ostsudan) – 4–4$^1/_2$ Jahre,[88] bei Boran-Kühen (in Südäthiopien und Kenia) – 3$^3/_4$ Jahre,[89] bei Toposa-Kühen (im südlichsten Ostsudan und in Kenia) – 3$^1/_2$ Jahre.[90] Eine Baggara-Kuh bringt es in ihrem

76 Guillain, 1857, S. 450.
77 Gulliver, 1953, S. 61.
78 Merker, 1910, S. 164.
79 Bally, 1938, S. 26.
80 Kababisch: Davies, 1957, S. 106. Somal: Mares, 1954, S. 418 und Paulitschke, 1896, S. 288, nach Swayne.
81 Mares, 1954, S. 418.
82 Mares, 1954, S. 418.
83 Schickele, 1931, S. 47, nach Schlettwein, 1913. – Dodoth: Thomas, 1965, S. 7f. Masai: Lichtenheld, 1913, S. 262. Barabaig-Datoga: Wilson, 1953, S. 44.
84 Kenya Land Commission, 1934, S. 1658. McKay, 1957, S. 270 (Samburu).
85 Baggara: Joshi, 1957, S. 68f. Somal: Somali Republic, 1961, S. 170; Cozzi, 1965, Allevamento, S. 132 (2–3 Jahre). Boran-Galla: Haberland, 1963, S. 82. Nordostafrika: Bettini, 1944, S. 126 (3 Jahre bei schlechter Weide).
86 Kenya Land Commission, 1934, S. 1657. Mickel, 1912, S. 133. Lichtenheld, 1913, S. 262. McKay, 1957, S. 270.
87 Afrika: Phillips, 1959, S. 72. Somaliland: Somali Republic, 1961, S. 90; Cozzi, 1965, Allevamento, S. 137. Ostafrika: Deshler, 1965, S. 160; Huber, 1958, S. 140; Kenya Land Commission, 1934, S. 1657; Lichtenheld, 1913, S. 262.
88 Reid, 1930, S. 194. Joshi, 1957, S. 68.
89 Joshi, 1957, S. 214.
90 Joshi, 1957, S. 266.

Leben manchmal auf eine Nachkommenschaft von 12 Kälbern.[91] Das ist sicher eine außergewöhnliche Leistung, denn die Kühe der Nomaden Süd-Somalilands bringen im Verlaufe ihres 10 Jahre oder länger währenden Lebens im Durchschnitt nur 4–5 Kälber zur Welt.[92]

Die Fruchtbarkeit der Rinder nimmt nach überstandenen Dürren zu.[93]

Die Mutterschafe der Baggara und der Somal beginnen auf guter Weide im 2. Lebensjahr zu lammen und werfen ein- bis zweimal jährlich bis ins 7. und 9. Lebensjahr Junge.[94] Bei den nördlichen Somal hängt das zweimalige Lammen von der Regenmenge der Hauptregenzeit ab.[95] Die durchschnittliche Reproduktionsrate von 100 Mutterschafen beträgt auf dem afrikanischen Osthorn 60–90 Lämmer pro Jahr.[96]

Die Ziegen können sich, von einigen Schafschlägen abgesehen,[97] am schnellsten von allen Herdentieren der Nomaden vermehren, was sich besonders vorteilhaft nach Dürren und anderen Rückschlägen der Nomadenwirtschaft auswirkt: ab dem 7. Lebensmonat sind sie zur Fortpflanzung fähig und werfen laufend nach 22 Wochen Tragzeit Junge.[98] In Somaliland bringt eine Ziege erst ab dem 2. Lebensjahr jährlich 1–2 Junge zur Welt; die jährliche Reproduktionsrate schwankt hier zwischen 70 und 150 Zickeln auf 100 Ziegen.[99]

Wie schon erwähnt, ist das *Wachstum* der afrikanischen Kälber außerordentlich langsam. Der Zebu der Somal hat (nach Untersuchungen in Harrar)[100] ein Geburtsgewicht von 15–25 Kilogramm. Innerhalb des ersten Lebensjahres steigt sein Gewicht auf 80–100 Kilogramm an, welche Zunahme von den hochgezüchteten europäischen Kälbern häufig schon nach 2 Monaten übertroffen wird![101] Ähnliche Angaben liegen auch über das Wachstum von Rindern anderer Gegenden des Untersuchungsgebietes vor (s. Tabelle 7, S. 250).[102]

Im Bericht der KENYA LAND COMMISSION wird für das geringe Wachstumstempo verantwortlich gemacht: 1. verfrühte Paarung, d. h. vor Abschluß des Wachstums, 2. Unterernährung in den Trockenzeiten (schubweises Wachstum) und 3. erbliche Anlagen.[103]

91 REID, 1930, S. 194.

92 SOMALI REPUBLIC, 1961, S. 170.

93 BETTINI, 1944, S. 126.

94 Baggara: REID, 1930, S. 196 (zweimal bei Selim- und Dar Muharib-Baggara, einmal weiter westlich). Somal: MARES, 1954, S. 421.

95 MARES, 1954, S. 421.

96 TRUST TERRITORY, 1952, S. 120.

97 s. S. 88, Anmerkung 514.

98 BREHM, 1927, Bd. 9, S. 34. TRUST TERRITORY, 1952, S. 117.

99 TRUST TERRITORY, 1952, S. 120. MARES, 1954, S. 421.

100 BETTINI, 1944, S. 127. COZZI, 1965, Allevamento, S. 132. – MCKAY (1957, S. 270) gibt für die Samburu-Kälber (Boran-Rasse) ein Geburtsgewicht von ca. 18 kg an.

101 Nach DESHLER (1965, S. 160) erreichen beim derzeitigen Stand der Viehwirtschaft in den USA die Stiere in 18 Monaten ein Gewicht von über 400 kg, bei Mast während weiterer 4–6 Monate ca. 500 kg.

102 JOSHI, 1957, S. 66f., 256.

103 1934, S. 1657.

Tabelle 7: Gewichtszunahme der Kälber
in verschiedenen Nomadengebieten Ostafrikas und des Ostsudan (nach JOSHI, 1957)

Region	Lebensalter	Bullen-kälber (kg)	Kuh-kälber (kg)
Masailand (Tansania)	Geburt	18,1	18,0
	18 Monate	149	138
	30 Monate	229	183
	matur	349	265
Weißer Nil, Gezira (Republik Sudan)	Geburt	23,8	22,1
	12 Monate	85	76
	24 Monate	150	110
	matur	400	250
	matur (Ochsen)	410	
Darfur (Republik Sudan)	12 Monate	75	70
	24 Monate	120	100
	matur	400	280

Kamelstuten mit noch nicht entwöhnten Füllen liefern in der Regel das ganze Jahr über Milch, doch schwankt die *Laktations*dauer zwischen 8 und 18 Monaten.[104] Der Milchfluß hängt vom Klima ab, aber auch von der Frist zwischen der Geburt des Kamelfüllens und der nächsten Paarung. Er versiegt, bei Kamelen wie bei Rindern, wenn das Junge beim Melken nicht anwesend ist. Die Laktation der Kühe in Somaliland hält maximal 8–11 Monate an,[105] bei einer durchschnittlichen Milchmenge von nur 300–500 Litern.[106] Die Dauer des Milchflusses verringert sich nicht selten auf 4, manchmal sogar auf 2 Monate; er ist beim Tragen des nächsten Kalbes ausgeschlossen.

Die Nomaden kennen jedoch eine Anzahl milchflußfördernde Methoden, die ein Abmelken der Muttertiere auch bei Abwesenheit oder Tod der Jungtiere gestatten. Hierzu gehören:[107]

1. das Anfertigen einer „Puppe“ aus dem Fell des verstorbenen Jungtieres (bei Kamelen, Rindern und Schafen), die vor das Muttertier hingestellt wird. Man stopft sie mit Gras, Stroh usw. aus und überstreicht sie mit dem Urin

104 MARES, 1954, S. 419. STEIN, 1960, S. 47.

105 MARES, 1954, S. 422. DESHLER, 1965, S. 161. BETTINI, 1944, S. 126. COZZI, 1965, Allevamento, S. 132.

106 COZZI, 1965, Allevamento, S. 133. Nach SALERNOS Untersuchungen von Kühen Harrars beläuft sich die Milcherzeugung während einer Laktation durchschnittlich auf 300 kg (bei Schwankungen zwischen 200 und 450 kg): bei BETTINI, 1944, S. 127.

107 BÜHLER-OPPENHEIM, 1948, S. 4275f. – Belege für Jungtier„puppen“: MARES, 1954, S. 419, 422; HABERLAND, 1963, S. 83, 429; HILDEBRANDT, 1874, S. 331; KENYA LAND COMMISSION, 1934, S. 1657; MCKAY, 1957, S. 270; MERKER, 1910, S. 163; HOLLIS, 1909, S. 21; HUNTINGFORD, 1953, S. 41, 108. – Anwendung des Blasens: HABERLAND, 1963, S. 83, 429; LAMPEN, 1933, S. 100; HILDEBRANDT, 1874, S. 331; PAULITSCHKE, 1893, S. 225, 230.

des Jungtieres. Manchmal genügt auch das Fell über ein paar Stangen oder nur das Fell, das dem Muttertier unter die Nase gehalten wird.

2. Das Blasen der Hirten in die Vagina des Muttertieres (nachweisbar bei Kühen und bei Kleinvieh). Bisweilen werden auch sukkulente Pflanzen oder direkt der Arm eingeführt.
3. Durch die Annahme eines fremden Jungtieres („Ammenpflege", näheres s. u.).
4. In Einzelfällen: durch besonders vertrauliche Behandlung von Lieblingstieren, die sich durch ihre Pfleger ohne weiteres melken lassen sowie durch akustische Beeinflussung (z. B. Flötenspiel, Pfeifen, s. S. 177.).

Im Normalfall sind die *Jungtiere* bei jedem Melken anwesend und erhalten einen bestimmten Milchanteil. In der übrigen Zeit werden die noch säugenden Jungtiere von ihren Muttertieren ferngehalten (vgl. S. 118f.). Die dem Jungvieh gewährte Milchmenge wird im Verlaufe der Laktationsperiode nach und nach eingeschränkt. Das hängt vom Viehreichtum der Nomaden ab, von der allgemeinen Ernährungslage des Menschen, von der Futterbasis, von der Jahreszeit und von anderen Faktoren. Je kleiner die Herde ist, um so größer ist die Gefahr, daß die Jungtiere ungenügend Milch erhalten und ihr Leben lang Kümmerlinge bleiben.[108] In Somaliland erhalten die Kälber gewöhnlich nicht mehr als ein Drittel der Milchmenge einer Laktation.[109] Nach Bettini[110] und Cozzi[111] schwankt bei den Rinderzüchtern Nordostafrikas die Zeitdauer, während der den Kälbern die ganze Milch der Kuh gelassen wird, zwischen 8 und 30 Tagen. Mickel[112] gibt für das heutige Nord-Tansania an, daß hier in extremen Fällen die Kühe schon am 5. Tag nach der Geburt des Kalbes zu einem Viertel oder zur Hälfte ausgemolken werden. Die hier lebenden Masai-Nomaden lassen die Kälber bis zum 2. Lebensmonat 2 Striche des Euters säugen, außerdem die Milchreste aus den beiden anderen, nicht völlig ausgemolkenen Teilen des Euters.[113] Die Boran-Galla in Südäthiopien werfen dem Kalb nach wenigen Lebensmonaten Gras hin, um es möglichst bald daran zu gewöhnen; die benachbarten Arussi-Galla stopfen ihm nach einem Monat frisches Gras und Kräuter ins Maul.[114]

Künstliche Ernährung und „Ammenpflege" bei der Aufzucht von Jungtieren ist in Einzelfällen nachweisbar. So kennen beispielsweise die kamelzüchtenden Nord-Somal allerhand Zwangsmittel, um störrische Ammentiere zur Annahme des Pfleglings zu veranlassen. Entweder man bindet das betreffende Kamelfüllen und legt es vor das Ammentier auf den Boden hin, während ein Strick am

[108] McKay, 1957, S. 272. Huber, 1958, S. 139. – Ist die Hausfrau kurzsichtig, faul und nachlässig, und leidet das Kalb unter dem ungerechtfertigt hohen Milchverbrauch des Haushaltes, so kann es bisweilen vor Schwäche nicht stehen, wie Hollis (1905, S. 250) von den Masai berichtet, und die Kuh hört ganz auf, Milch zu geben.

[109] Cozzi, 1965, Allevamento, 137.

[110] 1944, S. 126.

[111] 1965, Allevamento, S. 132.

[112] 1912, S. 133.

[113] Merker, 1910, S. 163.

[114] Haberland, 1963, S. 82 bzw. S. 429.

Jungtier und an der Oberlippe der Kamelstute befestigt ist, worauf alte und gefügige Kamelmütter das fremde Junge ernähren; oder widerspenstige Tiere werden unter großer Gewaltanwendung ganz eng gefesselt, Ohren und Nasenlöcher werden fest verschnürt und eine Klemmvorrichtung (galaha) wird im Anus angebracht – dann nimmt nach einigen Stunden das gequälte Tier das hungrige, fremde Füllen an, weil, wie die Somal sagen, der Schmerz die Kamelstute alles vergessen ließ.[115] Wenn bei den Nandi in Kenia oder bei den Boran- und Arussi-Galla Südäthiopiens die Kuh stirbt oder ihr Kalb verweigert, ernährt man in manchen Fällen das Kalb durch ein Kalebasse mit Ledermundstück künstlich.[116]

Über Kälbersterblichkeit liegen Informationen aus Südsomaliland vor.[117] Die Sterblichkeit der Kühe im Alter zwischen 3 und 10 Jahren ist hier offensichtlich niedrig, doch bis zum 2. Lebensjahr beträgt sie im Durchschnitt 40%. Weitere 20% der Kuhkälber sterben dann noch bis zum Abschluß ihres Wachstums. Demzufolge erreichen im südlichen Somaliland nur 40% aller geborenen weiblichen Kälber diesen Lebensabschnitt. Die Verluste an Bullenkälbern liegen infolge der Kastration etwas höher. Durch Verschneidung bewirkte Sterblichkeit spielt zwischen dem 1. und dem 5. Lebensjahr eine Rolle. Es kommt noch hinzu, daß in Jahren außerordentlicher Dürre soeben geborene Bullenkälber geschlachtet und verzehrt werden.

[115] Mares, 1954, S. 419.

[116] Nandi: Hollis, 1909, S. 21. Borana und Arussi: Haberland, 1963, S. 43, 81 bzw. S. 429.

[117] Somali Republic, 1961, S. 170. Vgl. Deshler, 1965, S. 161 (Dodoth).

VI. HEILEN UND VORBEUGEN

Viehverluste durch Erkrankungen oder Erschöpfung sind neben dem Viehraub die schwerwiegendste Gefährdung der Nomadenwirtschaft. Trotz der großen Zahl von Viehkrankheiten in den Tropen und laufender Viehverluste ist das Niveau veterinärmedizinischer Kenntnisse bei den Wanderhirten – insgesamt gesehen – niedrig.[1] Das spiegelt sich auch oftmals in den sehr vagen Krankheitsbezeichnungen wider, die geringe Kenntnisse über dieEntstehung der Krankheiten verraten. Nicht selten resignieren die Nomaden überhaupt und überlassen den Heilprozeß ganz der Natur.[2] Obwohl den Nomaden das Vieh ein und alles ist, können sie sich nicht bei umständlichen Prozeduren aufhalten, die Ruhepausen für das Vieh nötig machen; viele Verfahren sind daher recht grober Natur, wahre „Pferdekuren", oder sie sind mehr oder minder reine Magie. Oftmals ragen einige Persönlichkeiten hervor, die ihre besonderen Praktiken mit Geheimnistuerei umgeben und sich für ihre Hilfe bezahlen lassen.[3] Bei den in Tansania und Kenia lebenden Masai ist die traditionelle Heilbehandlung des Viehs offenbar am weitesten entwickelt, zumindest wird in der Literatur bei keinem anderen Nomadenstamm so häufig darüber berichtet.

Ohne Anspruch auf Vollständigkeit seien hier einige häufige *Viehkrankheiten* genannt: die Kamele[4] erkranken an Trypanosomiasis, Räude, Milzbrand, Krätze, Diarrhoe, Würmerbefall (in Beulen), interner Hämorrhagie, Verstopfung, Ballensprüngen, Höckerfäule und an anderem mehr, die Rinder[5] vor allem an

[1] Unter anderen Haberland (1963, S. 81) über die Galla Südäthiopiens.

[2] Baggara: Reid, 1930, S. 196. Afar: Pollera, 1935, S. 259f. Boran-Galla: Haberland, 1963, S. 81. Rendile: Spencer, 1965, S. 298. Jie: Gulliver, 1953, S. 34.

[3] Kamelzüchtende Sudanaraber: Reid, 1930, S. 167; Davies, 1957, S. 99. Afar: Lippmann, 1953, S. 240. Arussi und Borana: Haberland, 1963, S. 432 bzw. S. 81. Masai: Leakey, 1930, S. 207 (unbezahlt); Storrs Fox, 1930, S. 460 und Merker, 1910, S. 187 (Frauen, die für Heilbehandlung von Vieh mit Vieh bezahlt werden).

[4] Hadendoa: Werne, 1851, S. 239; Bernatzik, 1942, S. 159. Sudanaraber: Acland, 1932, S. 136–140; Hartmann, 1869, S. 251, 234; Davies, 1957, S. 98ff.; Reid, 1930, S. 167. Eritrea: Heuglin, 1877, S. 84; Hildebrandt, 1874, S. 336. Somal: Mares, 1954, S. 473; Paulitschke, 1893, S. 225; Bertarelli, 1929, S. 737; Ferrandi, 1903, S. 332f. Rendile: Spencer, 1965, S. 293.

[5] Joshi, 1957, S. 71f., 242, 258, 267. Deshler, 1963, S. 55. – Bedscha: Newbold, 1935, S. 142. Baggara: Reid, 1930, S. 196; Lampen, 1933, S. 101. Habab: Heuglin, 1877, S. 85. Somal: Mares, 1954, S. 474; Paulitschke, 1893, S. 230; Bettini, 1944, S. 110f.; Tarantino, 1930, S. 76; Bertarelli, 1929, S. 737.

Rinderpest, Pleuropneumonie, Ostküstenfieber und Trypanosomiasis, die Ziegen und Schafe an Räude, Maul- und Klauenseuche, Milzbrand, Pleuropneumonie, Leberkrankheiten usw. In der harten natürlichen Umwelt der Tropen sind die gegen Krankheiten und Parasiten widerstandsfähigsten Herdentiere immer wieder ausgelesen worden. So beurteilt LICHTENHELD[6] (1913) die Widerstandsfähigkeit der Masairinder wie folgt: Erkältungskrankheiten kommen fast überhaupt nicht vor, Verdauungsstörungen sehr selten; Texasfieber bewirkt im Kälberstadium 1% Verlust, in späterem Alter 20%; Tuberkulose war bei kaum einem Promille der Tiere festzustellen (was sicher mit der Haltung im Freien zusammenhängt); an Ostküstenfieber starben in endemisch verseuchten Gebieten durchschnittlich 30%, die überlebenden Rinder blieben immun, doch falls es in eine bisher unverseuchte Herde eingeschleppt wurde, trat bis zu 90% Verlust ein. Ostküstenfieber wird durch Zecken übertragen und verursacht in manchen Gegenden Ostafrikas eine Kälbersterblichkeit von 30%.[7] Die Verlustrate durch Tsetsebefall (Trypanosomiasis) betrug in einem konkreten Fall bei Masairindern in Kenia innerhalb von zwei Jahren 25–30%.[8] Bei den benachbarten Samburu verringerte sich die Zahl der Rinder infolge Pleuropneumonie, der hier gefährlichsten Viehkrankheit, von 150000 im Jahre 1922 auf 70300 ein Jahr später.[9] Hier haben 75% aller Rinder eine Rinderpestinfektion hinter sich.[10] McKAY bringt folgendes Zahlenmaterial einer Stichprobenerhebung:[11]

Herde	Gesamtzahl der Rinder	überstandene Rinderpest	überstandene, ansteckende Pleuropneumonie
A	258	170	101
B	135	87	60
C	303	124	115
D	29	22	13
E	88	62	42

Nach Ausbruch einer schweren Rinderpestepidemie bei den Somal Kenias überlebten nur 40% der Tiere.[12]

Als Grundzüge der urtümlichen Krankheitsbekämpfung bei Nomadenvieh sind zu nennen: der fluchtartige Austrieb bei Ausbruch einer Seuche oder bei Auftreten zahlreicher Parasiten; Vorbeugung, die in seltenen Fällen in Impfung gipfelt; Ausbrennen, herbale und sonstige Formen der Wundbehandlung, Ablesen von parasitären Insekten, reine Magie, Infusion, Verfüttern von Heil-

Boran-Galla: GWYNN, 1911, S. 121. Turkana: GULLIVER, 1953, S. 61. Suk: KENYA LAND COMMISSION, 1934, S. 1724. Samburu: McKAY, 1957, S. 272. Didinga: DRIBERG, 1922, S. 215.

6 S. 262ff. Vgl. JAMES, 1939, S. 61ff.

7 O'CONNOR, 1966, S. 239.

8 KENYA LAND COMMISSION, 1934, S. 1203.

9 KENYA LAND COMMISSION, 1934, S. 1450.

10 McKAY, 1957, S. 272.

11 McKAY, 1957, S. 272.

12 McKAY, 1957, S. 317.

kräutern, Beräuchern, Aderlaß u. ä. m. Der Heileffekt ist oft schwer einzuschätzen.

Die nun aufzuführenden Methoden haben keineswegs allgemeine Gültigkeit, sondern sie schwanken in ihrer Anwendung von Stamm zu Stamm.

Zunächst einige Beispiele eines *vorbeugenden Verhaltens*. Die Hadendoa verjagen Kamele, die zu oft Wasser trinken wollen, vom Brunnen, damit sie nicht an Diarrhoe erkranken.[13] Die Humr-Baggara achten darauf, daß die für die Giraffenjagd bestimmten Pferde nicht mit vollem Magen schnell geritten werden, weil sie sonst an einer leichten Lähmung der Beine erkranken (bugur), die sie zur Jagd untauglich macht, oder sie geben ihnen zur Vorbeugung Zuckerwasser und Simsim-Öl.[14] Die Kamelaraber des Sudan bestreichen vor der Abreise ihre Lastkamele an bestimmten Stellen mit Pflanzenteer vorbeugend gegen Räude und Insektenbelästigung.[15] Die Gudschi setzen ihre Kälberstallungen auf Pfähle, um die jungen Tiere vor Erdflöhen zu schützen.[16] Die Masai lassen als Vorbeugung gegen Viehkrankheiten die Herden auf dem wertvollen, kräftigenden Futtergras Andropogon ischaemum L. (ol beresi 'njugi) weiden.[17] Die Datoga verschmieren die Wunde eines frisch zur Ader gelassenen Rindes mit Lehm,[18] um eine Infektion durch Fliegen zu verhindern. Nomaden des mittleren Ostsudan, Somal und Masai fällen oder verbrennen vorbeugend Vegetation, die parasitären oder seuchenübertragenden Fliegen als Brutstätte und Unterschlupf dient.[19] Seltene Höhepunkte der Prophylaxe sind Impfverfahren. Östliche Baggara im Ostsudan, die Somal des afrikanischen Osthorn und die Masai in Ostafrika haben eine Impfung gegen Lungenseuche entwickelt, die Somal auch gegen Rinderpest.[20] Die genannten Baggara machen einen Einschnitt in das Ohr gesunder Rinder und träufeln darauf Lymphe aus der Lunge eines erkrankten Tieres. Die Masai in Tansania hingegen schneiden auf dem Nasenrücken gesunder Rinder mehrere Messerschnitte in die Unterhaut, danach wird die Wunde mit einem faustgroßen Stück aus der Lunge eines gefallenen Tieres eingerieben. Als Erfinder dieser Impfmethode gilt der Oberpriester der Masai, MBATYAN; sie wurde zuerst um 1890 in großem Maßstab erfolgreich angewendet. Die nördlichen Somal stellen aus Urin, Fäkalien und Milch von

13 BERNATZIK, 1942, S. 159.

14 CUNNISON, 1958, S. 51.

15 LAUTURE, 1955, S. 296.

16 SCHULZ-WEIDNER, 1961, S. 223.

17 MERKER, 1910, S. 356.

18 BERGER, 1938, S. 181.

19 Ostsudan: BRUCE, 1791, S. 340, 351, 414; GLEICHEN, 1905, S. 113; INDIGENOUS CATTLE, 1957, S. 49. Somaliland: TARANTINO, 1930, S. 72; TRUST TERRITORY, 1952, S. 122, 131. Masai: KENYA LAND COMMISSION, 1934, S. 1204. Vgl. SCHIKKELE, 1931, S. 43f.

20 Baggara: REID, 1930, S. 196. Somal: MARES, 1954, S. 474 (gegen Pleuropneumonie, genannt „sambab", Einritzung auf dem Nasenrücken der Kühe; möglicherweise in alter Zeit von Arabern übernommen?). Masai: MERKER, 1910, S. 170 (jedoch Zurückhaltung der Masai gegenüber modernen Impfungen gegen Rinderpest, nach JAMES, 1939, S. 62, im Gegensatz zu HOLLIS, 1939, S. 650).

Rindern, die an Rinderpest erkrankt sind, eine Impfflüssigkeit her, die den gesunden Tieren in die Nasenlöcher geträufelt wird. Obwohl auf diese Weise zahlreiche Ausbrüche von Rinderpest hervorgerufen werden, sinken die Viehverluste stark ab. Die Somal behaupten, der Impfstoff sei, in einer Kalebasse aufbewahrt, mehrere Monate lang haltbar.[21]

Magische Praktiken und Vorstellungen, die die Hilflosigkeit der Nomaden gegenüber Viehkrankheiten widerspiegeln und ihre Unkenntnis kausaler Zusammenhänge zeigen, seien im folgenden aufgeführt.[22] Die Bedscha sehen im Bösen Blick oder in der Tätigkeit böser Geister die Ursache von Viehkrankheiten.[23] Die Bischarin schätzen einen Korantext als wirksames Mittel bei Darmverstopfung.[24] Die Nomaden Eritreas hängen ihren Tieren gegen allerlei Gefahren (vor allem gegen das Gift des Bösen Blickes) Amulette um den Hals.[25] Die Galla glauben, daß durch Trompeten oder Blasen bei den Herden eine Viehseuche hervorgerufen wird.[26] Die Borana im besonderen treiben bei Viehkrankheiten die Tiere zwischen zwei Notfeuern hindurch.[27] Wenn eine Epidemie im Anzuge ist, töten die Suk einen Ochsen und verzehren ihn fast vollständig – die ungenießbaren Teile werden sorgfältig verbrannt.[28] Die Masai ebenso wie nomadische Galla verlassen sich auf Zaubermedizinen und Zeremonien ihrer Oberpriester, die Krankheiten bei Mensch und Vieh abwehren und die Fruchtbarkeit fördern sollen;[29] außerdem sehen die Masai in der Nichtbeachtung des Tabus, Milch und Fleisch am gleichen Tage zu genießen, die Ursache schwerer Rinderkrankheiten.[30] Manchmal befördern magische Methoden der Krankheitsbekämpfung geradezu die Ausbreitung einer Seuche, so z. B. wenn Masai in Kenia das gesamte Vieh in die Pferche treiben und dann, während sie den überfüllten Kral umschreiten, eine Austreibungszeremonie (chomo tomanangishu) vollführen.[31] GULLIVER betont, daß die Jie und Turkana trotz geringer veterinärmedizinischer Kenntnisse selten in der Magie Zuflucht suchen.[32]

Die Tsetsefliege (Glossina morsitans und Gl. pallidipes) als die Überträgerin der Trypanosomiasis und andere Seuchenverbreiter und Parasiten unter den

[21] MARES, 1954, S. 474.

[22] MARES (1954, S. 473) schreibt in seiner grundlegenden Arbeit „Animal husbandry, animal industry and animal disease in the Somaliland Protectorate": „Charms ... are used daily by the nomads, and superstitions about the cause and cure of disease are legion."

[23] MUNZINGER, 1864, S. 331. GUIRGUIS, 1956, S. 241.

[24] SANDARS, 1935, S. 149.

[25] HILDEBRANDT, 1874, S. 330.

[26] PAULITSCHKE, 1896, S. 31.

[27] HABERLAND, 1963, S. 37. Ähnliches bei den Nandi: MALLET, 1923, S. 264.

[28] BEECH, 1911, S. 9. – Bei den Dodoth werden vorbeugende Schlachtopfer nach Prophezeiung von Milzbrand abgehalten: THOMAS, 1965, S. 237ff.

[29] Gudschi-Galla: SCHULZ-WEIDNER, 1961, S. 271, 291f. Masai: FOSBROOKE, 1948, S. 15.

[30] DARYLL FORDE, 1963, S. 297. MAERZ, 1941, S. 125.

[31] LEAKEY, 1930, S. 207.

[32] 1953, S. 34, 61. BARTON (1921, Turkana, S. 204) behauptet jedoch: „They ... know more of animal disease than human."

Insekten kommen in den humiden Randzonen des Untersuchungsgebietes und in inselartigen Brutgebieten vor (so in Ogaden,[33] im Koalib-Bergland Südkordofans,[34] im Lorian-Distrikt in Kenia,[35] in den südöstlichen Grenzgebieten der Republik Sudan,[36] in bestimmten Uferzonen der Flüsse Dschuba und Webi Schebeli,[37] in manchen Gegenden der Stammesländer der Borana, Samburu und anderer Nomadenstämme).[38] Tsetsefliegen verhindern in 60% der Landesfläche Tansanias, in 30% Ugandas und in 10% Kenias fast völlig die Rinderzucht.[39] Das Fluktuieren der Verbreitungszone der Tsetse führt zur Preisgabe bzw. Neubesiedlung größerer Landstriche innerhalb weniger Jahre. Masaigruppen in Tansania mußten aus diesem Grunde um 1945 wertvolle Felsenbrunnen aufgeben,[40] und um 1920 mußte deshalb im westlichen Dodothland, wo sich die besten Weiden befinden, die Rinderzucht eingestellt werden.[41]

Der Ort, wo eine *Seuche* ausbricht, wird oftmals fluchtartig verlassen, wobei die erkrankten Tiere in Notauslese zurückbleiben.[42] In solchen Fällen sind sich die Nomaden über den Charakter einer ansteckenden Krankheit im klaren. Die nördlichen Somal z. B. kennen genau die Fliegen, die Trypanosomiasis verbreiten, und sie wissen wohl, daß Rinder mit Rinderpest gesundem Vieh gefährlich sind.[43] Ebenso sondern diese Nomaden die an Schafräude erkrankten Tiere ab und waschen sie.[44] Verschiedene kamelzüchtende Sudanaraber erkennen Trypanosomiasis (arab. ghuffār) am Geruch des Urins und übergeben die erkrankten Tiere für drei Jahre einem Spezialisten zur Behandlung,[45] die Verlustrate beträgt mindestens 50%. Die genesenen Kamele werden immun und sind daher besonders wertvoll in den verseuchten Gebieten (z. B. in Südkordofan).

33 Dracopoli, 1913, S. 131.
34 Lloyd, 1910, S. 266.
35 Elliot, 1913, S. 560. Samburu: McKay, 1957, S. 274.
36 Davies, 1935, S. 299. Davies, 1966, S. 197 (Tsetse um den Khor Yabus und tlw. am Sobat).
37 Paulitschke, 1893, S. 230. Bertarelli, 1929, S. 708. Tarantino, 1930, S. 71f. Pankhurst, 1951, S. 189. Trust Territory, 1952, S. 127. Amadei, 1960, S. 378. Zöhrer, 1964/65, S. 149, 134.
38 Borana: Elliot, 1913, S. 560. Samburu: Kenya Land Commission, 1934, S. 1452, 1682, 1638.
39 O'Connor, 1966, S. 238.
40 Pages-Jones, 1948, S. 54.
41 Deshler, 1965, S. 155.
42 Beispielsweise Masai: Merker, 1910, S. 169f., 374; James, 1939, S. 62. – Schickele, 1931, S. 47.
43 Mares, 1954, S. 473.
44 Paulitschke, 1893, S. 230. Vgl. Mares, 1954, S. 473. – Die Somal erkennen auch die Malariamücke als Überträgerin der Malaria (Silberman, 1959, S. 594).
45 Reid, 1930, S. 167. Marno, 1873, S. 247. Nach Davies (1957, S. 98) Isolierung von an „ghuffār" erkrankten Kamelen. – Ähnliche Verhältnisse herrschen in Süd-Dschubaland (d. i. das Somaligebiet südlich des 1. Grades nördl. Breite). Hier infizieren Tabaniden-Fliegen die Kamele mit einer „baal" genannten Krankheit; eine Minderheit der Tiere gesundet, wenn man ihnen ein halbes Jahr völlige Ruhe gewährt (Clifford, 1928, S. 438).

Weitere Beispiele eines vernünftigen Verhaltens bei Seuchen bieten die Humr,[46] die dann infizierte Herden an den Brunnen isoliert halten, die Dodoth,[47] die in solchen Fällen die Herden aufteilen und aus verseuchten Siedlungen entfernen, und die Samburu,[48] bei denen der Besitzer einer infizierten Herde die anderen Nomaden warnt und deren Siedlungen, Wasserstellen und Weiden meidet. – In der Zeit der großen Rinderpest um 1885 machten jedoch die Masai keinerlei Anstalten, die zahlreichen Kadaver zu beseitigen.[49] – (Vgl. auch auf S. 164f. die Ausführungen über irreguläre Notzeitweide durch Treiben des Viehs auf verseuchtes Weideland).

Fliegen (Tabaniden, Hypoboxide, Stomoxysarten u. a.),[50] Bremsen, Mücken, Zecken, Milben, Erdflöhe usw. sind in vielen Fällen nicht nur Seuchenverbreiter, sondern auch eine derartige körperliche Plage, daß das Vieh, durch diese Belästigung an der Nahrungsaufnahme gehindert, zugrunde geht. Im mittleren Ostsudan, bei den Baggara Darfurs und Kordofans, in der Gezira, in Sennar sowie in Teilen Eritreas wird das regenzeitliche Vorkommen der Serut-Fliege (Pangonia magretti) zum Hauptmotiv einer fluchtartigen Verlagerung in regenärmere Gebiete des Nordens.[51] Am meisten schadet diese Fliege dem Kamel, das sich mit seinem kurzen Schwanz am wenigsten wehren kann und rasch an Kondition verliert; auch Rinder und Pferde belästigt sie in starkem Maße; Kleinvieh und Esel sind weniger empfindlich. In Bara in Kordofan oder um die Stadt Sennar oder noch weiter östlich um Kassala, d. h. im Grenzstreifen der ganzjährigen Existenzmöglichkeit des Kamels, können diese Tiere nur unter aufwendigen Vorsichtsmaßregeln (Einsperren in Strohhütten, in denen qualmende Feuer brennen, Verabreichung von trockenem Futter, keinerlei Arbeitsleistung des Kamels) in der Charief (Regenzeit) am Leben erhalten werden, doch ist hier die Zahl der anfallenden Zecken und Fliegen noch so groß, das Kameljunge durch sie getötet werden.[52] Auch Rinder bringen die Humr, in der Bahr-Zone weiter südlich, auf diese Weise über die Regenzeit (s. S. 232).

[46] Cunnison, 1966, S. 157.

[47] Thomas, 1965, S. 152.

[48] Spencer, 1965, S. 5.

[49] Thomson, 1885, S. 318.

[50] Marno, 1873. Davies, 1966, S. 197.

[51] Marno, 1873, S. 247; ders., 1874, S. 280f. Hildebrandt, 1874, S. 336. Heuglin, 1877, S. 133. Baker, 1868, S. 107. Gleichen, 1905, S. 98. Joshi, 1957, S. 63. Cunnison, 1954, S. 53f. Pallme, 1843, S. 74: die größte Plage der Baggara „ist ein kleines Thier, eine Fliege, Johara genannt, welche in der nassen Jahreszeit in sehr vielen Gegenden Inner-Afrika's zahlreich erscheint und höchst verheerend ist.“ Davies, 1966, S. 197: „During the dry season tabanids are mainly confined to the marshy areas in the south and to the banks of the White Nile south of Jebelein. Between July and September they spread inland from the Niles as far north as Kosti, and as far as Dueim along the White Nile itself. In fact all areas away from the rivers with an annual average rainfall of over 500 mms must expect to be pestered by tabanids. Yet within this zone there is a marked concentration on the muddy clays, and in shady areas such as long grass or beneath bushes.“.

[52] Marno, 1873, S. 247; ders., 1874, S. 280f. Siehe auch S. 232, Anmerkungen 43 u. 44. Darling, 1938, S. 192.

Weitere Bekämpfungsmaßnahmen gegen parasitäre Insekten sind: das Abweidenlassen von Schößlingen bestimmter grober Grasarten durch Kamele, worauf die ihnen aufsitzenden Zecken getötet werden sollen (im Ostsudan),[53] das Ablesen von Zecken, besonders bei Jungtieren.[54] Nach HABERLAND[55] sind jedoch die Borana Südäthiopiens so faul, daß sie zwar über die zahlreichen Zecken jammern, die auf den Kuheutern und an den Fettschwänzen der Schafe sitzen und dort Vereiterungen hervorrufen, das Ungeziefer aber nicht ablesen. Bei den Kamelen werden vor allem Nase, Augen, Lippen und die Aftergegend von Zecken angefallen; in manchen Wadis und um bestimmte Brunnen des Afargebietes wimmelt es nur so von ihnen.[56] Um die Maden der Rachenbremse zu vertreiben, blasen die Masai die getrocknete und pulverisierte Wurzel der Acacia pennata Willd. (ol girigir) Kälbern und Kleinvieh in die Nase.[57] Von dem vorbeugenden Abschlagen und Abbrennen der Vegetation, die den Fliegen als Unterschlupf dient, war oben schon die Rede. Parasiten werden auch durch das Einschmieren von gefährdeten Körperteilen mit selbsteingedicktem Pflanzenteer bekämpft.[58] In Eritrea schabt man bei Räude den Körper des Kamels mit einem Stein bis auf die Haut ab und schmiert die Tiere dann völlig mit Teer ein.[59] Dieser Teer, auch ein gutes Mittel zur *Wundbehandlung* und zur Desinfektion, wird aus verschiedenen Gewächsen gewonnen (Akazien, ölhaltige Samen der bitteren Melonen, Sesam oder Koloquinte). Er findet vor allem im Ostsudan (hier gotran genannt) bei Ababde, Bischarin, Beni Amer und bei den Sudanarabern Kordofans Verwendung, weiterhin in Eritrea sowie bei manchen Somal, die ihn sich von der niederen Kaste der Midgan herstellen lassen.

Weitere Methoden der Wundbehandlung sind: Umpacken einer durch Lastentragen entstandenen Wunde mit einem Kranz von Blättern (Kordofan-Araber);[60] Aufträufeln einer ätzenden, schmerzlindernden Flüssigkeit (Koloquintensaft?),[61] oder Einstreuen von gebranntem Leder[62] auf die Wunden von Kamelen (Bischarin bzw. Ostsudan); Anlegen eines Verbandes mit Myrrhetinktur (Midschurtin);[63] Aufschneiden von Wunden, die durch Eintreten oder Einziehen von Dornen entstanden sind, Entfernen von Fremdkörpern mit kleinen Pin-

[53] ACLAND, 1932, S. 131.
[54] Somal: LEWIS, 1961, S. 74; vgl. MARES, 1954, S. 419. Turkana: GULLIVER, 1953, S. 61. Masai: JOHNSTON, 1902, S. 814; MAERZ, 1941, S. 122.
[55] 1963, S. 81.
[56] AUBERT DE LA RUE, 1939, S. 73.
[57] BALLY, 1938, S. 39.
[58] Ababde: MURRAY, 1923, S. 421. Nubien: BELTRAME, 1893, S. 271. Kordofan: CUNY, 1863, S. 35, 38. HEUGLIN, 1869, S. 32. Beni Amer: MÜLLER, 1883, S. 429. Ostsudan allgemein: LAUTURE, 1855, S. 296; HARTMANN, 1869, S. 251; ACLAND, 1932, S. 132, 138; DAVIES, 1957, S. 98. Eritrea: HILDEBRANDT, 1874, S. 336. Somal: FERRANDI, 1903, S. 333.
[59] HILDEBRANDT, 1874, S. 336.
[60] CUNY, 1863, S. 108.
[61] ESCH, 1941, S. 95.
[62] HARTMANN, 1869, S. 251.
[63] BALSAN, 1964/65, S. 127.

zetten (sog. bilaua – Somal);[64] Beschuhung von Kamelen, die sich ihre Füße auf steinigem Terrain wundgelaufen haben, mit Lederlappen (Sudanaraber);[65] Abwaschen gequollener Klauen von Rindern und Ziegen mit heißem Wasser, danach mit Rinderurin (Masai);[66] Belegen von Wunden mit erwärmten Steinen und frischem Kamelmist, bei Fußwunden Bedecken mit dem Schwanzfett der Schafe (Somal);[67] Auswaschen von entzündeten Augen des Viehs mit einem Absud aus Microglossa oblongifolia O Hoffm. (ol desa), dgl. von Geschwüren, die durch Bremsen entstanden sind (Masai).[68]

Eine oft praktizierte Wundbehandlung, die man nicht selten als Universalheilmittel ansieht (so bei den Bedscha, Sudanarabern, Somal, Boran-Galla und Nandi),[69] ist das *Ausbrennen* mit glühenden Eisen oder Steinen, dem man einen chirurgischen und desinfizierenden Effekt nicht absprechen kann.[70] Bei den Somal nimmt es der Familienvater oder ein anderes männliches Mitglied der Familie vor, jedoch kein religiöser Scheich.[71] Mit glühenden Steinen werden in Eritrea große, von Würmern befallene Beulen bei Kamelen ausgebrannt;[72] die Schankab-Baggara behandeln „gigeil", eine Krankheit der Esel und Pferde, durch Brennen;[73] die Masai sollen Stichstellen der Tsetse ausbrennen[74] und auch so Schwellungen an Sehnen und Gelenken kurieren.[75] Oft steht die Anwendung des Brandeisens in keiner rationellen Beziehung zur Krankheitsursache, wenn z. B. Sudanaraber auf diese Weise Lahmheit von Kamelen oder Besessenheit durch böse Geister (majnun) bekämpfen wollen,[76] oder Somal durch Branden über der rechten Niere glauben, ein Mittel gegen Trypanosomiasis

[64] Ferrandi, 1903, S. 333.

[65] Davies, 1957, S. 99.

[66] Merker, 1910, S. 168f.

[67] Paulitschke, 1896, S. 288, nach Swayne.

[68] Bally, 1938, S. 63.

[69] Bedscha: Clark, 1938, S. 22; Klunzinger, 1877, S. 202; Sandars, 1933, S. 149. Sudanaraber: Acland, 1932, S. 141; Cunnison, 1966, S. 208. Somal: Ferrandi, 1903, S. 332; Mares, 1954, S. 473: „Cautery has wider uses (verglichen mit den Suppeninfusionen, s. u.): as the Chinese thrust hot needles into the affected parts of their patients so too does the nomad apply a hot iron. A vast circular line of cautery around a dislocated patella is nearly as logical as firing for strained tendons, but it is difficult to see what branding over the caratoid artery can do for head-ache . . .". Boran-Galla: Haberland, 1963, S. 81. Nandi: Hollis, 1909, S. 22.

[70] Übrigens wird diese urtümliche Therapie nicht selten auch bei Menschen angewandt. Die religiösen Führer und Naturdoktoren der Bedscha, z. B. die Aschraf, heilen mit heißen Eisen unter anderem Rheumatismus, Hautkrankheiten, Impotenz, Kopfschmerzen (Guirguis, 1956, S. 241). Somal: Zöhrer, 1964/65, S. 158.

[71] Zöhrer, 1964/65, S. 158.

[72] Hildebrandt, 1874, S. 336.

[73] Paul, 1935, S. 142.

[74] Merker, 1910, S. 173. Maerz, 1941, S. 135.

[75] Merker, 1910, S. 168.

[76] Davies, 1957, S. 99.

anzuwenden.[77] Einen besonderen Zweck hat das Ausbrennen scharfer Hörneransätze bei weiblichen Kälbern (Borana, Masai); sie können sich später nicht stoßen und verletzen.[78] Viele Nomaden branden auch, um das Vieh zu schmücken oder aus besitzrechtlichen Gründen.

Gegen innere Beschwerden werden sehr oft *Infusionen* vorgenommen. R. G. Mares, langjähriger Veterinärbeamter im ehemaligen Britisch-Somaliland, faßt diesbezüglich Beobachtungen wie folgt zusammen:[79]

> „The bases of all Somali therapeutics are soup and the hot iron. Soup is made from sheep' heads mainly and is given in any condition where there is debility or apparent digestive disorder: it is doubtless often of non specific value."

In Eritrea verabreicht man dem Kamel einen Blattdekokt der Snefa gegen Appetitlosigkeit, bei Verstopfung gibt man Fleischbrühe;[80] diese, bzw. eine Suppe, ist bei den nördlichen Somal das Mittel gegen Verdauungsstörungen, Kräfteverfall und Giftpflanzen;[81] die Schankab und andere Baggara behandeln praktisch jede innere Krankheit der Pferde durch Darreichung von Simsim-Öl und Milch;[82] rinderzüchtende Süd-Somal (Dschiddu, Gubahin, Gasar Guda u. a.)[83] lassen (ähnlich wie die Borana)[84] ihre Kühe bei inneren Schmerzen eine Salzlösung mit Myrrhe (abbac addi) saufen; die Turkana des Kolosia-Distriktes[85] ebenso wie viele Galla schätzen das Wasser heißer, leicht salzhaltiger Quellen als Heilmittel bei verschiedenen Viehkrankheiten; die Samburu in Sugota Mugi halten das Wasser des Flusses Balagalagi für heilkräftig gegen Trypanosomiasis, so daß sie ihre von der Tsetse befallenen Rinder dort tränken;[86] die Masai Tansanias mischen den Kühen ein Absud der Ol-ojengalani-Rinde (Sesbania aegyptica)[87] oder „e luai" in der Tränke, wenn eine Verzögerung der Nachgeburt eintritt und damit die Geburtsteile schneller heilen.

Verfütterung von Heilkräutern. Bei den Masai ist Lantana salvifolia Jacq. (Masai: ol marigireni) ein geschätztes Laktikum – das Kraut wird an Kühe verfüttert.[88] Gegen Leibschmerzen und Durchfall wird hier das Kraut Moschosma

[77] Mares, 1954, S. 473. Vgl. Ferrandi, 1903, S. 332.

[78] Borana: Haberland, 1963, S. 92. Masai: Maerz, 1941, S. 128; Merker, 1910, S. 168. – Die Humr-Baggara hingegen feilen sie rund (Cunnison, 1966, S. 38).

[79] 1954, S. 473.

[80] Hildebrandt, 1874, S. 336.

[81] Mares, 1954, S. 473. Berghold, 1899, S. 52. – Acland (1932, S. 140) nennt als eine der Methoden zur Heilung der „habbub" genannten Kamelkrankheit im Ostsudan: „It is to kill a hare and leave the body in a pot till it rots. The bones are then detached and a little water added to the putrid meat, which the unfortunate animal is then compelled to swallow."

[82] Paul, 1935, S. 142.

[83] Ferrandi, 1903, S. 245.

[84] Haberland, 1963, S. 81.

[85] Emley, 1927, S. 160.

[86] Kenya Land Commission, 1934, S. 1537.

[87] Merker, 1910, S. 169ff. (hier auch noch Beispiele weiterer Infusionen; gegen Husten verabreichen diese Nomaden eine Suppe aus Milch und gepulverter, verkohlter Rinderhaut, S. 169). Bally, 1938, S. 39 (e luai).

[88] Bally, 1938, S. 68f. – Angaben über pflanzliche Laktika bei den Galla bei Haberland, 1963, S. 763, 767.

multiflorum Benth (ol magingi) zusammen mit Cajanus Cajan und Senecio spec. verabreicht.[89]

Darmverschlingung bei Rindern behandeln die Masai durch Einblasen von Luft in den After mit Hilfe eines Holzrohres.[90]

Hartmann[91] erwähnt die Skarifizierung (Blutentzug durch zahlreiche kleine Einschnitte in die Haut) und das Klopfen der skarifizierten Stelle bei Kamelen des Ostsudan. Aderlaß durch einen Pfriemstich in den Hals ist bei den Arussi-Galla Südäthiopiens ein Mittel gegen starkes Lungenhusten.[92] Aderlaß durch Pfeilschuß in die Halsvene ist bei den Masai ein sehr wirkungsvolles Heilverfahren, wenn sich die Rinder durch versehentliches Mitfressen schwarzgrüner Raupen, die in der Regenzeit stellenweise in großen Mengen auftreten, vergiftet haben.[93] Blähungen bei Ziegen und Schafen, wie sie nach dem Genuß von saftigem Grünfutter nicht selten vorkommen, werden bei diesen Nomaden durch Stich mit einer Ahle in den Wanst kuriert.[94]

Zuletzt sei noch die Methode des Räucherns angeführt. Nomaden im Ostsudan, in Eritrea, Kenia und Tansania lassen am Abend in den Kralen in enger Nähe der Rinder große qualmende Feuer brennen, um sie vor Insekten und Raubwild zu schützen.[95] Die Humr-Baggara[96] errichten in der Regenzeit, wenn die Insekten schwärmen, ganz bewußt große Krale, „weil sie mehr Rauch erzeugen"; oder sie legen zahlreiche Krale in unmittelbarer Nachbarschaft an, die so eine Gemeinschaftssiedlung (dukuk) bilden, „damit der Rauch von einem Kral zum anderen streicht und nicht nutzlos in den Wald abzieht". Die Masai behandeln Geschwülste an Rindern durch Beräuchern mit den glimmenden Stengeln von „en dulele eṅ gare" (Solanum spec.).[97] Eine wahre „Pferdekur" ist ein Heilverfahren der Arussi gegen Verstopfung und Magenblähungen bei Rindern: die kranken Tiere werden fest an einen Baum gebunden, unterhalb des Kopfes wird ein Feuer mit dem stark schwelenden Holz der Kandelaber-Euphorbie angezündet, das Tier würgt und schnappt nach Luft, bis die Magengase durch das Maul abgehen.[98]

[89] Bally, 1938, S. 68f.
[90] Merker, 1910, S. 171.
[91] 1869, S. 251.
[92] Haberland, 1963, S. 432.
[93] Merker, 1910, S. 171.
[94] Merker, 1910, S. 172.
[95] Baggara: Lampen, 1933, S. 101. Eritrea: Munzinger, 1859, S. 77. Galla Kenias: Werner, 1914, S. 129. Masai: Maerz, 1941, S. 121 und Johnston, 1902, S. 814.
[96] Cunnison, 1966, S. 71.
[97] Merker, 1910, S. 168.
[98] Haberland, 1963, S. 432.

VII. URSACHEN UND ZIELE DER VERLAGERUNGEN

Die Suche nach Tränkwasser, Weidefutter und unter Umständen nach Salzvorkommen ist zwar das Hauptmotiv der Verlagerungen, doch nicht der einzige Grund: noch zahlreiche andere wirtschaftliche und soziale (bisweilen sogar magische) Gesichtspunkte beeinflussen die Wahl des neuen Siedlungsplatzes und den Zeitpunkt des nomadischen Umzugs.[1]

Die Faktoren, die bei Verlagerung der Siedlung eine Rolle spielen, kann man wie folgt einteilen:

I. In *positive Faktoren*, das sind Bedingungen, die der Nomade anstrebt, die seinem Wirtschafts- und Sozialleben förderlich sind. Hierbei umfaßt die

1. Untergruppe das Motiv der Erlangung von Tränkwasser, Weidefutter und stellenweise auch von Salz (gesehen im Jahreszyklus, d. h. einschließlich der Reservierung für die Trockenzeit). Alle noch zu nennenden Faktoren setzen die fortwährende Befriedigung dieser weidewirtschaftlichen Hauptziele der Verlagerung voraus. Die

2. Untergruppe der positiven Verlagerungsmotive lehnt sich eng an die erste an: es handelt sich hierbei um die Optimierung der Erlangung von Tränkwasser, Weidefutter und Salz, indem die Verlagerungen auf die Korrektur der Betriebsgröße[2] und damit auf die Steigerung der Produktivität abzielen. Bei der

3. Untergruppe handelt es sich um Faktoren der Ergänzungswirtschaft, die bei den verschiedenen Nomadengruppen eine recht unterschiedliche Rolle spielen, so der Faktor des Handels, der Jagd, der Sammelwirtschaft, der Kooperation mit bodenbautreibenden Siedlungen u. ä. Die

4. Untergruppe der positiven Faktoren der Verlagerung umfaßt soziale Motive: die Teilnahme an Festen,[3] Zeremonien, an Kriegszügen usw., oder einfach nur das Streben nach Geselligkeit. Auch Verlagerungen, um Interessen der Administration zu befriedigen (z. B. um Steuerzahlungen in Vieh an einem bestimmten Orte zu erledigen), kann man hierunter zählen.

[1] Vgl. die Zusammenstellung der Verlagerungsmotive bei Lewis (1955, S. 90f., nach Hunt, 1951). Vgl. auch in der vorliegenden Arbeit: natürliche Verbreitungsregulative der Herdentiere (S. 64f.), kulturelle Verbreitungsregulative (Übersicht 1 im Anhang, S. 287–294).

[2] Gulliver (1953, S. 65) gibt z. B. bei den Turkana als Verlagerungsmotiv an „to combine with, or branch out from, another one's homestead . . ."

[3] Gulliver (1953, S. 65) führt bei den Turkana an „to build a new homestead near a future bride's father for the festivities and for a month after the wedding."

Diesen positiven Faktoren der Verlagerung stehen gegenüber

II. die *negativen Faktoren* (Flucht- und Meidungsmotive). Hierbei handelt es sich um produktionsgefährdende und existenzbedrohende Bedingungen, denen der Nomade ausweicht. Die

1. Untergruppe umfaßt natürlich verursachte Schadfaktoren, nämlich den Mangel an Weide, Wasser und Salz, übermäßige Regenfälle; große Hitze, Kälte oder Luftfeuchtigkeit; Verschlammung;[4] Krankheiten bei Mensch und Tier; Raubtiere, parasitäre Insekten und Schadtiere[5] aller Art. Hierzu gehört auch das Motiv der Meidung jahreszeitlich entstehender Verkehrs- und Siedlungshindernisse, d. h. von Ödländereien, Flüssen, Gebirgen, die in einer bestimmten Jahreszeit nicht passierbar sind und daher schon zu einem früheren Zeitpunkt durchquert werden müssen (vgl. S. 129). Die

2. Untergruppe umfaßt wirtschaftliche Schadfaktoren: z. B. Gefährdung bestellter Feldflächen durch weidendes Vieh, Verunreinigung des Siedlungsplatzes durch Mist, Weidelandverknappung durch Bodenbauer oder nomadische Nachbarbetriebe, Fehlen von Transporttieren zu einem späteren Zeitpunkt,[6] Überanspruchung des Milchviehs zum Schaden der Jungtiere (deshalb Abzug in hochmobile Rinderbetriebe der männlichen Jungmannschaft).[7] Die

3. Untergruppe des Komplexes „Flucht und Meidung" betrifft sozial, psychisch und magisch bedingte Schadfaktoren, z. B. kriegerische Bedrohung, Scheu vor Fremden, Ablehnung der Administration, Toten- und Geisterfurcht usw.

Entsprechend dieser Übersicht wollen wir nun Einzelbeispiele und nähere Erläuterungen zu den einzelnen Faktoren der Verlagerung aufführen, sofern solche über den Rahmen des bisher in der Arbeit Gesagten hinausgehen.

Zu I. 1. Wasser ist der wichtigste Faktor der Verlagerungen. Es ist seltener verfügbar als Weidefutter und ermöglicht erst dessen Nutzung. Bei der Weideverwertung ist das Aufsuchen entfernter Weidegegenden, die in einer anderen Höhenlage oder Vegetationszone liegen mögen, von den kleinen örtlichen Verlagerungen zu unterscheiden, die im Sinne einer flächigen Weideausnutzung geschehen. (Siehe die entsprechenden Hauptabschnitte der vorliegenden Arbeit über Weide, Tränke und Salz.)

Zu I. 3. – Viele Nomaden des Ostsudan und Somalilands suchen in bestimmten Jahreszeiten die Städte auf, um Handel zu treiben (vgl. Anmerkung 286 auf S. 53). Doch auch in weniger dichten Bevölkerungszentren, so im Kontaktgebiet zweier Stämme oder Bevölkerungsgruppen, werden die Verlagerungen durch

[4] Im Ostsudan: Hartmann, 1869, S. 244; Marno, 1874, S. 296; Baker, 1868, S. 100; Davies, 1966, S. 197.

[5] Über schädliche Insekten s. S. 257 ff. vorliegender Arbeit. – Flucht vor Malariamücken: Nord-Somal (Lewis, 1961, S. 42; Mares, 1954, 414), Borana (Haberland, 1963, S. 31); Turkana (Gulliver, 1953, S. 65). Flucht vor Hornissen: Baggara bei Kava (Gessi Pasha, 1892, S. 20). Flucht vor Termiten: Hamar (Rüppell, 1829, S. 145). Flucht vor Bremsen: Mudaito-Afar (Harris, 1845, S. 124).

[6] Nord-Somal: Lewis, 1955, S. 90f. (nach Hunt, 1951).

[7] Humr: Cunnison, 1966, S. 67.

den Handel beeinflußt. Die Humr beispielsweise siedeln während ihres trockenzeitlichen Aufenthalts im Bahr-Gebiet im Süden bevorzugt in der Nachbarschaft von Dinka-Siedlungen,[8] in denen sie Getreide, Honig und Trockenfisch einhandeln können und für längere Zeit überflüssiges Gepäck lassen. Auch das Interesse der Baggara, zu jagen, zu fischen oder Honig zu sammeln, beeinflußt ihre trockenzeitliche Verlagerung.[9] Die Hadendoa- und Karamojong-Nomaden verlagern sich in der Regenzeit in die Nähe der Feldflächen, um ihre in festen Dörfern lebenden Verwandten mit Milch zu versorgen und um in sozialem Kontakt mit ihnen zu bleiben.[10]

Zu I. 4. Haberland[11] bringt folgenden Beleg für Geselligkeit als Verlagerungsmotiv. Eine Siedlung der Borana Südäthiopiens mußte sich wegen Erschöpfung der Weide verlagern, doch weil seine Bewohner enge freundschaftliche und verwandtschaftliche Beziehungen mit einem 4 Kilometer entfernten Nachbardorf aufrechterhielten, bat man dessen Bewohner, ebenfalls umzuziehen, „damit die Freunde zusammenblieben". Diese Nachbarn verspürten weder besondere Lust zu diesem Schritt, noch sahen sie eine wirtschaftliche Notwendigkeit hierfür. Nach manchem Hin und Her wurde ein Kompromiß getroffen, derart, daß sie sich etwa 2 Kilometer symbolisch in Richtung auf den neuen Siedlungsplatz ihrer Freunde verlagerten. – Früher war bei den Borana die geplante Teilnahme an den Gada-Zeremonien ein wichtiges Moment für die Wahl des neuen Siedlungsplatzes.[12] Die einzelnen Lineages der Nord-Somal veranstalten alljährlich zwischen April und Juli, wenn Wasser und Weide reichlich vorhanden sind, ein Opferfest (mawliid), zu dem zahlreiche Nomadensiedlungen zusammenströmen.[13]

Zu II. 1. Afar-Nomaden geben in der Regenzeit ihre Weidegebiete um die Oase Jur Erain Maru auf, „indem heftige Gewitter und unaufhörliche Regen die Hirten nöthigen, die Ebenen und Wady zu verlassen und mit ihren Herden sich nach den ... Bergen zurückzuziehen"[14]. Übermäßige Regenfälle führen zu Erkältungen des Viehs, zur Verschlechterung der Futterqualität, zur Verschlammung der Wege, zu einem Übermaß an parasitären Insekten (näheres hierüber S. 258). Verschiedene Beni Amer[15] verlassen in der Trockenzeit die Hochländer von Haggar, indem „sie in die wärmeren Tiefländer ziehen, da es oben zu kalt ist". Die Somalinomaden der nördliche Küstenzone Guban (d. h. „verbrannt") ziehen im März, wenn diese Landschaft unerträglich heiß wird, in die sich südlich anschließende, relativ kühle Ogo-Bergzone.[16] – Bei Ausbruch einer Infektionskrankheit geben z. B. Issa-Somal und Masai die Siedlung auf und lassen die Erkrankten, mit nur wenig Proviant versehen, erbarmungslos im

[8] Cunnison, 1954, S. 62.
[9] Lampen, 1935, S. 131. Cunnison, 1954, S. 62.
[10] Hadendoa: Burckhardt, 1820, S. 308. Karamojong: Gulliver, 1953, S. 52, 50.
[11] 1963, S. 31.
[12] Haberland, 1963, S. 32.
[13] Lewis, 1961, S. 129.
[14] Harris, 1845, S. 182.
[15] Müller, 1883, S. 413.
[16] Lewis, 1961, S. 39. Ähnlich Paulitschke, 1893, S. 211.

Stich.[17] Haben sie Glück und genesen, dann haben sie bald wieder Anschluß an ihre Lokalgruppe gefunden. Bei Auftauchen der Malaria-Mücke verlassen die Masai aus Furcht vor Fieber den Siedlungsplatz.[18] Nach LAUTURES[19] Mitteilung sterben im Ostsudan des öfteren Kamele, wenn ein gefährliches „kleines Reptil" sie sticht; das Vorkommen solcher Schadtiere ist für die Araber Grund genug, einen Weideplatz sofort zu verlassen.

Zu II. 2. Zum Schutz gegen das Zertrampeln der Saat und gegen das Abweiden der Felder entfernen die Humr-Baggara in der Regenzeit die meisten Rinder rasch aus dem Muglad-Bodenbauzentrum.[20] – Verlagerungen auf Grund des sich häufenden Unrats[21] lassen sich z. B. bei den Borana, den Tiefland-Arussi und bei den Masai belegen. Im Mittelsudan liegen nach MARNO[22] die Araberlager auf Abfallhaufen, „so daß die Orte wahre Brutstätten für Fliegen sind ...". Die Uasin-Gischu-Masai[23] verlagern sich, wenn der Kral verschlammt und voll faulen Unrats ist, unter Umständen nur einen halben oder einen Kilometer.

Zu II. 3. Bei Kriegsgefahr ziehen sich die Nomaden ungeachtet guter weidewirtschaftlicher Bedingungen in weniger gefährdete Gebiete zurück. Die Überfälle und Raubzüge zwischen den Gadabursi, Afar und Issa waren das störendste Moment in der zumeist sehr regelmäßigen Transhumanz der Issa,[24] und manche Landstriche wurden nahezu menschenleer. Die Masai in Kenia hatten sich zu THOMSONS[25] Zeiten (1885) aus dem größeren und fruchtbaren nördlichen Teil von Laikipia zurückgezogen, weil sie, durch innere Kriege sehr geschwächt, den Suk nicht mehr genügend Abwehrkraft entgegensetzen konnten. – Lineages der Nord-Somal, die in Fehde miteinander stehen, meiden sich auf ihren Verlagerungen.[26] – Die Gudschi-Galla,[27] ebenso wie viele Bedscha, wählen ihre Siedlungsplätze vorzugsweise abgelegen von allen Verkehrswegen und Vorposten der Zivilisation. Die Datoga ziehen sich aus den mit Bodenbauern überfremdeten Gebieten und aus Gegenden, wo die Administration wirksam wird (durch Straßenbau, Heuschreckenbekämpfung, Roden von Tsetsebusch usw.) zurück.[28] Das Erscheinen eines Steuereintreibers oder tributeheischenden Stammesoberhauptes konnte um 1875 ganze Siedlungen der Ababde in die Flucht schlagen.[29] – Das Verlassen einer Siedlung kann auch in magischer Denkweise begründet sein. Die Turkana[30] verlagern, unter Umständen nach Konsultation des Medizin-

[17] Issa: LIPPMANN, 1953, S. 138. Masai: HUPPERTZ, 1959, S. 945.
[18] MERKER, 1910, S. 180.
[19] 1855, S. 141.
[20] CUNNISON, 1954, S. 56.
[21] Borana und Arussi: HABERLAND, 1963, S. 31, 69 bzw. S. 421. Masai: HUPPERTZ. 1959, S. 945; GRZIMEK, 1959, S. 252.
[22] 1873, S. 248.
[23] KENYA LAND COMMISSION, 1934, S. 1210.
[24] PAULITSCHKE, 1888, Beiträge, S. 17.
[25] 1885, S. 364.
[26] LEWIS, 1961, S. 89, 40; MARES, 1954, S. 414.
[27] SCHULZ-WEIDNER, 1961, S. 323.
[28] WILSON, 1952, S. 46. BERGER, 1938, S. 191f., 180.
[29] KLUNZINGER, 1877, S. 251.
[30] GULLIVER, 1953, S. 65. BARTON, 1921, S. 206.

mannes, den Kral, wenn sie glauben, der Wohnplatz stehe unter einem üblen Einfluß, oder nach einem Todesfall. Wenn innerhalb der Umwallung der Masai-Siedlung jemand gestorben ist, wird sie verlassen und verbrannt,[31] es sei denn, sie wird durch die Flüssigkeit aus dem Mageninhalt eines geopferten Ochsen rituell gereinigt.[32] Bei den Somali-Nomaden gelten nach PAULITSCHKE[33] eine Häher-Art und der Galu-Vogel als unglückverheißend, sein Ruf „gal! gal!" („tritt ein!") ist Grund genug, ein errichtetes Lager sofort wieder aufzugeben. Die Gudschi-Galla wiederum richten sich bei der endgültigen Festlegung des Siedlungsplatzes nach dem als Ratschlag aufgefaßten Ruf zweier Vögel (dschoge, tum'dissa), indem sie die Richtung bevorzugen, in der diese Vögel hörbar werden.[34]

31 MERKER, 1910, S. 202f. JOHNSTON, 1886, S. 392. GRZIMEK, 1959, S. 252.
32 JOHNSTON, 1886, S. 392.
33 PAULITSCHKE, 1896, S. 26.
34 SCHULZ-WEIDNER, 1961, S. 323.

VERZEICHNIS *der Tabellen im Text*

LITERATURVERZEICHNIS

ACLAND, P. B. E.: Notes on the camel in the Eastern Sudan. Sudan Notes and Records, **15** (1932), S. 119–151.

AFRICA ORIENTALE ITALIANA. Guida d'Italia della Consoziazione turistica italiana. Milano 1938.

AFRIKA. Enciklopedičeskij spravočnik. Pod redakc. I. I. Potechina. Tom 1.2. Moskva 1963.

AFRIKA. Handbuch der angewandten Völkerkunde. Herausgegeben von H. A. Bernatzik. 2 Bände. Innsbruck 1947. (Siehe BERGER, JENSEN, LEBEUF, PAULI, ROSSINI und WAGNER, 1947).

ALIM, K. A.: Rinderzucht im Sudan. Bericht 1957/59. Wiener tierärztliche Monatsschrift, **49** (1962), 9, S. 749–753.

ALMAGIÀ, Roberto: Geografia antropica ed economica. In: L'Africa orientale, S. 195–287. Bologna 1936.

AMADEI, Roberto: Notizie sul programma di richerche idriche per la pastorizia somale. Rivista di agricoltura subtropicale e tropicale, **54** (1960), 4–6, 7–9, S. 377–390.

ANDREE, Karl: Forschungsreisen in Arabien und Ost-Afrika . . . s. BURTON und KRAPF, 1861.

ANDRIANOV, B. V.: Naselenie Afriki. Priloženie k karte narodov. Moskva 1960.

ANONYMOUS: Notes on the Somali. NADA (1948), 25, S. 85–93.

ARKELL-HARDWICK, A.: An ivory trader in North Kenya. The record of an expedition through Kikuyu to Gallaland in East Equatorial Africa. London 1903.

ATLAS NARODOV MIRA. Moskva 1964.

AUBERT DE LA RUE, E.: La Somalie française. Paris 1939.

AYLMER, L.: The country between the Juba River and Lake Rudolf. Geographical Journal, **38** (1911), S. 289–296.

BAKER, Sir Samuel W.: Die Nilzuflüsse in Abyssinien. Forschungsreise vom Atbara zum Blauen Nil und Jagden in Wüsten und Wildnissen. I. Band. Braunschweig 1868.

BAKER, S. J. K.: The East African environment. In: History of Africa, edited by Roland Oliver and Gervaise Mathew, Vol. I, o. O., o. J.

BALLY, Peter R. O.: Heil- und Giftpflanzen der Eingeborenen von Tanganyika. (Beiheft zu Bd. CII von Repertorium specierum novarum regni vegetabilis, herausg. v. Friedrich Fedde). Dahlem bei Berlin 1938.

BALSAN, F.: Aromates et tribus Medjerten de la corne d'Afrique (Nord-Somali). L'Ethnographie, **58/59** (1964/1965), S. 119–129.

BARBOUR, K. M.: The Republic of the Sudan. A regional geography. London 1961.

BARTON, Juxon: Notes on the Turkana tribe in British East Africa. Journal of the African Society, **20** (1921), S. 107–116 u. 204–212.

—: Notes on the Suk tribe of Kenya Colony. Journal of the Royal Anthropological Institute, **51** (1921), S. 82–100.

Barton, Juxon: Notes on the Kipsikis or Lumbwa tribe of Kenya Colony. Journal of the Royal Anthropological Institute, **53** (1923), S. 42–79.

Baumann, Hermann: Völker und Kulturen Afrikas. In: Baumann, H., Thurnwald, R. und Westermann, D., Völkerkunde von Afrika. Essen 1940.

Baumann, Oskar: Durch Massailand zur Nilquelle. Reisen und Forschungen der Massai-Expedition des deutschen Antisklaverei-Komitees in den Jahren 1891–1893. Berlin 1894.

Beech, Mervyn W. H.: The Suk, their language and folklore. With an introduction by Sir Charles Eliot. Oxford 1911.

Beltrame, Giovanni: In Nubia, presso File, Siène, Elefantina. Verona 1893.

Bensch, Peter: Die Entwicklung des Nomadentums in Afrika. Dissertation. Göttingen 1949.

Bent, J. Theodore: A visit to the Northern Sudan. Geographical Journal, **7** (1896), S. 335–356.

Berger, Arthur: Afrika – Schwarz oder Weiß. Antlitz und Schicksal des dunklen Erdteils. Berlin (um) 1930.

Berger, Paul: Die Datoga, ein ostafrikanischer Hirtenkriegerstamm. Koloniale Rundschau, **29** (1938), 3, S. 177–193.

—: Tanganjika. In: Afrika, Handbuch der angewandten Völkerkunde, herausg. v. H. A. Bernatzik, Bd. II, S. 965–1037. Innsbruck 1947.

Berghold, Kurt: Somali-Studien. Wiener Zeitschrift für die Kunde des Morgenlandes, **12** (1899), S. 123–198.

Bernatzik, Hugo Adolf: Typen und Tiere im Sudan. Leipzig 1942.

Berry, W. Y.: The Arabs of Kordofan: a study of adaption. Scottish Geographical Magazine, **44** (1928), 5, S. 278–292.

Bertarelli, L. V.: Possedimenti e Colonie. Isole Egee, Tripolitánia, Cirenáica, Eritréa, Somália. (Guida d'Italia del Touring club italiano. Anno VII). Milano 1929.

Bettini, T. M.: Die Rinderzucht in Italienisch-Ostafrika. Wiener Beiträge zur Kulturgeschichte und Linguistik, **6** (1944), S. 109–133.

Biasutti, R.: Pastori, agricoltori, e cacciatori nell'Africa orientale. Bolletino del Reale Società geografica italiana, **6** (1905), S. 155–179.

Boettger, Caesar R.: Die Haustiere Afrikas. Ihre Herkunft, Bedeutung und Aussichten bei der weiteren wirtschaftlichen Erschließung des Kontinents. Jena 1958.

Bonneuil, Marie Edith de: En Dankalie inexplorée. La Géographie, **70** (1938), S. 65–75.

Born, Martin: Zentralkordofan. Bauern und Nomaden in Savannengebieten des Sudan. Marburg 1965.

Bozzi, Luigi: L'immobilismo della pastorizia somala. Rivista di agricoltura subtropicale e tropicale, **54** (1960), 4–6, 7–9, S. 403–410.

Brehm, Alfred Edmund: Reiseskizzen aus Nord-Ost-Afrika oder den unter egyptischer Herrschaft stehenden Ländern Egypten, Nubien, Sennahr, Rosehres und Kordofahn, gesammelt auf seinen in den Jahren 1847 bis 1852 unternommenen Reisen. Dritter Theil. Jena 1855.

—: Brehms Tierleben. Nach der zweiten Originalausgabe bearbeitet von Dr. Adolf Meyer. Hamburg 1927.

Brenner, Richard: Richard Brenners Forschungen in Ost-Afrika. II. Das Land der südlichen Galla. Petermanns Mittheilungen, **14** (1868), S. 364–368 u. S. 456–466.

British Somaliland and Sokotra. (Handbooks prepared under the direction of the Historical Section of the Foreign Office. No. 97). London 1920.

BRITISH SOMALILAND and its tribes. Issued by the Military Government of British Somaliland. o. O. 1945.
BRUCE VON KINNAIRD, James: Reisen zur Entdeckung der Quellen des Nils in den Jahren 1768. 1769. 1770. 1771. 1772 und 1773. In fünf Bänden von ... Ins Teutsche übersetzt von J. J. Volkmann, Vierter Band. Leipzig 1791.
BUCHHOLZER, John: The Horn of Africa. London 1959.
BUDGE, E. A. Wallis: The Egyptian Sudan, its history and monuments. Vol. I. London 1907.
BÜHLER, Alfred: Beduinen aus Nordostafrika. Führer durch das Museum für Völkerkunde Basel. Sonderausstellung. 12. April bis 30. Sept. Basel 1957.
BÜHLER-OPPENHEIM: Hilfsmittel zur Erleichterung des Melkens bei Naturvölkern. Ciba-Zeitschrift (1948), 115, S. 4275–4276.
BURCKHARDT, Johann Ludwig: Johann Ludwig Burckhard's Reisen in Nubien und Arabien. Herausgegeben durch die Gesellschaft zur Beförderung der Entdeckungen im Innern von Africa. Jena 1820.
BURTON: Burton's Reisen nach Medina und Mekka und in das Somaliland nach Härrär in Ost-Afrika. Bearbeitet von Karl Andree. (Forschungsreisen in Arabien und Ost-Afrika nach den Entdeckungen von Burton, Speke, Krapf, Rebmann, Erhardt und Anderen. In zwei Bänden). Erster Band. Leipzig 1861.
BUSSE: Die periodischen Grasbrände im tropischen Afrika, ihr Einfluß auf die Vegetation und ihre Bedeutung für die Landeskultur. Mitteilungen aus den deutschen Schutzgebieten, **11** (1908), S. 113–139.
CANIGLIA, Guiseppe: Genti di Somalia. München 1921.
CERULLI, Enrico: Somalia. Scritti vari editi ed inediti, II. Diritto, Etnografia, Linguistica. Come viveva una tribú Hawiyya. Roma 1959.
—: Tribù di pastori e genti di agricoltori lungo i grandi fiumi nella Somalia. Rivista di Antropologia, **46** (1959), S. 11–19.
CHIPP, T. F.: Forests and plants of the Anglo-Egyptian Sudan. Geographical Journal, **75** (1930), S. 123–144.
CIPRIANI, Lidio: Abitazioni indigene dell'Africa orientale italiana. Napoli 1940.
CLARK, W. T.: Manners, customs and beliefs of the northern Bega. Sudan Notes and Records, **21** (1938), 1, S. 1–29.
CLIFFORD, E. H. M.: Notes on Jubaland. Geographical Journal, **72** (1928), S. 435–443.
COLLINS, Douglas: A tear for Somalia. London 1960.
COZZI, Paolo: Gli zebù della Somalia. Rivista di agricoltura subtropicale e tropicale, **59** (1965), 1–3, S. 61–77.
—: L'allevamento del bestiame in Somalia. Rivista di agricoltura subtropicale e tropicale, **59** (1965), 4–6, S. 123–139.
CROWFOOT: Old sites in the Butana. Sudan Notes and Records **3** (1920), S. 85–94.
CRUTTENDEN, C. J.: Notes on the Mijjertheyn Somalees. Journal of the Asiatic Society of Bengal, **13** (1844), 1, S. 319–335.
—: Memoir on the western or Edoor tribes, inhabiting the Somali Coast of N.-E. Africa, with the southern branches of the family of Darrood, resident on the banks of the Webbe Shebeyli, commonly called River Webbe. Journal of the Royal Geographical Society of London, **19** (1849), S. 49–76.
CUNNISON, Ian: The Humr and their land. Sudan Notes and Records, **35** (1954), 2, S. 50–69.
—: Giraffe hunting among the Humr tribe. Sudan Notes and Records, **39** (1958), S. 49–60.
—: Baggara Arabs. Power and the lineage in a Sudanese nomad tribe. Oxford 1966.

CUNY, Charles: Journal de voyage du Docteur Charles Cuny de Siout à El-Obéid du 22 novembre 1857 au 5 avril 1858. Précédé d'une introduction et accompagné d'une carte par M. V. A. Malte-Brun. Paris 1863.

DARLING, Maxwell R. C.: The desert locust. Sudan Notes and Records, **19** (1936), S. 168–175.

—: Notes on the food of camels on the Red Sea coast and in North Eastern Kordofan. Sudan Notes and Records, **21** (1938), S. 189–195.

DARYLL FORDE, C.: Habitat, economy and society. A geographical introduction to ethnology. London 1963.

DAVIES, H. R. J.: Nomadism in the Sudan. Aspects of the problem and suggested lines for its solution. Tijdschrift voor economische en sociale geografie, **57** (1966), 5, S. 193–202.

DAVIES, R.: Economics and trade. In: The Anglo-Egyptian Sudan from within, ed. by J. A. de Hamilton, S. 294–309, London 1935.

—: The camel's back. Service in the rural Sudan. London 1957.

DECKEN, Carl Claus von der, s. KERSTEN, 1871.

DENHARDT, Clemens: Erkundigungen im äquatorialen Ost-Afrika. Petermanns Mittheilungen, **27** (1881), S. 11–19.

DESHLER, Walter: Cattle in Africa: distribution, types and problems. Geographical review, **53** (1963), S. 52–58.

—: Native cattle keeping in Eastern Africa. In: Man, culture and animals. The role of animals in human ecological adjustment, S. 153–168, Washington 1965.

DITTMER, Kunz: Allgemeine Völkerkunde. Formen und Entwicklung der Kultur. Braunschweig 1954.

DRACOPOLI, I. N.: Across Southern Jubaland to the Lorian Swamp. Geographical Journal, **42** (1913), S. 128–142.

DRIBERG, J. H.: A preliminary account of the Didinga. Sudan Notes and Records, **5** (1922), S. 208–223.

DUNDAS, K. R.: Notes on the tribes inhabiting the Baringo-District, East Africa Protectorate. Journal of the Royal Anthropological Institute, **40** (1910), S. 49–73.

DYSON-HUDSON, Rada: Men, women and work in a pastoral society. Natural History, **69** (1960), 10, S. 42–57.

ELIOT, Charles: Introduction to: The Masai, their language and folklore, by A.C. Hollis, S. I–XXVIII, Oxford 1905.

—: Introduction to: The Nandi, their language and folklore, by A. C. Hollis, S. I–XXV, Oxford 1909.

—: Introduction to: The Suk, their language and folklore, by Mervyn W. H. Beech, S. I–XXIV, Oxford 1911.

ELLIOT, F.: Jubaland and its inhabitants. Geographical Journal, **41** (1913), S. 554–562.

EMLEY, E. D.: The Turkana of Kolosia District. Journal of the Royal Anthropological Institute, **57** (1927), S. 157–202.

ENGELL, M. C.: Verbreitung und Häufigkeit des Elefanten und Löwen in Afrika. (Ergänzungsheft Nr. 171 zu Petermanns Mitteilungen). Gotha 1911.

ERHARDT, J.: Vocabulary of the Enguduk Iloigob, as spoken by the Masai-tribes in East Africa, compiled by . . . Ludwigsburg in Würtemberg 1857.

ERITREA. (Handbooks prepared under the direction of the Historical Section of the Foreign Office. No. 126). London 1920.

ESCH, H. von der: Weenak – die Karawane ruft. Auf verschollenen Pfaden durch Ägyptens Wüsten. Leipzig 1941.

FAILLACE, Constantino: Stato della attuali conoscenze sulla geoidrologia della Somalia. Rivista di agricoltura subtropicale e tropicale, **54** (1960), 4–6, 7–9, S. 317–332.

FAVILLA, Guiseppe: Captazione e sfruttamento di acque superficiali ad uso agricolo e pastorale in Somalia. Rivista di agricoltura subtropicale e tropicale, **54** (1960), 4–6, 7–9, S. 333–376.

FEIGE, ERNST: Die Haustierzonen der Alten Welt. (Ergänzungsheft Nr. 198 zu Petermanns Mitteilungen). Gotha 1928.

FERRANDI, Ugo: Lugh. Seconda spedizione Bottego. Emporio commerciale sul Giuba, memorie e note di ... già Comandante di quella stazione. A cura e spese della Società geographica italiana. Roma 1903.

FISCHER, G. A.: Bericht über die im Auftrag der Geographischen Gesellschaft in Hamburg unternommene Reise in das Massai-Land, I–II. Mittheilungen der Geographischen Gesellschaft in Hamburg (1884/1885), S. 36–99, S. 189–237.

—: Dr. Fischer über das geistige Leben der Massai. Globus, **45** (1884), S. 379–380.

FITZGERALD, Walter: Africa, a social, economic and political geography of its major regions. London 1957.

FLEMING, G. J.: Tokar. Sudan Notes and Records, **3** (1920), 1, S. 12–14.

—: Kassala. Sudan Notes and Records, **5** (1922), 2, S. 65–78.

FOKKEN, H.: Spruchweisheit der Masai. Leipzig 1914.

FOSBROOKE, H. A.: An administrative survey of the Masai social system. Tanganyika Notes and Records (1948), 26, S. 1–51.

FRENCH SOMALILAND. (Handbooks prepared under the direction of the Historical Section of the Foreign Office. No. 109). London 1920.

FUCHS, Hanns: Sagen, Mythen und Sitten der Masai. Nach der Masaisprache und dem Englischen von ... Jena 1910.

FUCHS, V. E.: The Lake Rudolph Rift Valley Expedition. Geographical Journal, **86** (1935), S. 114–143.

GANZENMÜLLER, Konrad: Sennaar. Globus, **45** (1884), S. 152–156.

GATTI, Vasco: Il basso corso dell'Uebi Scebeli. Relazione di un viaggio dalla riga di Far Chero alla probabile antica confluenza col Giuba (Belet Mamo). Rivista di agricoltura subtropicale e tropicale, **54** (1960), 4–6, 7–9, S. 264–300.

GAUDIO, Attilio: Vagabondagio lungo la Costa francese dei Somali. L'Universo, Rivista di geografia, **37** (1957), 2, S. 255–277.

GESSI PASHA, Romolo: Seven years in the Sudan, being a record of explorations, adventures, and campaigns against the Arab slave hunters, collected and edited by his son, Felix Gessi. London 1892.

GEYER, Franz Xaver: Durch Sand, Sumpf und Wald. Missionsreisen in Zentral-Afrika. Freiburg im Breisgau 1914.

GILLMAN, C.: A population map of Tanganyika Territory. Dar es Salaam 1936.

GLEICHEN, Count: The Anglo-Egyptian Sudan. A compendium prepared by officers of the Sudan Government. Vol. I. Geographical, descriptive and historical. Edited by Count Gleichen. London 1905.

GOLDTHORPE, J. E. and F. B. WILSON: Tribal maps of East Africa and Zanzibar. (East African Studies, No. 13). Kampala 1960.

GRABHAM, G. W.: The physical setting. In: The Anglo-Egyptian Sudan from within, ed. by J. A. de Hamilton, S. 257–281, London 1935.

GRAY, Robert F.: The Sonjo of Tanganyika. An anthropological study of an irrigation-based society. London, New York, Toronto 1963.

GRZIMEK, Bernhard und Michael: Serengeti darf nicht sterben. 367000 Tiere suchen einen Staat. Berlin, Frankfurt, Wien 1959.

GUILLAIN, M.: Documents sur l'histoire, la géographie et le commerce de l'Afrique orientale recueillis et redigées par ...; publies par ordre du Gouvernement. Deuxieme partie. Relation du voyage d'exploration a la côte orientale d'Afrique, executé pendant les annees 1846, 1847 et 1848 par le brick le Ducouëdic. Tome premier. Paris 1857.

GUIRGUIS, Malak: El-Bega tribes: a little-known people of Egypt and the Sudan. Civilisations, 6 (1956), 2, S. 237–242.

GULLIVER, P. H.: Bell oxen and ox-names among the Jie. Uganda Journal, 16 (1952), 1, S. 72–75. (Ausgewertet nur über African Abstracts, 4 (1953), 3, No. 387, von Greta James).

—: The Central Nilo-Hamies. (Ethnographic Survey of Africa. East Central Africa). London 1953.

—: The Blood of the Karamojong. Uganda Journal, 18 (1954), 2, S. 195–196.

—: Jie agriculture. Uganda Journal, 18 (1954), 1, S. 65–71.

—: The family herds. A study of two pastoral tribes in East Africa, the Jie and the Turkana. London 1955.

—: Social control in an African society. A study of the Arusha: Agricultural Masai of Northern Tanganyika. London 1963.

GWYNN, C. W.: A journey to southern Abyssinia. Geographical Journal, 38 (1911), S. 113–139.

HABERLAND, Eike: Zum Problem der Jäger und besonderen Kasten in Nordost- und Ostafrika. Paideuma, 8 (1962), 2, S. 136–153.

—: Galla Süd-Äthiopiens. Ergebnisse der Frobenius-Expeditionen 1950–52 und 1954–56. Herausgegeben vom Frobenius-Institut. Stuttgart 1963.

HABERLANDT, Arthur: Die Trinkwasserversorgung primitiver Völker. Mit besonderer Berücksichtigung der Trockengebiete der Erde. (Ergänzungsheft Nr. 174 zu Petermanns Mitteilungen). Gotha 1912.

HAGGENMACHER, G. A.: G. A. Haggenmacher's Reise im Somali-Lande 1874. (Ergänzungsheft Nr. 47 zu Petermanns Mitteilungen). Gotha 1876.

HAHN, Eduard: Die Wirtschaftsformen der Erde. Petermanns Mitteilungen, 38 (1892), S. 8–12.

—: Die Haustiere und ihre Beziehungen zur Wirtschaft des Menschen. Leipzig 1896.

HAILEY, Lord: An African survey. A study of problems arising in Africa south of the Sahara. London, New York, Toronto 1938.

HAMILTON, J. A. de: The Anglo-Eygptian Sudan from within. Ed. by J. A. de Hamilton. London 1935. (Siehe auch: DAVIES, GRABHAM, LAMPEN, NEWBOLD, PURVES und REID, 1935).

HANDBUCH DER GEOGRAPHISCHEN WISSENSCHAFT s. KLUTE.

HANDWÖRTERBUCH der Zoologie, Anthropologie und Ethnologie. Herausgegeben von Prof. Dr. Gustav Jäger und anderen. (Encyklopaedie der Naturwissenschaften ... I. Abteilung. III. Theil, Handwörterbuch der Zoologie etc.). In 8 Bänden. Breslau 1880–1900.

HARRIS: Harris' Gesandtschaftsreise nach Schoa und Aufenthalt in Südabyssinien 1841–1843. Erste Abtheilung. Stuttgart und Tübingen 1845.

HARTMANN, Robert: Skizzen aus Aethiopien. Erster Artikel. Globus, 4 (1863), S. 202–206.

—: Studien zur Geschichte der Haus-Thiere. Das Kamel. Zeitschrift für Ethnologie, 1 (1869), S. 66–79, S. 232–251, S. 353–363.

—: Die Völker Afrikas. Leipzig 1879.

—: Die Bejah. Zeitschrift für Ethnologie, 13 (1881), S. 1–10.

HENNINGS, R. O.: Grazing management in the pastoral areas of Kenya. Journal of African Administration, 13 (1961), S. 191–203.

HERSKOVITS, Melville J.: The Cattle Complex in East Africa. American Anthropologist, 28 (1926), S. 1–137.

HERZ, Karl: Afrika. In: Das Gesicht der Erde, Brockhaus Taschenbuch der physischen Geographie, Leipzig 1962.

HERZOG, Rolf: Veränderungen und Auflösungserscheinungen im nordafrikanischen Nomadentum. Paideuma, 6 (1956), S. 210–223.

—: Die Ergebnisse der ersten sudanischen Volkszählung in ethnologischer Sicht. Zeitschrift für Ethnologie, 84 (1959), 2, S. 173–206.

—: Sudan. (Die Länder Afrikas, Bd. 8). Bonn 1961.

—: Seßhaftwerden von Nomaden. Geschichte, gegenwärtiger Stand eines wirtschaftlichen wie sozialen Prozesses und Möglichkeiten der sinnvollen technischen Unterstützung. (Forschungsberichte des Landes Nordrhein-Westfalen, Nr. 1238). Köln und Opladen 1963.

HESSE, Richard: Tiergeographie auf ökologischer Grundlage. Jena 1924.

HEUGLIN, M. Theodor v.: Über das Land der Beni Amer oder Beni Aamer. Petermanns Mittheilungen, 13 (1867), S. 169–173.

—: Reise nach Abessinien, den Gala-Ländern, Ost-Sudán und Chartúm in den Jahren 1861 und 1862. Jena 1868.

—: Reise in das Gebiet des Weissen Nil und seiner westlichen Zuflüsse in den Jahren 1862–1864. Leipzig, Heidelberg 1869.

—: Reise in Nordost-Afrika. Schilderungen aus dem Gebiete der Beni Amer und Habab nebst zoologischen Skizzen ... Erster Band. Braunschweig 1877.

HEUN, I.: Das Entwicklungsland Somalia. Köln 1963.

HILDEBRANDT, Johann Maria: Gesammelte Notizen über Landwirthschaft und Viehzucht in Abyssinien und den östlich angrenzenden Ländern. Zeitschrift für Ethnologie, 6, (1874), S. 318–340.

—: Vorläufige Bemerkungen über die Somal. Zeitschrift für Ethnologie, 7 (1875), S. 1–15.

—: Ethnographische Skizzen über Wakámba und ihre Nachbaren. Zeitschrift für Ethnologie, 10 (1878), S. 347–415.

HINDE, Sidney Landford and Hildegard. The last of the Masai. London 1901.

HIRSCHBERG, Walter: Eingeborene Bevölkerung. In: Meyers Handbuch über Afrika, S. 158–345. Mannheim 1962.

HOBLEY, C. W.: People, places and prospects in British East Africa. Geographical Journal, 4 (1894) S. 97–123.

HÖFNER, Maria: Das Feteh Maḥārī. Sitten und Recht der Mänsa', nach dem Tigrē-Text K. G. Rodén's übersetzt von ... Abhandlungen der Geistes- und Sozialwissenschaftlichen Klasse, Akademie der Wissenschaften und der Literatur, Wiesbaden, 8 (1951), S. 645–746.

HOHENWART-GERLACHSTEIN, A.: Materielle Kultur und Wirtschaft bei den Ababda in Oberägypten. Archiv für Völkerkunde, 14 (1959), S. 67–87.

HÖHNEL, Ludwig Ritter von: Zum Rudolph-See und Stephanie-See. Die Forschungsreise des Grafen Samuel Teleki in Ost-Aequatorial-Afrika 1887–1888, geschildert von seinem Begleiter Ludwig ... Wien 1892.

—: The Lake Rudolf region. Journal of the Royal African Society, 37 (1938), S. 206–227.

HOLLIS, A. C.: The Masai. Their language and folklore. Oxford 1905.

—: The Nandi. Their language and folklore. Oxford 1909.

Hollis, A. C.: The Masai. In: Convegno di scienze morale e storiche. Tema: L'Africa, Bd. 1, S. 644–653, Roma 1939.

Hoyos, Ernst Graf jun.: Zu den Aulihan. Reise- und Jagderlebnisse im Somalilande. Wien 1895.

Huber, J. H.: Verbesserung des Zebu-Rindes in Kenia. Schweizerische Landwirtschaftliche Monatshefte, **36** (1958), 4, S. 138–142.

Huntingford, G. W. B.: Free hunters, serf tribes and submerged classes in East Africa. Man, **31** (1931), S. 262–266.

—: The Southern Nilo-Hamites. (Ethnographic Survey of Africa. East Central Africa. Part 8). London 1953.

Huppertz, Josefine: Die Eigentumsrechte bei den Maassai. Anthropos, **54** (1959), S. 939–969.

Indigenous Cattle of the British dependent territories in Africa. Ed. by the Colonial Office, H.M.S.O. London 1957.

Ingrams, Harold: Uganda, a crisis of nationhood. London 1960.

Interriver economic exploration. The Somali Republic. (International Cooperation Administration). Washington, D.C., 1961.

Jackson, H. C.: A trek in Abu Hamed District. Sudan Notes and Records, **9** (1926), 2, S. 1–35.

Jacobs, Alan H.: Recent research amongst the Masai. (Separatum). Moshi (Tanganyika) 1957.

—: Masai age-groups and some functional tasks. East African Institute. o. O. 1958.

Jaeger, Fritz: Die Tatoga. In: Das Hochland der Riesenkrater und die umliegenden Hochländer Deutsch-Ostafrikas, S. 102–105. (Ergänzungsheft 4 der Mitteilungen aus den Deutschen Schutzgebieten). Berlin 1911.

Jaenen, G. J.: The Somali problem. African affairs, **56** (1957) 223, S. 147–158.

James, F. L.: The wild tribes of the Sudan. An account of personal experiences and adventures during three winters spent in that country chiefly among the Basé tribe. London 1884.

—: The unknown horn of Africa. An expedition from Berbera to the Leopard River. London 1888.

James, L.: The Kenya Masai, a nomadic people under modern administration. Africa, **12** (1939).

Jensen, Adolf E.: Nordostafrika, Ethnographie, Nordostraum. In: Afrika, Handbuch der angewandten Völkerkunde, herausg. v. H. A. Bernatzik, Bd. II, S. 781–830, Innsbruck 1947.

Johnston, H. H.: Der Kilima-Ndjaro. Forschungsreise im östlichen Aequatorial-Afrika nebst einer Schilderung der naturgeschichtlichen und commerziellen Verhältnisse sowie der Sprachen des Kilima-Ndjaro-Gebietes. Leipzig 1886.

Johnston, Harry: The Uganda Protectorate. An attempt to give some description of the physical geography, botany, zoology, anthropology, languages and history of the territories under British protection in East Central Africa . . . In two vols. Vol. II. London 1902.

Joshi, N. R., McLaughlin, E. A., and Phillips, Ralph W.: Types and breeds of African cattle. (FAO Agricultural Studies. No. 37). Rome 1957.

Keimer, Louis: Notes prises chez les Bišarín et les Nubiens d'Assouan. Bulletin de l'Institut d'Egypte, **32** (1951), S. 49–101; **33** (1952), S. 43–136; **34** (1953), S. 329–449; **35** (1954), S. 447–533.

Keller, C.: Das Rind und seine Formen in Afrika. Globus, **66** (1894), S. 181–185.

Kenya Land Commission. Evidence and Memoranda. Vol. II. Colonial no. 91, published by His Majesty's Stationary Office. London 1934.

Kersten, Otto: Baron Claus von der Decken's Reisen in Ost-Afrika in den Jahren 1862 bis 1865. Zweiter Band. Leipzig, Heidelberg 1871.

Kiefert, Karl-Hermann: Landwirtschaft. Viehzucht. In: Meyers Handbuch über Afrika, S. 448–464, Mannheim 1962.

Klunzinger, C. B.: Bilder aus Oberägypten, der Wüste und dem Roten Meere. Stuttgart 1877.

Klute, Fritz, Wittschell, Leo und Kaufmann, Alfred: Afrika in Natur, Kultur und Wirtschaft. (Handbuch der Geographischen Wissenschaft). Potsdam 1930.

Koenig, O.: The Masai story. London 1956.

Kotschy, Theodor: Theodor Kotschy's Reise nach Kordofan, 1839. Nach des Reisenden unveröffentlichtem Tagebuche. Petermanns Mittheilungen, Ergänzungsband II (1862/63), Ergänzungsheft No. 7, S. (3)–(17).

Krapf: Die Expeditionen Burton's und Speke's von Zanzibar bis zum Tanganyika- und Nyanza-See; Rebmann's Wanderung nach Dschagga und Krapf's Reisen im äquatorialen Ostafrika und Abessinien. Bearbeitet von Karl Andree. (Forschungsreisen in Arabien und Ost-Afrika nach den Entdeckungen von Burton, Speke, Krapf, Rebmann, Erhardt und Anderen. In zwei Bänden). Zweiter Band. Leipzig 1861.

Lagercrantz, Sture: Contribution to the ethnography of Africa. (Studia Ethnographica Upsaliensia, I). Lund 1950.

Lampen, G. D.: The Baggara tribes of Darfur. Sudan Notes and Records, **16** (1933), S. 97–118.

—: The cattle owning tribes (Baggara). In: The Anglo-Egyptian Sudan from within, ed. by J. A. de Hamilton, S. 130–139, London 1935.

Lauture, d'Escayrac de: Die Afrikanische Wüste und das Land der Schwarzen am obern Nil. Leipzig 1855.

Lawrance, J. C. D.: The Iteso. Fifty years of change in a Nilo-Hamitic tribe of Uganda. London 1957.

Leakey, L. S. B.: Some notes on the Masai of Kenya Colony. Journal of the Royal Anthropological Institute, **60** (1930), S. 185–209.

Lebeuf, Jean Paul: Die Stämme zwischen Schari und Nil. In: Afrika, Handbuch der angewandten Völkerkunde, herausg. v. H. A. Bernatzik, Bd. I, S. 427–471, Innsbruck 1947.

Le Roy, A.: Au Kilima-Ndjaro. Paris (um) 1886.

Lersch, M. und Eder, W.: Auf den Pisten Afrikas. Erlebnisse der Österreichischen Transafrika-Expedition zwischen Tunis und Rhodesien. Leipzig 1961.

Leubuscher, Ch.: Tanganyika Territory. A study of economic policy under mandate, London 1944.

Lewis, I. M.: Peoples of the Horn of Africa, Somali, Afar and Saho. (Ethnographic Survey of Africa. North Eastern Africa. Part 1). London 1955.

—: A pastoral democracy. A study of pastoralism and politics among the Northern Somali of the Horn of Africa. London 1961.

Leys, Norman: Kenya. London 1926.

Lichtenheld, G.: Über Rinderrassen, Rinderzucht und ihre wirtschaftliche Bedeutung in Deutsch-Ostafrika. Der Pflanzer, Zeitschrift für Land- und Forstwirtschaft in Deutsch-Ostafrika, **9** (1913), 6, S. 261–279.

Lippmann, A.: Guerriers et sorciers en Somalie. Paris 1953.

Lloyd, Watkiss: Dar Homr. Globus, **92** (1907), S. 15–16.

—: Notes on Kordofan Province. Geographical Journal, **35** (1910), S. 249–268.

LONG, C. A.: Beef cattle of Kenya. In: East African agriculture, A short survey of the agriculture of Kenya etc., edited by Matheson, J. K., and Bovill, E. W., S. 130–132, London, New York, Toronto 1950.

LUCAS, Maurice: Renseignements ethnographiques et linguistiques sur les Danakils de Tadjourah. Journal de la Société des africanistes, **5** (1935), S. 181–202.

MACLAREN, J. F. P.: The nomad tent of Northern Kordofan. Sudan Notes and Records, **10** (1927), S. 235–240.

MACMICHAEL, H. A.: The tribes of northern and central Kordofan. (Cambridge Archaeological and Ethnological Series). Cambridge 1912.

—: The Kheirān. Sudan Notes and Records, **3** (1920), 2, S. 231–245.

MAERZ, Günther: Die Rinderzucht und -haltung in ihrer Eigenart bei verschiedenen Eingeborenenvölkern Deutsch-Ostafrikas. Zeitschrift für Tierzüchtung und Züchtungsbiologie, **50** (1941), S. 93–151.

MALLET, Marguerite: A white woman among the Masai. London, New York 1923.

MARES, Robert G.: Animal husbandry, animal industry and animal disease in the Somaliland Protectorate. Part I and II. The British Veterinary Journal, **110** (1954), S. 411–423 u. S. 470–481.

MARNO, Ernst: Reisen in Hoch-Sennaar. Petermanns Mittheilungen, **18** (1872), S. 450–456.

—: Reisen in Hoch-Sennaar 1870/71, 4. Über den Einfluss der Fliegen (Tuban) und insbesondere der Surrēta auf die Hausthiere Sennaar's. Petermanns Mittheilungen, **19** (1873), S. 246–252.

—: Reisen im Gebiete des blauen und weißen Nil, im egyptischen Sudan und den angrenzenden Negerländern in den Jahren 1869 bis 1873. Wien 1874.

MASIUS, H.: Das Kameel. Meyer's Volksbibliothek für Länder-, Völker- und Naturkunde, **28** (um 1885), S. 75–102.

MATHESON, J. K., and BOVILL, E. W.: East African agriculture: a short survey of the agriculture of Kenya, Uganda, Tanganyika, and Zanzibar, and of its principal products. London, New York, Toronto 1950. (Siehe auch LONG, SAVILE, THOMPSON, 1950).

MCKAY, W. M.: Some problems of colonial animal husbandry. The Northern Frontier Province of Kenya. Part I and II. The British Veterinary Journal, **113** (1957), 7, S. 268–279 sowie 8, S. 316–322.

MENGES, Josef: Ausflug in das Somali-Land. Petermanns Mitteilungen, **30** (1884), S. 401–412.

—: Streifzüge in dem Küstenland der Habr Auel. Petermanns Mitteilungen, **40** (1894), S. 227–234.

MERKER, M.: Die Massai. Ethnographische Monographie eines ostafrikanischen Semitenvolkes. Berlin 1910.

MERNER, Paul-Gerhardt: Das Nomadentum im nordwestlichen Afrika. (Berliner geographische Arbeiten, Heft 12). Stuttgart 1937.

MEYERS Handbuch über Afrika. Herausgegeben und bearbeitet von der Fachredaktion des Bibliographischen Instituts. Mannheim 1962. (Siehe auch HIRSCHBERG, KIEFERT, RUTZ und SCHREIBER, 1962).

MICKEL: Rindviehhaltung und Rindviehzucht im Bezirk Moschi und Maßnahmen zu ihrer Besserung. Der Pflanzer, Zeitschrift für Land- und Forstwirtschaft in Deutsch-Ostafrika, **13** (1912) 3, S. 129–144.

MUCHTAR, Mohammed: Über seine Erforschungen im Lande der Issa und in Harrar. Globus, **31** (1877), S. 318.

MÜLLER, John Freiherr von: Tagebuch meiner Reise durch das Gebiet der Habab und Beni Amer. Zeitschrift der Gesellschaft für Erdkunde zu Berlin, **18** (1883), S. 412–438.

—: Tagebuch einer Reise durch das Gebiet der Gadabursi-Somali und Noli-Galla nach Harrar. Zeitschrift der Gesellschaft für Erdkunde zu Berlin, **19** (1884), S. 73–81 und S. 104–122.

MÜLLER, Robert: Die geographische Verbreitung der Wirtschaftstiere unter besonderer Berücksichtigung der Tropenländer. Leipzig 1903.

MUNZINGER, Werner: Sitten und Recht der Bogos. Winterthur 1859.

—: Ostafrikanische Studien. Schaffhausen 1864.

—: Itinerar und Kompass-Winkelmessungen, angestellt auf der Reise W. Munzinger's und Theodor Kinzelbach's von Mai-Scheka bis Kassala und von Kassala bis Chartum von W. Munzinger. In: Die deutsche Expedition in Ost-Afrika 1861 und 1862, S. 18–23 (Ergänzungsheft Nr. 13 zu Petermanns Mittheilungen). Gotha 1864.

—: Die nördliche Fortsetzung der Abessinischen Hochlande. Neue Forschungen in den Gebieten der Beni-Amer und Habab. Petermanns Mittheilungen, **18** (1872), S. 201–206.

MURDOCK, George Peter: Africa: its peoples and their culture history. New York 1959.

MURRAY, G. W.: The Ababda. Journal of the Royal Anthropological Institute, **53** (1923), S. 417–422.

—: The northern Beja. Journal of the Royal Anthropological Institute, **57** (1927), S. 39–55.

NADEL, S. F.: Notes on Beni Amer society. Sudan Notes and Records, **26** (1945), S. 51–94. (Ausgewertet nur über African Abstracts, **3** (1952), No. **449**, von Iona Mayer).

NEEF, Ernst: Das Gesicht der Erde. Brockhaus-Taschenbuch der physischen Geographie. Mit einem ABC. In Verbindung mit der Verlagsredaktion bearbeitet unter Leitung von ... Leipzig 1962.

NESBITT, L. M.: From south to north through Danakil. Geographical Journal, **73** (1929), S. 529–540.

—: Danakil traversed from south to north in 1928. Geographical Journal, **76** (1930), S. 298–316, S. 391–415, S. 545–558.

NEWBOLD, D.: The Beja tribes of the Red Sea Hinterland. In: The Anglo-Egyptian Sudan from within, ed. by J. A. Hamilton, S. 140–164, London 1935.

NEWBOULD, J. G. B.: A journey through North Eastern Somaliland. Oxford University Somaliland Expedition, 1957. Oxford University Exploration Club, Bulletin (1958) **9**, S. 29–43.

O'CONNOR, A. M.: An economic geography of East Africa. London 1966.

OLDEROGGE, D. A., und I. I. POTECHIN: Die Völker Afrikas. Ihre Vergangenheit und Gegenwart. Berlin 1961. (Siehe auch OLDEROGGE, RAIT und SMIRNOW, 1961).

—: Tropisch-Ostafrika. In: Die Völker Afrikas, unter der Redaktion von Olderogge und Potechin, Bd. II, S. 495–572, Berlin 1961.

ONOR, Romolo: La Somalia italiana. Esame critico dei problemi di economia rurale e di politica economica della Colonia. Torino 1925.

OWEN, T. R. H.: The Hadendowa. Sudan Notes and Records, **20** (1937), 2, S. 183–208.

PAGES-JONES, F. H.: Water in Masailand. Tanganyika Notes and Records (1948), 26, S. 51–60.

PALLME, Ignaz: Beschreibung von Kordofan und einigen angränzenden Ländern nebst einem Überblick über den dasigen Handel, die Sitten und Gebräuche der Einwohner und die unter der Regierung Mehemed Ali's stattgefundenen Sklavenjagden. Von I. Pallme während dessen Anwesenheit in den Jahren 1838–1839 verfaßt. Stuttgart, Tübingen 1843.

PANKHURST, E. S.: Ex-Italian Somaliland. London 1951.

PANKHURST, Richard: Division of labour and employment in nineteenth century and early twentieth-century Ethiopia. Ethnological Society Bulletin, University College of Addis Ababa, **2** (1961), 1, S. 7–59.

PAUL, A.: Horse-breeding among the Shankab. Sudan Notes and Records, **18** (1935), S. 138–142.

—: Notes on the Beni Amer. Sudan Notes and Records, **31** (1950), 2, S. 223–246.

—: A history of the Beja tribes of the Sudan. Cambridge 1954.

PAULI, Elisabeth: Nordostafrika. Koloniale Belange. In: ‚Afrika, Handbuch der angewandten Völkerkunde, herausg. v. H. A. Bernatzik, Bd. II, S. 855–888, Innsbruck 1947.

PAULITSCHKE, Philipp: Reise nach Harar und in die nördlichen Galla-Länder 1885. Petermanns Mitteilungen, **31** (1885), S. 369–384 und S. 460–474.

—: Beiträge zur Ethnographie und Anthropologie der Somal, Galla und Harari. Dr. D. Kammel von Hardeggers Expedition in Ost-Afrika. Leipzig 1888.

—: Harar. Forschungsreise nach den Somal- und Gallaländern Ost-Afrikas, ausgeführt von Dr. Kammel von Heidegger und Prof. Dr. Paulitschke. Leipzig 1888.

—: Kulturbilder aus den Somal- und Gallaländern von Harar. Globus, **56** (1889), S. 1–6 u. a. S.

—: Ethnographie Nordost-Afrikas. I. Die materielle Cultur der Danâkil, Galla und Somâl. Berlin 1893.

—: Ethnographie Nordost-Afrikas. II. Die geistige Cultur der Danâkil, Galla und Somâl, nebst Nachtrag zur materiellen Cultur dieser Völker. Berlin 1896.

PAVARI, Graziella: L'abitazione umana nell' A. O. L'Universo, **17** (1936), S. 317–345.

PELLEGRINI, Lino: Nera marea. Il libro dell'Africa di . . . Milano 1961.

PENLEY, E. W.: Superstition amongst the Turkana. A southern Turkana heaven. Man, **30** (1930), S. 139–140.

PETHERICK, John: Egypt, the Sudan and Central Africa, with explorations from Khartoum on the White Nile to the regions of the Equator, being sketches from sixteen years' travel. Edinburgh, London 1861.

PFUND, J.: Reisebriefe aus Kordofan und Dar-Fur. Mittheilungen der Geographischen Gesellschaft in Hamburg (1878), S. 121–305.

PHILLIPS, John: Agriculture and ecology in Africa: a study of actual and potential development south of the Sahara. London 1959.

POHLHAUSEN, Henn: Das Wanderhirtentum und seine Vorstufen. Eine ethnographisch-geographische Studie zur Entwicklung der Eingeborenenwirtschaft. (Kulturgeschichtliche Forschungen, herausg. v. Georg Eckert und Hermann Trimborn, 4. Bd.). Braunschweig 1954.

POLLERA, Alberto: Le popolazioni indigene dell'Eritrea. Bologna 1935.

PRODUCTION YEARBOOK 1964. Food and Agriculture Organization of the United Nations. Vol. 18. Rome 1965.

PROSHOGIN, N.: Guten Morgen, Afrika! Reisenotizen aus Somalia. Leipzig 1963.

PURVES, W. D. C. L.: The northern riverain provinces. In: The Anglo-Egyptian Sudan from within, ed. by J. A. de Hamilton, S. 165–180, London 1935.

RADÓ, Sándor: Welthandbuch. Internationaler politischer und wirtschaftlicher Almanach. Budapest 1962.

RAIT, M. W.: Somaliland. In: Die Völker Afrikas, unter der Redaktion von Olderogge und Potechin, Bd. II, S. 479–494, Berlin 1961.

Rapley, R. E.: Masai claims in Tanganyika: warrior tribe want state of their own. African World (1960), November, S. 12–14.

Ratzel, Friedrich: Anthropogeographie. Erster Teil: Grundzüge der Anwendung der Erdkunde auf die Geschichte. Stuttgart 1909.

—: Anthropogeographie. Zweiter Teil: Die geographische Verbreitung des Menschen. Stuttgart 1912.

Rayne, H.: Turkana. Journal of the African Society, **18** (1918–19), S. 183–189 und S. 254–265.

Reid, J. A.: Some notes on the tribes of the White Nile Province. Sudan Notes and Records, **13** (1930), 2, S. 149–209.

—: The nomad Arab camel breeding tribes. In: The Anglo-Egyptian Sudan from within, ed. by J. A. de Hamilton, S. 113–129, London 1935.

Reil, Otto: Otto Reils Reise von Suakin nach Massaua durch die Gebiete der Hadendoa, Beni Amer und Habab, 1868. Petermanns Mittheilungen, **15** (1869), S. 368–373.

Rein, G. K.: Abessinien, eine Landeskunde nach Reisen und Studien in den Jahren 1907–1913. Bd. 3. Berlin 1920.

—: Der Weg durch Afrikas Hölle. Aus den Reisetagebüchern von G. K. Rein. Bearbeitet von Steinhardt. Berlin 1936.

Révoil, Georges: Voyages au Cap des Aromates (Afrique orientale). Paris 1880.

Ritter, Gust. A.: Afrika. Populäre Schilderung des Landes und der Lebensweise, der Sitten und Gebräuche der eingeborenen Bevölkerung. Berlin 1908.

Robinson, A. E.: Desiccation or destruction. Notes on the increase of desert areas in the Nile Valley. Sudan Notes and Records, **18** (1935), S. 119–130.

Ross, W. McGregor: Kenya from within, a short political history. London 1927.

Rossini, Carlo Conti: Etiopia e genti di Etiopia, con numerose illustrazioni e tre cartine geografiche. Firenze 1937.

—: Die Bedja. In: Afrika, Handbuch der angewandten Völkerkunde, herausg. v. H. A. Bernatzik, Bd. II, S. 830–842, Innsbruck 1947.

Rüppell, Eduard: Reisen in Nubien, Kordofan und dem peträischen Arabien vorzüglich in geographisch-statistischer Hinsicht. Frankfurt am Main 1829.

Rutz, Werner: Gewässer. In: Meyers Handbuch über Afrika, S. 45–55, Mannheim 1962.

Salt, Henry: A voyage to Abyssinia and travels into the interior of that country, executed under the orders of the British Government, in the years 1809 and 1810. London 1814.

Sandars, G. E. R.: The Bisharin. Sudan Notes and Records, **16** (1933), S. 119–149.

—: The Amarar. Sudan Notes and Records, **18** (1935), S. 195–219.

Savile, A. H.: African agriculture in Tanganyika. In: East African agriculture, ed. by Matheson, J. K. and Bovill, E. W., S. 236–250, London, New York, Toronto 1950.

Schickele, Rainer: Die Weidewirtschaft in den Trockengebieten der Erde. (Probleme der Weltwirtschaft. Schriften des Instituts für Weltwirtschaft und Seeverkehr an der Universität Kiel, herausgegeben von Prof. Dr. Bernhard Harms, No. 53). Jena 1931.

Schinkel, Hans-Georg: Akkulturationseinflüsse auf die pflanzerischen Dschagga und die viehzüchtenden Masai – eine vergleichende wirtschaftsgeschichtliche Untersuchung. Diplomarbeit am Julius-Lips-Institut. Leipzig 1962.

—: Die Beschaffung vegetabilischer Nahrung bei den Nomaden Ost- und Nordostafrikas unter besonderer Berücksichtigung der Arbeitsteilung. In: Das Verhältnis von Bodenbauern und Viehzüchtern in historischer Sicht, S. 163–184,

Berlin 1968. (Deutsche Akademie der Wissenschaften zu Berlin, Institut für Orientforschung, Veröffentlichung Nr. 69).

SCHINKEL, Hans-Georg, unter Mitarbeit von Wolfgang LIEDTKE: Prinzipien einer Analyse der Ökonomie des afrikanischen Großviehnomadismus. Wissenschaftliche Zeitschrift der Karl-Marx-Universität Leipzig, Gesellschafts- und Sprachwissenschaftliche Reihe, **13** (1964), 2, S. 275–280.

SCHLEICHER, A. W.: Die Somali-Sprache. Berlin 1892.

SCHNEIDER, Harold K.: The subsistence role of cattle among the Pakot and in East Africa. American Anthropologist, **59** (1957), 2, S. 278–299.

—: Pakot resistance to change. In: Continuity and change in African cultures, ed. by William R. Bascom and Melville J. Herskovits, S. 144–168, Chikago 1959.

SCHOENFELD, E. Dagobert: Erythräa und der Ägyptische Sudan. Auf Grund eigener Forschung an Ort und Stelle dargestellt. Berlin 1904.

SCHREIBER, Detlev: Klima. Pflanzen. Landschaften. In: Meyers Handbuch über Afrika, S. 56–116, Mannheim 1962.

SCHULTZE, Joachim H.: Beiträge zur Geographie Tropisch-Afrikas. Erläuterungen zu einer in der Beilage befindlichen Kartenserie von Guinea und Ostafrika. (Wissenschaftliche Veröffentlichungen des Deutschen Instituts für Länderkunde). Leipzig 1955.

—: Der Ost-Sudan, Entwicklungsland zwischen Wüsten und Regenwald. (Abhandlungen des 1. Geographischen Instituts der Freien Universität Berlin, Bd. 7). Berlin 1963.

—: Bemerkungen zu Wasserwirtschaft und Wasserhaushalt im Ost-Sudan. Wasserwirtschaft, **55** (1965), 2, S. 47–53.

SCHULZ-WEIDNER, Willy: Einige Notizen über den Stamm der Gudji-Galla. Baessler-Archiv, Neue Folge, **9** (1961), S. 265–327.

SCHWEINFURTH, Georg: Im Herzen von Afrika. Reisen und Entdeckungen im centralen Aequatorial-Afrika während der Jahre 1868–1871. Erster Theil. Leipzig 1874.

—: Auf unbetretenen Wegen in Ägypten. Aus eigenen verschollenen Abhandlungen und Aufzeichnungen. Hamburg 1922.

SELIGMAN, Charles G.: Some aspects of the hamitic problem in the Anglo-Egyptian Sudan. Journal of the Royal Anthropological Institute, **43** (1913), S. 593–705.

—: Note on the Bisharin. Man, **15** (1915), S. 81–83.

—, and Z. Brenda: The Kabâbish, a Sudan Arab tribe. Harvard African Studies, **2**, (1918), S. 105–187.

—, and Z. Brenda: Note on the history and present condition of the Beni Amer (South. Beja). Sudan Notes and Records, **13** (1930), S. 83–97.

—, and Z. Brenda: Pagan tribes of the Nilotic Sudan. London 1932.

SHELFORD, Frederic: Notes on the Masai. Journal of the African Society (1909–1910), S. 267–270.

SILBERMAN, L.: Les nomades du Plateau Somali. Revue internationale des sciences sociales, **11** (1959), 4, S. 582–598.

SMIRNOW, S. R.: Republik Sudan. In: Die Völker Afrikas, unter der Redaktion von Olderogge und Potechin, Bd. I, S. 283–330, Berlin 1961.

SMITH, A. Donaldson: Expedition through Somaliland to Lake Rudolf. Geographical Journal, 8 (1896), S. 120–137 und S. 221–239. London 1896.

SOMALI REPUBLIC: s. Inter-river economic exploration.

SOTTIRO: Über die Ogaden-Somal. Globus, **45** (1884), S. 160.

SPENCER, Paul: The Samburu. A study of gerontocracy in a nomadic tribe. London 1965.

SPRINGER, Arno: Die Salzversorgung der Eingeborenen Afrikas vor der neuzeitlichen europäischen Kolonisation. (Als Jenenser Dissertation gedruckt). Dresden 1918.

STAFFORD, J. H.: The Anglo-Italian Somaliland boundary. Geographical Journal, 78 (1931), S. 102–125.

STEIN, Lothar: Die Wasserversorgung – ein wichtiges Regulativ im Wirtschaftsleben der Nomaden. Wissenschaftliche Zeitschrift der Karl-Marx-Universität Leipzig, Gesellschafts- und Sprachwissenschaftliche Reihe, 8 (1958/59), 1, S. 145–158.

–: Die Nomaden in der Butana. Urania, 23 (1960), 2, S. 45–49.

STIGAND, C. H.: The Land of Zinj. Being an account of British East Africa, its ancient history and present inhabitants. London 1913.

STORRS FOX, D.: Further notes on the Masai of Kenya Colony. Journal of the Royal Anthropological Institute, 60 (1930), S. 447–465.

STUHLMANN, Franz: Beiträge zur Kulturgeschichte von Ostafrika. Allgemeine Betrachtungen und Studien über die Einführung und wirtschaftliche Bedeutung der Nutzpflanzen und Haustiere mit besonderer Berücksichtigung von Deutsch-Ostafrika. Berlin 1909.

SWYNNERTON, R. J. M.: A plan to intensify the development of African agriculture in Kenya. Nairobi 1954.

TARANTINO, G. B.: Lo zebù della Somalia italiana. Noterelle e proposte di un zooiatria. Rivista delle Colonie italiane, 4 (1930), S. 68–77.

TAYLOR, Bayard: Eine Reise nach Zentralafrika oder Leben und Landschaften von Egypten bis zu den Negerstaaten am weißen Nil. Leipzig 1855.

TELEKI, Samuel Graf: s. HÖHNEL.

THESIGER, Wilfred: The Awash River and the Aussa Sultanate. Geographical Journal, 85 (1935), 1, S. 1–23.

THOMAS, Elizabeth Marshall: Warrior herdsmen. New York 1965.

THOMPSON, A. W.: African agriculture in Kenya. In: East African agriculture, ed. by Matheson, J. K. and Bovill, E. W., S. 215–224, London, New York, Toronto 1950.

THOMSON, Josef: Durch Massailand. Forschungsreise in Ostafrika zu den Schneebergen und wilden Stämmen zwischen Kilimandjaro und Victoria-Nyansa in den Jahren 1883/84. Leipzig 1885.

TREATT, Stella Court: Sudan sand. Filming the Baggara Arabs. London, Bombay, Sidney 1930.

TREGENZA, L. A.: The Red Sea Mountains of Egypt. London, New York, Toronto 1955.

TROLL, Carl: Koloniale Raumplanung in Afrika. Zeitschrift der Gesellschaft für Erdkunde (1941), S. 1–41.

The TRUST TERRITORY of Somaliland under Italian administration. United Nations Technical Assistance Programme. New York 1952.

ULLENDORFF, Edward: The Ethiopians. An introduction to country and people. London, New York, Toronto 1961.

ULLRICH, Wolfgang: Afrika, einmal nicht über Kimme und Korn gesehen. Radebeul 1956.

ULLRICH, Ursula: Weiße Frau im Dornenkral. Radebeul 1959.

VAGELER, Paul: Afrikanisches Mosaik. Fünfundzwanzig Jahre Wanderungen durch die afrikanische Wirklichkeit. Berlin 1941.

VIGNÉRAS, Sylvain: Notice sur la Côte française des Somalis. In: Exposition universelle de 1900, Colonies et pays de protectorat. Paris 1900.

Wagner, Günter: Kenia. In: Afrika, Handbuch der angewandten Völkerkunde, herausg. v. H. A. Bernatzik, Bd. II, S. 888–926, Innsbruck 1947.

—: Uganda. In: Afrika, Handbuch der angewandten Völkerkunde, herausg. v. H. A. Bernatzik, Bd. II, S. 926–965, Innsbruck 1947.

Wakefield. T.: Routes of native caravans from the coast to the interior of Eastern Africa. Journal of the Royal Geographical Society, **40** (1870), S. 303–339.

Watson, C. B. G.: Wells, cairns and rainpools in Kenya Colony. Man, **27** (1927), S. 50–52.

Wayland, E. J.: Preliminary studies of tribes in Karamoja. Journal of the Royal Anthropological Institute, **61** (1931), S. 187–230.

Weigt, Ernst: Die Kolonisation Kenias. Dissertation. Leipzig 1932.

Weiss, Max: Die Völkerstämme im Norden Deutsch-Ostafrikas. Berlin 1910.

Welthandbuch: s. Radó.

Werne, Ferdinand: Feldzug von Sennaar nach Taka, Bas und Beni Amer. Stuttgart 1851.

Werner, A.: The Galla of the East Africa Protectorate. Journal of the African Society, **13** (1914), S. 121–142.

Werth, E.: Die afrikanischen Schafrassen und die Herkunft des Ammonkultes. Zeitschrift für Ethnologie. **73** (1941), 6, S. 307–321.

White, R. F.: Notes on the Turkana tribe. Sudan Notes and Records, **3** (1920), S. 217–223.

Wilson, G. McL.: The Tatoga of Tanganyika. Tanganyika Notes and Records (1952), 33, S. 34–48.

—: The Tatoga of Tanganyika. Part. II. Tanganyika Notes and Records (1953), 34, S. 35–57.

Wilson, J. G., and R. M. Bredon: Nutritional value of some common cattle browse and fodder plants of Karamoja, Northern Province, Uganda. East African Agricultural and Forestry Journal, 28 (1963), 4, S. 204–208.

Wörterbuch der Völkerkunde. In Verbindung mit zahlreichen Fachwissenschaftlern herausgegeben von Walter Hirschberg. Stuttgart 1965.

Worthington, E. B.: Science in the development of Africa. A review of the contribution of physical and biological knowledge south of the Sahara. Prepared at the request of the Commission for Technical Co-operation in Africa South of the Sahara (C. C. T. A.). Paris 1958.

Zavattari, Edoardo: Missione biologica nel paese dei Borana. Volume primo. Condizioni biogeographiche e antropiche. Roma 1940.

Zöhrer, Ludwig G. A.: Somaliländer. (Die Länder Afrikas, Bd. 17). Bonn 1959.

—: Study of the nomads of Somalia. Archiv für Völkerkunde, **19** (1964/65), S. 129–165.

ANHANG

ÜBERSICHT 1

*Kulturelle Verbreitungsregulative von Herdentieren in Ost- und Nordostafrika**

1. Wirtschaftliche Verbreitungsregulative

Die Produktivität der traditionellen Haltung, Zucht und Pflege des Viehs, Effektivität der Produktionsinstrumente und -verfahren.

Das Moment *wechselseitiger Ergänzung des Viehbestandes:*

Haltung eines kombinierten Viehbestandes 1. aus Gründen wirtschaftlicher Sicherheit (Schutz vor Seuchen, Dürren und Viehraub, die die Herdentiere in unterschiedlichem Ausmaß in Mitleidenschaft ziehen), 2. zur besseren (spezifischen) Weideausnutzung, 3. zum optimalen Arbeitskräfteeinsatz der biologischen Gruppen einer Nomadengemeinschaft (Verteilung der Jungmänner, Frauen, Kinder und alten Männer auf mehrere Betriebe, zur Betreuung verschiedener Vieharten und Herdentierkategorien), 4. um Schlachtfleischmengen besonderer Quantität und Qualität zu erhalten u. a. m.

Befriedigung materieller Bedürfnisse der Nomaden gemäß der kulturellen Tradition:

Beharren auf der als Hauptnahrungsmittel gewohnten Milchsorte

(Ablehnung der Kamelmilch durch die Boran-Galla Südäthiopiens, der Rindermilch durch Somali-Kamelzüchter: HABERLAND, 1963, S. 144, 68 bzw. LEWIS, 1961, S. 101).

Bevorzugung der gewohnten Schlachtfleischsorte

(nördliche Somal schätzen Schaf- und Ziegenfleisch und sehen Rindfleisch als minderwertig an; die Boran-Galla Südäthiopiens lehnen Kamel- und Ziegenfleisch ab: MARES, 1954, S. 422; LEWIS, 1955, S. 69 bzw. HABERLAND, 1963, S. 68, 144).

Butterschmalzgewinnung aus bestimmten Milchsorten

(z. B. aus Schafsmilch, bei den Baggara der White Nile Province: REID, 1930, S. 197).

Fettgewinnung vom Hammel zur gewohnten Körperpflege

(Afar: HARRIS, 1845, S. 106, 146).

* In Klammern jeweils ein bis zwei charakteristische Beispiele.

Verwendung von Schafwolle für traditionelle Kleidung
(Wollkleider der Habab-Frauen: MUNZINGER, 1864, S. 140f.).
Herstellung von Wassersäcken aus Ziegenleder
(Hassanie am Weißen Nil: PETHERICK, 1861, S. 160).

Anderweitige, kulturell verankerte wirtschaftliche *Nutzungsformen* von Herdentieren:

Kamele als Lasttiere
(im Ostsudan und in Somaliland, im Gegensatz zu Turkanaland).
Rinder als Reittiere
(Baggara im Ostsudan).
Esel als nächtliche Wachtiere außerhalb des Krals
(Somal: LEWIS, 1955, S. 70, nach DRAKE-BROCKMAN).
Esel als Transporttiere für Trinkwasser
(Kordofan-Araber: HEUGLIN, 1869, S. 34; DAVIES, 1957, S. 77; PETHERICK, 1861, S. 160; TAYLOR, 1855, S. 333.)
Ziegen als Leittiere von Schafherden
(PAULITSCHKE, 1896, S. 289, nach SWAYNE).

Moment der *Leistungsfähigkeit*:

Verdrängung der Lastochsen durch Esel
(Diglel-Beni Amer: PAUL, 1950, S. 242).
Verdrängung der Lastkamele durch Esel
(in zerklüfteten Berglandschaften, Somal: LEWIS, 1955, S. 69).
Verdrängung der Esel durch Lastkamele
(für kommerzielle Transporte, so bei den Boran-Galla Südäthiopiens: HABERLAND, 1963, S. 68).
Ablösung der Haarschafe durch Fettschwanzschafe
(Ostafrika: HIRSCHBERG, 1962, S. 277; BOETTGER, 1958, S. 83f.; STUHLMANN, 1909, S. 747f.).
Ausbreitung von Kamelen auf Kosten der Rinder
(in austrocknenden Landschaften, z. B. in Zentral- und Süd-Turkanaland: GULLIVER, 1953, S. 60f.; HÖHNEL, 1938, S. 25).
Erwerb wertvoller Zuchttiere beim Viehhandel
(Baggara Darfurs vermeiden Kauf von Kühen mit vier bestimmten, unrationellen Eigenschaften: LAMPEN, 1933, S. 100; Kamelaraber bemühen sich, wertvolle Kamelhengste für die Zucht zu kaufen: REID, 1935, S. 118; Dschiddu-Rinder sind in Südsomaliland gesuchte Tiere: FERRANDI, 1903, S. 244).

Auswirkungen der *Ergänzungswirtschaft:*

Absorption von Arbeitskräften außerhalb der Viehwirtschaft, mithin keine „totale" Viehhaltung
(wochen- und monatelange Jagdlager der Baggara: LAMPEN, 1933, S. 102f.; ders., 1935, S. 134; CUNNISON, 1958; El Konono-Schmiede der Masai dürfen Vieh jeder Art besitzen, haben aber nur kleine Herden: MERKER, 1910, S. 111ff.; Ababde-Nomaden sammeln für den Verkauf unter anderem Holz, Reisig, Kamelmist, Sennesblätter, Koloquinten, Wermuth und Gummi arabicum: KLUNZINGER, 1877, S. 255).

Externe Regeneration des Viehbesitzes, indem Gewinne aus der kommerziellen Sammelwirtschaft in Vieh angelegt werden

(finanziell einträgliche Sammelwirtschaft von Senna, Koloquinten und Dumpalmnüssen bei den Handendoa: NEWBOLD, 1935, S. 162; OWEN, 1937, S. 206; ROSSINI, 1947, S. 837).

Externe Regeneration des Viehbesitzes durch Bodenbau

(Gewinne aus dem Baumwoll- und Erdnußanbau bei den Selim, Taaischa und anderen Baggara in Rindern angelegt: REID, 1930, S. 172f.; BORN, 1965, S. 218ff., 103).

Externe Regeneration des Viehbesitzes durch Jagd

(die um 1890 völlig verarmten Humr-Baggara konnten sich mit den Gewinnen aus der Elfenbeinjagd ihre ersten neuen Rinder erwerben: CUNNISON, 1954, S. 50).

Bei Bodenbau Bevorzugung des Rindes und Rückgang der hochmobilen Kamelhaltung

(Digil-Somal: LEWIS, 1961, S. 13).

Bei Bodenbau Erschließung von Notzeitweiden durch Stoppelfelder und Brachland

(s. S. 161f. vorliegender Arbeit).

Bei Bodenbau jahreszeitlicher Abzug von Weidevieh aus der Zone der Kulturflächen

(Humr-Baggara: CUNNISON, 1954, S. 56, 63).

Haltung von Reittieren für die Jagd

(Reitkamele der Rufaa zur hochgeschätzten Antilopenjagd: HARTMANN, 1863, S. 205).

Haltung von Lasttieren zur Vermietung

(Lastochsen der Humr-Baggara: CUNNISON, 1966, S. 38f.).

Auswirkungen des *Handels:*

Weiterverbreitung von Nutztierarten

(die Gadabursi kauften sich, nach BURTON, ihre ersten Pferde von den Habr Aual und Habr Gerhadschi: 1861, S. 303; die Boran-Galla Südäthiopiens kaufen ihre Kamele von Somal, Garri und Gabra und züchten sie immer noch nicht selbst: HABERLAND, 1963, S. 68).

Weiterverbreitung von bestimmten Viehschlägen und Gautypen der Herdentiere

(Somalihändler erwerben bei den Laikipia-Masai Rinder gegen Handelsgüter, die Rinder werden bei Samburu gegen Schafe umgetauscht, die Schafe schließlich setzen die Händler in Kikujuland ab: STIGAND, 1913, S. 286, vgl. MCKAY, 1957, S. 274; Ankole-Sànga-Rinder gelangen nach Samburu durch Handelsbeziehungen mit Rumuruti und Thomson Falls: KENYA LAND COMMISSION, 1934, S. 1655 und MCKAY, 1957, S. 269f; Tausch schlanker Reitkamele der Schukrija gegen Kamelstuten des kräftigen Kordofanschlages aus Dar Kababisch: SELIGMAN, 1918, S. 172; Handel der Humr-Baggara mit Dinka-Vieh bewirkt, daß bei diesen ca. 10% der Rinder dem Nilotentyp angehören oder Einschläge aufweisen: CUNNISON, 1966, S. 37).

Kauf von Hochleistungsbullen für die Zucht
(Baggara der White Nile Province: REID, 1930, S. 194).

Laufende Neubeschaffung kostspieliger und schlecht gedeihender Maultiere, Pferde, Reitkamele usw. in der Grenzzone ihres Vorkommens
(im Randgebiet Äthiopiens, z. B. bei den Beni Amer: MUNZINGER, 1864, S. 330).

Regeneration, Vergrößerung oder Veränderung des Viehbestandes bei Möglichkeit des Viehhandels
(die Humr-Baggara vergrößern ihren Rindviehbestand, indem sie sich mit Gewinnen aus dem Hirse- und Baumwollanbau Großvieh kaufen: CUNNISON, 1954, S. 65; Nord-Somal züchten Schafe, um sich Kamele kaufen zu können: PAULI, 1947, S. 883).

Zucht von Lasttieren für den Einsatz von Handelsgeschäften
(die Aschraf verwenden Kamele für Baumwolltransporte von Tokar nach Trinkitat: FLEMING, 1920, S. 21).

Haltung von Kleinvieh als „gängige Münzen" beim Fehlen der Geldwirtschaft
(bei Hamitoniloten – Masai: HOLLIS, 1939, S. 648; HUNTINGFORD, 1953, S. 109; Turkana: GULLIVER, 1955, S. 131; Jie: GULLIVER, 1953, S. 35; Suk: SCHNEIDER, 1957, S. 283; Karamojong: DYSON-HUDSON, 1960, S. 51).

Orientierung der Viehhaltung auf Absatzmöglichkeiten an Städter und Bauern
(regelmäßige Belieferung Massauas mit Ziegenmilch und Schlachtvieh, durch Tigre-Nomaden: MUNZINGER, 1864, S. 153; HEUGLIN, 1868, S. 79; Issa-Somal verkaufen Schlachthammel an Küstenkarawanen: PAULITSCHKE, 1888, Harar, S. 119; Ogaden-Somal setzen Straußenfedern ab: SOTTIRO, 1884, S. 160).

2. Soziale Verbreitungsregulative

Armut:

Wiedererlangung des verlorengegangenen Großviehs über die Zucht von Kleinvieh·
(intensive Schafzucht der Masai in den ersten Jahrzehnten nach den Rinderseuchen um 1885, bis etwa 1920: REICHARD, 1892, S. 290, in Zusammenhang mit Tabelle 10 vorl. Arbeit; dgl. bei Samburu: SPENCER, 1965, S. XVII; episodische Schafzucht in großem Stil bei ärmeren Baggara der White Nile Province, dann Kauf von Rindern: REID, 1930, S. 194; nach Totalverlusten Wiederbeginn der nomadischen Viehzucht mit Ziegen, den schnellwüchsigsten und fruchtbarsten Herdentieren, in Somaliland: TRUST TERRITORY, 1952, S. 115).

Haltung von Eseln als Milchtiere
(Turkana und „West-Masai": GULLIVER, 1953, S. 60; EMLEY, 1927, S. 184 bzw. MÜLLER, 1903, S. 238, nach EMIN).

Ersatz von Lastkamelen durch Esel
(nordwestliche Somal: HOYOS, 1895, S. 176).

Reichtum:

Beschleunigte Konzentration des Viehbesitzes durch die Möglichkeit, Lohnhirten zu halten
(nördliche Bedscha: GUIRGUIS, 1956, S. 242),
durch den Kauf von Ehefrauen, die das Vieh betreuen
(reiche Barabaig-Datoga haben bis zu 18 Ehefrauen: HUNTINGFORD, 1953, S. 98)
und insgesamt zahlreiche Kinder gebären, die als Arbeitskräfte unerläßlich sind, außerdem durch die Möglichkeit, zusätzliche Arbeitskräfte zu adoptieren
(Turkana: GULLIVER, 1955, S. 127; Humr-Baggara: CUNNISON, 1966, S. 31ff.)
und durch den Unterhalt einer Hausmacht
(Issa-Somal: BURTON, 1861, S. 289).

Verfügbarkeit einer ausreichenden Zahl von Lastkamelen
(Nord-Somal: LEWIS, 1961, S. 56).

Haltung von Reitkamelen
(Habab: HEUGLIN, 1877, S. 83f.).

Pferdehaltung in der Grenzzone ihrer Verbreitung durch kostspielige Fütterung mit Durra-Hirse und Milch ermöglicht:
(Hassanie: PETHERICK, 1861, S. 149f.),
oder durch laufenden Neuerwerb
(östliche Baggara kaufen Gallapferde in Fadasi: MARNO, 1874, S. 264; ders., 1873, S. 247; SCHWEINFURTH, 1874, S. 66).

„Homogenisierung“ und damit Rationalisierung der Nomadenbetriebe (nach Vieharten und Herdentierkategorien) auf Grund eines großen Viehbesitzes und zahlreicher Arbeitskräfte, d. h. Einrichtung rentabler Weide-Lager der Jungmannschaften in verschiedenen Gegenden
(Abtrennung der Schafe vom heterogenen Kleinviehbestand, bei den Masai: GRZIMEK, 1959, S. 273f.; Einrichtung von Eselkamps und Verzicht auf gemeinsamen Weidegang von Eseln und Rindern, bei den Turkana: GULLIVER, 1953, S. 60, 64, im Vergleich mit EMLEY, 1927, S. 184).

Prestige:

Allgemeine Tendenz, das hochgeschätzte Großvieh (als sozialökonomisches Regulativ und als wichtigster Wertträger überhaupt) bevorzugt zu züchten
(um nicht als verarmt zu gelten, züchten Samburu viel lieber Rinder, die sozial und rituell eine wichtige Rolle spielen, als Kleinvieh, das jederzeit sehr vorteilhaft gegen Ochsen eingetauscht werden kann: SPENCER, 1965, S. 3, 4, 23; Kamelzüchter orientieren auf Kamele, selbst bei guten Möglichkeiten der Rinderzucht, so die Artega, Aschraf und Hasa: SELIGMAN, 1913, S. 655).

Repräsentationsbedürfnis von Häuptlingen und Würdenträgern
(Maultierhaltung in Gada-Familien der Galla in Südäthiopien: HABERLAND, 1963, S. 67; oftmals auch Pferdebesitz aus Prestige).

„Standesgemäße" Erfüllung von Verpflichtungen, die mit der Zahlung oder Stiftung bestimmter Herdentierarten verbunden sind

(z. B. zum Brautpreis, als Mitgift, als Sühnegabe, anläßlich von Reifeweihen usw.).

Privilegien und *Zahlungsverpflichtungen:*

Auf eine Schicht beschränktes Viehbesitzrecht

(bei Beni Amer Monopol der Nabtab-Adhaseri-Oberschicht auf Kamelzucht, bis etwa 1910: SELIGMAN, 1930, S. 96; Ausschluß der Midgan und anderer verachteter Kasten der Somal aus der Pferde- und Rinderzucht, nicht aber aus der Schaf-, Kamel- und Straußenzucht: CERULLI, 1959, Somalia, S. 98f.; PANKHURST, 1961, S. 39, nach PEASE; HAGGENMACHER, 1876, S. 22; PAULITSCHKE, 1893, S. 248).

Verpflichtung höriger Gruppen, Schlachtvieh, Last- und Milchtiere an Adelsschicht periodisch abzuführen oder auszuleihen

(vor allem in Eritrea, z. B. bei den Mensa und Bogos: POLLERA, 1935, S. 173f., 160f.).

Mehr oder minder freiwillige Abgabe von Herdenvieh an Stammesoberhäupter

(z. B. an den Laibon-Oberpriester der Masai: FOSBROOKE, 1948, S. 37; HINDE, 1901, S. 56, 65; FISCHER, 1884/85, S. 63; STORRS FOX, 1930, S. 461; BAUMANN, 1894, S. 164).

Herdensteuer an Staatsgebilde

(Baggara Kordofans zahlten um 1840 jährlich unter anderem 120000 Ochsen an die ägyptische Regierung: PALLME, 1843, S. 73; im 19. Jahrhundert jährliche Abgabe jedes zwanzigsten Kamels und des zehnten Teils der Ziegen und Schafe an den Sultan der Midschurtin-Somal: GUILLAIN, 1857, S. 444).

Intertribale Abmachungen:

Sie erweitern die Futter- und Tränkbasis des Nomadenviehs über die Stammesgrenzen hinaus.

Wechselseitige Unterstellung von Vieh bei befreundeten Stämmen

(Samburu lassen großen Teil ihrer Kamele von den kamelzüchtenden Rendile betreuen, Rendile umgekehrt Teile ihres Rinderbestandes bei den Samburu: KENYA LAND COMMISSION, 1934. S. 1682, 1474, 1502)

Weideabkommen

(Fellata-Rinderzüchter in Darfur mit den Habbania-Baggara: BARBOUR, 1961, S. 166f.; Galgail-Somal mit Elai, Eile, Tunni und Bimal: TRUST TERRITORY, 1952, S. 124).

Brunnenabkommen

(Bischarin mit Ababde: BURCKHARDT, 1820, S. 28f.; Boran-Galla, Somal und Garri an den Brunnen von Watschille, Walena und Borbor: HABERLAND, 1963, S. 78f.).

Militärisch-strategische Momente:

Viehverluste durch Raub

(nach Raub der Kamele der Hamar um 1890 wurden diese zur Seßhaftigkeit gezwungen: LLOYD, 1910, S. 259; MACMICHAEL, 1912,

S. 159; Berry, 1928, S. 289; Davies, 1957, S. 187; Born, 1965, S. 104; um 1850 hatte sich der Rinderbesitz der Bogos, nach Kriegen mit abessinischen Herrschern, auf ein Drittel reduziert: Munzinger, 1859, S. 77).

Weiterverbreitung von Herdentierarten durch Raub von Nachbarstämmen
(die Turkana raubten um 1880 von den Boran-Galla, den Samburu und den Rendile ihre ersten Kamele: Gulliver, 1953, S. 60; Rayne, 1918, S. 265; Johnston, 1902, S. 849; Höhnel, 1938, S. 222; Biasutti, 1905, S. 176; von den Dulbahante kaufen oder rauben sich die umliegenden Stämme ihren Pferdebedarf: Hildebrandt, 1875, S. 13; Boran-Galla Südäthiopiens raubten sich ihre ersten Esel von den Rendile: Haberland, 1963, S. 65, 67).

Weiterverbreitung von bestimmten Herdentierrassen und Gautypen durch Raub von Nachbarstämmen
(Masai raubten eine große Ziegenrasse aus Unjamwezi, Pare und anderen Nachbarländern: Merker, 1910, S. 164; Vermischungen der ostafrikanischen Zebuschläge durch Kriege, beispielsweise der Samburu mit denen der Turkana und Suk: Kenya Land Commission, 1934, S. 1655; McKay, 1957, S. 270).

Haltung von Pferden und Reitkamelen zur Verbesserung der militärischen Schlagkraft
(Ostsudan).

Umstellung auf einen weniger attraktiven Viehbesitz bei laufender Bedrohung durch überlegene Feinde
(Schafzucht der Samburu, die den Masai unterlegen sind, um 1910: Kenya Land Commission, 1934, S. 1477, 1474f.; die Teutho, westlich des Rudolfsees, verzichteten nach ständiger Beraubung schließlich auf Rinderzucht: Deshler, 1963, S. 54; desgleichen beschränkten die Sonjo, Nachbarn der Masai, ihre Viehzucht auf Ziegen und beendeten die Rinderzucht: Gray, 1963, S. 105).

Einrichtung von viehlosen Niemandsländern aus Furcht vor Beraubung
(Afar und Issa: Lippmann, 1953, S. 47; Habar Tol Ja'lo- und Habar Yunis-Somal: Lewis, 1961, S. 64; Borana-Galla und Uraga-Gudschi-Galla: Haberland, 1963, S. 206; Samburu und Nachbarn: Spencer, 1965, S. 100).

Bevorzugung geschützter oder unzugänglicher Weidegebiete
(Rückzug der Hadendoa ins Bergland, aus Furcht vor räuberischen Bischarin: Burckhardt, 1820, S. 339, 345, 352).

Übergröße der Nomadenbetriebe zur besseren Verteidigung gegen Feinde
(Schukrija: Crowfoot, 1920, S. 86).

3. Religiös-magische Verbreitungsregulative

Rituelle Verbote
(Eselhaltung bei den Nandi aus magischen Gründen untersagt: Hollis, 1909, S. 22; Rinderhaltung bei der Schmiedekaste Gidangodiga der Datoga

verboten: BERGER, 1938, S. 183f.; keine Rinder- und Schafhaltung bei den Watta unter den Boran-Galla: HABERLAND, 1962, S. 145).

Bevorzugung bestimmter Opfertiere

(Schaf bei Galla Südäthiopiens beliebtes und geschätztes Opfertier: HABERLAND, 1963, S. 63f.).

Nahrungstiere, die gemäß der religiösen Tradition geschätzt werden

(Hammelfleisch durch Mohammedaner hochgeschätzt, Pferde-, Esel- und Schweinefleisch verabscheut, z. B. bei den Somal: HEUN, 1963, S. 42; STUHLMANN, 1909, S. 732: vgl. WERTH, 1941, S. 307).

Religiöse Verachtung bestimmter Herdentiere

(Bei den Galla Südäthiopiens gilt die Ziege als „dämonisch", „sie wird von Gott gehaßt" usw.; als Opfertier ist sie nicht akzeptabel: HABERLAND, 1963, S. 65).

Stammesreligion monopolisiert den Viehbesitz für den Stamm, dadurch religiöse Sanktionierung des Viehraubes

(Ngai, Gott der Masai, gab diesen ursprünglich alle Rinder, die sich die Stammesfremden dann später „widerrechtlich" aneigneten: MERKER, 1910, S. 204).

4. Emotional-psychologische Verbreitungsregulative

Vertrautheitskomplex, d. h. kulturelle Bejahung bestimmter Herdentiere auf Grund jahrhundertelanger Zucht und Domestikation durch bestimmte Völker

(Niederschlag in Liedern, Tänzen, Geschichten, besonders Ursprungsmythen, reiche betriebsökonomische Nomenklatur, Benamsung, Gefühl des Stolzes und der Wertschätzung, Zwiesprache mit Tieren, persönliche und Lieblingstiere usw., z. B. die mit der Rinderhaltung sehr vertrauten Boran-Galla Südäthiopiens: HABERLAND, 1963, S. 58–63).

Fremdheitskomplex gegenüber rezent übernommenen Herdentieren

(äußerst sich in gefühlsmäßigem Abstand zum Herdentier, in Ungeschick im Umgang mit dem Vieh, unter Umständen in grober Vernachlässigung, unzulänglicher Dressur; die Nutzungsformen sind beschränkt; Hilflosigkeit der Nomaden bei Viehkrankheiten; Verächtlichmachung der Tiere usw., so die Einstellung der zentralen Afar in Eritrea zum Kamel: POLLERA, 1935, S. 259f.; der Suk zum Esel: BEECH, 1911, S. 9).

Ästhetische Ab- oder Zuneigung

(Ablehnung schwarzer Rinder bei den Baggara Darfurs: LAMPEN, 1933, S. 100; Hochschätzung weißer Rinder bei den Habab, Marea und Bogos: HILDEBRANDT, 1874, S. 330; weitverbreitete Verachtung der Ziegen, Kamele und Esel bei den Boran-Galla: HABERLAND, 1963, S. 65, 67f. .

Fremdenscheu der Nomaden, was – bei allzu engem Kontakt mit Stammesfremden – zum Rückzug von Mensch und Vieh führt

(Datoga ziehen sich aus den Teilen ihres Stammeslandes zurück, die mit Njaturu, Iraku und anderen Bodenbauern überfremdet werden: WILSON, 1952, S. 46; Gudschi-Galla siedeln entfernt von den Verkehrswegen Äthiopiens: SCHULZ-WEIDNER, 1961, S. 323).

ÜBERSICHT 2

Beweglichkeit und Transportleistung der Nomaden und ihres Viehs (eine Zusammenstellung von Faktenmaterial)

1. Der Mensch

Stundengeschwindigkeit:

Der Somali marschiert am ausdauerndsten im Schrittempo seines Kamels, das sind 4 km pro Stunde (ANONYMOUS, 1948, S. 87).

Bewältigte Tagesstrecken:

Turkana schaffen am Tage 80–100 Kilometer (RAYNE, 1918, S. 260).

Somal können oftmals, als Dauerläufer, 30–40 km einem Reiter folgen, ohne zurückzubleiben (PAULITSCHKE, 1893, S. 169).

Karamojong legen gewöhnlich 80 Kilometer weite Strecken zwischen den Bodenbauer-Dörfern und den hochmobilen Rinder-Lagern zurück (DYSON-HUDSON, 1961, S. 49).

Masai überbrückten auf Kriegszügen Strecken von insgesamt 450–750 km in Tagesmärschen zu 75 km (JOHNSTON, 1902, S. 822).

Trageleistung:

Somali-Mütter tragen ihr Kleinkind 2 Jahre lang auf dem Rücken (BURTON, 1861, S. 269).

In den hochmobilen Rinder-Lagern der Karamojong tragen die Hirten kleine Kinder auf den Schultern (DYSON-HUDSON, 1961, S. 48).

Die Knaben und jüngeren Männer in den hochmobilen Rinder-Lagern der Jie beschränken ihre Gerätschaft auf ein Minimum und tragen alles selbst (GULLIVER, 1955, S. 40).

Die älteren Masai-Frauen vermögen 12–15 kg schwere Lasten mit Leichtigkeit zu tragen (HINDE, 1901, S. 67f.). Bei den Verlagerungen tragen die Masai-Frauen schwere Lasten, oft die Hälfte des Hausrats (SHELFORD, 1910, S. 268; THOMSON, 1885, S. 376; FISCHER, 1884/85, S. 65).

Masai-Männer tragen in der Trockenzeit kleine Kälber mehrere Stunden weit zum nächsten Wasserloch (GRZIMEK, 1959, S. 252).

2. Das Kamel

Stundengeschwindigkeit:

Ein Reitkamel im Ostsudan bewegt sich mit seinem Reiter im Durchschnitt 10 km pro Stunde vorwärts (Acland, 1932, S. 134).

Die Reitkamele der Ababde halten, die Rastzeit mit berücksichtigt, für 20–30 Stunden eine Stundengeschwindigkeit von 6,5 km durch (Klunzinger, 1877, S. 255).

Beladene Lastkamele der Somal bewegen sich zwischen 3 km pro Stunde (Mares, 1954, S. 420; Hoyos, 1895, S. 177f.) und 4–4,5 km vorwärts (Collins, 1960, S. 51; Paulitschke, 1896, S. 288, nach Swayne). Als Höchstleistungen von Lastkamelen werden 6 Stundenkilometer angegeben (Paulitschke, wie oben), als Mindestleistung 1,5 Stundenkilometer (im Walde und im Gebirge – Newbould, 1958, S. 34).

Bewältigte Tagesstrecken:

Reitkamel der Hadendoa schafft täglich 60 km, mit u. U. 2 Personen auf seinem Rücken (Munzinger, 1864, S. 302).

Reitkamel der Ababde bewältigt in 20–30 Stunden eine Strecke von 160 km (Klunzinger, 1877, S. 255).

Lastkamele der Somal können täglich nur 8–10 Stunden hintereinander arbeiten (Haggenmacher, 1876, S. 34; Paulitschke, 1896, S. 288, nach Swayne). Beladene Somali-Kamele (mit 210–250 kg) legen pro Tag 20–25 km zurück, unbeladene 40–60 km (Paulitschke, 1893, S. 224).

Transportleistung:

Als Lasttiere eingesetzte Kamele der Hadendoa tragen 120 kg (Bernatzik, 1942, S. 158).

Kamele Eritreas tragen im Durchschnitt 200 kg (Bertarelli, 1929, S. 583).

Afar-Kamele (Hengste) können maximal 130 kg 4–5 Stunden lang tragen (Paulitschke, 1893, S. 224).

Lastkamele Nord-Kordofans: 180–270 kg (Lloyd, 1910, S. 266).

Sehr unterschiedliche Angaben über die Trageleistung der Somali-Kamele: maximal 75–100 kg (Hoyos, 1895, S. 177f.), 135 kg (Clifford, 1928, S. 438), 145 kg (Stafford, 1931, S. 105), 180 kg (Collins, 1960, S. 51), 210–250 kg (Paulitschke, 1893, S. 224; Haggenmacher, 1876, S. 34), maximal 350 kg (Almagià, 1936, S. 256).

3. Das Rind

Stundengeschwindigkeit:

Lastochsen in Darfur bewegen sich 5 km pro Stunde vorwärts (mit 115 kg Last und 4–5 Stunden lang – Joshi, 1957, S. 71).

Lastochsen der Baggara kommen auf feucht-schlammigem Untergrund 3,2 km pro Stunde voran (Lloyd, 1910, S. 266).

Reitochsen der Baggara schaffen 5,5–6,5 Stundenkilometer (Joshi, 1957, S. 71).

Bewältigte Tagesstrecken:

Lastochsen der Baggara in Kordofan legen 24–32 km am Tag zurück (mit 90 kg Last), Reitochsen 40 km (Joshi, 1957, S. 71).

Transportleistung:

Lastochsen der Baggara in Kordofan tragen 90–115 kg vier bis fünf Stunden lang, außerdem noch eine Frau oder ein Kind zum Balancieren der Last (Lloyd, 1910, S. 266; Berry, 1928, S. 289; Joshi, 1957, S. 71).

Ein guter Transportbulle der Humr-Baggara trägt oftmals eine ganze Haushaltsausrüstung einschließlich Hütte (Cunnison, 1954, S. 55).

4. Der Esel

Bewältigte Tagesstrecke:

Beladene Esel der Samburu schaffen am Tag höchstens 24 km (Spencer, 1965, S. 8).

Transportleistung:

In Eritrea tragen die Esel vom äthiopischen Typ 40–50 kg, die Maulesel jedoch 70 kg im Durchschnitt (Bertarelli, 1929, S. 583).

Zwei Esel der Samburu können im Normalfall alle Gegenstände eines Haushaltes, einschließlich Häuten, hölzernen Gefäßen und bestimmten Hüttenstangen, transportieren (Spencer, 1965, S. 11).

Die Masai-Esel tragen bis zu 90 kg (Müller, 1903, S. 238).

5. Kleinvieh

Bewältigte Tagesstrecke:

Die Somali-Schafe kommen am Tag höchstens 30 km voran, die Ziegen sind beweglicher (Zöhrer, 1959, S. 14).

6. Die Umzüge der Nomaden

Länge eines Umzugs oder einer Transitstrecke:

Der Tagesmarsch einer sich verlagernden Siedlung ist 20–30 km lang (Lewis, 1961, S. 22; Mares, 1954, S. 420). Bei besonderer Eile (so bei beginnender Regenzeit) wird eine Strecke von 160 km über mehrere, eilig aufgeschlagene Transitlager in 60 Stunden überbrückt (Lewis, 1955, S. 91, nach Hunt, 1951).

Bei den Humr-Baggara wird die Siedlung an einem Tag 30–35 km verlagert (Cunnison, 1954, S. 55).

Bei den Samburu beschränkt sich die Streckenlänge eines Umzugs auf Grund der Langsamkeit beladener Esel auf 24 km (Spencer, 1965, S. 8).

Ein Rinder-Betrieb der Turkana legte innerhalb eines Jahres Verlagerungsstrecken von 7, 5, 12, 9, 9, 7 und 5 km zurück, ein Kamel-Betrieb 30, 12, 23, 15, 5 und 12 km (Gulliver, 1955, S. 45–48).

Spielraum der Verlagerungen während eines Jahres:

Die Aliab-Bischarin verlagern sich zwischen Oberägypten und dem Atbara, zwischen der Küste des Roten Meeres und dem Nil, das sind Luftlinien von 500 und 400 km (Sandars, 1933, S. 145).

Die Bischarin am Atbara nomadisieren zwischen diesem Fluß und einer maximal 150 km davon entfernten Zone (Sandars, 1933, S. 148).

Die sich nord-südlich verlagernden Nomaden des Ostsudan (Humr, Kababisch, Rufaa, Schukrija und viele andere) nomadisieren in einem Spielraum von 200–500 km (Barbour, 1961, S. 182 u. a. S.; Joshi, 1957, S. 63); die tatsächlich bewältigten Strecken sind wesentlich länger, da noch lokale Nebenverlagerungen hinzukommen.

Viele Somali-Kamelhirten legen pro Jahr 1600 km zu Fuß zurück (Lewis, 1961, S. 76).

Die Toposa entfernen sich auf ihren Verlagerungen ca. 100 km von ihren Bodenbauerdörfern (Seligman, 1932, S. 364).

Die Hassanie am Weißen Nil, die Gudschi in Südäthiopien und viele Masai in Kenia und Tansania legen innerhalb eines Jahres nur die Entfernung einer Tagesreise zurück (Petherick, 1861, S. 135 bzw. Schulz-Weidner, 1961, S. 323 bzw. Merker, 1910, S. 177).

Galla in Kenia verlagern sich oft nur einmal im Jahr 3–5 km weit (Werner, 1914, S. 129), die Borana in Südäthiopien 10 km (Haberland, 1963, S. 31). Ist die Verlagerungsursache das Überhandnehmen von Mist und Unrat in der Siedlung, dann wird bei den Borana die Siedlung nur einige 100 m weiter neu aufgeschlagen (Haberland, 1963, S. 32).

Häufigkeit der Verlagerungen während eines Jahres:

Die meisten Nomaden verlagern sich nach 3–6 Wochen (z. B. Midschurtin – Cruttenden, 1844, S. 322; andere Nord-Somal – Lewis, 1961, S. 39, 74; Suk – Huntingford, 1953, S. 80; Samburu – Spencer, 1965, S. 11).

Die Humr-Baggara bleiben in der Trockenzeit oft nur 1–2 Wochen an einer Stelle, das Maximum sind 6 Wochen (Born, 1965, S. 214); in einem konkreten Fall erfolgten 61 Verlagerungen innerhalb eines Jahres (Cunnison, 1966, S. 22).

Bei den Turkana sind 5–10 Verlagerungen pro Jahr der Durchschnitt; das Maximum des Verweilens an einem Siedlungsplatz beträgt 8 Monate, das Minimum 1–2 Wochen (Gulliver, 1955, S. 45–48).

In den Viehlagern der Jie sind 5 Verlagerungen pro Jahr üblich, doch oft auch 10 und mehr, während in Einzelfällen einjährige oder noch länger andauernde stationäre Wartung der Rinder erfolgt (Gulliver, 1953, S. 34; ders., 1955, S. 44).

Nur 1–2mal im Jahr verlagern sich die Adligen in Eritrea (Beni Amer, Habab, Mensa u. a. – Pollera, 1935, S. 201; Cipriani, 1940, S. 61; Heuglin, 1877, S. 68), die Boran- und Gudschi-Galla in Südäthiopien (Haberland, 1963, S. 31f.; Schulz-Weidner, 1961, S. 323) und neben anderen die Masai (Merker, 1910, S. 177).

Beispiele „seßhaften“ Nomadentums, das heißt das Verweilen von mehr als einem Jahr an einem Siedlungsplatz, liefern einige Samburu auf dem Leroki-

Plateau (Kenya Land Commission, 1934, S. 1502), einige Masai (um den Tiefbrunnen von Lolbene – Koenig, 1956, S. 27) und manche Afar in Ober-Danakil (Nesbitt, 1929, S. 533).

Schnelligkeit der Errichtung einer Siedlung:

Die Afar (bei Zeila) laden in wenigen Minuten des Gepäck ab und errichten ihre Rundhütte (Burton, 1861, S. 255).

Das Aufschlagen einer Humr-Rundhütte dauert zwei Stunden (Cunnison, 1954, S. 55).

Die Neueinrichtung einer Siedlung der Masai dauert, einschließlich der Errichtung der Dornenwand, maximal eine Woche (Merker, 1910, S. 177).

Schnelligkeit der Demontage einer Siedlung:

Die Mattenzelte der Rufaa können in weniger als 10 Minuten abgebrochen und auf Kamele verpackt werden (Marno, 1874, S. 257), die der Humr in einer Stunde demontiert und auf Lastochsen verpackt (Cunnison, 1954, S. 55).

In Eritrea ist das Abwandern ganzer Stämme in andere Landschaften „das Werk einer Nacht" (Munzinger, 1859, S. 25).

Kuppelhüttenkomplexe der Somal, wie sie in Handelszentren für manchmal 20000–40000 Personen entstehen, können in zwei Stunden vollkommen abgebrochen und auch auf Kamele verladen werden (Paulitschke, 1889, S. 3).

QUELLENVERZEICHNIS ZU TABELLE 8

Natürliche Grundlagen der Nomadenwirtschaft repräsentativer Hirtenstämme Ost- und Nordostafrikas

A. Allgemeine Quellen

Africa Orientale Italiana, 1938. Afrika-Spravočnik, 1963. Andrianov, 1960. Barbour, 1961. Bertarelli, 1929. Chipp, 1930. Grabham, 1935. Handbuch der Geographischen Wissenschaft, 1930. Neef, 1962. Phillips, 1959. Schultze, 1953. Schreiber, 1962.

B. Spezielle Quellen

I. Bischarin:

[1]Newbold, 1935, S. 161. [2]Gleichen, 1905, S. 88. [3]Grabham, 1935, S. 259. [4]Gleichen, 1905, S. 87. [5]Sandars, 1933, S. 120; Grabham, 1935, S. 262. [6]Sandars, 1933, S. 120f. [7]Sandars, 1933, S. 120. [8]Sandars, 1933, S. 120; Grabham, 1935, S. 265. Vgl. Africa Orientale Italiana, 1938, S. 49; Gleichen, 1905, S. 87. [9]Newbold, 1935, S. 161; Rossini, 1947, S. 837. [10]Burckhardt, 1820, S. 278. [11]Herzog, 1959, S. 181.

II. Hadendoa:

[1]Seligman, 1913, S. 596; Africa Orientale Italiana, 1938, S. 49. [2]Newbold, 1935, S. 162, 141; Owen, 1937, S. 205. [3]Seligman, 1913, S. 596. [4]Newbold, 1935, S. 162. [5]Herzog, 1959, S. 193.

III. Beni Amer:

[1a]Paul, 1950, S. 241. [1b]Grabham, 1935, S. 259. [2]Paul, 1950, S. 235. [3]Munzinger, 1864, S. 277; Paul, 1950, S. 235; Schoenfeld, 1904, S. 41. [4]Schultze, 1963, S. 124. [5]Munzinger, 1864, S. 275; Bertarelli, 1929, S. 239. [6]Seligman, 1930, S. 83; Grabham, 1935, S. 265f. [7]Munzinger, 1864, S. 275; ders., 1872, S. 204; Bertarelli, 1929, S. 569, 539ff.; Ullendorff, 1961, S. 34. [8]Paul, 1950, S. 234f., 241; Newbold, 1935, S. 141; Barbour, 1961, S. 217; Heuglin, 1877, S. 48; Reil, 1868, S. 370; vgl. Eritrea, 1920, S. 4. [9]Munzinger, 1864, S. 295; Seligman, 1930, S. 83. [10]Paul, 1950, S. 235; Hildebrandt, 1874, S. 319.

IV. Butana-Nomaden:

[1,2] und [3]Stein, 1960, S. 45. [4]Gleichen, 1905, S. 103; Barbour, 1961, S. 182, 215.

V. Kababisch:

[1]Barbour, 1961, S. 169. [2a]Davies, 1957, S. 58; Barbour, 1961, S. 150. [2b]Davies, 1935, S. 298. [2c]Grabham, 1935, S. 259. [2d]Schreiber, 1962, S. 71. [3]Schultze, 1963, S. 88. [4]Davies, 1957, S. 58; Seligman, 1918, S. 105ff. [5]Barbour, 1961, S. 150f.; MacMichael, 1912, S. 192; Reid, 1935, S. 116; Davies, 1957, S. 58, 109. [6]Davies, 1935, S. 298; Davies, 1957, S. 58; Grabham, 1935, S. 264; Herz, 1962, S. 331. [7]Davies, 1957, S. 58. [8]Herzog, 1959, S. 181.

VI. Baggara:

[1]Barbour, 1961, S. 165. [2]Davies, 1935, S. 298. [3]Grabham, 1935, S. 259. [4]Indigenous Cattle, 1957, S. 47. [5]Lampen, 1933, S. 97. [6]Cunnison, 1954, S. 51f. [7]Davies, 1935, S. 299; Berry, 1928, S. 289. [8]Herz, 1962, S. 331.

VII. Tigre:

[1]Bertarelli, 1929, S. 546; Schreiber, 1962, S. 100. [2]Hildebrandt, 1874, S. 319. [3]Munzinger, 1864, S. 134. [4]Munzinger, 1864, S. 134. [5]Hildebrandt, 1874, S. 320; Rossini, 1937, S. 127. [6] und [7]Eritrea, 1920, S. 4; Heuglin, 1877, S. 108; Bertarelli, 1929, S. 569, 541; Pollera, 1935, S. 191, 218–222. [8]Bertarelli, 1929, S. 560; vgl. Schreiber, 1962, S. 100.

VIII. Afar:

[1]Lewis, 1955, S. 160. [2]Schreiber, 1962, S. 72. [3]Lewis, 1955, S. 160. [4]Schreiber, 1962, S. 72. [5]Rossini, 1937, S. 141. [6]Lewis, 1955, S. 155. [7]Lewis, 1955, S. 155; Rossini, 1937, S. 144. [8a]Lewis, 1955, S. 155, 160; Bertarelli, 1929, S. 539. [8b]Lewis, 1955, S. 161. [8c]Schreiber, 1962, S. 114, 100. [9]Lewis, 1955, S. 161; Bertarelli, 1929, S. 159f. [10]Jensen, 1947, S. 788. [11]Eritrea, 1920, S. 9.

IX. Nord-Somal:

[1a]Lewis, 1961, S. 33. [1b]Schreiber, 1962, S. 100. [2]Lewis, 1961, S. 33; ders., 1955, S. 60. [3]Stafford, 1931, S. 104. [4]Proshogin, 1963, S. 119; vgl. Pauli, 1947, S. 883. [5]Lewis, 1961, S. 33. [6]Lewis, 1961, S. 40; Stafford, 1931, S. 104; Schreiber, 1962, S. 73. [7]Lewis, 1961, S. 33. [8]Lewis, 1955, S. 59; ders., 1961, S. 33. [9]Lewis, 1961, S. 33f.; British Somaliland, 1945, S. 2ff. [10]Lewis, 1955, S. 59; British Somaliland, 1920, S. 2; Schreiber, 1962, S. 100. [11]British Somaliland, 1920, S. 5. [12]Lewis, 1961, S. 35; Lewis, 1955, S. 59; British Somaliland, 1920, S. 5f.; Stafford, 1931, S. 104. [13]Lewis, 1955, S. 20.

X. Süd-Somal:

[1]Lewis, 1955, S. 61. [2]Trust Territory, 1952, S. 126. [3a]Afrika-Spravočnik, 1963, S. 203; vgl. Africa Orientale Italiana, 1938, S. 50. [3b]Trust Territory, 1952, S. 63. [4]Eliot, 1913, S. 556; Bertarelli, 1929, S. 704f. [5]Schreiber, 1962, S. 72. [6]Africa Orientale Italiana, 1938, S. 50. [7]Lewis, 1955, S. 59f.; Trust Territory, 1952, S. 35f.; Eliot, 1913, S. 554; Bertarelli, 1929, S. 711f. [8]Lewis, 1955, S. 59. [9]Bertarelli, 1929, S. 711f. [10]Trust Territory, 1952, S. 35.

[11]Trust Territory, 1952, S. 35; Lewis, 1955, S. 59. [12]Trust Territory, 1952, S. 35. [13]Heun, 1963, S. 26, vgl. Pankhurst, 1951, S. 188.

XI. Westliche Arussi:

[1]Ausschließlich Haberland, 1963, S. 406ff., 430ff., 580.

XII. Borana:

[1]Ausschließlich Haberland, 1963, S. 17–20, 23, 583.

XIII. Turkana:

[1]Kenya Land Commission, 1934, S. 1764; Schreiber, 1962, S. 73. [2]Gulliver, 1953, S. 64; ders., 1955, S. 30. [3]Emley, 1927, S. 195. [4]Gwynn, 1911, S. 123. [5a]Kenya Land Commission, 1934, S. 1765. [5b]Gulliver, 1955, S. 30; Schreiber, 1962, S. 73. [6]Gulliver, 1953, S. 55. [7]Gulliver, 1955, S. 30. [8]Gulliver, 1955, S. 20. [9]Rayne, 1918, S. 189. [10]Gulliver, 1953, S. 55f. [11]Gulliver, 1955, S. 42ff. [12]Emley, 1927, S. 172.

XIV. Jie:

[1]Gulliver, 1955, S. 17. [2]Gulliver, 1955, S. 42.

XV. Samburu:

[1]Kenya Land Commission, 1934, 1563. [2]Kenya Land Commission, 1934, S. 1563, 1451f. [3]Kenya Land Commission, 1934, S. 1451f. [4]Kenya Land Commission, 1934, S. 1450f. [5]Spencer, 1965, S. 1.

XVI. Masai:

[1]Daryll Forde, 1963, S. 290f. [2]Huntingford, 1953, S. 106. [3a]Olderogge u. Potechin, 1961, S. 497. [3b]Schreiber, 1962, S. 80; Johnston, 1886, S. 396. [4]Pages-Jones, 1948, S. 51. [5]Huntingford, 1953, S. 106. [6]Huntingford, 1953, S. 106. [7]Hollis, 1905, S. 333f.; Daryll Forde, 1963, S. 291. [8]Merker, 1910, S. 11; Huntingford, 1953, S. 106; Daryll Forde, 1963, S. 289; Thomson, 1885, S. 362. [9]Huntingford, 1953, S. 106. [10]Huntingford, 1953, S. 106. [11]Daryll Forde, 1963, S. 292. [12]Leubuscher, 1944, S. 23; Wagner, 1947, S. 888.

XVII. Datoga:

[1]und [2]Huntingford, 1953, S. 93. [3]Jäger, 1911, S. 102. [4]Wilson, 1952, S. 47; Berger, 1938, S. 178; Huntingford, 1953, S. 92. [5]Huntingford, 1953, S. 92f.; Jäger, 1911, S. 102. [6]Wilson, 1953, S. 36.

BERICHTIGUNG

Seite 91, 1. Absatz, 2. Zeile
. . ., den die muß heißen: . . ., die die

Seite 136, letzte Zeile
. . . Weidefutterkonservierung muß heißen:
. . . Weidefutterreservierung.

Tabelle 9 der Beilage
heißt es „Nordafrika“ muß heißen: Nordostafrika

2085/I/21 Schinkel, Nomadische Viehzucht

Kolibri 360 GmbH
Ferdinand-Jühlke-Straße 7
99095 Erfurt, Deutschland
produktsicherheit@kolibri360.de